Mirjam Cordt

EIN WEGWEISER FÜR UNGEHALTENE HUNDE

2

Die sichere Bindung als beste Erziehung

Die H.A.L.T.-Methode nach Cordt

CANIVERSUM

ISBN 978-3-9812890-6-0
5. komplett überarbeitete Auflage 2024

Lektorat: Doris Baur, Judith Nacke
Layout & Satz: Judith Nacke | Junagrafica
Fotos: siehe Bildnachweis ab Seite 431
Druck: Druckerei Glaudo GmbH & Co. KG

Verlag Caniversum
An den Hesseln 1
55234 Erbes-Büdesheim
E-Mail: info@verlag-caniversum.de
www.verlag-caniversum.de

INHALTSVERZEICHNIS

BINDUNG BEIM HUND

MENSCH-HUND-BINDUNG GESTALTEN

Halten, wenn ungehalten

EINLEITUNG

ICH HALTE DICH

Halten, wenn ungehalten

Geben Sie Ihrem Hund Halt —
erst recht, wenn er sich ungehalten verhält.

Die Beziehung zwischen Mensch und Hund hat weitreichende Auswirkungen auf das Verhalten des Hundes, auf seine Alltagsbewältigung und sein Wohlbefinden. Mensch und Hund ähneln sich auffällig in ihren Gefühlen und in ihrem Wunsch nach Bindung und auch die Ähnlichkeit der Bindungssysteme Mensch-Hund und Eltern-Kind ist erstaunlich. Die sichere Bindung ist der beste Schutz und das erstrebenswerte Ziel. Sie kann nur entstehen, wenn der Mensch die Gemeinsamkeit

zwischen ihm und dem Hund sieht. Oftmals ist der Hundehalter unsicher, wie er das Verhältnis seines Hundes zu ihm einordnen soll und wie er es verbessern kann.

Genau hier setzt das vorliegende Buch an. Es vermittelt nicht nur das nötige Hintergrundwissen zum Thema Beziehung und Bindung und deren Aufbau, sondern zeigt auch anschaulich, wie sehr das vorliegende Bindungsmuster den Hund in seinem Denken und Handeln beeinflusst. Dies schafft Verständnis für Verhaltensbesonderheiten und ebnet den Weg für eine faire, erfolgreiche und nachhaltige Verhaltensbeeinflussung. Dieses Buch ist somit auch ein Plädoyer für Achtsamkeit und Fürsorglichkeit im sozialen Miteinander.

Meine H.A.L.T.-Methode ist eine bewährte Vorgehensweise, um eine sichere Bindung zwischen Mensch und Hund aufzubauen, die das Fundament für eine gesunde emotionale und soziale Entwicklung des Hundes legt. Die H.A.L.T.-Methode eignet sich darüber hinaus aber auch dazu, bereits vorliegende ungünstige Bindungserfahrungen zu korrigieren. So kann nachhaltig Einfluss auf Verhaltensbesonderheiten genommen werden und Mensch und Hund wachsen immer mehr zu einer harmonischen Einheit zusammen.

Bereits seit 1996 bin ich intensiv im Tierschutz tätig, wobei mein Herz besonders für alte, kranke, aber auch verhaltensbesondere Hunde schlägt. Hunde, die nicht sofort bereit sind, ihr Herz zu verschenken und eine neue Bindung zu Menschen einzugehen. Diese Hunde sind die besten Lehrmeister und haben maßgeblich zur Entwicklung meiner H.A.L.T.-Methode beigetragen. Dieses Buch lebt von vielen Fallgeschichten aus der Praxis, sie sind keine fiktiven Beispiele. Um die Anonymität der betroffenen Personen sicherzustellen, sind einige Hunde umbenannt. Ich wünsche Ihnen spannende Einblicke in das Beziehungsgeflecht Mensch-Hund und freue mich über Ihr Interesse und Ihre Bereitschaft, ein fürsorglicher Bindungspartner für Ihren Hund zu sein.

Liebe besteht nicht darin, dass man einander anschaut, sondern dass man gemeinsam in die gleiche Richtung blickt.
Antoine de Saint-Exupéry

Dieses Buch ist eine Neuauflage. Im Mai 2023 zerstörte ein Feuer mein komplettes Lager, mehr als 30.000 Bücher verbrannten. Ich habe das zum Anlass genommen, dieses Buch, das bereits mehr als 15.000 Menschen begeistert hat und ihnen geholfen hat, die Bindung zu ihrem Hund auf ein neues Level zu heben, zu überarbeiten und neu zu gestalten.

Für mich steht der Brand sinnbildlich für ein Loslassen. Manchmal müssen wir etwas Liebgewonnenes loslassen, um etwas noch Großartigeres zu gewinnen. Das Feuer steht symbolisch auch dafür, die Komfortzone zu verlassen, voranzuschreiten, sich weiterzuentwickeln, immer neugierig auf das Leben. Genau diese Neugierde, diese Freude wünsche ich Ihnen mit Ihrem Hund. Denn es geht – ohne Zweifel – immer noch wundervoller, wenn man sich darauf einlässt.

Mai 2024

Das Band, das zusammenhält

BINDUNG

ICH
HALTE
DICH

Man sollte Tiere wie Rehe, Kamele, Esel, Affen, Mäuse, Schlangen, Vögel, Fliegen genauso behandeln wie den eigenen Sohn. Wie wenig Unterschied besteht doch im Grunde zwischen Kindern und diesen unschuldigen Tieren.

Srimad-Bhagavatam
7.14.9, Teil der vedischen Schriften[1]

Diese zeitlose Weisheit lässt keine Fragen offen. Jedes Lebewesen – ob menschlich oder nichtmenschlich, ob groß, ob klein – ist schützenswert. Es muss ihm das Recht zugestanden werden, im Einklang mit sich und seiner Umwelt zu leben. Leider werden jedoch allzu häufig nur denen Gefühle und Rechte zugestanden, die sich für den Menschen verständlich ausdrücken, ohne dass dieser besondere Vorkenntnisse aufweisen müsste. Die Kommunikation hat einfach zu sein und ein Missverständnis darf kein Gefahrenpotenzial bedeuten. Deshalb tut es not, für die „Stimmlosen“ zu sprechen, sie zu schützen, und die Menschen, deren ethisches Empfinden Tiere ausschließt, durch Gesetze entsprechend zu binden. So ist der Schutz der Tiere im Grundgesetz verankert, doch es gibt noch einen viel zu großen Interpretationsspielraum und Schlupflöcher für all diejenigen, die den wirtschaftlichen Aspekt über das Wohl des Tieres stellen.

AN GESETZE GEBUNDEN

Grundgesetz Artikel 20a

Der Staat schützt auch in Verantwortung für die künftigen Generationen die natürlichen Lebensgrundlagen und die Tiere im Rahmen der verfassungsmäßigen Ordnung

[1] Die vedischen Schriften gelten als die ältesten Schriften der Menschheit. Es herrscht Uneinigkeit darüber, wie alt sie sind; Altersangaben gehen von 1.500 bis 800 v. Chr., aber auch bedeutend älter.

durch die Gesetzgebung und nach Maßgabe von Gesetz und Recht durch die vollziehende Gewalt und die Rechtsprechung.[2]

Dieser Artikel macht Tierschutz zum Staatsziel. Wenn er auch den schalen Beigeschmack hat, dass es hier weniger um das Tier an sich geht, sondern um seinen Nutzen für die nachfolgenden menschlichen Generationen, so wird dennoch daraus ersichtlich, dass dem Menschen die Verantwortung für die schützenswerte Natur und die schutzbedürftigen Tiere obliegt.

Bürgerliches Gesetzbuch §90a

Tiere sind keine Sachen. Sie werden durch besondere Gesetze geschützt. Auf sie sind die für Sachen geltenden Vorschriften entsprechend anzuwenden, soweit nicht etwas anderes bestimmt ist.[3]

Der Gesetzgeber sah die Verbesserung der Rechtsstellung von Tieren als notwendig an, sodass dieser Paragraph im Jahr 1990 Einzug ins BGB hielt. Aus diesem Paragraphen wird erkennbar, dass Tiere und Sachen nicht gleichzustellen sind und der Hund deshalb in der Rechtsprechung nicht mehr als Sache gilt.

Tierschutzgesetz §1

Zweck dieses Gesetzes ist, aus der Verantwortung des Menschen für das Tier als Mitgeschöpf dessen Leben und Wohlbefinden zu schützen. Niemand darf einem Tier ohne vernünftigen Grund Schmerzen, Leid oder Schäden zufügen.[4]

Das Tierschutzgesetz (Abk. TierSchG) ist ein besonderes Schutzgesetz im Sinne des §90a BGB. Kümmert sich ein Mensch um das körperliche und psychische Wohlergehen seines Hundes, so gibt es immer wieder andere Menschen, die dies verächtlich mit dem Vorwurf „Hund als Kindersatz" oder „vermenschlichen" abtun. In der Tat sind Hunde wie Kinder schutzbedürftig und sollten, schon wegen der frappierenden Ähnlichkeit des Bindungskonstruktes, den Status eines Familienmitgliedes haben. Doch es gibt

Der wahrhaft Ethische nimmt sich die Zeit, einem Insekt, das in einen Tümpel gefallen ist, ein Blatt oder einen Halm zur Rettung hinzuhalten. Und er fürchtet sich nicht, als sentimental belächelt zu werden.

Albert Schweitzer

---

[2] Grundgesetz für die Bundesrepublik Deutschland, Art. 20a, Fassung vom 26.07.2002

[3] Bürgerliches Gesetzbuch, §90a, Fassung vom 02.01.2002

[4] Tierschutzgesetz §1, Fassung vom 28.07.2014

einen ganz entscheidenden Unterschied: Kinder haben irgendwann ihr eigenes Leben und benötigen den Schutz ihrer Eltern nicht mehr. Der Schutzauftrag kehrt sich sogar um und irgendwann kommt der Tag, an dem die Kinder die Fürsorgepflichtigen für die Eltern sind, die im Alter fürsorgebedürftig werden. Der Hund bleibt im Zusammenleben mit dem Menschen jedoch immer der Fürsorgebedürftige.

Das TierSchG nimmt den Menschen in die Verantwortung für die Tiere und damit für den Hund. Selbst der Bedürfnisbefriedigung ist ein Paragraph gewidmet[5]:

Tierschutzgesetz §2
Wer ein Tier hält, betreut oder zu betreuen hat,
1. muss das Tier seiner Art und seinen Bedürfnissen entsprechend angemessen ernähren, pflegen und verhaltensgerecht unterbringen;
2. darf die Möglichkeit des Tieres zu artgemäßer Bewegung nicht so einschränken, dass ihm Schmerzen oder vermeidbare Leiden oder Schäden zugefügt werden;
3. muss über die für eine angemessene Ernährung, Pflege und verhaltensgerechte Unterbringung des Tieres erforderlichen Kenntnisse und Fähigkeiten verfügen.

---

[5] Tierschutzgesetz §2, Fassung vom 28.07.2014

Dies klingt gut, wird aber in der Realität nicht konsequent umgesetzt und kann daher Ausbeutung und Tierleid nicht verhindern. Die Bedürfnisse des Tieres werden wirtschaftlichen Interessen hintenangestellt, wie im Kapitel „Die Kuh, die lacht?" des Anhangs aufgezeigt wird. Es ist kein verweichlichendes Verwöhnen und kein sentimentaler Quatsch, sich um Tiere und ihr Wohlergehen zu kümmern, sondern es ist unsere Pflicht als Mensch. Wir haben darauf zu achten, dass mindestens die Grundbedürfnisse unseres Hundes[7] erfüllt werden. Hierzu gehört, dass er sichere Bindungen eingehen kann, und dass weder Körper noch Seele Schaden nehmen.

Tierschutz ist keine Liebhaberei, sondern eine ernste, sittliche Pflicht im Interesse des Volkes, des Staates und der Menschlickeit.

Manfred Kyber[6]

VON DER BEZIEHUNG ZUR BINDUNG

Mit jedem Lebewesen, zu dem man Kontakt aufnimmt, steht man automatisch in Beziehung. „Beziehung" sagt jedoch zunächst noch nichts darüber aus, um welche Art von Beziehung es sich handelt oder welche Qualität diese Beziehung aufweist. Eine Beziehung ist kein statisches Gebilde, sondern permanenten Änderungen unterworfen, da sich jede Äußerung und Handlung auf sie auswirkt. Dies gilt auch für eine Bindung, die eine emotionale Beziehung ist, sodass sich auch in ihr die Personen in ihrer Wahrnehmung und in ihrem Tun gegenseitig beeinflussen:

Bindung ist ein vom Gefühl getragenes Band, das eine Person zu einer anderen spezifischen Person anknüpft, das sie über Raum und Zeit hinweg miteinander verbindet. Meist wird die andere Person als stärker und weiser empfunden. Man kann an mehr als eine Person gebunden sein, aber nicht an viele. Seelisches und körperliches Trennungsleid sind ein eindeutiges Zeichen für Bindung.[8]

Warum treten Menschen überhaupt mit Hunden in Beziehung? In meinen Augen beantwortet der Ansatz von Kurt Kotrschal diese Frage am besten, wonach sich die

---

[6] Manfred Kyber (1880–1933), dt. Schriftsteller, bekannt durch seine ungewöhnlichen Tiergeschichten

[7] Band 4 der Reihe ICH HALTE DICH

[8] Grossmann, KE (2014): Die Bedeutung von Bindung im Kontext der Familienbildung

Sozialfähigkeit von Wirbeltieren — und damit von Hund und Mensch — stammesgeschichtlich ähnlich entwickelt hat und ihrem Sozialverhalten vergleichbare Strukturen und Mechanismen zugrunde liegen.[9]

Tatsächlich zeigt auch die Erfahrung, dass einem Großteil der Hunde die Bindung zum Menschen wesentlich wichtiger ist als die Bindung zu anderen Hunden. Eine Studie[10] bestätigt dies. Es wurde das Verhalten von Hunde- und Wolfswelpen untersucht, die unterschiedlich intensiven Kontakt zu Menschen hatten: Der Kontakt der Wolfswelpen war ausgesprochen intensiv, sie wurden mit der Hand gefüttert, schliefen jede Nacht in den Betten ihrer Betreuer und wurden nahezu 24/7 von ihnen betreut. Die Hundewelpen dagegen lebten mit ihrer Mutter und ihren Wurfgeschwistern zusammen und hatten nur sporadisch Kontakt zum Menschen. Es zeigte sich, dass die Bereitschaft zur Kooperation mit dem Menschen beim Hund offensicht-

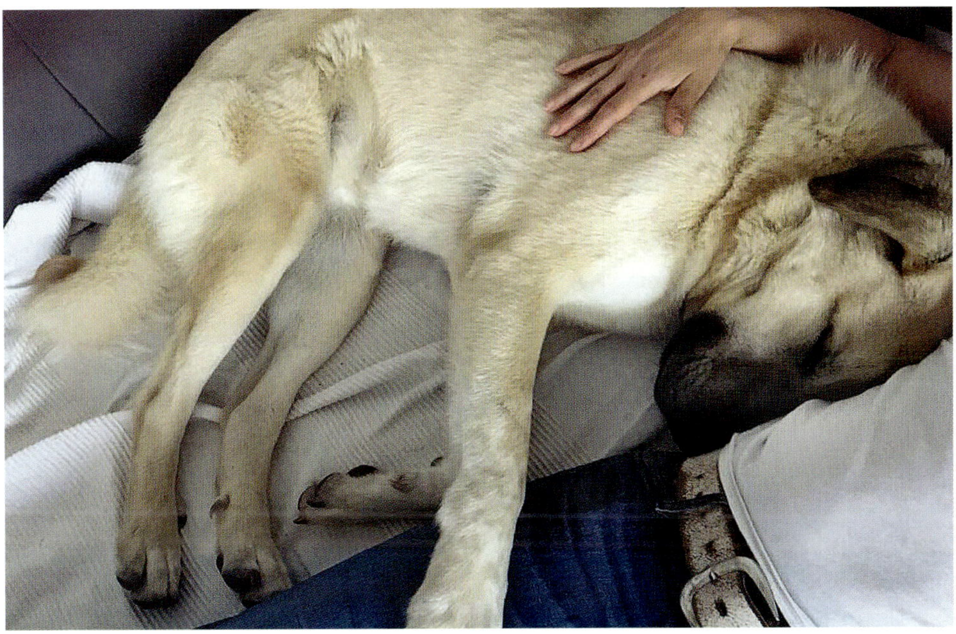

[9] Otterstedt, C; Rosenberger, M (Hrsg.) (2009): Gefährten – Konkurrenten – Verwandte. Die Mensch-Tier-Beziehung im wissenschaftlichen Diskurs

[10] Solomons, H; Smith, KCM; Callahan-Beckel, M.; vonHoldt, BM; MacLean, EL; Hare, B (2021): Cooperative communication with humans evolved to emerge early in domestic dogs

lich genetisch fixiert ist. Unter anderem wird beschrieben, dass die Hundewelpen spontan viel kontaktfreudiger auf Fremde zugegangen sind als die an Menschen gewöhnten Wolfsjungen, ihren Gesten folgten und um Hilfe baten. „Die Hundewelpen kommen angelaufen, wenn man ihr Gehege betritt, wollen auf dich draufklettern und dir das Gesicht abschlecken. Die Wolfswelpen rennen hingegen eher in die Ecke und verstecken sich“, so die Studienleiterin. Studien zeigen, dass die Hundewelpen bereits nach einer Stunde positivem Kontakt die Gruppe verlassen und dem Menschen nachlaufen.

Die Bindung als Band zwischen zwei Sozialpartnern sollte kein seidener Faden sein, der kaum Belastung erträgt und schnell reißt. Genauso wenig sollte das Band wie eine schwere Eisenkette den aufrechten Gang erschweren und so sehr belasten, dass man sich nur noch mit gesenktem Kopf durchs Leben schleppen kann. Ebenso wenig geht es um ein Kräftemessen, bei dem der andere wie ein Gegner in einem regelrechten Tauziehen bezwungen wird. Sehen Sie das Band vielmehr als eine Nabelschnur, ein Versorgungskabel, das stark und witterungsbeständig allen Stürmen und Widrigkeiten des Lebens trotzt und positive Kraft zum Leben gibt.

Ich favorisiere die Ansicht, dass Bindung durch das Befriedigen elementarer Bedürfnisse entsteht. In der Mensch-Hund-Beziehung ist der Hund wie ein Kind auf den Schutz und die Fürsorge seiner Bezugsperson angewiesen. Der Befriedigung der elementaren Bedürfnisse[11] kommt eine weitreichende Bedeutung und damit eine hohe Wichtigkeit zu: Das Bedürfnis eines sozial organisierten Lebewesens nach Zuwendung und emotionaler Bindung dient dem Überleben sowie der Arterhaltung und ist evolutionsbiologisch begründet. Diese biologische Neigung lässt aktiv den Kontakt zu einer Bezugsperson suchen, um sicherheitsgebende Sozialkontakte zu erhalten. Die Bindungsperson wird als sichere Basis genutzt, um die Umwelt unbelastet und sorgenfrei zu erkunden und um sich ihr anpassen zu können. Der Schutzpflichtige profitiert ebenfalls von dieser Beziehung: auch sein Bedürfnis nach Nähe und Zuwendung wird erfüllt und er wächst in der Erfüllung der Aufgabe über sich hinaus.

Im Amerikanischen gibt es für „Bindung“ je nach Blickwinkel zwei Wörter: Die Bindung des Fürsorgenden zu seinem Schützling wird als „bonding“ bezeichnet und

[11] Band 4 der Reihe ICH HALTE DICH

steht für die Bereitschaft, sich emotional auf ihn einzulassen. Der Begriff „attachment“ beschreibt die Bindung der schwächeren Person – unabhängig von ihrem Alter – an eine vertraute, stärkere Person, von der sie Schutz und Fürsorge erwartet und der sie sich in belastenden Situationen zuwenden kann.[12]

Die Bindung als Eltern-Kind-Beziehung beschreibt ein Verhaltenssystem zwischen dem zu schützenden Kind und den fürsorgenden Eltern. Meiner Erfahrung nach ist das Bindungssystem Eltern-Kind absolut auf den Menschen mit seinem Hund übertragbar, wie ich im Kapitel „Bindung beim Hund“ aufzeige.

ERST EINS, DANN ZWEI, DANN DREI, DANN VIER – ALLE DIE GEHÖREN ZU MIR!

Bindungen können nicht nur zu einer einzigen Person eingegangen werden, sondern auch zu mehreren. Wird der Schützling von einem Netz von drei bis vier Bindungspersonen aufgefangen, so kann er auf eine starke Sicherheitsbasis zurückgreifen. Ist die allererste Bindung bereits sehr gut, geht der Aufbau einer weiteren Bindung

---

[12] Böcker, H; Hartwich, P; Northoff, G (2015): Neuropsychodynamisches Psychiatrie

leichter vonstatten.[13] Der Schützling nimmt die ersten guten Bindungserfahrungen als Kopiervorlage und hat ein inneres „Arbeitsmodell Bindung“ entwickelt, was den Aufbau neuer Bindungen erleichtert. Darüber hinaus können je nach Situation unterschiedliche Bindungsmuster aktiviert werden.[14] Auch können sich die Qualität der Bindung und die Wichtigkeit der Bindungsperson je nach deren Feinfühligkeit und Interaktion unterscheiden, wobei die Spitzenposition durchaus wechseln kann. Je schutzbedürftiger sich der Schützling fühlt, umso mehr sucht er den Zuspruch der Hauptbezugsperson, die als primäre Bindungsperson den nachrangigen vorgezogen wird. Ist diese erste Wahl nicht anwesend, so begnügt er sich mit der zweitbesten.[15]

Wenn keine Person anwesend ist, zu der eine Bindung vorliegt, sucht der Hund inmitten Fremder selbst wenig bekannte Personen auf, solange sie in den ersten Begegnungen nicht als unangenehm wahrgenommen wurden. Somit ist das folgende Ergebnis einer Untersuchung[16] nicht verwunderlich: Erwachsene Tierheimhunde fühlen sich selbst nach nur dreimaligem, 10-minütigen Treffen mit einem Interessenten zu dieser Person eher hingezogen als zu einem völlig Unbekannten.

Jeder, der sich um Hunde im Tierschutz kümmert, wird bereits erlebt haben, dass ein Hund in einer ungewohnten Situation bei einem Angebot mehrerer Personen bevorzugt diejenige aufsucht, die ihm bereits (ein wenig) bekannt ist; erst recht, wenn grundsätzlich ein Mangel an guten Sozialkontakten zu Menschen besteht, wie es im Tierheimbetrieb zwangsläufig der Fall ist. Hier gilt beim Großteil der Hunde — wie auch beim Menschen — die Devise: „Lieber wenig bekannt, als völlig unbekannt“. Selbst wenn die Anwesenheit der Person nicht bewusst wahrgenommen wurde, so entstand doch Vertrautheit. Hier macht sich der *Mere-Exposure-Effekt* bemerkbar, der besagt, dass man Dinge allein aufgrund bloßer, unbewusster Wahrnehmung positiv bewertet. Wäre dieselbe Person jedoch negativ in Erscheinung getreten, dann wäre sie ins Bewusstsein gerückt und selbstverständlich nicht positiv abgespeichert worden.

---

13 Doppel, R (2011): Pädagogische Probleme der onto-genetischen Entwicklung

14 Sendera, A; Sendera M (2011): Kinder und Jugendliche im Gefühlschaos: Grundlagen und praktische Anleitungen für den Umgang mit psychischen Auffälligkeiten und Erkrankungen

15 Grossmann, K; Grossmann, KE (2012): Bindungen – das Gefüge psychischer Sicherheit

16 Gácsi, M; Topál, J; Miklósi, A; Dóka, A; Csányi, V (2001): Attachment behavior of adult dogs (Canis familiaris) living at rescue centers: forming new bonds

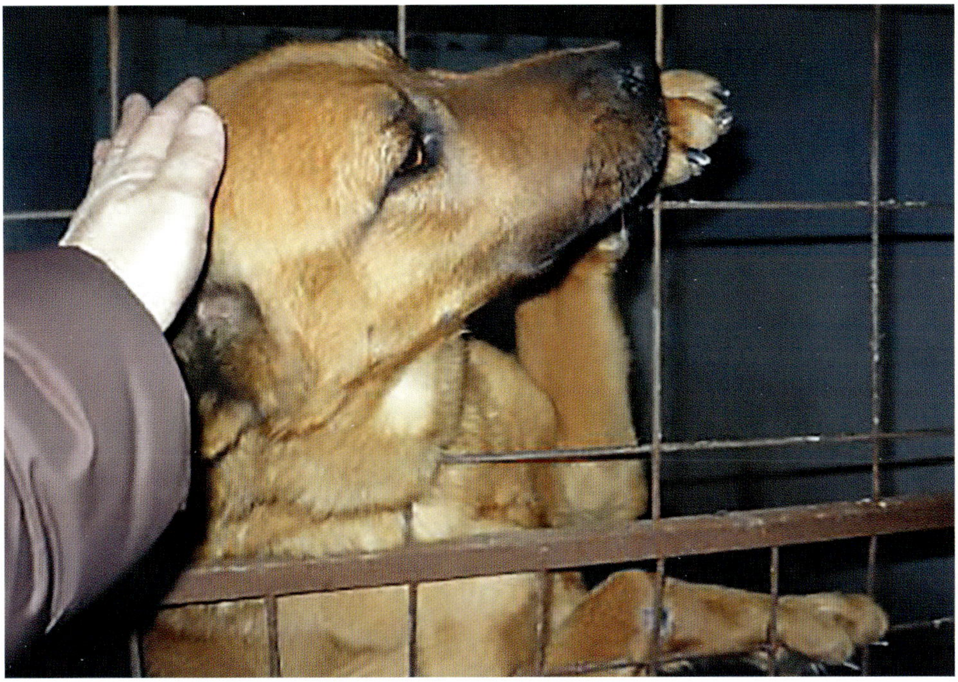

Dieser Hund, der in einer ungarischen Tötungsstation den Tod vor Augen hat, sehnt sich nach Zuwendung und Schutz und drückt sich in die Hand von Tierschützern.

Meinen Erfahrungen zufolge wird die Annäherung des Hundes — ob überhaupt und in welchem Ausmaß — neben den frühen Bindungserfahrungen auch noch durch die Rasse (bzw. den Rassen-Mix) und selbstverständlich durch seine Persönlichkeit beeinflusst. Ebenfalls von Bedeutung ist, ob die neue Person vom ersten Augenblick an als unsympathisch empfunden wird, ob sie sich seltsam, ungehalten, ambivalent, aggressiv oder beängstigend verhält. Aber auch wenn sie sich dem Hund gegenüber achtsam und feinfühlig verhält, kann diese erste positive Erfahrung unter Umständen nahezu untergehen, wenn der Hund in früheren Begegnungen mit Menschen leidvolle, schlechte Erfahrungen gemacht hat. Je jünger der Hund war und je weniger Rückhalt er durch Vertraute hatte, als diese negativen Erlebnisse stattgefunden haben, umso lebensbedrohlicher hat er sie wahrgenommen. Damit er sich ohne Angst und Vorbehalte auf einen Partner einlassen kann, sind für den Aufbau einer soliden psychischen Basis Ausdauer und Beständigkeit gefordert.

Die Orientierung an einer fremden Person, mit der zuvor eine kurze Begegnung stattgefunden hat, ist ein Untersuchungsschwerpunkt in der sogenannten „Fremde Situation“ nach Mary Ainsworth[17], einer Mitarbeiterin von John Bowlby.[18] Mit Hilfe der „Fremde Situation“ wird das Bindungsmuster von Kleinkindern klassifiziert; diese Beobachtungssituation wird in Kapitel „Bindung beim Kind“ vorgestellt.

FREUNDSCHAFT UNTER TIEREN — EMOTIONALE BEZIEHUNGEN

Freundschaft bezeichnet freiwillige und reziproke, nicht sexuell motivierte, soziopositive Bindungen zwischen nicht-verwandten Individuen. Sie ist primär dyadisch und besitzt für beide Beteiligten einen subjektiven Wert. Die Freundschaftsbeziehung ist durch positiven Affekt (Sympathie) gekennzeichnet und äußert sich in einer beständigen interindividuellen Präferenz.
Diese Definition stammt von Anja Wasilewski, die die Existenz von Freundschaften unter Huftieren nachgewiesen hat.[19]

Freundschaften über Artgrenzen hinweg — selbst wenn artgleiche Sozialpartner anwesend sind — werden jedoch noch gerne nüchtern als Zweckgemeinschaften verstanden, obwohl offensichtlich ist, dass die Lebewesen sehr wohl Sympathien füreinander empfinden. Solche Bindungen beschränken sich nicht nur auf Säugetiere, enge soziale Bande werden auch bei Vögeln beobachtet.[20]

Bei den eigenen Haustieren kann man erleben, wie sie untereinander über Artgrenzen hinweg soziale Bindungen eingehen. Enge emotionale Beziehungen können selbst zwischen Tieren aufgebaut werden, die sich unter natürlichen Bedingungen nie kennenlernen würden, da ihre Habitate zu unterschiedlich sind. Dies gilt ebenso für

---

[17] Mary Ainsworth (1913–1999), US-amerikanisch-kanadische Entwicklungspsychologin, eine der Hauptvertreterinnen der Bindungstheorie

[18] John Bowlby (1907–1990), britischer Kinderarzt u. Psychoanalytiker, Pionier der Bindungsforschung

[19] Wasilewski, A (2003): „Freundschaft“ bei Huftieren? – Soziopositive Beziehungen zwischen nicht-verwandten artgleichen Herdenmitgliedern

[20] Kerth, G (2013): Tierfreundschaften – unzertrennliche Gefährten

Freundschaft kennt keine Unterschiede, nur Gemeinsamkeiten.

Tierarten, die sich normalerweise aus dem Weg gehen oder sogar natürliche Feinde sind. Bei domestizierten Tieren in der Obhut des Menschen fällt der Kampf um das Futter weg, sodass es selbst zwischen ihnen Sympathien geben kann. Laut Barbara J. King[21] können Tiere über alle Speziesgrenzen hinweg Freundschaften aufbauen, jedoch gibt es sie kaum zwischen zahmen und wilden Tieren, sodass sich hierüber keine wissenschaftliche Aussage treffen lässt.[22]

Mal finden die Tiere aus einer Not zusammen, mal leben sie als Haustiere in einer Wohngemeinschaft, mal wählen sie sich offenbar völlig frei als Freunde. In der Not fanden auch ein Wolf und ein Esel 2007 in Albanien zusammen. Ein gefangener, in ein erbärmliches, kleines Gehege gesperrter Wolf bekam einen alten Esel zum Fraß vorgesetzt. Doch anstatt diesen zu töten und zu fressen, freundeten sich die beiden

[21] Anthropologin von der University of Oklahoma

[22] King, BJ (2014): Die Zwei

Aus Not und Sehnsucht nach Gemeinschaft werden Grenzen überwunden.

Tiere an. Der scheue Wolf nutzte den Esel als Schutz vor den Blicken der Schaulustigen und nachts kuschelten sie sich aneinander.[23] Diese berührende Freundschaft und die quälerische Unterbringung der beiden Tiere weckten das Medieninteresse, sodass es für die beiden ein Happy-End gab und sie befreit wurden.

Unverständlich, dass es nach wie vor Diskussionen darüber gibt, ob Tiere Empathie zeigen können. Eine Studie[24] konnte eindeutig aufzeigen, dass Ratten den Schmerz ihrer Artgenossen an der Mimik und der Körpersprache erkennen und das eigene Verhalten an diese anpassen. Damit ist es nun wissenschaftlich abgesegnet, dass Ratten intelligent und mitfühlend sind und dass der emotionale Ausdruck auch zur

[23] Church, TA (2007): End their misery – Free this wolf and donkey in Albania

[24] Nakashima, SF; Ukezono, M; Nishida, H; Sudo, R; Takano Y (2015): Receiving of emotional signal of pain from conspecics in laboratory rats

Kommunikation untereinander dient — eine Erkenntnis, die nichts Neues für Rattenfreunde ist. Die sehr sozialen und intelligenten Tiere werden leider nach wie vor in vielen Tierversuchen unnötig gequält, wenn es um einen scheinbaren medizinischen Fortschritt oder um die Entwicklung von kosmetischen Produkten geht. Umso verwerflicher sind Tierversuche und ich spreche mich ausdrücklich gegen sie aus.[25]

Prosoziales Verhalten, das heißt Verhaltensweisen, denen ein Hilfemotiv zugrunde liegt und die dem Helfenden keinen offensichtlichen Nutzen bringen, wurde allzu lang nur Menschen zugesprochen und galt als eine der Grundlagen menschlicher Beziehungen und menschlicher Kooperation. Dass prosoziales Verhalten jedoch nicht nur der menschlichen Spezies vorbehalten ist, sondern auch Tiere sich uneigennützig gegenseitig unterstützen, konnte bei Hunden nachgewiesen werden. Diese zeigten sich in einem Versuch[26] prosozial gegenüber Artgenossen, bevorzugt dann, wenn sie diese kannten, also eine Beziehung zu ihnen bestand. In einem sogenannten „bar-pulling task" konnten Hunde einem anderen Hund ein Leckerli zukommen lassen, ohne selbst davon zu profitieren. Prosoziales Verhalten gegenüber dem Menschen zeigten Hunde bereits in einer früheren Studie.[27]

Die Aussage des niederländischen Primatenforschers Frans de Waal: „Natürlich empfinden alle Säugetiere Gefühle wie Verbundenheit, Zuneigung und Freundschaft." bestätigt meine Erfahrungen und mein Empfinden. Allerdings bezweifle ich sehr, dass dies den Säugetieren vorbehalten ist. Für mich steht außer Frage, dass Tiere zu gleichsam menschlichen Gefühlen fähig sind. Ich weiß, dass sich viele Menschen noch dagegen sträuben und schnell mit dem Vorwurf bei der Hand sind: „Man darf die Tiere doch nicht vermenschlichen!" Dabei ist es offensichtlich und es sind immer mehr Forscher bereit, Tieren Gefühle zuzugestehen. So folgert der Neurowissenschaftler Joseph LeDoux aufgrund der Ähnlichkeiten im Hirnstamm von Menschen und Ratten, dass auch sie zu Empfindungen wie Freude, Liebe, Hass und Trauer fähig sind.[28]

---

[25] Für weitere Informationen verweise ich an den Verein *Ärzte gegen Tierversuche e.V.*, der sich für eine moderne, tierversuchsfreie Wissenschaft einsetzt; www.aerzte-gegen-tierversuche.de

[26] Quervel-Chaumette, M; Dale, R; Marshall-Pescini, S; Range, F (2015): Familiarity affects other-regarding preferences in pet dogs

[27] Bräuer, J; Schönefeld, K; Call, J (2013): When do dogs help humans?

[28] LeDoux, JE (2001): Das Netz der Gefühle: Wie Emotionen entstehen

Dies sollte als Beweis ausreichen, dass die Bindung zwischen Mensch und Hund vergleichbar der Bindung zwischen zwei Menschen ist und dass die daraus resultierenden Verhaltensweisen sich auffällig ähneln.

BINDUNGSVERHALTEN UND ERKUNDUNGSVERHALTEN

Das Bindungsverhalten des Kindes geht Hand in Hand mit dem Fürsorgeverhalten der Eltern und zeigt sich nur bei Belastungen und beim Wunsch nach Nähe. In den inszenierten Trennungen in der „Fremde Situation“[29] nach Ainsworth wird das Bindungsverhalten von Kindern gezielt aktiviert, wodurch Trennungsschmerz und Sehnsucht nach der Bezugsperson in unterschiedlichen Ausprägungen sichtbar werden.
Trennungen, grundsätzlich aber auch jede Form von Belastung und Gefahr, aktivieren das Bindungsverhalten des Hundes, zu dem Verhaltensweisen wie beispielsweise das Winseln, Heulen, Bellen, Festhalten, Anklammern, Nachfolgen und Suchen gehören. Diese sollen Nähe und Kontakt zur Bindungsperson herbeiführen und aufrechterhalten, um Schutz zu erfahren. Die Bezugsperson sollte dieses Verhalten als Hilferuf wahrnehmen und das Bindungsbedürfnis ihres Schützlings stillen, indem sie ihm freundlich beisteht, beruhigend auf ihn einwirkt und liebevolle Nähe ermöglicht.

Die Nähe und die durch die Bezugsperson vermittelte Sicherheit stellen die sichere Basis dar und ermöglichen die Erkundung der Umgebung. Bindungsverhalten und Erkundungsverhalten schließen einander aus, das heißt können nicht gleichzeitig aktiviert sein; beide dienen dem Überleben. Über das Erkunden können Informationen gesammelt werden, die sich direkt auf Überleben und Fortpflanzung auswirken. Beim Erkunden vergewissert sich der Schützling regelmäßig bei seiner Bindungsperson mittels eines kurzen Körperkontaktes oder durch Blickkontakt, dass keine Gefahr besteht. Dieses Rückversichern ist auch als „Checking back“[30] bekannt, das ich mir in meinem Trainingselement **Lenken des sozialen Referenzierens (LSR)** zunutze mache.

---

[29] Die *Fremde Situation* in Kapitel „Bindung beim Kind“

[30] Schleiffer, R (2014): Der heimliche Wunsch nach Nähe. Bindungstheorie und Heimerziehung

Der Zusammenhang von Aktivierung und Deaktivierung des Erkundungs- und Bindungsverhaltens[31]

Das regelmäßige *Checking back* ist nicht dahingehend zu verstehen, dass der Schützling, hier also der Hund, in nicht bedrohlichen Situationen bei jedem Schritt und im Sekunden-Takt nach seinem Menschen schauen sollte. Nimmt das *Checking back* des Hundes zu, dann wird daraus ersichtlich, dass er sich in der vorliegenden Situation zunehmend unwohler und hilfsbedürftiger fühlt. Er braucht die Unterstützung seines Menschen. Hat der Hund den Blick zum Menschen als geförderte Verhaltensweise für eine beliebte Belohnung gelernt, zeigt er es wie einen Trick, aber nicht aus einer emotionalen Befindlichkeit heraus. Aus diesem Grund spreche ich beim Aufbau des Trainingselements *Lenken des sozialen Referenzierens (LSR)* auch den sogenannten „Ping-Pong-Effekt" an, der klar vom *Checking back* zu unterscheiden ist.

Wie sehr sich der Hund neuen Dingen öffnet oder sie sogar grundsätzlich zunächst meidet, hängt auch vom Grad der Neophobie ab. Neophobie bezeichnet die Furcht vor allem Neuen. Situationen, Dinge und Lebewesen hinsichtlich ihrer Vertrautheit zu unterscheiden, ist unter evolutionsbiologischem Gesichtspunkt ausgesprochen sinnvoll, um das Risiko einer Gefährdung zu verringern.

[31] nach Cappenberg, M (2014): Kinder mit Bindungsstörungen in Pflegefamilien

In einer Studie[32] wurde der Einfluss von Beziehungen auf Neophobie und exploratives Verhalten bei Wölfen und Hunden untersucht. Es wurde aufgezeigt, dass nicht nur die Anwesenheit von „Rudelmitgliedern" die Beschäftigung mit neuen Objekten erleichtert, sondern dass sie sich auch länger mit ihnen auseinandersetzten, wenn sie dies gemeinsam taten, anstatt alleine ohne ihren Kumpel. Wie sehr die Sorge durch die Anwesenheit eines Vertrauten abnehmen kann, ist auch in Kapitel „Der Affe aus der gleichen Kolonie" beschrieben.

Fühlt sich der Hund sicher, wird er sich in der Gewissheit von seinem Menschen wegbewegen, jederzeit zu ihm, seinem sicheren Hafen, zurückkehren zu können, wenn ihn die Situation überfordert. Seine Distanzregulierung hängt nicht nur von äußeren Belastungen ab, zum Beispiel verunsichernde Ereignisse, sondern auch von inneren Belastungen wie Krankheit, psychische und physische Erschöpfung. Leider wird oft vom Hund erwartet, dass er seine Bindung an den Menschen offen zur Schau trägt, sodass das Fehlen von Bindungsverhalten in einer für den Hund sicheren Situation oft fälschlicherweise als eine nicht vorhandene Bindung missdeutet wird.

DIE SICHERE BASIS UND DER SICHERE HAFEN

Kennen Sie nicht auch das beruhigende Gefühl, einen Vertrauten im Rücken zu wissen, auf den Sie zählen können? Wie viel leichter fällt es so, auch zunächst Befremdlichem zu begegnen. Forschungsreisen und Abstecher in unbekannte Gefilde kommen einem Himmelfahrtskommando gleich, wenn man sich nicht über einen Notfallplan abgesichert hat. Wie gefährlich und fahrlässig ist es, wenn in der Not niemand zu Hilfe gerufen werden kann, der verlässlich alles unternehmen wird, die Gefahr zu bannen. Dem sicheren Rückhalt kommt also eine existentielle Bedeutung zu. Das macht deutlich, wie sträflich der Ratschlag ist, seinen Hund in seiner Bedrängnis alleine zu lassen, um ihn nicht angeblich in seinen Ängsten zu bestätigen. Zeigen Sie ihm Ihre Zuneigung und lassen Sie ihn nicht gerade dann im Stich, wenn er Sie am nötigsten braucht! Sie

---

[32] Moretti, L; Hentrup, M; Kotrschal, K; Range, F (2015): The influence of relationships on neophobia and exploration in wolves and dogs

dürfen ihm getrost „die Pfote halten“, wenn er Sicherheit und Schutz braucht.[33]

Die Bindungsperson wird für den Hund zur sicheren Basis und zum sicheren Hafen. Die sichere Basis ist der Ausgangspunkt, von dem Erkundungen gestartet werden können. Fühlt sich der Hund bedroht, wird das Bindungsverhalten aktiviert und er sucht bei der fürsorgenden Bindungsperson, seinem sicheren Hafen, Schutz. Sie selbst sollten in schwierigen Situationen nicht den Eindruck machen, als suchten Sie Halt beim Hund. Bleiben Sie in Ihrer Rolle als Fürsorgepflichtiger! Sie sind der Halt für Ihren Hund, wenn er nicht mehr weiter weiß.

„Ihr seid mein Ursprung, mein Vertrauen,
meine Insel und mein Schatz.
Mein Mund formt euer Lachen,
mein Herz schlägt euren Takt. [...]
Ihr gebt mir Halt ohne mich festzuhalten,
schafft es, wenn ich es nicht kann,
mich auszuhalten. [...]
Ich brauch‘ nichts zeigen und ihr seht mich,
brauch‘ nichts sagen und ihr versteht mich,
brauch‘ nichts haben und ihr nehmt mich,
nehmt mich einfach wie ich bin.
Und wenn ich Angst hab', seid ihr traurig.
Wenn ich weine, weint ihr auch.
Dann sagt ihr: „Sei nicht traurig.“
Und dass ihr immer an mich glaubt und
mir kann nichts passieren,
weil ich weiß, ihr seid noch hier.
Ich gehör' zu euch und ihr gehört zu mir.“
Julia Engelmann

Die Bindung ist umso sicherer, je mehr der Hund Gewissheit über wohltuende Nähe, Schutz und Beständigkeit seines Bindungspartners hat und dass dieser Befindlichkeiten empathisch erspürt und einen Bedürfnismangel ausgleicht. Dies gibt dem Hund das Gefühl, gehalten zu werden. Wie wohltuend sich der Beistand einer Bindungsperson in schwierigen Situationen auswirkt und selbst über schwere Schicksalsschläge hinwegtrösten kann, werden sicherlich die meisten Menschen bereits am eigenen Leib erfahren haben. Letztlich ist dafür noch nicht einmal die tatsächliche Anwesenheit der Bezugsperson nötig, sondern es reicht schon zu wissen, dass es jemanden gibt, der einem wohlgesonnen ist und dem man etwas bedeutet. So werden vor Prüfungen oft noch schnell die Liebsten angerufen, um die vertraute Stimme zu hören und daraus Zuversicht zu schöpfen. Wenn aber die Bindungsperson nicht greifbar oder hörbar ist, können als Ersatz bestimmte Ressourcen herhalten und den sicheren Hafen symbolisieren. Mit

---

[33] *Vertrauen geben für den Sprung über den eigenen Schatten* in Kapitel „H.A.L.T. – Bindung durch Schutz, Geborgenheit und Fürsorge“

DER KREIS DER SICHERHEIT stellt den Zusammenhang zwischen Bindungs- und Explorationsverhalten dar; ist das eine aktiviert, ist das andere deaktiviert.
In Anlehnung an: Powell, B; Cooper, G; Hoffman, K; Marvin, B (2010).

Hilfe dieser Ressourcen[34], wie beispielsweise Glücksbringer (beim Hund Spielzeug, Kuscheldecken etc.), kann man ebenfalls ins innere Gleichgewicht zurückfinden.

Allein schon der Glaube an Geborgenheit und Beständigkeit gibt Kraft und puffert Widrigkeiten des Lebens ab. So werden Entführungsopfer durch die positiven Bindungserfahrungen mit ihren Liebsten gestärkt und können mental besser überleben. Vermisste Personen entwickeln einen ungeheuren Überlebenswillen in der Gewissheit, dass ihre Liebsten alles daransetzen werden, sie zu finden. Gläubigen Menschen wird einer Untersuchung[35] zufolge nachgesagt, dass sie stressresistenter und mit ihrem Leben zufriedener sind sowie leichter mit aufwühlenden Veränderungen wie Verlust des Arbeitsplatzes und Trennung zurechtkommen. Hier beruhigt der Glaube an einen fürsorgenden, schützenden „guten Hirten“ das Gemüt, ähnlich wie dies bei einer Bezugsperson als sicherer Hafen der Fall ist.

[34] Band 4 der Reihe ICH HALTE DICH

[35] Clark, AE; Lelkes, O (2009): Let us pray: religious interactions in life satisfaction

BINDUNG — NAHRUNG FÜR KÖRPER UND SEELE

Die Erfüllung der elementaren Bedürfnisse wie Sicherheit und gute Sozialkontakte ist lebensnotwendig, bringt Ruhe ins psychische Gleichgewicht und sorgt für innere Ausgeglichenheit. Der Wunsch nach Bindung ist immer vorhanden, auch wenn er nicht immer offensichtlich ist. Leben ist eben nicht nur ein Aufrechterhalten von Körperfunktionen, sondern unbedingt auch ein Erfülltsein von glücklichen Momenten, die gleichermaßen Körper und Seele nähren.

Ein Verlust des Bindungspartners kann weitreichende Folgen haben. So kann der Tod eines geliebten, langjährigen Partners den Tod des Hinterbliebenen nach sich ziehen; die Trauer ist so groß, dass der gesamte Körper Schaden nimmt. Das *Broken-Heart-Syndrom* ist beim Menschen hinlänglich bekannt. Meinen Erfahrungen mit Hunden im Tierschutz zufolge, ist es offensichtlich, dass auch der Hund darunter leiden kann, wenn er seinen geliebten Bindungspartner Mensch verliert. Dies ist umso

Einsamkeit wirft Schatten auf die Seele.

schwerwiegender, wenn er zudem auch noch in stark veränderten Bedingungen leben muss, die seine weiteren Bedürfnisse in keiner Weise erfüllen und sich kein potenzieller neuer Bindungspartner liebevoll um ihn kümmert und ihn auffängt.

Aber auch soziale Ausgrenzung, soziale Verunsicherung, Mobbing und das Gefühl, nicht nur allein, sondern sogar vergessen zu sein, kommen einer psychischen Folter gleich und haben schon etliche Menschen in den Tod getrieben. Dies zeigt, welche immensen und weitreichenden Auswirkungen die Psyche auf den Körper hat und wie wichtig es daher ist, das Seelenheil zu sichern und das Lebewesen in seinem inneren Gleichgewicht zu halten.[36] Die Tragweite der Bindung als soziales Beziehungsgefüge wird deutlich, wenn man sich bewusst macht, dass die wichtigsten Erfahrungen, die ein Mensch im Laufe seines Lebens macht, psychosozialer Natur sind. Psychosoziale Belastungen beeinflussen die Neurotransmittersysteme[37] nicht nur während der frühkindlichen Entwicklung, sondern offensichtlich auch noch im erwachsenen Hirn. Bei allen sozial organisierten Säugetieren – bei Hund, Mensch, Kuh, Schwein und weiteren Geschöpfen – gilt der psychosoziale Konflikt als die bedeutsamste und häufigste Ursache für die Aktivierung der Stressreaktion.[38]
Der Entzug von Sozialkontakten und Missachtung wird als weiße Folter bezeichnet. Man geht psychisch und letztlich auch physisch daran zu Grunde.

FALLGESCHICHTE

🐾 TULIVU

Zentralasiatischer Owtscharka, Rüde

Ende 2012 ist ein „vergessener“ und damit psychisch misshandelter Herdenschutzhund aus einer Beschlagnahmung in meine Betreuung gekommen. Als junger Hund kam er zu einer Person, die ihn als aggressiv einstufte, ihn von anderen Menschen fernhielt und damit für den Hund zum alleinigen Kontakt wurde. Sie war seine einzige Abwechslung in seinem überaus eintönigen Alltag. Von dieser Person die ersten Jahre noch liebevoll behandelt und beachtet, strafte sie ihn auf einmal mit Miss-

---

[36] Band 4 der Reihe ICH HALTE DICH

[37] Kapitel „Neurotransmitterstörungen“ in Band 1 der Reihe ICH HALTE DICH

[38] Hüther, G (2001): Die neurobiologische Verankerung von Erfahrungen und ihre Auswirkungen auf das spätere Verhalten

Eine neue Liebe ist wie ein neues Leben.

achtung. Sie schob sein Futter in seinen Zwinger, reinigte diesen nicht mehr und ließ ihn nur äußerst selten aus seinem verdreckten Loch. Er wurde von seiner einzigen Bezugsperson sprichwörtlich wie der letzte Dreck behandelt und als Persönlichkeit, als fühlendes Wesen vergessen. Verständlich, dass dieser Hund große Zweifel hegte, ob er überhaupt wieder Vertrauen zu Menschen fassen und eine Bindung zu ihnen eingehen sollte. Wie unrecht täte man Tulivu, würde man ihm nun einen mangelnden Bindungswunsch unterstellen und seine Erfüllung als Herdenschutzhund in der Bewachung eines einsamen Geländes sehen.

Diesem Hund gab ich den afrikanischen Namen Tulivu, der „Frieden, Ruhe" bedeutet – und das wünschte ich ihm für seinen letzten Lebensabschnitt, geborgen in meiner Obhut. In der ersten Zeit präsentierte er sich ausgesprochen ungehalten, was mich jedoch von meiner fürsorglichen Beständigkeit und dem Angebot von Nähe nicht abhielt. Hilfreich war besonders in der ersten Zeit das sogenannte **Sit-in.**[39] Die

[39] Das *Sit-in* ist ein Führelement aus der Reihe „Achtsames Führen nach Cordt" und ist im nachfolgenden Kapitel beschrieben

Bindungsmittel meiner H.A.L.T.-Methode, Ausdauer, Zuneigung, Verständnis für sein Verhalten und vertrauensbildender Umgang sowie der Einsatz weiterer Führelemente aus der Reihe *Achtsames Führen nach Cordt* zeigten bald Wirkung: Tulivus abwehrende Haltung, die durch das Fehlen einer beständigen und einschätzbaren Bindungsperson hervorgerufen worden war, verwandelte sich in eine herzliche Verbundenheit zu meinem Mann und mir. Tulivu genoss Zuwendung und Nähe deutlich und liebte die gemeinsamen Momente mit uns. Was für eine große Ungerechtigkeit wäre ihm widerfahren, hätte man sich von seinem massiv abwehrenden und feindseligen Verhalten täuschen lassen, darauf sogar mit Gewalt reagiert und ihn als nicht bindungsbereit abgestempelt und sozial vergessen. Ein solches Vorgehen hätte sein verzweifeltes Verhalten noch intensiviert und er hätte nie den Weg in ein sozial angemessenes Verhalten gefunden. Das wiederum hätte einige Unbedarfte dazu verleitet, in den verschärften Attacken die Bestätigung dafür zu sehen, dass Tulivu keine sozialen Kontakte wünscht und benötigt. Ein bedauernswerter Teufelskreis, in dem sich viele sich abwehrend verhaltende Hunde befinden. Hier ist der Mensch gefragt, mit Weitsicht und Feinfühligkeit Verantwortung zu übernehmen und das vorliegende Bindungsmuster zu erkennen, um dem Hund so den Weg in eine sichere Bindung und in ein erfülltes Leben zu ebnen.

Aber es ist Nonsens zu sagen,
die Tiere würden nicht leiden,
weil sie eine niedrigere Stufe der Intelligenz haben.
Schmerz bleibt Schmerz, übertragen durch Nerven
an das Gehirn und es existieren noch
andere Nerven als die der Intelligenz –
Nerven für das Sehen, Riechen, Tasten und Hören.
Und bei einigen Tieren sind diese Nerven
weit höher entwickelt als beim Menschen.
Earthlings[40]

Diese Fallgeschichte zeigt eindringlich, wie schmerzhaft Missachtung und Entzug von Sozialkontakten für ein Lebewesen sind und welche Folgen dies für die nachfolgenden Beziehungen hat. Sie zeigt aber auch, wie unendlich wichtig es ist, sich nicht von Symptomen (in diesem Fall das aggressive, abwehrende Verhalten) auf eine fal-

[40] Ein vielfach ausgezeichneter Dokumentationsfilm aus dem Jahr 2005 über den Konsum von Fleisch und die Nutzhaltung von Tieren

sche Fährte locken zu lassen, sondern die wahren Befindlichkeiten und Gründe für das Verhalten aufzuspüren. Wie man ebenfalls an dieser Fallgeschichte erkennen kann, entwickeln auch nicht-menschliche Lebewesen ganz offensichtlich Gefühle, die den menschlichen vergleichbar sind. Gefühle sind nicht nur elektrochemische Prozesse und auch das Wissen über die Abläufe im Gehirn kann nicht immer helfen, Gefühle zu verstehen, denn sie lassen sich nicht in Modelle übertragen. Nicht alles lässt sich wissenschaftlich erklären. Erst das Leben selbst bringt Licht in Bereiche, die von der Wissenschaft nicht beleuchtet werden können.[41]

Umso verachtenswerter sind wissenschaftliche Versuche, die sich um einer überflüssigen Beweisführung willen tierquälerischer Methoden bedienen, um Offensichtliches wissenschaftlich zu bestätigen.

GRUNDNAHRUNGSMITTEL LIEBE

Dass Liebe und fürsorgliche Zuwendung regelrecht als Grundnahrungsmittel anzusehen und für eine gesunde Entwicklung unentbehrlich sind, hat eine Vielzahl von unrühmlichen, unnötigen und leidvollen Experimenten in der Vergangenheit gezeigt. Die Affenversuche von Harlow[42] in der Mitte des vorigen Jahrhunderts zeigten auf, dass es nicht das Futter war, das die neugeborenen und von ihren Müttern isolierten Affenbabys bei einer blanken Drahtgestell-Ersatzmutter hielt, sondern der Kuschelbezug der anderen, nicht fütternden Ersatzmutter. Der Kuschelbezug spendete die einzige Geborgenheit. Es war das bisschen Wärme, etwas zum Anlehnen, zum Ankuscheln, was die Affenbabys brauchten — sie kuschelten sich bis zur Erschöpfung an die Stoffmutter.[43] Auf den positiven Einfluss eines Kuschelbezugs und von Wärme auf das Gefühl von Einsamkeit wird in einem anderen Kapitel[44] eingegangen. Ein weiterer wichtiger Aspekt waren die Augen der Stoffmutter. Hatte sie keine Augen, wie es zu Anfang der Experimente der Fall gewesen war, so verzweifelten die Affenbabys regelrecht.[45]

---

[41] Frazzetto, G (2014): Der Gefühlscode: Die Entschlüsselung unserer Emotionen

[42] Harry Harlow (1905–1981), amerikanischer Psychologe und Verhaltensforscher

[43] Harlow, HF (1958): The nature of love

[44] *Geborgenheit vermitteln* in Kapitel „H.A.L.T. – Bindung durch Schutz, Geborgenheit und Fürsorge“

[45] *Alles im Blick* in Kapitel „Trainingsaufbau · Lenken des sozialen Referenzierens (LSR)“

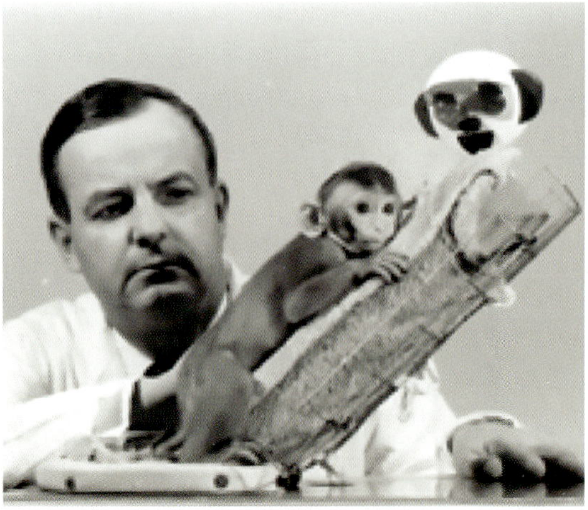

links: Ein Affenbaby klammert sich an die Stoffmutter.
rechts: Die fütternde Drahtgestellmutter wird nur zur Nahrungsaufnahme aufgesucht.

Bei der fütternden blanken Drahtgestell-Mutter hielten sich die Affenbabys nur zur Nahrungsaufnahme auf, beziehungsweise krallten sie sich an ihrer Stoffmutter fest, um so die Milchflasche der „kalten Mutter" einfacher erreichen zu können. Wie wenig fürsorglich diese empfunden wurde, wird daraus ersichtlich, dass sich die Affenbabys, wenn sie einer bedrohlichen Situation ausgesetzt wurden, selbst dann nicht zu ihr flüchteten, wenn die „warme Mutter" abwesend war; sie verkrochen sich vor ihr.[46] Nicht verwunderlich, dass sich die unter derartigen Umständen aufgewachsenen Affenbabys später verhaltensauffällig verhielten, denn der Kuschelbezug spendete zwar Wärme und damit eine gewisse Behaglichkeit, konnte jedoch nicht die benötigte emotionale Wärme, die Geborgenheit eines fürsorglichen Sozialpartners ersetzen.

Es scheint keine Einigkeit darüber zu geben, ob und von wem in der Vergangenheit ähnliche Versuche mit Babys durchgeführt wurden. Offensichtlich gab es mehrere Experimente, um die Ursprache der Menschen aufzudecken, in denen zu diesem Zweck Säuglinge isoliert wurden. So auch von Kaiser Friedrich II. im 13. Jahrhundert. Die Säuglinge wurden zwar körperlich versorgt, jegliche sprachliche und emotionale

[46] Blum, D (2002): Die Entdeckung der Mutterliebe – die legendären Affenexperimente des Harry Harlow

Interaktion mit ihnen war den Ammen jedoch verboten. Wie groß war das Erstaunen, als die Babys keine der als Ursprache zur Auswahl stehenden Sprachen wie Hebräisch, Griechisch oder Arabisch lernten. Sie starben! Über das, was damals für Erstaunen sorgte, schütteln wir heute den Kopf. Wie sehr werden kommende Generationen den Kopf darüber schütteln, wie wir über die Gefühlswelt und das Schmerzempfinden der Tiere gedacht haben. Wie werden sie sich wundern, dass wir den Tieren Gefühle abgesprochen haben und damit für so viel Ausbeutung und Leid verantwortlich waren.

Auch ohne gezielte Experimente konnten die Folgen emotionaler Vernachlässigung 1990, nach Ende der Ceauşescu-Diktatur bei Heimkindern in rumänischen Waisenhäusern beobachtet werden: Der Mangel an Zuwendung und an Reizen führte zu einer verzögerten oder sogar gestörten körperlichen und geistigen Entwicklung, bekannt auch unter Hospitalismus, Deprivation oder Kaspar-Hauser-Syndrom. Zu den vielfältigen Symptomen zählen motorische Verlangsamung, Teilnahmslosigkeit, soziale Kontaktstörungen, Wutanfälle, Angstzustände und Aufmerksamkeitsstörungen.

Um dem generell entgegenzuwirken und um den Aufbau einer sicheren Bindung zu fördern, werden menschliche Säuglinge heutzutage nicht mehr gleich nach der Geburt von der Mutter getrennt, sondern ihr stattdessen auf den Bauch gelegt. Sie werden gemeinsam mit der Mutter untergebracht (Rooming-In) und auch der Kontakt von Frühchen zu ihren Eltern wird ausdrücklich gewünscht. Hier wird der gesunden psychischen Entwicklung der Vorrang vor einer strikten Hygiene zum Schutz vor einer potenziellen Infektion gegeben. Zumal das gesunde emotionale Befinden wiederum einen positiven Effekt auf das Immunsystem hat.

Wie sich die Qualität der ersten Bindungserfahrungen eines heranwachsenden Lebewesens auf sein weiteres Leben auswirkt, hat John Bowlby[47] in seiner Bindungstheorie beschrieben, die mit Hilfe von Mary Ainsworth[48] weiterentwickelt wurde. Bowlby arbeitete nach dem Zweiten Weltkrieg in einem Heim für schwer Erziehbare und erforschte systematisch die Folgen gestörter und abgebrochener Mutter-Kind-Beziehungen. Ainsworth präzisierte diese mit Hilfe einer standardisierten Versuchs-

[47] John Bowlby (1907–1990), britischer Kinderarzt und Psychoanalytiker, Pionier der Bindungsforschung

[48] Mary Ainsworth (1913–1999), US-amerikanisch-kanadische Entwicklungspsychologin, eine der Hauptvertreterinnen der Bindungstheorie

Der Start in die sichere Bindung

anordnung und der Formulierung verschiedener Bindungsmuster. Die dazugehörigen charakteristischen Verhaltensweisen erklären viele Verhaltensauffälligkeiten, besonders im emotionalen und persönlichkeitsbildenden Bereich.

Die in Kapitel „Bindung beim Kind“ vorgestellte Bindungstheorie nach Bowlby und die Klassifizierung nach Ainsworth sind meiner Erfahrung nach in großen Teilen übertragbar auf die Mensch-Hund-Bindung und fördern das Verständnis für die ungehaltenen Aktionen verhaltensbesonderer Hunde.

FALLGESCHICHTE

TONI

Jagdhund-Mix, Rüde

Tonis Verhalten spiegelt das ihm widerfahrene Elend während seines Aufwachsens wider. Durch ihn wurde ich mit den Auswirkungen einer Haltung, in der ein Welpe mit einem absoluten Minimum an Kontakt zu einem anderen Lebewesen aufwachsen muss, konfrontiert und erlebte, welchen Einfluss die dadurch entstandenen Verhaltensbesonderheiten auf den Alltag des Hundes und alle Bereiche seines Lebens haben. Eindrucksvoll ist an Toni zu sehen, dass ein Aufwachsen ohne das Grundnahrungsmittel Liebe zu regelrechten Mangelerscheinungen führt. Diese gilt es abzumildern, um sowohl dem Hund, als auch seinem Umfeld Lebensqualität zu geben.

Tonis Geschichte berührt sehr und es klingt unglaublich, wie viele schmerzhafte Erfahrungen er durch die Verkettung ungünstiger Umstände in seinen ersten Lebensmonaten machen musste. Er wurde im Ausland in einem Alter von nur wenigen Tagen inmitten einer Menschenmenge auf dem Boden liegend gefunden. Ein Wunder, dass er nicht totgetreten worden war. Verlassen und hilflos inmitten einer Menschenmenge nimmt er die schweren Schritte wahr und ist schutzlos allen Einflüssen ausgeliefert. Es fanden sich liebe Menschen, die sich seiner annahmen, aber da ein Welpe in diesem Alter nicht nach Deutschland einreisen darf, wurde er zunächst vor Ort bei einer einheimischen Frau untergebracht. Als Toni einen Monat später im Alter von ca. 5 Wochen von seinen Findern besucht wurde, stellte sich heraus, dass er an der menschlichen Brust gesäugt wurde. Dies wirkte auf seine Finder befremdlich, sodass sie ihn – im Glauben, ihm etwas Gutes zu tun – von seiner Ersatzmama trennten und in einer anderen Betreuungsstätte unterbrachten. Dort lebte er isoliert von anderen Hunden einsam in einem Zwinger. Mit ca. 3 Monaten wurde er temporär auf einem Reiterhof untergebracht, bis er dann endlich bei seinem Finder einziehen konnte.

Mit ca. 9 Monaten kam Toni als Abgabehund zu mir. Vom Besitzer erfuhr ich, dass Toni sich bereits auf eine Distanz von etwa 20 bis 40 Metern über andere Hunde aufregte und sich beim Spaziergang vereinzelt auch ihm gegenüber übergriffig verhielt. Meine Frage, ob an diesem Verhalten bereits trainiert worden wäre und ob dabei Schmerz- oder Angstreize angewendet worden waren, wurde zunächst verneint. Auf Nachfrage stellte sich jedoch heraus, dass auf Anraten eines Hundetrainers bei jedem von Tonis Aufregern ein spezieller Griff zur Anwendung kam, den er „Koffergriff" nannte. Dazu wurde die Leine am Halsband befestigt, dem Hund um den Bauch gewickelt und bei Zeigen des unerwünschten Verhaltens kräftig nach oben gezogen oder vielmehr geruckt. Was vom Hundetrainer beschönigend als lediglich unangenehm beschrieben worden war, bedeutete für Toni weit mehr: Schmerzen – nicht nur körperlich, sondern auch psychisch, da sie ihm von eben der Person zugefügt wurden, die ihn doch eigentlich schützen sollte, wenn er mit einer Situation überfordert ist.

Bei Toni wurde immer nur der Moment gesehen, nie wurde über die Auswirkungen der Umgangs- und Unterbringungsformen nachgedacht. Man gewinnt Verständnis für sein Verhalten, wenn man sich im Detail anschaut, welche Bedeutung und Langzeitfolgen die Aneinanderreihung von unglücklichen Geschehnissen, die ihm in einem so jungen Alter widerfuhren, für ein heranwachsendes Lebewesen hat.

Der „Koffergriff": Diese Konstruktion ist nicht nur schmerzhaft, sondern wirkt sich auch negativ auf die Beziehung zum Menschen aus.

Ein verlassener Welpe inmitten einer turbulenten Menschenmenge lässt die Vermutung zu, dass Toni niemandem wichtig war; mit seiner Mutter wird ähnlich achtlos umgegangen worden sein. Ihr emotionaler Zustand wirkte sich auf die Psyche ihrer Welpen aus und beeinflusste deren weiteres Leben[49]; ein Welpe ist kein unbeschriebenes Blatt Papier. Während der Wochen bei der säugenden menschlichen Ersatzmutter hatte Toni Nähe erfahren und eine innige emotionale Beziehung aufbauen können, bevor er abrupt von ihr getrennt wurde, ohne aufgefangen zu werden. Aus dem Verlust dieser innigen Verbindung erklärt sich auch Tonis großer Wunsch, dicht bei seinen Menschen zu sein. Er umarmt sie regelrecht und sehnt sich nach Kontakt.

Der Wechsel von der säugenden Ersatzmama zur Einzelunterbringung im Zwinger ist ein traumatisierender Einschnitt, erst recht für einen ca. 5 Wochen alten Welpen. Eine solch isolierte Haltung mit einem Minimum an Kontakt beim Füttern und

[49] Kapitel „Unterschiedliche Ausgangsvoraussetzungen" in Band 1 der Reihe ICH HALTE DICH

Säubern kommt einer Misshandlung gleich und geht einher mit den entsprechenden Begleiterscheinungen wie Störungen im Stressregulationssystem, Problemen im Sozialverhalten etc.[50] Der Zwinger wurde als sauber beschrieben, seine Ausstattung ist mir nicht bekannt, doch dass er heimelig und kuschelig eingerichtet war, darf bezweifelt werden. Harlows Affen hatten immerhin eine Kuschelbezug-Ersatzmutter, um ein Gefühl der Geborgenheit zu vermitteln; aber auch Kuscheldecken ersetzen letztlich nicht die Herzenswärme, die Liebe.

Zur abrupten Trennung von Tonis leiblicher Mutter in einem Alter von ca. 4 bis 5 Tagen, zur ebenfalls abrupten Trennung von seiner menschlichen Ersatzmutter mit ca. 5 Wochen kamen die isolierte Haltung, der Wechsel in eine Zwischenstation und eine weitere Trennung hinzu. Der Aufbau einer sicheren Bindung zu seinem Besitzer wurde durch den vom Trainer empfohlenen, schmerzhaften „Koffergriff" bei unerwünschten Verhaltensweisen vereitelt. Toni bekam genau in den Situationen keinen Halt, in denen er ihn am meisten benötigt hätte. Es war kein verlässlicher, sicherer Hafen da, der ihn auffangen und ihm Zuversicht hätte geben können.

Die Auswirkungen, die bei den Harlow-Affen gesehen wurden und die einen unsicheren Bindungsstil[51] kennzeichnen, lassen sich in verschiedenen Ausprägungen auch bei Toni beobachten: Konzentrationsprobleme, Probleme im Sozialverhalten, geringe Frustrationstoleranz, Wutanfälle etc.

Diese Verhaltensbesonderheiten waren in einem Alter von ca. 4 Monaten nicht vorherrschend und nicht so offensichtlich, kamen jedoch mit zunehmender Reife immer mehr zum Vorschein. Waren in dem Alter noch eher eine Unsicherheit oder auch ein *Fiddle about*[52], das Überspielen einer Situation, zu sehen, zeigte sich nach der Pubertät eine Tendenz zur Strategie Aggression. Entsprach etwas nicht Tonis Erwartungen, konnte er mit dem entstehenden Frust nur schwer umgehen, er hatte eine geringe Impulskontrolle und war in seinen Wutanfällen gefangen.
In der Sehnsucht nach seinen Menschen war Toni häufig sehr aufgeregt, was sich nachteilig auf das Kennenlernen von nicht vertrauten Menschen und Hunden aus-

---

[50] Kapitel „Die Vergangenheit hinterlässt ihre Spuren" in Band 1 der Reihe ICH HALTE DICH

[51] *Bindungsmuster auf den Hund gekommen* in Kapitel „Bindung beim Hund"

[52] Band 4 der Reihe ICH HALTE DICH

wirkte. Erschien ein neuer Reiz, ein unbekannter Mensch oder Hund, dann überkugelte Toni sich förmlich in seiner Aufregung; er war kopflos und ungehalten. Um ihm und seinen Gefühlen Halt zu geben, umarmte ich ihn in diesen Momenten, von mir als **Bärenumarmung**[53] bezeichnet, sofern es ohne Eigenverletzung aufgrund seiner Übererregung möglich war. Ich gab ihm so viel körperliche Nähe, wie es ihm — aber auch mir — zuträglich war und sprach unaufgeregt und beruhigend zu ihm.

Mit einer sorgsamen Bindungsgestaltung und gezielten Übungen wurde Toni ein Weg aufgezeigt, in der Gemeinschaft und im Leben zu bestehen, ohne sich selbst im Weg zu stehen. Die erste Strecke auf dieser spannenden Reise durfte ich mit ihm gehen und mich über jeden seiner Fortschritte freuen. So lange, bis sich feinfühlige und besonnene Menschen fanden, mit denen er weiterreisen konnte.

FALLGESCHICHTE

ROCKY

Schäferhund, Rüde

Wer nach Tonis Fallgeschichte dem Trugschluss aufsitzt, dass solch eine Aneinanderreihung von ungünstigen Aufwuchsbedingungen eine Ausnahme darstellt oder gar nur im Ausland auftreten kann, dem möchte ich Rocky vorstellen.

Rocky wurde mir im Alter von 2 Jahren zur Verhaltensberatung gemeldet. Nach Aussage des Besitzers wurde er bereits als 6 Wochen alter Welpe in Deutschland von einem „Züchter" von der Mutter getrennt, da er angeblich zu aggressiv war. Der „Züchter" kümmerte sich nicht ausreichend um Rocky, die Kontakte beschränkten sich auf die Fütterung und das Reinigen des Zwingers. Im Alter von 8 Wochen wurde Rocky aus Mitleid von seinem aktuellen Besitzer gekauft. Dieser versäumte, die Erfahrungen der durchlittenen letzten zwei Wochen so weit wie möglich aufzuarbeiten. Er erwies sich nicht als zuverlässiger, fürsorglicher Bindungspartner, sondern maßregelte Rocky mit schmerzhaften und unverständlichen Korrekturen, wie zum Beispiel durch grobes Kneifen in die Seite. Aufgrund von Depressionen konnte er sich nach einem halben Jahr nur noch sporadisch um den Rüden kümmern.

---

[53] Die *Bärenumarmung* ist ein Führelement aus der Reihe „Achtsames Führen nach Cordt", das in Band 3 der Reihe ICH HALTE DICH näher beschrieben ist

Wer bereits als Welpe von Liebe und Leben abgeschnitten war, hat lebenslang daran zu tragen.

Es überraschte mich nicht, als er die folgenden Verhaltensauffälligkeiten seines Hundes aufführte: geringe Frustrationsgrenze, konstante Übererregung, aggressives Verhalten, mangelndes Konzentrationsvermögen, Probleme im Sozialverhalten.

HUNGER NACH LIEBE UND SOZIALER EINBINDUNG

Man darf nicht von der Existenz einer natürlichen Widerstandskraft des Hundes ausgehen, die es ihm ermöglicht, widrige Erfahrungen einfach wegzustecken und sich ohne Beistand wieder vollständig von schädlichen Erfahrungen zu erholen. Alle Erfahrungen wirken sich auf das Verhalten des Hundes aus, egal in welchem Alter er sie macht. Wurden diese jedoch in der Zeit des Heranwachsens gemacht, dann können sie einen nachhaltigen Einfluss auf Systeme im Gehirn und damit einen umso größeren Einfluss auf die Psyche und das Verhalten ausüben.[54] Schaut man sich Hun-

[54] Kapitel „Die Vergangenheit hinterlässt ihre Spuren“ in Band 1 der Reihe ICH HALTE DICH

de an, die ein problematisches Verhalten zeigen, so ist bei einer Vielzahl von ihnen ihr vormaliges Leben von einem Mangel an Fürsorge, von Unbeständigkeit und von Nichterfüllung ihrer elementaren Bedürfnisse gekennzeichnet. Dies kommt einem Bedrohungserleben gleich[55] und kann zu einem Trauma führen. Betrachtet man nun die problematischen Verhaltensweisen unter dem Aspekt einer posttraumatischen Belastungsstörung, dann erkennt man, wie fatal es ist, mit dem Hund so umzugehen, als ob er sein Verhalten mutwillig und wie aus heiterem Himmel entwickelt hätte. Wird aus diesem falschen Verständnis heraus gewaltsam auf ihn eingewirkt, dann wird er keinen funktionellen Umgang mit seiner Vergangenheit lernen können.

Wer ein Trauma immer nur als Folge schwerster Gewaltverbrechen sieht, dem gebe ich zu bedenken, dass der Hund auch traumatisierende Erfahrungen machen kann, ohne dass sein Mensch ihm bewusst einen Schaden zufügen wollte. Schaut man sich — leider immer noch gängige — Erziehungsmethoden an, bei denen die Bezugsperson gezielt über soziale Verunsicherung, Schmerzen und Unberechenbarkeit arbeitet, so ist es eher verwunderlich, wenn ein Hund von einem Trauma verschont bleibt. Ebenfalls kann auch das Miterleben von Gewalt ein Trauma erzeugen, sodass schon das bloße Anschauen eines Gewaltakts einen bleibenden Eindruck hinterlassen und für ein auffälliges Verhalten sorgen kann. Hierbei wird oftmals nicht bedacht, dass unter Umständen schon ein Anschreien oder ein beängstigendes Bedrängen vom Hund als „Gewaltakt“ wahrgenommen werden kann.

Wie gut ein Hund traumatische Erfahrungen verarbeiten kann, hängt maßgeblich davon ab, wie stabil sein „Grundgerüst“ ist, das entscheidend dadurch geprägt wird, wie viel Liebe ihm von seinen Bindungspartnern entgegengebracht wird und wie sehr er sich aufgefangen fühlt.

Die grauenhaften Harlow-Versuche zeigen erschütternde Schäden an der Seele der Affen und wie lebensnotwendig Liebe und Bindung sind. Die Steigerung der Isolationsexperimente war der sogenannte „Vertikaler-Raum-Apparat“ (vertical chamber apparatus). Er hatte Seiten aus rostfreiem Stahl, was zusätzlich Kälte[56] vermittelte und

---

[55] Band 4 der Reihe ICH HALTE DICH

[56] Auf den Einfluss der Temperatur auf das Geborgenheitsempfinden wird in „Geborgenheit vermitteln“ in Kapitel „H.A.L.T. – Bindung durch Schutz, Geborgenheit und Fürsorge“ detailliert eingegangen

die Gestalt einer umgedrehten Pyramide: nach unten hin spitz zulaufend, nach oben weiter geöffnet mit einem Netz bedeckt. Aus dieser vertikalen Kammer mit ihren rutschigen, steilen Wänden gab es kein Entrinnen. Sie war somit wie eine Fallgrube und die Affen verfielen innerhalb weniger Tage in die erlernte Hilflosigkeit, sodass Harlow selbst diesen Käfig auch als „Fallgrube der Verzweiflung" bezeichnete. Er erreichte das angestrebte Ziel: Schaffen eines Depressionsmodells vollkommener Hilflosigkeit und Verzweiflung. Hieran kann man sehen, welche verheerenden und weitreichenden Folgen es hat, wenn einem die Selbstwirksamkeit genommen wird und man zudem der Einsamkeit ausgeliefert ist. Die Ergebnisse waren schockierend: Sozial aktive Affen mit festen Bindungen wurden innerhalb von 4 bis 6 Wochen Unterbringung in der vertikalen Kammer zu depressiven Einzelgängern.

Die vertikale Kammer wirkte sich auf jeden Affen aus und „konnte abnormale Affen pathologisch machen, und normale Affen abnormal".[57] Eine Beschreibung, was für Harlow „normal" bedeutete, habe ich nicht finden können. Mein Verständnis von „Verhaltensauffälligkeiten" und von „nicht normal" habe ich bereits in Band 1[58] dieser Buchreihe dargelegt.

Um die Affen aus ihrem erbarmungswürdigen Zustand herauszuholen, kam die Idee auf, als Gegenmittel Liebe und soziale Gemeinschaft einzusetzen. Die Rechnung ging auf: Die Affen, die — bevor sie in die vertikale Kammer gesteckt wurden — sozial aktiv waren und damit wussten, wie man sozial funktioniert, konnten wieder aus ihrer Verzweiflung und Depression herausgeholt werden. Dies dauerte unterschiedlich lange, je nachdem wie lange sie in der Fallgrube ausharren mussten. Dass diese Erfahrung auch auf Hunde zutrifft, kann man im Tierschutzalltag regelmäßig beobachten und zeigt sich auch in der Fallgeschichte von Fenja.[59] Hatten die Affen jedoch vorher nicht lernen können, sich sozial zu verhalten, dann verkümmerten die sozialen Fähigkeiten in der Isolation. Die Affen, die aus der düsteren Langzeitisolation von 6 Monaten entlassen wurden, glichen den Überlebenden eines Konzentrationslagers: „Die Augen blind vor Entsetzen, die Arme noch um sich selbst

[57] Blum, D (2002): Die Entdeckung der Mutterliebe – die legendären Affenexperimente des Harry Harlow

[58] Kapitel „Aggression – nur allzu natürlich" in Band 1 der Reihe ICH HALTE DICH

[59] Kapitel „Bindungsarbeit im Tierschutz"

verschlungen [...] Sie strauchelten blind durch ihren Käfig, schaukelten sich selbst, zerbissen ihre Haut".[60]

Wie bereits erwähnt, sind Tierversuche für mich ethisch nicht vertretbar. Die Darstellung des unfassbar großen Leidens der Harlow-Affen sollte eindringlich genug gewesen sein.

Um Marc Bekoff[61] zu zitieren: „Einmal ist mehr als genug!" Der Wahnsinn zeigt jedoch, dass immer noch vergleichbare Versuche laufen; dabei haben die in ähnlichen Versuchen an Affen gewonnenen Daten keinerlei neue Erkenntnisse über das menschliche Verhalten aufgezeigt. Es werden bekannte Gesetzmäßigkeiten unnötig bestätigt und unfassbare Qualen von Tieren in Kauf genommen. „Tiere sind uns ähnlich. Viel mehr, als wir bislang dachten", sagt die Autistin Grandin in ihrem eindrucksvollen Buch.[62]

---

[60] Blum, D (2002): Die Entdeckung der Mutterliebe – die legendären Affenexperimente des Harry Harlow

[61] Marc Bekoff, ehemaliger Professor für Ökologie und Evolutionsbiologie an der University of Colorado, Boulder. Marc Bekoff setzt sich für die ethische Behandlung der Tiere ein und ist Mitgründer der Gesellschaft *Ethologists for the Ethical Treatment of Animals (EETA)*

[62] Grandin, T; Johnson, C (2014):
Ich sehe die Welt wie ein frohes Tier: Eine Autistin entdeckt die Sprache der Tiere

Vertrauen ins Leben fassen

BINDUNG BEIM KIND

ICH
HALTE
DICH

BINDUNGSTHEORIE NACH BOWLBY

Die Erfahrungen, die Kinder mit ihren wichtigsten Bezugspersonen machen, prägen den Bindungsstil zu neuen Bezugspartnern und beeinflussen maßgeblich das Verhalten in neuen Bindungen im Erwachsenenalter. Wie schnell eine Bindung eingegangen wird und wie sicher man sich in dieser fühlt, wirkt sich auf die Zurückhaltung und die Individualdistanz aus und beeinflusst das Zulassen von Nähe und die Sorge um einen möglichen Verlust sowie das Verhalten in einem Konflikt.

Um die große Bedeutung der frühen Bindungserfahrungen zu verdeutlichen, bedient sich Bowlby[63] des Bildes eines Rangierbahnhofs:

Dieser hat ein fächerförmig auseinanderlaufendes, miteinander durch Weichen verbundenes Gleissystem. Frühe Erfahrungen stellen die Weichen für die Entwicklung des Kindes entlang eines bestimmten Gleises in diesem System. Je weiter das Gleis von der „richtigen Spur" (=positive Entwicklung) wegführt und je länger das Kind bereits darauf unterwegs ist, desto schwerer wird die Rückkehr auf die richtige Spur.[64]

Dieses Bild zeigt auch, dass es sehr wohl möglich ist, den Entwicklungsweg des Schützlings zu korrigieren. Wird mit ihm so umgegangen, wie es für den Aufbau einer sicheren Bindung förderlich ist, dann können die Weichen umgestellt werden.[65] Mit einem Weitblick auf die sichere Bindung müssen eventuell Umwege in Kauf ge-

---

[63] John Bowlby (1907–1990), britischer Kinderarzt und Psychoanalytiker, Pionier der Bindungforschung

[64] Zitat aus: Jungmann, T; Reichenbach, C (2009): Bindungstheorie und pädagogisches Handeln

[65] Bowlby, J (2008): Bindung als sichere Basis. Grundlagen und Anwendungstheorie

nommen werden und unter Umständen bewegt man sich zunächst scheinbar vom eigentlichen Ziel weg. Der direkte Weg von „falschem Gleis“ zu „richtigem Gleis“ via Luftlinie ist selten möglich.

KLASSIFIZIERUNG NACH AINSWORTH

Eine Mitarbeiterin John Bowlbys, Mary Ainsworth[66], entwickelte eine standardisierte Beobachtungssituation, die sogenannte „Fremde Situation“, zur Klassifizierung des Bindungsmusters von Kleinkindern. Sie teilt die Kinder in drei verschiedene Bindungsmuster ein, für die jeweils ein bestimmtes Verhaltensmuster steht.[67] Ainsworth untermauerte hiermit Bowlbys These, dass es Unterschiede in der Qualität der Mutter-Kind-Beziehung gibt. Eine vierte Bindungskategorie[68], die auch als eine

---

66 Mary Ainsworth (1913–1999), US-amerikanisch-kanadische Entwicklungspsychologin, eine der Hauptvertreterinnen der Bindungstheorie

67 Ainsworth, M; Blehar, M; Waters, E; Wall, S (1978): Patterns of attachment. A psychological study of the Strange Situation

68 Main, M (1995): Desorganisation im Bindungsverhalten

mögliche Zusatzklassifikation der drei Bindungsmuster nach Ainsworth gesehen werden könnte, fügte Main[69] hinzu.

Die Untersuchungsmethode „Fremde Situation" wird bei Kindern in einem Alter von 11 bis 20 Monaten angewendet. Die Festsetzung der Altersuntergrenze ist insofern notwendig, da beschrieben wird, dass ein Kind erst ab etwa 7 bis 8 Monaten eine spezifische Person bei deren Abwesenheit vermissen kann[70] und Furcht bei Kindern erst um den achten Monat auftritt.[71] Furcht, die durch die Begegnung mit fremden Erwachsenen hervorgerufen wird, ist landläufig als „Fremdeln" und „Achtmonatsangst" bekannt. Die Altersobergrenze wird gesetzt, da sich das Testverfahren bei älteren Kindern nicht mehr für eine zuverlässige Klassifikation des Bindungsmusters eignet. Kinder in diesem Alter meistern kurze Trennungen wie in der „Fremde Situation" besser aufgrund ihrer Erfahrung und dank getroffener Absprachen und Rituale. Des Weiteren nehmen Schutzbedürftigkeit und Abhängigkeit mit zunehmendem Alter ab und das Wissen um die Verfügbarkeit ihrer Bindungsperson ist anhaltender.

DIE „FREMDE SITUATION"

Die „Fremde Situation" zur Erfassung des Bindungsmusters umfasst acht Episoden, in denen das Kind zweimal von der Mutter getrennt wird und die, wie der Name schon sagt, durch „Fremde" charakterisiert sind. Das Kind befindet sich zunächst allein mit der Mutter oder einer Bezugsperson in einem fremden Raum, der mit einer Spielecke ausgestattet ist. Spielsachen stehen während des gesamten Versuchs zur Verfügung und laden zum Erkunden ein. Nachdem eine fremde, freundliche Person hinzugekommen ist, verlässt die Bezugsperson den Raum. Hiermit rechnet das Kind nicht, es wird in seiner Erwartung enttäuscht, dass die Bezugsperson ihm in dieser befremdlichen Situation beisteht. Das Verhalten des Kindes – inwieweit es sich auf die Spielsachen und die fremde Person einlässt – bei wiederholten Trennungen und bei der Rückkehr der Bezugsperson lässt auf das jeweilige Bindungsmuster schließen.

---

[69] Mary Main (geb. 1943), US-amerikanische Entwicklungspsychologin, Vertreterin der Bindungstheorie

[70] Georgy, K (2001): Bindung im Säuglingsalter

[71] Bischof-Köhler, D (2007): Zusammenhänge zwischen Bindung, Erkundung und Autonomie

Das Nichtvertraute in der „Fremde Situation" aktiviert das Bindungssystem, das dadurch erkennbar wird und klassifiziert werden kann. Die Verunsicherung in diesen inszenierten Konfliktsituationen — und damit Belastung und Schutzbedürftigkeit — wird von Episode zu Episode gesteigert. Die daraus entstehende aktive Suche nach der beschützenden Nähe zur Bezugsperson vermindert das Erkundungsverhalten an den verlockenden Spielzeugen und der Umgebung. Um das Kind nicht zu sehr zu verängstigen und übermäßig zu strapazieren, sind die Episoden drei Minuten lang, gegebenenfalls auch kürzer. Ist zu erkennen, dass die Situation das Kind verstört und zu sehr belastet, sollte die Bindungsperson vorzeitig zum Kind zurückkehren, damit die Situation aufgelöst und die Notlage des Kindes nicht unnötig verlängert wird[72]. In meinem Trainingselement **AKKKA-Konsequenz**[73] (ein achtsamer, kurzzeitiger, kontrollierter Kontaktabbruch), die als negative Konsequenz ihren Einsatz findet und auch durch einen Kontaktabbruch zur Bezugsperson gekennzeichnet ist, gilt ebenfalls die Regel „maximal 3 Minuten", um den Schützling nicht übermäßig zu belasten.

BINDUNGS-EXPLORATIONS-GLEICHGEWICHT

Die Qualität der Bindung lässt sich anschaulich durch das Bindungs-Explorations-Gleichgewicht darstellen. Ausgehend von der sicheren Basis kann der Schützling seinem Erkundungsbedürfnis nachgehen (geht auf räumliche Distanz zur Bindungsperson) und bei Belastung im sicheren Hafen andocken, um dort wieder Zuversicht zu tanken und damit sein Sicherheitsbedürfnis zu stillen (sucht die Nähe zur Bindungsperson). Der Schützling nimmt so eine Nähe-Distanz-Regulation zur Bindungsperson vor.

Bei der sicheren Bindung sind Bindung und Exploration im Gleichgewicht. Bei den nicht sicheren Bindungsmustern liegt ein Ungleichgewicht vor.

---

[72] Kißgen, R (2009): Diagnostik der Bindungsqualität in der frühen Kindheit – Die fremde Situation

[73] Die von mir entwickelte *AKKKA-Konsequenz* wird in Band 5 der Reihe ICH HALTE DICH detailliert beschrieben

BINDUNGSMUSTER

Die Klassifizierungen zeigen, wie unterschiedlich sich Kleinkinder in einer fremden Situation bei einer Trennung und der Rückkehr der Bezugsperson verhalten können und welchen Einfluss das Bindungsmuster auf das Erkunden der Umwelt und auf die Anpassung an sie hat.[74, 75, 76, 77] Vergleichbares lässt sich in der Mensch-Hund-Beziehung beobachten, wie in Kapitel „Bindung beim Hund“ dargelegt wird. Selbstverständlich kann ein standardisiertes Verfahren wie die „Fremde Situation“ nie das gesamte Spektrum der möglichen Eltern-Kind-Interaktionen erfassen.

Sicher gebunden

In der „Fremde Situation“ zeigt sich das sicher gebundene Kind in der Anwesenheit der Mutter interessiert an der neuen Umgebung, es erkundet sie ungestört und nimmt eine Spielbeziehung zu der anwesenden fremden Person auf, wobei es sich bei seiner Mutter oder einer anderen Bezugsperson rückversichert. Verlässt die Bezugsperson den Raum, so zeigt das Kind offen Bindungsverhalten, es weint und sucht nach ihr, beruhigt sich aber schnell wieder. Bei Rückkehr der Bezugsperson reagiert das Kind freudig und nimmt Kontakt mit ihr auf, um sich von dieser sicheren Basis aus dann wieder interessiert der Umgebung zuzuwenden.

Ein Kind mit einem derartigen Bindungsstil ist in sich gefestigt. Es weiß um seine eigenen Stärken und kann entsprechend gelassen sein. Die Gewissheit, dass die Bezugsperson zuverlässig ist und ihm durch ihren Beistand in stressigen und beängstigenden Situationen hilft, macht es offen für die Erkundung seiner Umgebung. Das Vertrauen in den sicheren Hafen, die Geborgenheit, die Fürsorge und die Feinfühligkeit, mit der auf seine Bedürfnisse, Befindlichkeiten und Eigenarten eingegangen wird, ist der direkte Weg in die sichere Bindung. Widrigkeiten des Lebens werden abgepuffert und das Kind kann psychisch stabil wachsen.

---

[74] LMU (2008): Bindung · Emotionale Entwicklung und Entwicklung des Selbst

[75] Schleiffer, R (2014): Der heimliche Wunsch nach Nähe. Bindungstheorie und Heimerziehung

[76] Brisch, KH (2007): Bindungsstörungen – Grundlagen, Diagnostik und Konsequenzen für sozialpädagogisches Handeln

[77] Neumann, E (2002): Von der Eltern-Kind-Bindung zur Paarbindung Erwachsener

Unsicher-vermeidend gebunden

Das unsicher-vermeidend gebundene Kind interessiert sich recht schnell für das bereitgelegte Spielzeug und beachtet seinen Bindungspartner kaum. Die Trennung scheint es nicht zu beeindrucken, Bindungsverhalten ist nur wenig erkennbar. Die fremde Person wird als Kontakt akzeptiert, das Erkundungsverhalten ist etwas eingeschränkt. Die Rückkehr der Bezugsperson nimmt das Kind nicht offensichtlich zur Kenntnis. Es ist kein Wunsch nach Kontakt zu sehen und es wird sich sogar aktiv von der Bezugsperson distanziert. Dieses Verhalten wird umso deutlicher, je mehr der Stress durch weitere Trennungen zunimmt.

Der Entwicklung eines unsicher-vermeidenden Bindungsstils wird Vorschub geleistet, wenn in der Beziehung des Kindes zu seiner Bezugsperson der vertrauensvolle körperliche Kontakt unzureichend ist, der Wunsch des Kindes nach Nähe auf Ablehnung stößt und auf sein Bindungsverhalten nicht angemessen reagiert wird. In belastenden Situationen wird nicht getröstet, sondern die Mutter bringt ihrem Schützling unter Umständen sogar negative Gefühle entgegen.

Das Kind zeigt eine Pseudounabhängigkeit als Stress-Kompensationsstrategie. Es gewöhnt sich an, Zuneigung und fremde Hilfe nicht in Anspruch zu nehmen und demzufolge auch sein Verlangen nach Bindung nicht

zu zeigen. Infolgedessen erwecken solche Kinder auf den ersten Blick den Eindruck, dass sie in sich ruhen. Doch genau das Gegenteil ist der Fall: sie leiden still. Wie Tests in den 90-er Jahren zeigten, ging die Unterdrückung des Bindungsverhaltens mit einer hohen emotionalen Belastung einher — die Konzentration des Cortisols stieg, was ein Indikator für akuten Stress ist.[79] Das lässt darauf schließen, dass derart gebundene Kinder durchaus Angst haben, aber keine funktionierende Bewältigungsstrategie besitzen.

Unsicher-ambivalent gebunden

Das unsicher-ambivalent gebundene Kind zeigt sich ängstlich und auf seine Bezugsperson fixiert. Aufgrund nicht vorhersehbarer Interaktionserfahrungen mit ihr, ist das Kind unentwegt damit beschäftigt herauszufinden, ob es sich momentan auf sie verlassen kann, wodurch das Bindungsverhalten ständig aktiviert ist. Dies verhindert seine Beschäftigung mit der Umgebung und dem Spielzeug.

Dementsprechend reagiert das Kind auf die Trennung stark verunsichert und zeigt große Trauer, klammert sich möglicherweise an die Bezugsperson und möchte ihr Weggehen auf jeden Fall verhindern. Bis zur Rückkehr der Bezugsperson lässt es sich nur schwer, wenn überhaupt, beruhigen. Bei der Rückkehr sind zwei Verhaltensmuster möglich. Das Kind klammert sich stark an die wiedergewonnene Bezugsperson oder es verhält sich genau gegensätzlich. Es zeigt sich ungehalten, indem es beispielsweise Spielzeug durch die Gegend wirft, sich abwehrend verhält oder sich scheinbar unbeeindruckt abwendet. Eine erneute Aufnahme eines entspannten Spiels ist verzögert.

Der unsicher-ambivalente Bindungsstil kann sich entwickeln, wenn die Bindungsperson sich grundsätzlich unbeholfen und wenig emotional zeigt. Auf die Bindungs- und Erkundungswünsche des Kindes reagiert sie nicht zuverlässig, mal werden sie befriedigt, mal werden sie ignoriert. Aufgrund der emotionalen Abhängigkeit zeigt sich auch das Kind in diesem Wechselbad der Gefühle ambivalent und sucht einerseits Nähe und andererseits Distanz aus Angst vor einer erneuten Zurückweisung.

---

[78] in Anlehnung an: Ziegenhain, U (2006): Bindungsstörungen

[79] Spangler, G; Grossmann, KE (1993): Biobehavioral organization in securely and insecurely attached infants

Desorganisiert gebunden

Den desorganisierten Bindungsstil brachte Main auf, da es immer wieder Kinder in der „Fremde Situation" gab, die nicht den vorgenannten drei Bindungsmustern von Ainsworth zugeordnet werden konnten.[80] Es ist nicht ganz klar, ob dieser von Main entdeckte vierte Bindungsstil als ein eigenständiges Bindungsmuster aufzufassen ist oder ob er vielmehr eine Zusatzklassifikation der anderen Stile ist.[81]

Kinder dieses Bindungsstils zeigen bei wiederholter Trennung und Rückkehr in der „Fremde Situation" keine organisierte, klare Strategie, über die sie Schutz und Trost finden können. Sie wirken verstört und planlos, was sich in einem nicht stimmigen, emotional widersprüchlichen Verhalten äußert. Bisher beherrschte Furcht ihre Bindungserfahrungen, sodass sie nun im Konflikt zwischen der Furcht und dem Sicherheitsbedürfnis gleichzeitig Annäherungs- und Vermeidungsverhalten zeigen. Sie führen Verhaltensabläufe nicht zu Ende wie beispielsweise ein Hinlaufen zur Mutter mit einem Abwenden kurz vor ihrem Erreichen. Weitere mögliche Verhaltensweisen sind Stimmungsschwankungen ohne erkennbaren Anlass, ein plötzliches Erstarren für einige Sekunden, Bewegen wie in Zeitlupe sowie Zeigen von Angst und Stereotypien. Die Bezugsperson ist einerseits die Ursache für die Angst, wobei sie doch andererseits als sicherer Hafen zur Auflösung der Angst beitragen sollte. In diesem Konflikt kommt es beim Kind genauso wie beim unsicher gebundenen Kind zu erhöhten Stresswerten.[82]

Zu diesem desorganisierten Bindungsstil können leidvolle Erfahrungen wie physische und psychische Traumata während des Heranwachsens führen, wie der frühe Tod von engen Bindungspersonen oder Misshandlungen durch diese. Auch eine rein körperliche Anwesenheit, ohne emotional für das Kind erreichbar zu sein, kann zur Entwicklung eines solchen Bindungsstils beitragen.

---

[80] Main, M (1995) Desorganisation im Bindungsverhalten

[81] Neumann, E (2002): Von der Eltern-Kind-Bindung zur Paarbindung Erwachsener

[82] Brisch, KH (1999): Bindungsstörungen – von der Bindungstheorie zur Therapie

Bindungsmuster erkennen

BINDUNG BEIM HUND

ICH
HALTE
DICH

Bindungsmuster erkennen

Die Eltern-Kind-Bindung mit ihren verschiedenen Bindungsmustern lässt sich meinen Erfahrungen nach bestens auf Hunde übertragen. Hunde im Sozialverband mit ihren Menschen sind schutzbedürftig wie Kinder und bedürfen ihrer Fürsorge und Achtsamkeit. Die Arbeiten von Harlow und weiteren Forschern weisen zudem auf die Ähnlichkeit zwischen Menschen und anderen Säugetieren hinsichtlich der Faktoren hin, die das Bindungsgeschehen beeinflussen.

Zur Einschätzung der Qualität einer Bindung ist das Bindungsverhalten von Bedeutung. Hierunter werden Verhaltensweisen verstanden, die der Hund zeigt, wenn er von seiner Bezugsperson getrennt wird sowie deren Intensität und Dauer. Wie sehr sucht er grundsätzlich die Nähe zur Bezugsperson? Was lässt er sich einfallen, um den Kontakt nicht abbrechen zu lassen, beziehungsweise um bei einer Trennung die Wiederkehr herbeizuführen? Aber auch das Gegenteil ist aufschlussreich: Liegt dem Hund scheinbar nichts an der Rückkehr seiner Bezugsperson, sodass er sie ignoriert oder sogar aktiv abwehrt?

Die gezeigten Verhaltensweisen sind abhängig von seinen Erfahrungen mit seiner Bezugsperson in einer als mehr oder weniger belastend wahrgenommenen Umwelt. Sich auf seine Bezugsperson einstellen zu können und sich anzupassen, stellt eine besondere Erfordernis dar und ist evolutionär begründet. Nähe und Zuwendung haben kurz- und langfristige positive Auswirkungen auf Körper und Seele. Einen klaren Überlebensvorteil hat derjenige, dessen schutzpflichtiger Bindungspartner empathisch seine Befindlichkeiten erfasst, sensibel auf ihn reagiert und seine Bedürfnisse zu befriedigen weiß.

Wer in permanenter Sorge um den Verlust seines Bindungspartners ist und Trennungsstress erfährt, erleidet Schmerzen, die vergleichbar mit körperlichen Schmerzen sind.[83] Diese beeinträchtigen den Hund so sehr und nehmen ihn dermaßen in Anspruch, dass er nicht sein gesamtes Potenzial ausleben kann. Es ist überaus berührend und immer wieder faszinierend zu erleben, welche neuen Facetten und Fähigkeiten Hunde zeigen, wenn ihr Bindungsbedürfnis erfüllt wird und sie sich, gehalten in einer sicheren Bindung, entfalten können.

BINDUNGSMUSTER — AUF DEN HUND GEKOMMEN

Die Beschreibung der bei Hunden zu beobachtenden Bindungsstile birgt die Gefahr, dass ein Hundebesitzer — wenn er die Vermutung hat, dass er mit seinem Hund nicht sicher verbunden ist — ein schlechtes Gewissen bekommen und sich inkompetent fühlen könnte. Dies ist keinesfalls meine Absicht. Die Ausbildung eines Bindungsmusters hängt von vielen Faktoren ab. Oftmals wurde alten Ansichten aufgesessen, die dem Hund in keiner Weise gerecht werden und die den Aufbau einer sicheren Bindung erschweren, obwohl man guten Glaubens war, sich dem Hund gegenüber richtig zu verhalten. Oder aber es wurde ein Hund bereits vorbelastet übernommen, der ein Paket an ungünstigen Bindungserfahrungen mitbringt.

Welches Bindungsmuster auch immer der Hund zeigt — wichtig ist, es zu erkennen, um dadurch Verständnis für seine Verhaltensweisen zu gewinnen. So konnten Beobachtungen an Kindern des unsicheren Bindungsstils zeigen, dass ihre Stressresistenz abnahm, sie ein unsicheres, unzufriedenes und hilfloses Wesen entwickelten und Probleme beim Aufbau von neuen Sozialbeziehungen hatten.[84] Das Gleiche kann bei Hunden beobachtet werden. Aufschlussreich finde ich die Tatsache, dass bei unsicher gebundenen Kindern zudem eine erhöhte Neigung zur Überschreitung von Grenzen bis hin zur Straffälligkeit (Delinquenz) festgestellt werden konnte.[85, 86] Dieser Zusammenhang von unsicherem Bindungsmuster und jugendlicher Delinquenz

---

[83] Moles, Kieffer, D'Amato (2004): Deficit in attachment behavior in mice lacking the μ-Opioid Receptor Gene

[84] Quirin, Gillath, Pruessner, Eggert (2010): Adult attachment insecurity and hippocampal cell density

[85] Bowlby, J (1946): Fourty-four juvenile thieves: their characters and home life

[86] Fonagy, P; Levinson, A (2004): Offending and attachment: The relationship between interpersonal awareness and offending in a prison population with psychiatric disorder

Zur Einschätzung der Bindung ist unter anderem das Verhalten des Hundes bei Trennung von Interesse.

resultiert meiner Meinung nach daraus, dass diese Kinder verzweifelt auf der Suche nach Beständigkeit in ihrem Leben sind. Sie suchen nach Grenzen und klaren Regeln, die als Stützpfeiler für das (Über-)Leben verstanden werden können. Um diese zu finden und auf ihre Tauglichkeit zu überprüfen, werden sie zunächst strapaziert und getestet. Regeln und Grenzen geben Halt. Fehlen sie im Leben, so ist dies wie ein Schwimmen im Ozean ohne Land in Sicht. Da die Thematik „Regeln und Grenzen“ sehr umfassend ist, ist ihr ein gesonderter Band[87] dieser Buchreihe gewidmet.

Erst dann, wenn ein Hund mit Verhaltensbesonderheiten nicht pauschal verurteilt wird, sondern die Gründe für sein Verhalten erkannt werden, ist der Weg frei für eine faire, kompetente und nachhaltige Beeinflussung seines Verhaltens und damit für den Aufbau einer sicheren Bindung.

Die nachfolgend beschriebenen vier Bindungsmuster und die Faktoren Bindungsvermeidung und Bindungsangst reichen allerdings nicht aus, um das Bindungskonstrukt Hund-Mensch umfassend zu beschreiben. Zudem wird der Hund, wie auch das Kind, nicht nur verschiedene Bindungsstile zu verschiedenen Bindungspartnern haben, sondern es können je nach Situation unterschiedliche Bindungsmuster akti-

[87] Band 5 der Reihe ICH HALTE DICH

viert werden. Unabhängig vom Bindungsmuster gibt es weitere Gründe, weshalb ein Hund sich ungehalten und aggressiv gegenüber seinem Besitzer und anderen Personen verhalten und Verhaltensweisen zeigen kann, die sich störend auf die Gemeinschaft auswirken. Alle auf den Hund einwirkenden Faktoren wie psychosoziale und materielle Lebensumstände sind zu berücksichtigen, ebenso wie seine individuellen Schutzmechanismen. Hieraus wird ersichtlich, welche verantwortungsvolle Aufgabe ein Hundehalter hat.

Der feinfühligen Erfüllung des Bindungsbedürfnisses kommt eine herausragende Bedeutung zu. Wird auf dieses prompt und angemessen reagiert, ist der Weg in die sichere Bindung frei. Wird auf das Bindungsbedürfnis aber zurückweisend reagiert, entwickelt sich in der Regel ein unsicher-vermeidendes Bindungsmuster. Ist die Reaktion auf das Bindungsbedürfnis wechselhaft und launisch, ist sie für den Hund unvorhersehbar und es baut sich bevorzugt eine unsicher-ambivalente Bindung auf.

BESTIMMUNG DES BINDUNGSMUSTERS

Ich sehe große Parallelen in den Bindungen Eltern-Kind und Mensch-Hund und integriere die Erkenntnisse daraus erfolgreich in die Verhaltensberatung und vor allen Dingen in den alltäglichen Umgang mit dem Hund. Dennoch lässt sich die „Fremde Situation“ nach Ainsworth[88] als Untersuchungsanordnung zur Bestimmung des Bindungsmusters bei Kindern nicht ohne Weiteres auf den Hund übertragen.

Zur Klassifizierung der Mensch-Hund-Bindung rate ich eindringlich davon ab, die „Fremde Situation“ unreflektiert auf den Hund zu übertragen. Hierbei können Situationen entstehen, die zum einen gefährlich für die beteiligten Personen werden können. Das **Prinzip von Geben & Nehmen**[89] wird nicht bedacht und damit ein Abwehrverhalten ausgelöst, das unabhängig von der eigentlichen Aufgabenstellung ist. Zum anderen werden Alter des Hundes, Rasse(-Mix), die Dauer des Zusammenlebens mit seinem Menschen und die Anzahl der durchlebten Bindungsabbrüche nicht berücksichtigt. Wie jede standardisierte Versuchsanordnung zur Klassifizierung von

---

[88] *Klassifizierung nach Ainsworth* in Kapitel: „Bindung beim Kind“

[89] Das *Prinzip von Geben & Nehmen* wird in Band 4 der Reihe ICH HALTE DICH detailliert beschrieben

Die Ähnlichkeit des Bindungssystems Mensch-Hund und Eltern-Kind ist erstaunlich.

Verhalten kann auch sie selbstverständlich nicht das gesamte Spektrum der möglichen Verhaltensbeeinflussungen widerspiegeln. Mich interessieren nicht nur die Veränderungen in der Mensch-Hund-Beziehung bei einem Hund im Tierschutz in der Zeit seines Aufenthalts in der Betreuung bis hin zur erfolgreichen Adoption. Mein Augenmerk liegt auch auf Hunden mit Verhaltensbesonderheiten in der Zeit der Verhaltensberatung mit gezielter Bindungs- und damit Verhaltensbeeinflussung.

Auch ohne eine gezielte Versuchsanordnung kann man Hinweise zum Bindungsmuster des Hundes gewinnen. Es gilt, den Hund in vielen Momenten des Zusammenlebens mit seinem Menschen zu sehen. Gute Anhaltspunkte für die Einschätzung des Bindungsmusters geben die beobachteten Verhaltensweisen bei Trennung von der Bezugsperson und bei ihrer Wiederkehr. Im Alltag gibt es vielfache und vielfältige Trennungen, die sich in der Vertrautheit der Umgebung und der anwesenden Personen und in der Gestaltung der Trennung unterscheiden. Die gefundenen Zusammenhänge sollten in ihrer Gesamtheit und nur als Wahrscheinlichkeit für ein bestimmtes Bindungsmuster gesehen werden.

Geben Sie Ihrem Hund Schutz, wenn er ihn braucht.

Sicher gebunden

Die sichere Bindung ist das anzustrebende Bindungsmuster. Je freundlicher und fürsorglicher der Umgang des Menschen mit seinem Hund ist, je mehr Wertschätzung und Achtung er erfährt, umso höher wird sein Selbstwertgefühl, was zum Aufbau einer sicheren Bindung beiträgt. Der Schützling vertraut auch in Stress- und Angstsituationen auf den Rückhalt seiner Bezugsperson, selbst wenn diese nicht greifbar ist. Diese Zuversicht entstammt der ihm entgegengebrachten Feinfühligkeit seines Menschen, mit der zuverlässig und angemessen auf die hundlichen Befindlichkeiten und Nöte reagiert wird. Der Hund vertraut auf die Fürsorge und darauf, dass er in schwierigen Momenten nicht im Stich gelassen wird. Er weiß, dass ihm die Angst genommen und er emotional gestärkt und tatkräftig unterstützt wird. So kann er sich im Alltag vielfältigen Konflikten stellen. Die Fürsorge des Menschen darf jedoch keinesfalls zu einer Entmündigung durch übertriebenes Kontrollieren und Überbehüten verkommen[90], das den Hund unselbstständig und zu einem Nichts ohne seinen Menschen werden lässt. Stattdessen sind dem Hund Erfolgserlebnisse zu ermöglichen, seine Selbstständigkeit zu fördern und seine Talente zu entdecken und auszubauen. So bekommt er Lust auf Herausforderungen[91], lernt seine Fähigkeiten und Möglichkeiten einzuschätzen und traut sich mehr zu. Bei sicher gebundenen Kindern wird beschrieben, dass sie fröhlicher sind, leichter lernen und besser Probleme lösen können.[92] Dies lässt sich auch beim sicher gebundenen Hund beobachten. Nicht verwunderlich, dass sich dies positiv auf seine Stressresistenz, Ausgeglichenheit, Sozialkompetenz sowie Kooperationsbereitschaft auswirkt.

Die sichere Bindung kann als Stoßdämpfer gesehen werden, der die Entwicklung des Hundes vor den Unebenheiten des Lebensweges schützt: Belastungen werden besser verarbeitet und erschreckende Erlebnisse und Widrigkeiten abgepuffert, sodass die Seele weniger dramatisch und nachhaltig beeindruckt wird. Je länger eine sichere Bindung dauert, desto größer wird die psychische Widerstandskraft und desto geringer ist die emotionale Verwundbarkeit.

Wird ein sicher gebundener Hund von seinem Menschen getrennt, so zeigt er sehr wohl, dass er die Trennung bemerkt und seinen Menschen gerne bei sich hätte, ohne sich deswegen jedoch verzweifelt an ihn zu klammern und vehement zu versuchen, die Trennung zu verhindern. Kehrt der Mensch zurück, freut sich der Hund. Er ist in Anwesenheit seines Menschen offen für seine Umgebung und für neue Bekanntschaften. Sein Mensch fungiert als sicherer Hafen, den er in einer belastendenden Situation aufsuchen kann, um Zuversicht zu tanken.

Wird auf das Zeigen des Bindungswunsches des Hundes reagiert, sein Befinden feinfühlig wahrgenommen und ihm in Angst- und Stresssituationen Beistand gegeben, so ist dies erfüllend und sichernd und der Hund schließt sich solch einem vertrauenswürdigen und fürsorglichen Menschen eher an. In der sicheren Bindung gehalten, hat der Hund seinen Menschen als unerschütterliche sichere Basis erfah-

---

[90] Kapitel „Von Helikopter-Eltern und Curling-Eltern"

[91] *Vertrauen geben für den Sprung über den eigenen Schatten* in Kapitel „H.A.L.T. – Bindung durch Schutz, Geborgenheit und Fürsorge"

[92] Grossmann, K; Grossmann KE (2012): Bindungen – das Gefüge psychischer Sicherheit

ren, wodurch ihm viel Stress und Sorge genommen wird. Er ruht in sich und kann befreiter, offener und damit besser gelaunt die Umgebung erkunden, sich mit ihr auseinandersetzen und auf sie reagieren. Indem er sein Erkundungsverhalten unter dem sicheren Schirm seines Menschen ausleben kann, macht er neue Erfahrungen, lernt seine Fähigkeiten einzuschätzen und Probleme zu lösen; seine Selbstwirksamkeit nimmt zu. Diese lässt ihn erfahren, dass er eigenständig sein Wohlbefinden steigern kann, was das Mittel schlechthin gegen (erlernte) Hilflosigkeit ist.

Dies alles ist nicht möglich, wenn das vordringliche Erziehungsziel darin besteht, nur unerwünschte Verhaltensweisen zu sehen und zu ahnden, das Ausbleiben einer unangenehmen Konsequenz bereits als Belohnung gesehen wird, während Bestrafungen freigiebig verteilt werden.[93] Das Herrschaftsdenken, in dem der Hund als Gegner wahrgenommen wird, den es zu bekämpfen gilt, hat in der sicheren Bindung keinen Platz. In der sicheren Bindung nimmt der Mensch als Fürsorgepflichtiger vielmehr seine Rolle verantwortungsbewusst und gerne wahr und zeichnet sich durch Feinfühligkeit sowie liebevolle und kraftvolle Präsenz aus. Das bedeutet, dass unerwünschte und nicht nachvollziehbare und damit irritierende Verhaltensweisen — selbst wenn sie gegen den Menschen gerichtet sein sollten — seiner Zuneigung keinen Abbruch tun (was nicht einem Gutheißen entspricht) und er nach wie vor für seinen Schützling da ist.[94]

Unsicher-vermeidend gebunden

Ist ein Hund unsicher-vermeidend gebunden, sucht er in belastenden Situationen nur gehemmt den Schutz seines Menschen. Er hat die Erfahrung gemacht, dass dieser zwar verfügbar ist, aber nicht hilfreich, sondern unter Umständen die Situation sogar noch erschwert. Entfernt sich sein Mensch, so wird keine offensichtliche Trauer gezeigt, der Hund scheint überdies unbeeindruckt zu sein; die Wiederkehr seines Menschen wird oft ignoriert. Dies ist sicherlich einer der Gründe, warum einige Hunde nach einer externen Unterbringung bei ihrer Abholung kein sonderlich

[93] Kapitel „Nichts im Leben ist umsonst, aber vieles gratis" in Band 1 der Reihe ICH HALTE DICH

[94] *Halt dich an mir fest, [...]* in Kapitel „Mensch-Hund-Bindung gestalten"

Der Bindungswunsch ist immer vorhanden – auch, wenn es auf den ersten Blick nicht danach aussieht.

großes Interesse an ihren Menschen zeigen. Das mangelnde Interesse an ihren Besitzern wird dann gerne von diesen fehlgedeutet als: „Er nimmt es mir übel, dass ich ihn alleine gelassen habe.“, „Er ist beleidigt, dass ich ohne ihn weggefahren bin.“, „Ich bin ihm egal, der hat mich überhaupt nicht vermisst.“

Die unsicher-vermeidende Bindung kann entstehen, wenn auf die Nöte des Hundes nicht feinfühlig genug eingegangen wird, seine Befindlichkeiten nicht erkannt werden und ihm entsprechend wenig Rückhalt gegeben wird. Die körperliche Nähe ist eingeschränkt und erfolgt eher aus einer Notwendigkeit heraus. Eine Reduzierung der Zuwendung sehe ich zum einen bei den Hundebesitzern, die ihrem Hund aus Furcht, dessen Angst in belastenden Situationen zu bestätigen, in seiner Not nicht beistehen. Sie glauben, ihm auf diese Weise dazu zu verhelfen, auf eigenen Beinen zu stehen; leider bewirkt eine solche Reaktion auf die Sorgen des Hundes das genaue Gegenteil. Zum anderen ist ein reduzierter und oftmals unverhoffter körperlicher Kontakt auch bei den Hundebesitzern zu beobachten, die der Einstellung aufgesessen sind, dass jegliche Initiative zur Kontaktaufnahme vom Menschen und nicht vom Hund auszugehen hat. Zu groß ist ihre unberechtigte Furcht, der Hund würde sonst als ranghoch anerkannt und dadurch seiner Manipulation und Abwertung des Menschen Tür und Tor geöffnet werden.

Wird der Hund immer wieder bei seiner Kontaktaufnahme und seinem Hilfegesuch von seinem Menschen zurückgewiesen, dann lernt er, dass er nicht mit Zuneigung und Hilfe rechnen kann, sondern dass er alleine auf sich gestellt ist. Je häufiger er offene Ablehnung erfährt und in seinem Wunsch nach Nähe enttäuscht wird, umso größer wird der psychosoziale Konflikt. Dieser gilt als der größte Stressor schlechthin.[95] Dem Hund fehlt zunehmend die Zuversicht bezüglich der Verfügbarkeit seiner Bezugsperson mit der Folge, dass die elementaren Bedürfnisse nach Sicherheit und Fürsorge nicht erfüllt werden. Dies kann bei einem Welpen und einem heranwachsenden Hund negative Auswirkungen auf das Stressregulationssystem[96] haben und damit weitreichende Folgen auf das gesamte Verhaltensspektrum. Solche Hunde sind in der Regel ängstlicher und können sogar depressive Verhaltensweisen zeigen. Konflikte wiegen schwerer, bei einer psychischen Belastung droht eher ein Zusammenbruch und die Kompetenz im Aufbau von Sozialbeziehungen leidet.

Das Eingehen auf die Kontaktanfrage des Hundes ist auch darauf abzustimmen, ob der Hund penetrant um Aufmerksamkeit bettelt, weil ihm einfach nur langweilig ist. In diesem Fall empfiehlt es sich unter Umständen, das Gesuch des Hundes zu ignorieren, sodass einem tatsächlich aufmerksamkeitsheischenden Verhalten nicht weiter Vorschub geleistet wird, der Hund Grenzen erfährt und mit Frust umzugehen lernt.

Schlimmer noch, als den Bindungswunsch zu ignorieren ist es, dem Hund bei seinem Wunsch nach Nähe und Schutz Schmerzen zuzufügen. Er sollte nie aus Erziehungsgründen geschlagen werden und erst recht nicht in Angst- und Stresssituationen. Diesen schmerzhaften Erfahrungen versucht der Hund zu entgehen, indem er seinen Bindungswunsch immer seltener offen zeigt; es entwickelt sich ein unsicher-vermeidendes Bindungsmuster. Auf den ersten Blick erscheinen diese Hunde pflegeleicht. Man kann sie problemlos alleine lassen und sie „verzeihen“ einen nicht

---

[95] Hüther, G (2001): Die neurobiologische Verankerung von Erfahrungen und ihre Auswirkungen auf das spätere Verhalten

[96] Kapitel „Die Vergangenheit hinterlässt ihre Spuren“ in Band 1 der Reihe ICH HALTE DICH

Die Erziehung des Hundes durch Unterdrückung und Einschüchterung führt nie zu einer sicheren Bindung.

ausreichenden sozialen Kontakt. Dabei ist es beileibe nicht so, dass diese Umstände sie nicht belasten, vielmehr haben sie gelernt, ihren seelischen Schmerz nicht auszudrücken. Tests haben das stille Leid bei Kindern über die Messung des Cortisolspiegels nachweisen können.[97] Sie offenbaren, dass die Kinder sehr wohl Angst hatten, aber zu ihrer Bewältigung keine funktionierende Strategie besaßen. Sie fielen in eine erlernte Hilflosigkeit. Das Gleiche lässt sich bei Hunden beobachten. Hieraus wird ersichtlich, welche weitreichenden und beeinträchtigenden Auswirkungen es für den Hund und damit auch für sein Umfeld hat, wenn mit ihm nicht fürsorglich und achtsam umgegangen und nicht auf seine Bedürfnisse eingegangen wird.

Unsicher-ambivalent gebunden

In einer unbekannten Gegend und Situation zeigt sich der Hund selbst in Anwesenheit seines Besitzers unsicher und gestresst und ist im Erkundungsverhalten gehemmt. Er kann sich nicht mit der Umgebung beschäftigen, da er permanent auslotet, ob er momentan mit dem Beistand seiner Bezugsperson rechnen kann oder nicht. Eine Trennung möchte er unbedingt verhindern und er zeigt deutliches Bindungs-

[97] Spangler, G; Grossmann, KE (1993): Biobehavioral organization in securely and insecurely attached infants

Gerade noch zutraulich und jetzt abwehrend; die Ursache hierfür kann auch im Bindungsmuster liegen.

verhalten. Die Trennung selbst verunsichert den Hund, er kann sich nur schwer auf etwas anderes konzentrieren oder sich gar dafür begeistern.

Kommt sein Mensch wieder zu ihm zurück, zeigt der Hund ambivalentes Verhalten: Er sucht den Kontakt und nimmt seinen Besitzer stark in Beschlag, gleichzeitig wehrt er ihn jedoch auch ab. Dies irritiert auf den ersten Blick und führt leider dazu, dass der Hund als „falsch" und „unberechenbar" bezeichnet wird, da er auf den ersten Blick freundlich auf seinen Besitzer zugeht, um dann bei der Kontaktaufnahme Abwehrverhalten zu zeigen und beispielsweise zu knurren oder zu schnappen.

Sowohl in der Intensität des Kontakts als auch bei der Abwehr gibt es unterschiedliche Ausprägungen. Unter Umständen springt der Hund in seinem Verhalten sogar von einer Variante in die andere und erscheint dadurch erst recht nicht vorhersehbar. Hängt sich der Hund an seinen Besitzer, so kann dies von einem Nicht-mehr-von-der-Seite-weichen bis hin zu einem wortwörtlichen Hängen reichen. Bei diesem umklammert der Hund seinen Besitzer oder hält ihn fest, indem er seine Kleidung – oder sogar Arm, Hand, Bein oder Fuß – ins Maul nimmt. Das abwehrende Verhalten kann sich zwischen lediglich einem Ignorieren bis hin zu einem vehementen und gefährlichen Abwehren bewegen.

Der Hund entwickelt ein unsicher-ambivalentes Bindungsmuster, wenn keine klare Linie erkennbar ist, wann er auf seine Bezugsperson zählen kann. Sie ist für ihn nicht einschätzbar, da ihre Feinfühligkeit je nach aktueller Befindlichkeit schwankt, wie beispielsweise bei einem Alkoholiker oder grundsätzlich bei Menschen mit starken Stimmungsschwankungen. Aber auch jeder andere Mensch kann sich in vielen Situationen für den Hund unberechenbar verhalten. Auch ein „Trainingsphilosophie-Hopping" kann hierzu beitragen; weder ist der Mensch sicher in seinem Tun, noch ist irgendein roter Faden zu erkennen. Zu sehr wechseln sich oft stark unterschiedliche Umgangs- und Trainingsformen ab.

Ähnliches gilt für *Double-Bind-Botschaften,* bei denen sich die nach außen getragene Emotion und der Klang der Stimme[98] (der Hund kann sowohl die der Mimik[99], als auch die der Stimme[100] zugrunde liegende Emotionen zuordnen) widersprechen und der Mensch damit paradoxe Signale aussendet.

Dieser soziale Konflikt birgt ein ungeheures Stresspotenzial, sodass das Bindungsverhalten des Hundes permanent aktiviert ist. Sein daraus resultierendes „Stalken" wird häufig als besitzergreifend, kontrollierend oder maßregelnd fehlgedeutet. Sein Umklammern wird als vermeintlich dominantes Aufreiten gesehen. Dies führt zu der fatalen Fehleinschätzung des Hundes als stark, unabhängig, selbstständig und „dominant".

Diese Missverständnisse und falschen Interpretationen sowie die daraus resultierenden, nicht angemessenen Korrekturmaßnahmen treiben den Hund noch tiefer in

---

[98] Auf die Stimme als wirkungsvolles Instrument der Verhaltensbeeinflussung wird in Band 3 der Reihe ICH HALTE DICH eingegangen

[99] Müller, CA; Schmitt, K; Barber, ALA; Huber, L (2015): Dogs can discriminate emotional expressions of human faces

[100] Andics, A; Gácsi, M; Fargo, T; Kis, A; Miklósi, À (2014): Voice-sensitive regions in the dog and human brain are revealed by comparative fMRI

den psychosozialen Konflikt und verhindern den Aufbau einer sicheren Bindung. Die pauschal eingesetzten Rangeinordnungs-Tipps wie: „Der Hund darf nie vor seinem Menschen laufen, nie erhöht liegen, muss immer den Weg freigeben, selbst im Schlaf oder beim Dösen.“, „Der Mensch muss immer vor dem Hund essen.“, „Jegliche Interaktion mit dem Hund hat vom Menschen auszugehen.“ oder „Der Hund hat unterworfen zu werden.“ werden gegen das Gespenst „Dominanz“ aus der Tasche gezaubert wie Knoblauch gegen Dämonen.

Anstatt das Klammern, die ungehaltene Aktion und das abwehrende Verhalten des Hundes pauschal als anmaßend zu kritisieren, sollte das Bindungsmuster dahinter erkannt werden. Der Hund ist nicht wegen eines vermeintlich unrechten Verhaltens zu maßregeln oder „im Rang herunterzustufen“, sondern er benötigt Verständnis, Schutz, einfühlsames Eingehen auf seine Bedürfnisse sowie Beständigkeit, um die sichere Bindung anzustreben.

Eine Begebenheit mit einer Klientin zeigt symptomatisch, welchen merkwürdigen Eindruck Menschen oftmals bei ihrem Hund hinterlassen können und wie sie ihm aufzeigen, wie unberechenbar und unbeständig sie sind. So war diese Neu-Klientin entgeistert, dass ich ihre freundliche und aufgeschlossene Hündin streichelte, als sie danach begehrte. Sie rieb ihren Kopf an mir, schob sich zwischen meine Beine und genoss den umrahmenden Kontakt. Aus der Sicht der Klientin gab ich mich als devot zu erkennen, weil ich auf die Hündin reagierte und sie damit im Rang hochstufen würde. Ihre Interpretation entstammte einer Philosophie, der sie sich angeschlossen hatte, bevor sie meine Verhaltensberatung aufsuchte. Ihrer Ansicht nach darf diesem angeblichen Testen und Provozieren auf keinen Fall nachgegeben werden, da der Mensch hierdurch an Ansehen verlieren würde und man zu erkennen gäbe, dass man nicht der Boss sei. Man solle vielmehr genau dann den Kontakt zum Hund suchen, beziehungsweise sich ihm regelrecht aufdrängen, wenn der nicht damit rechnet oder gerade nicht ausdrückt, dass er ihn wünscht. Welch lebensfremde Einstellung!
Vertritt der Mensch die Auffassung, dass der Hund immer auf ihn zu reagieren hat, jegliche Interaktion immer nur vom Menschen auszugehen hat, jegliches Eingehen auf einen Wunsch des Hundes als Manipulation und Abwertung des Menschen verstanden wird, dann wird der Bindungswunsch des Hundes missachtet. Es wundert nicht, dass er durch diese unberechenbare Aufmerksamkeit verunsichert wird. Zumal sie ihm immer nur dann gegeben wird, wenn er keinen Beistand benötigt. In

diesem Wechselbad der Gefühle reagiert der Hund, wie oben bereits beschrieben, paradox auf die Rückkehr seines Menschen. Mit seinem Verhalten drückt der Hund die Not und sein mangelndes Sicherheitsempfinden aus.

Generell werden vorliegende Bindungsmuster als regelrechte Kopiervorlage für den Aufbau neuer Beziehungen genutzt. Wer im Stil eines unsicher-ambivalenten Bindungsmusters mit einem klammernden oder auch abwehrenden Verhalten neue Bindungen einzugehen versucht, wird schwerlich neue Freunde finden und viele vor den Kopf stoßen. Dies erklärt auch, warum die Verhaltensentwicklung in der Aufmerksamkeitsspirale[101] bei einigen Hunden rasant vonstattengeht. Das klammernde, übergriffige Verhalten in der Aufmerksamkeitsspirale resultiert nicht allein aus dem Lernerfolg, den der Hund hat, wenn er bei unerwünschten Verhaltenssequenzen Aufmerksamkeit bekommt. Einen nicht unerheblichen Teil trägt nach meinem Dafürhalten ein unsicher-ambivalentes Bindungsmuster bei.

Aufgrund des zunächst feindselig und ablehnend erscheinenden Verhaltens bekommt der Hund weniger ehrliche Zuwendung, denn verständlicherweise wehren sich seine „neuen Freunde“ zunächst. Viele Menschen sind leider schnell dabei, das aus ihrer Sicht unpassende Verhalten mit wenig einfühlsamen, oft gewaltvollen Methoden, wie der Zuwendung von Schmerz- und Angstreizen, zu maßregeln. Dabei verkennen sie, dass sie sich mit den hierbei gebräuchlichen Techniken („Unterwerfen“ mit sogenannter „Alpharolle“, Schlagen mit Gegenständen, schmerzhafte Handgriffe und Fußtritte in diverse Körperregionen wie beispielsweise die Hoden- oder Leistengegend — selbst die Ohren und das Augenlid bleiben von schmerzenden Zugriffen nicht verschont) verhaltenstechnisch genau auf der Stufe bewegen, von der sie ihren Hund wegholen möchten. Sie zeigen sich zudem nicht führungskompetent.[102]

Desorganisiert gebunden

In Situationen, in denen der Hund Schutz und Halt benötigt, zeigt er keine klare Strategie, um mit dem Bindungsstress bei Trennungen und mit der Rückkehr seiner

---

[101] Kapitel „Die Aufmerksamkeitsspirale“ in Band 1 der Reihe ICH HALTE DICH

[102] Band 3 der Reihe ICH HALTE DICH

Bezugsperson umzugehen. Er erscheint planlos. Diese Verwirrtheit spiegelt sich in vielfältigen Verhaltensbesonderheiten wie ARV (abnormal repetitive Verhaltensweisen wie Stereotypien und Zwangsstörungen[103]), Depression, Erstarren, Angst, Trennungsangst, aber auch Hyperaktivität und Aggression wider.

Zu einem desorganisierten Bindungsstil können leidvolle Erfahrungen und Gewalt führen. Sie beschränken sich nicht nur auf physische Gewalt in Form von Schlägen oder dergleichen. Misshandlungen auch in seelischer Hinsicht und starke Vernachlässigung sowie der Tod eines engen Bindungspartners, wenn der Hund nicht durch Vertraute aufgefangen werden kann, können ebenfalls zu traumatischen Bindungserfahrungen führen.

Ist der Hund desorganisiert gebunden, dann stellen die Bezugspersonen keinen sicheren Hafen und keine sichere Basis dar, da sie nicht verlässlich in ihren Reaktionen sind. Sie leisten dem Hund nicht nur in Notlagen keinen Beistand, sondern sie scheinen zudem mit dem Bindungswunsch des Hundes generell überfordert, wenn nicht sogar verunsichert zu sein. Sie empfinden es nicht als ihre Aufgabe, dem Hund Beistand zu leisten, sondern der Hund hat ihnen ein Gefühl der Sicherheit zu vermitteln. Dabei ist nicht die rein körperliche Anwesenheit das entscheidende Kriterium, es ist vor allen Dingen die emotionale Verfügbarkeit.[104]

Ich bin immer wieder tief betroffen von der Gefühlskälte, die Hunden entgegenschlägt, wenn sie selbst von Familienangehörigen abgelehnt werden. Symptomatisch für diese seelische Eiszeit ist die nachfolgende E-Mail, die ich im Rahmen meiner Tierschutztätigkeit erhalten habe. Es ging um die gewünschte Abgabe einer Herdenschutzhündin:

Wir haben sie als Welpe zu uns in die Familie geholt. Sie ist sehr lieb und lässt sich von uns auch alles gefallen. Nun haben wir aber noch einmal Nachwuchs bekommen und der Platz in unserer Wohnung ist zu klein. Finanziell sieht es bei uns auch nicht mehr so gut aus, da ich in Elternzeit bin. Auch habe ich persönlich ein emotionales Problem mit dem Hund. Es hat sich eine Art Abneigung entwickelt, sodass ich den Hund auch nicht mehr in der Wohnung ertrage.

---

[103] Kapitel „Besonderheiten im Gehirn" in Band 1 der Reihe ICH HALTE DICH

[104] *Im Nahsein Nähe vermitteln* in Kapitel „H.A.L.T. – Bindung durch Nähe"

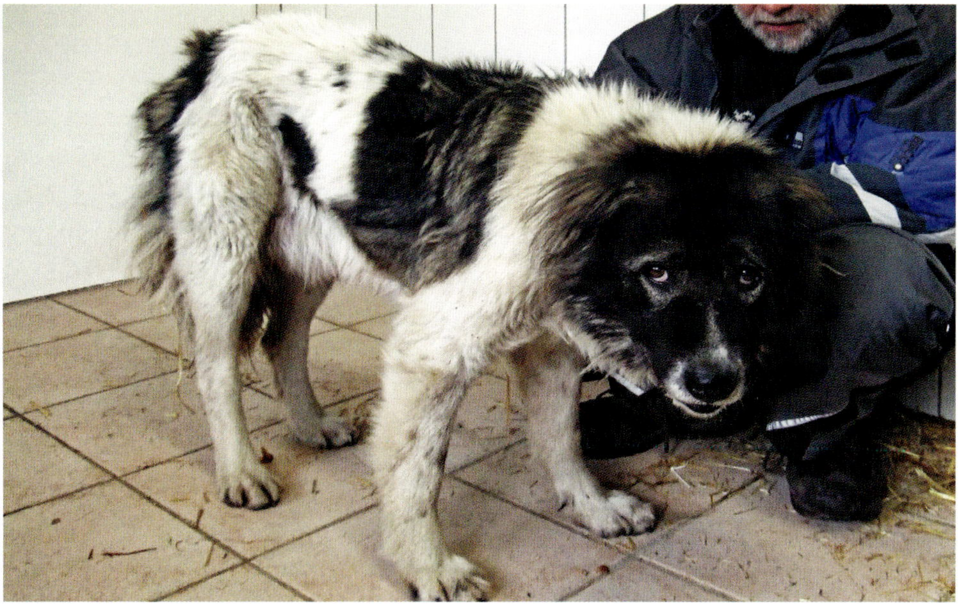

Lousin am Tag ihrer Ankunft bei uns, die Sorge steht ihr ins Gesicht geschrieben. Sie hatte schwer unter Gefühlskälte zu leiden, bevor sie in meine Obhut kam.

BINDUNGSSTÖRUNGEN

Bindungsstörungen sind laut Brisch[105] von den vorgestellten vier Bindungsmustern, die er noch als eine Anpassung an den Normbereich sieht, abzugrenzen und als pathologisch anzusehen. Kinder mit einer Bindungsstörung haben in der Regel eine verlangsamte emotionale und motorische Entwicklung und sind daher in diesem Bereich beeinträchtigt; nach meinem Dafürhalten ist es legitim, eine Parallele zu Hunden zu ziehen. Hält man sich vor Augen, dass es Kindern mit Bindungsstörungen schwerfällt, sich in das Gegenüber einzufühlen, dass sie weniger vertrauensvoll sind und sich in Konflikten aggressiver verhalten, dann hilft dies, Verständnis für ein vergleichbares Verhalten des Hundes zu bekommen. Ich sehe keinen Grund, warum psychische Erkrankungen ähnlich denen des Menschen nicht auch beim Hund vorkommen sollen,

[105] Karl Heinz Brisch (geb. 1955), Facharzt für Kinder- und Jugendpsychiatrie und Psychotherapie; sein Forschungsschwerpunkt ist die frühe Eltern-Kind-Bindung

sodass Angst- und Panikstörung, Depression oder der Hang zur Entwicklung einer Sucht auch bei ihm eine Folge von Bindungsstörungen sein können.

Zu Bindungsstörungen kann es kommen, wenn das Kind – respektive der Hund – jahrelang emotional vernachlässigt wurde und es/er zu wenig Zuwendung erfahren hat. Aber auch, wenn es/er unter physischer oder psychischer Gewalt oder unter einem abrupten Bindungsabbruch zu leiden hatte und keine andere Bezugsperson (sei es ein Mensch oder ein anderer Sozialpartner) diese Erfahrungen mit Feinfühligkeit ausgleichen konnte.[106]

Brisch hat eine eigene, von der WHO unabhängige Klassifikation erstellt, um der Vielfalt und den Schweregraden von Bindungsstörungen gerecht zu werden. Interessierte verweise ich auf weiterführende Literatur.

So oder so sollten Hunden, deren Verhaltensweisen auf einen nicht sicheren Bindungsstil hindeuten, korrigierende Bindungserfahrungen angeboten werden; auch ohne den Nachweis einer Bindungsstörung.

BINDUNGSANGST UND BINDUNGSVERMEIDUNG

Nachdem sich die Bindungsforscher zunächst nur der Bindung von Kindern gewidmet hatten, rückten zunehmend auch die Bindungen Erwachsener in den Fokus. Zu ihrer Bestimmung gibt es inzwischen eine Vielzahl unterschiedlicher Verfahren.

Bartholomew et al.[107] haben ein zweidimensionales System mit den Achsen Bindungsangst (negatives Selbstbild: negatives Bild von sich selbst) und Bindungsvermeidung (negatives Fremdbild: negatives Bild von anderen) entwickelt, in das sich auch die bereits aufgezeigten Bindungsmuster nach Ainsworth einordnen lassen. Ebenso wie die Bindungsmuster beim Kind nach Ainsworth und Main lässt sich auch dieses System bestens für die Beschreibung der Bindung beim Hund nutzen. Auch wenn

---

106 Brisch, KH (2009): Bindungsstörungen. Von der Bindungstheorie zur Therapie

107 Bartholomew, K; Fraser, S; Horowitz, LM (1991): Attachment styles among young adults: a test of a four-category model

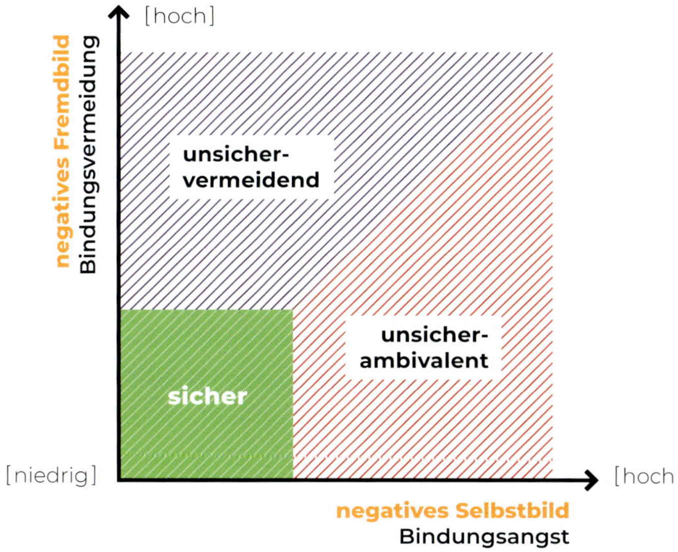

Darstellung der Bindungsmuster in den beiden Dimensionen „Bindungsangst“ und „Bindungsvermeidung“ nach Bartholomew et al.

der Hund immer der Schützling seiner Menschen bleibt, so macht auch er selbstverständlich einen Reifeprozess durch; er wird selbstständiger, seine Schutzbedürftigkeit nimmt ab, hört jedoch nie auf.

Liegen sowohl eine niedrige Bindungsangst als auch eine niedrige Bindungsvermeidung vor, ist man offen für eine neue Bindung und bereit, sich dem Schutz des Bindungspartners anzuvertrauen. Man kann emotionale Nähe und auch körperliche Nähe zulassen und es entwickelt sich ein unerschütterliches Vertrauen in das Tun des Bindungspartners, in seine Zuverlässigkeit und seinen Beistand. Diese Zuversicht führt jedoch nicht in eine Abhängigkeit und geht damit nicht zu Lasten von Selbstwertgefühl und Selbstwirksamkeit.

Wer in andauernder Sorge um den potenziellen Verlust seiner wichtigsten Bezugspersonen ist, weist eine hohe Bindungsangst und ein negatives Selbstbild auf. Die eigene Hilflosigkeit lässt einen zu einem Nichts werden ohne den anderen. Jeder nicht geleitete Schritt ängstigt und die Gedanken drehen sich nur darum, wo der andere ist, weil von ihm das physische und psychische Wohlbefinden abhängig ist.

Dies zeigt, in welche Abhängigkeit und in welch ungünstigen Bindungsstil der Hund manövriert wird, wenn er durch negative Einwirkungen, stetes negatives Feedback, aber auch durch übertriebene und entmündigende Fürsorge in die erlernte Hilflosigkeit abgleitet.[108]

Besteht eine hohe Bindungsvermeidung, so liegt ein negatives Fremdbild vor. Es überwiegt das Misstrauen gegenüber dem anderen, gegenüber der Stabilität der Bindung und der Fürsorge und gegenüber körperlicher und emotionaler Nähe. Das Eingehen einer emotionalen Beziehung fällt schwer, man traut ihr nicht. Das Vertrauen des Hundes in die Führungsqualität[109] des Menschen ist nicht gegeben.

Dies zeigt wieder einmal, dass der Mensch in seinem Führungsanspruch nicht dem Herrschaftsdenken[110] aufsitzen sollte. Der Mensch sollte alles daransetzen, dass sein Bindungspartner Hund den Weg in die sichere Bindung findet. Hierzu verbieten sich Gewalt in jeglicher Form, Angstreize und soziale Verunsicherung. Genauso wie man eine sichere Bindung nicht über Gewalt erzwingen kann, lässt sich nicht erzwingen, dass der Hund den Menschen als führungskompetent anerkennt. Die Führung des Menschen muss so gut sein und sich bewährt haben, dass der Hund sich ihr gerne anvertraut. Bricht der Mensch Führungskompetenz auf Herrschaft und Zwang herunter, so führt dies zu Knechtschaft und Leibeigenschaft, aber niemals dazu, dass der Hund sich dem Menschen vertrauensvoll hingibt.

Das Ausmaß von Bindungsangst und Bindungsvermeidung ist nicht allein auf vorangegangene Bindungserfahrungen zurückzuführen, auch rassespezifische Veranlagungen und individuelle Ausprägungen spielen eine Rolle. Selbst bei Vorliegen einer sicheren Bindung weisen Hunde, die für ihre Zurückhaltung fremden Menschen gegenüber sowie für ein erhöhtes Misstrauen und besondere Selbstständigkeit bekannt sind, eine tendenziell höhere Bindungsvermeidung auf. Dagegen werden die Rassen und Individuen mit einer gewollt geringen Individualdistanz und einem offenen Wesen eine niedrigere Bindungsvermeidung aufweisen. So zeigt sich auch hier, dass ein standardisiertes Verfahren und eine starre Klassifizierung zur Beschreibung

[108] Kapitel „Von Helikopter-Eltern und Curling-Eltern"

[109] Die Führungskompetenz ist das Thema von Band 5 der Reihe ICH HALTE DICH

[110] Band 3 der Reihe ICH HALTE DICH

Der Schutz des Menschen ermutigt, beängstigenden Situationen zu begegnen.

eines Lebewesens nicht alle Einflüsse und Besonderheiten des Individuums abdecken können. Aber auch, wenn nicht das gesamte Spektrum widergespiegelt werden kann, erhält man doch gute Anhaltspunkte bei der Bestimmung des vorliegenden Bindungsmusters.

Die Darstellung der Bindungsmuster mit Hilfe der Merkmale Bindungsangst und Bindungsvermeidung zeigt anschaulich, an welchen „Schrauben man zu drehen hat“, um einen positiven Einfluss auf den Bindungsstil und damit das Verhalten ausüben zu können. Ist das vorrangige Ziel, an der Selbstwahrnehmung des Hundes (Selbstbild) zu arbeiten oder doch eher an seiner Einstellung fremden Lebewesen gegenüber? Egal was als vorrangiges Ziel gesehen wird, ein Trainingsmosaik[111] mit einer Vielzahl an Trainingselementen bindet beides ein. Sein Stellenwert bei der Schaffung einer guten Ausgangsbasis für eine effektive Verhaltensbeeinflussung ist jedoch unterschiedlich.

[111] Kapitel „Das Trainingsmosaik“ in Band 1 der Reihe ICH HALTE DICH

KEINE ZWEITE CHANCE FÜR DIE ERSTE BINDUNG

Nicht nur die Mutterhündin, sondern selbstverständlich auch die anderen Mitglieder im Sozialverband und vor allen Dingen die Menschen, die den Hund und die Position des schutzpflichtigen Bindungspartners übernehmen, prägen den Bindungsstil. Der in den ersten Bindungserfahrungen erworbene Bindungsstil wird als Prototyp für Folgebindungen verwendet. Die ersten Erfahrungen sind wegweisend und setzen gleich beim Start die Weichen. Alle weiteren Wahrnehmungen und Entscheidungen werden hiervon beeinflusst. Analog zu „Es gibt keine zweite Chance für den ersten Eindruck."[112] gilt hier: Es gibt keine zweite Chance für die erste Bindung.

Der während des Heranwachsens erworbene Bindungsstil wird häufig an die Schützlinge weitergegeben[113], da man grundsätzlich dazu neigt, das von Kindheit an Vertraute zu tun. Dies gibt Sicherheit, selbst wenn es schädlich sein sollte. So kann ein regelrechter Teufelskreis entstehen, wenn das Bindungsmuster des Menschen unsicherer Natur ist. Der Aufbau einer sicheren Bindung wird dagegen erleichtert, wenn der Schutzpflichtige selbst bereits das „innere Arbeitsmodell sichere Bindung" aufweist.

Dies zeigt, wie sehr der Mensch für eine faire Beeinflussung des Verhaltens seines Hundes auch an sich selbst arbeiten muss, um einen positiven Effekt auf den Hund ausüben zu können. Hieraus wird ersichtlich, wie verwoben die verschiedenen Einflüsse miteinander sind, die an einer Verhaltensentwicklung mitwirken. Es kann keinen pauschalen Ratschlag geben, der wie der Knopf eines technischen Gerätes zum Erfolg führt. Die Verhaltensbeeinflussung des Hundes fängt bei der Arbeit an seinem Umfeld und damit beim Menschen an.[114] Sowohl Assoziationen als auch Bindungsmuster sind veränderbar, Bindungserfahrungen können Bindungsangst und Bindungsvermeidung erhöhen oder abschwächen. Da ein Lebewesen sein gesamtes Leben lang lernt, haben auch diese Erfahrungen Einfluss auf spätere Beziehungen.

112 *Konkurrierende Verknüpfungen vermeiden* in Kapitel „Der Reiz als Erfolgsauslöser"

113 Transmissionseffekt: Das Weiterreichen von Einstellungen und Verhaltensweisen von einer Generation an die Nächste

114 *Humans first – erst der Mensch, dann der Hund* in Kapitel „Korrigierende Bindungserfahrungen"

Auch die Bindungsbereitschaft des Menschen beeinflusst die Mensch-Hund-Beziehung.

Den Schützling davon zu überzeugen, den Weg in ein neues, zuträglicheres Bindungsmuster einzuschlagen, kann eine gewisse Zeit in Anspruch nehmen. Hierfür ist neben einfühlsamer Beständigkeit ein zielgerichtetes, dabei geduldiges Engagement nötig, um die bereits verinnerlichten, konkurrierenden Bindungserfahrungen zu überlagern.

FALSCH VERSTANDEN FÜHRT ZU FALSCH GEBUNDEN

Es gibt viele Missverständnisse in der Interpretation der Bindung des Hundes zu seinem Menschen. Leider gehen diese Fehldeutungen immer ausschließlich zu Lasten des Hundes. Wer um das Wohl seines Hundes besorgt ist, auf ihn achtet und auf sein Wohlergehen in psychischer und physischer Hinsicht bedacht ist, der wird sich häufig anhören müssen, dass er seinen Hund verwöhnt, ihn vermenschlicht. Dabei erfüllt der Mensch hierdurch doch lediglich seinen Erziehungsauftrag und fördert den Aufbau einer sicheren Bindung.

Ein Hund, der auf dem Schoß seines Menschen sitzt und fletscht, fühlt sich nicht groß und stark. Er ist vielmehr geleitet von der Angst vor einem Verlust seines Menschen.

Ein Bindungsdesaster ist es, wenn der Mensch keine klare Linie verfolgt, er sich dem Hund mal emotional zuwendet, mal abwendet. Diese soziale Verunsicherung, teilweise sogar Bestandteil von „Erziehungsprogrammen“, ist ein ungeheurer Stressfaktor. Die daraus entstehende Orientierung des Hundes an seinen Menschen ist mitnichten ein Zeichen einer guten Bindung. Der Hund lässt den Menschen deswegen weniger aus den Augen, weil er sich dessen Reaktionen nicht sicher ist und keine beständige und fürsorgliche Führung erfährt. Aufgrund der permanenten Aktivierung des Bindungsverhaltens ist das Erkundungsverhalten eingeschränkt.

Beobachtet man Hunde, die sich im Freilauf auffällig an ihren Menschen orientieren, ist man geneigt zu glauben, dass die Menschen ihnen sehr wichtig sind. Dies kann zutreffen, muss aber nicht. Genauso gut kann dieses Verhalten der Angst des Hundes entspringen. Möglicherweise ist der Hund sich der Bindung und der Verfügbarkeit seines Menschen nicht sicher und setzt alles daran, ihn nicht aus den Augen zu verlieren. Mit zunehmendem Vertrauen in die Beständigkeit seines Menschen und in sich selbst hängt er weniger am Rockzipfel und traut sich, die Welt zu entdecken. Dies hat nichts mit Ungehorsam zu tun, denn die vorherige Anhänglichkeit beruhte nicht auf einer guten Erziehung, sondern war allein durch Angst motiviert.

Die Angst um einen potenziellen Verlust kann sich auch in einer vermehrten Sicherung des Bindungspartners äußern, gerne auch „Eifersucht“ genannt. Da ein Lebewesen Ressourcen umso vehementer sichert und letztlich auch verteidigt, je mehr es aus seinem inneren Gleichgewicht gekommen ist[115], ist dieses Verhalten kein Indiz für einen selbstbewussten und eigeständigen Hund. Hat der Hund zudem häufige Bindungswechsel hinter sich, ist er umso verunsicherter und entwickelt eher einen unsicheren Bindungsstil in neuen Beziehungen.

Häufig wird dem Hund die gute Bindung zu seinem Menschen abgesprochen, selbst wenn er offensichtliche Anzeichen einer sicheren Bindung zeigt. So kam eine Klientin meiner Co-Trainerin bedrückt zu ihr ins Training, weil die vorherige Hundeschule ihr vorgeworfen hatte, ihr Hund habe keine gute Bindung zu ihr . Dies wurde damit begründet, dass ihr Junghund während eines Trainings zu ihren Füßen saß und in die Umgebung schaute. Die dortige Hundetrainerin vermisste den steten Blick des Hundes zu seiner Besitzerin und deutete dies als eine mangelnde Bindung. Als die Besitzerin den Hund sofort nach diesem Vorwurf ansprach, reagierte der jedoch umgehend auf sie. Anstatt hier fälschlicherweise von einer schlechten Bindung zu sprechen, sollte man sich darüber freuen, dass der Hund sich im Beisein der Besitzerin an der Umgebung interessiert zeigt, ohne dabei die Besitzerin komplett auszublenden. Das gesamte beschriebene Verhalten lässt den Schluss zu, dass der Junghund entspannt und psychisch im Gleichgewicht war. Ein wundervoller und anzustrebender Zustand, der die Weichen für eine stabile Psyche stellt.

Wer einen im Jagdverhalten nicht kontrollierbaren Hund hat, muss sich häufig anhören, dass dies das Kennzeichen einer schlechten Bindung wäre, denn sonst würde der Hund nur gemeinsam mit dem Besitzer auf Jagd gehen. Man kann den Spieß auch umdrehen und sagen: Gerade weil der Hund solch eine vertrauensvolle und gute Bindung zu seinem Besitzer hat und sich seiner sicher ist, kann er sich erlauben, sich für eine gewisse Zeitspanne zu entfernen. Man kann dem Hund, der bei

---

115 Band 4 der Reihe ICH HALTE DICH

Geben Sie nicht beim ersten Knurren auf, sondern erkennen Sie auch verschlungene Pfade in die sichere Bindung.

seinem Besitzer bleibt und sich nicht von ihm entfernt, sogar eine unsichere und damit schlechte Bindung unterstellen, denn sonst würde er sich nicht solche Sorgen um die Präsenz und Beständigkeit seines Menschen machen. Vielleicht besitzt er aber auch grundsätzlich ein vorsichtigeres Naturell, sodass er sich nicht vom Besitzer wegbewegt – ihm fehlt schlicht und einfach der Mut. Die Angst vor der großen weiten Welt lässt ihn bei seinem Menschen bleiben und nicht die gute Erziehung.

Alles hat zwei Seiten und durch eine neue Blickrichtung eröffnen sich völlig neue Aspekte und Denkansätze. Die Interaktion des Hundes mit seinem Besitzer und seinem Umfeld muss von allen Seiten beleuchtet werden, um die wahren Beweggründe seines Verhaltens zu erkennen. Pauschale Verurteilungen oder Unterstellungen helfen keinem weiter und werden erst recht keinem gerecht.

Zieht der Hund in eine neue Familie, bedeutet dies, dass er seine alten Bindungen – egal welcher Qualität – auflösen muss. Gewohnheiten, Vertrautes... alles, was ihm durch eine gewisse Vorhersehbarkeit Sicherheit vermittelte, gibt es nun nicht mehr.

Der Hund kann erst dann eine sichere Bindung zu seinen neuen Menschen aufbauen, wenn er Zuverlässigkeit und Feinfühligkeit erfahren hat, sie empathisch seine Sorgen und Nöte erspüren. Der Hund muss ausloten, ob seine neuen Menschen vertrauenswürdig sind, um daraus Sicherheit zu schöpfen. Je nach psychischer Stabilität und Bindungserfahrungen kann es sein, dass der Hund sich recht schnell an einen seiner neuen Menschen klammert, er ihn unter Umständen sogar vehement verteidigt aus Angst vor einem erneuten Verlust. Genauso gut kann er sich jedoch auch ambivalent verhalten, indem er seine Menschen während der Kontaktaufnahme plötzlich abwehrt. Hier ist es umso wichtiger, dem Hund mit Verständnis zu begegnen, den Fokus auf die angestrebte sichere Bindung zu legen und die Phase des Klammerns — oder die auf den ersten Blick widersprüchlich wirkende Ablehnung — zu überstehen.

Die Abwehr des Hundes führt sehr häufig zu einer fatalen Fehldeutung: generelles Desinteresse an einer Bindung. Dies ist selbstverständlich in keiner Weise der Fall, da jedes sozial organisierte Lebewesen letztendlich nach einer Bindung strebt. Die Verbindungsvermeidung kann aufgrund vorheriger Enttäuschungen so ausgeprägt sein, dass es eine gewisse Zeit dauert, bis der Hund den neuen Menschen als vertrauenswürdig ansieht und bereit ist, Nähe zuzulassen und eine neue Bindung einzugehen.

Da es vielen Menschen schwerfällt, hinter der widersprüchlich wirkenden Ablehnung das eigentliche Ziel — den Wunsch nach vertrauensvoller Nähe — zu sehen, ist es mir wichtig, mit der folgenden Fallgeschichte näher darauf einzugehen.

FALLGESCHICHTE

HEROS

Herdenschutzhund, Rüde

Von diesem traurigen Fall wurde mir auf einem meiner Herdenschutzhund-Seminare berichtet. Leider ist er kein Einzelfall und dieses Schicksal teilt Heros mit einer Vielzahl falsch verstandener Hunde.

Ein Ehepaar mit einem großen Gelände übernahm einen erwachsenen Herdenschutzhund aus einem Tierheim zu ihrem bereits vorhandenen Hund. Beide sollten das Betriebsgelände bewachen, tagsüber hatten sie Kontakt zu dem Paar. Der neu übernommene Hund hatte sich im Tierheim seinen neuen Menschen gegenüber zugänglich gezeigt. Umso überraschter waren sie, als er wenige Tage nach der Adoption

Was für ein bedauernswertes Leben... abgestellt auf einem Gelände ohne in einen Sozialverband eingegliedert zu sein.

einerseits Kontakt zu der Frau suchte, sich gleichzeitig aber auch gegen sie richtete. Er konnte sich auf dem gesamten, wirklich großen Gelände frei bewegen und wehrte die Frau ab, wenn sie zu ihm kam. Die zu Rat gezogenen Trainer diagnostizierten dem bedauernswerten Hund Bindungsunfähigkeit. Er wurde ins Tierheim zurückgebracht mit dem Rat, ihn am besten als Einzelhund auf ein einsames Gelände zu vermitteln.

Mich hat es vor Entsetzen geschüttelt, konnte ich mich doch so gut in den Hund hineinversetzen und seinen Schmerz nachvollziehen. Heros Bindungswunsch war sehr wohl erkennbar: Sein gleichzeitig Nähe suchendes und dabei abwehrendes Verhalten in einer Begegnung deutet auf ein unsicher-ambivalentes Bindungsmuster hin. Zudem kam auch noch die Ressourcenverteidigung zum Vorschein, die immer – und erst recht bei Herdenschutzhunden – dann umso stärker aufflackert, je mehr der Hund aus seinem inneren Gleichgewicht geraten ist. Durch die vielen plötzlichen Änderungen in Heros Leben aufgrund der Adoption war vermehrt mit Ressourcensicherung oder sogar Ressourcenverteidigung zu rechnen. Das widersprüchlich aussehende Verhalten von Heros, die Frau einerseits abzuwehren, wenn sie sich ihm nähert, andererseits aber freiwillig Kontakt zu ihr aufzunehmen, ist dem **Prinzip von Geben & Nehmen**[116] geschuldet.

Heros als Herdenschutzhund ist äußerst sensibel wie alle seine Vertreter und benötigt aufgrund seiner Veranlagung grundsätzlich länger, bis er sich fremden Menschen vertrauensvoll anschließt. Auch wenn die Umgebung des Tierheims für ihn beileibe nicht ideal war, so war sie jedoch etwas Vertrautes für ihn: bekannte Pfleger, bekannte Gewohnheiten. Mehrere Treffen vor der eigentlichen Adoption hätten ihm geholfen, sich besser auf die neue Situation einzulassen, zumal es ihm aufgrund vorheriger Trennungen umso schwerer fiel, neuen Bindungen zu trauen. Des Weiteren fand er in dem neuen, weitläufigen Gelände zur freien Verfügung nicht die Struktur, die ihm in seinem inneren unstrukturierten Zustand den nötigen Halt gegeben hätte.

Es ist wie auf einem großen Schneefeld: man hat zwar viel Freiheit, aber es fehlt einem die Orientierung. Es hätte der **Platzkarten-Effekt**[117] ausgenutzt werden sollen, der Heros einen kleineren Bereich gegeben hätte. Dieser wäre für ihn übersichtlicher und schneller vertraut gewesen und hätte für mehr Sicherheit gesorgt. Ein zur Eingewöhnung zur Verfügung gestellter überschaubarer, eigener Bereich verringert die Anzahl der sozialen Konflikte mit dem Menschen. Zudem bietet dieser Rückzugsort die Ruhe, um neue Erlebnisse und Bindungserfahrungen zu verarbeiten. Nach und nach kann immer mehr „Freiheit in Grenzen" angeboten werden.

Die beharrliche und fürsorgliche Beständigkeit sowie Zuvorkommenheit des Menschen hätten Heros früher oder später überzeugt. Je größer jedoch sein Stress aufgrund der sozialen Konflikte und der fehlenden Struktur wurde, umso mehr nahm seine Ressourcenverteidigung zu.[118] Diesem bedauernswerten Geschöpf wurde durch die Fehldiagnose „bindungsuntauglich" die Chance auf eine fürsorgliche Bindung und die Erfüllung seiner ele-

Einsamkeit ist die Mutter aller Ängste.
Publilius Syrus, röm. Autor, 85-43 v. Chr.

[116] Das *Prinzip von Geben & Nehmen* wird in Band 4 der Reihe ICH HALTE DICH detailliert beschrieben

[117] *Bindungsarbeit in der neuen Familie* in Kapitel „Mensch-Hund-Bindung gestalten"

[118] Band 4 der Reihe ICH HALTE DICH

mentaren Bedürfnisse gänzlich genommen und es sitzt nun abgestempelt, trostlos und zukunftslos wieder im Tierheim. Es gibt so viele derart unverstandene Hunde, die als aggressiv verschrien verloren sind. Die fehlende soziale Zuwendung bedeutet schmerzende Einsamkeit und ist eine Spirale in Trostlosigkeit und Angst — und damit auch in die Angstaggression.

RICHTIG VERSTANDEN FÜHRT ZU RICHTIG GEBUNDEN

Mensch wie Hund streben danach, in belastenden Situationen nicht alleine gelassen zu werden. Aus diesem Bedürfnis heraus versucht der Hund durch sein Verhalten, Zuwendung und Beruhigung zu bekommen. Wie enttäuschend und ängstigend ist es für ihn, wenn er in belastenden Momenten alleine gelassen wird anstatt Unterstützung zu erfahren oder auf sein ungehaltenes Verhalten mit Gewalt reagiert wird. Es sollte nach der Devise vorgegangen werden: Halten, wenn ungehalten. Beweisen Sie ihm, dass Sie ihn halten, ihn auch aushalten! Sein Verhalten tut Ihrer Liebe zu ihm keinen Abbruch. Sie sind derjenige, der es ändern kann. Der Mensch sollte sich nicht von den Verhaltensweisen des Hundes provoziert fühlen, sondern bereit sein, die Not des Hundes hinter seinem Verhalten zu erkennen.

Beherzigen Sie den Rat: „Halten, wenn ungehalten."

Erfolgt beispielsweise eine Trennung von der Bezugsperson durch einen Todesfall, so ist für den Hund die Tierheimsituation in der Regel traumatisch, kannte er doch bisher eine fürsorgliche Betreuung durch einen geliebten Menschen.[119]

Erfolgt eine Abgabe in den Tierschutz nicht aufgrund einer echten Notlage, kann die Beziehung zwischen dem vorherigen Besitzer und dem Hund nicht sicher gebunden, emotional schlüssig und beständig gewesen sein. Gab es zudem keine weiteren Bezugspersonen (Mensch oder Hund), mit denen der Hund eine sichere Bindung eingehen konnte, so fällt möglicherweise zunächst der Aufbau einer neuen Bindung schwer; zu sehr orientiert sich der Hund an seinen bisherigen Bindungserfahrungen

[119] *Der Hund aus einem behüteten Zuhause* in Kapitel „Bindungsarbeit im Tierschutz"

Von dem man sich verstanden fühlt, in dessen Hände begibt man sich gerne.

mit einer unter Umständen größeren Bindungsvermeidung. Wenn auch nicht offen gezeigt, sollte dennoch der Bindungswunsch des Hundes gesehen und er in seinem Verhalten beachtet und geachtet werden. Ungerecht ist es, ihn pauschal als nicht bindungsbereit, als Einzelgänger und Sonderling abzustempeln.

Überwindet sich ein Hund mit einer hohen Bindungsvermeidung und geht das Wagnis einer neuen Bindung ein, so ist es umso dramatischer, wenn diese Bindung, sei es durch einen Todesfall oder durch eine erneute Abgabe, wieder gelöst wird.

Möglicherweise klammert sich der Hund nun vehement an seinen neuen Bindungspartner. Er hat wieder etwas zu verlieren, was sich in Trennungsangst bemerkbar machen kann. Ein Hund aus dem Tierschutz, der neu einzieht, sollte aus diesem Grund von Anfang an über Sicherheit gebende Rituale daran gewöhnt werden, dass vorübergehende Trennungen, wie auch die Rückkehr, zum Alltag gehören.

Wird ein Hund nach nur kurzem Verbleib in der neuen Familie wieder abgegeben, wird häufig der Grund genannt, dass er sich zu sehr auf eine Person fokussiert und diese als soziale Ressource gesichert hätte. Falsch ist es anzunehmen, dass dieses Verhalten auf einen starken Charakter, eine Anmaßung oder ein „Stellen über den Menschen" hindeutet. Das Verhalten zeigt vielmehr, wie unsicher der Hund noch in der Bindung ist, wie sehr er aufgewühlt ist von der Sorge, den neu gewonnenen Bindungspartner wieder zu verlieren. Eine erneute Abgabe ins Tierheim führt zu einer weiteren negativen Bindungserfahrung und zu einer weiteren Verstärkung eben dieses Verhaltens in Folgevermittlungen. Wichtig wäre es vielmehr, diese Phase mit Geduld und Management regelrecht auszusitzen und den Hund mit liebevoller Präsenz zu überzeugen, damit er Stabilität erlangt und sich nicht ungehalten verhalten und „eifersüchtig" seinen Menschen sichern muss.

Verständnis ist eine der Voraussetzungen für den Weg in die sichere Bindung. Nur wer sich aufgefangen weiß, kann sich fallen lassen. Er wird gehalten.

FALLGESCHICHTE

ARAGON

Kangal, Rüde

Bevor Aragon als Tierschutzhund in meine Betreuung kam, lebte er einige Jahre in einem Tierheim und hatte dort mehrere Fehlvermittlungen durchlitten. Im Tierheim war er nur in Begleitung von zwei Personen und mit Maulkorb ausgeführt worden, beim ersten Kennenlernen auf unserem Gelände zeigte er sich uns gegenüber jedoch ausgesprochen freundlich und offen.

In meinem Hundehotel zeichnete sich ab, dass Aragon zwar grundsätzlich verträglich mit Artgenossen ist, in seinem Zimmer jedoch keinen anderen Hund duldet und seine Menschen und sein Futter vehement sichert.
Fremden Menschen war er selbst auf seinem Gelände auffällig zugetan: Er schmachtete sie an, klebte sofort an ihnen, drängte sich ihnen regelrecht auf. Es war, als wollte er mit aller Macht einen Menschen für sich gewinnen, eine eigene Familie haben. Was eine Familie bedeuten kann, hatte er bereits mehrfach in den Fehlvermittlungen erlebt. Diese kurzen Episoden waren von nur kurzwährenden Beziehungen und von wiederholten abrupten Trennungen geprägt. In welchem Ausmaß dies seine Spuren hinterlassen hatte, wurde jedoch erst klar, als Aragon in meine Familie, in meine Hausgruppe zog. Es war meinem Mann und mir bewusst, dass wir im Zusammen-

Aragon brauchte – wie viele Hunde – ein Jahr, um in seiner Familie auch psychisch anzukommen.

leben mit Aragon sehr vorausschauend und kontrolliert agieren mussten aufgrund seiner Neigung, Menschen für sich zu vereinnahmen und keinen anderen Hund im umbauten Raum zu dulden. Auch wenn es einiges an Management und Training kostete, Aragon harmonisch in meine Hundegruppe zu integrieren, sahen wir diese Zusammenführung als notwendig an. Auch wenn mein Hundehotel sich außerordentlich um die Gäste bemüht, die Unterbringung stressarm ist und wir darauf achten, jedem Wesen individuell den Aufenthalt bei uns so angenehm wie möglich zu gestalten, so kann es doch keine eigene Familie ersetzen. Aragons Wunsch nach einem Zuhause war zu groß und die Chance, als 8-jähriger Kangal-Rüde ein externes, verständiges eigenes Zuhause als Einzelhund mit innigem Familienanschluss zu finden, war zu gering.

Die Verhaltensweisen, die Aragon nach dem Einzug in unser Haus zeigte, verdeutlichten seine große Sehnsucht nach einer Familie und seine übergroße Angst, dieses neu gewonnene Glück wieder zu verlieren. Kaum war Aragon integriert, wollte er das Haus nicht mehr verlassen. Zu groß war seine Sorge, nicht mehr zu uns hinein zu dürfen. Lediglich zum Erledigen der großen und kleinen Geschäfte auf einem kurzen Spaziergang war er zu bewegen. Doch immer galt für ihn, eiligst das Nötigste zu erledigen, um dann auf dem schnellsten Weg zurück in sein heiß ersehntes Heim zu kommen.

Sobald sich eine der Türen in den Garten oder in den Hof öffnete, lag Aragon zu einem kleinen Kringel zusammengerollt, ein einziges Häufchen Elend, unter unserem Bett. „Wenn sie mich nicht sehen, können sie mich auch nicht hinauswerfen.", schien er zu denken. Jedes Haar an ihm zeigte, wie traumatisiert er durch die häufigen Trennungen in dem vorherigen Tierheim war. Kein Wunder, dass er meinen Mann und mich als seine überlebenswichtige Ressource zu sichern suchte, gegenüber anderen Hunden, aber auch gegenüber anderen Menschen. So übertrieben zugetan er vormals fremden Menschen war, so übertrieben abwehrend zeigte er sich auf einmal. Sein gesamtes Wesen schien sich beim Anblick fremder Menschen zu drehen. „Ihr holt mich hier nicht weg!", schien er mit jeder Zelle seines Körpers zu sagen. Mein Mann und ich erkannten seine Not, bemühten uns, ihm liebevolle und fürsorgliche Beständigkeit zu zeigen, egal wie ungehalten er sich auch gegenüber den anderen Hunden oder anderen Menschen präsentierte. Wir achteten darauf, dass er immer mehr in sein psychisches Gleichgewicht zurückfand, „ungefährliche Ressourcen"[120] für sich entdeckte, um in belastenden Situationen sich selbst beruhigen und seine Emotionen regulieren zu können. Durch unser unaufgeregtes und liebevolles Vorbild lebten wir ihm vor, welche Verhaltensweisen unser Zusammenleben bestimmen.

Die Arbeit, die Selbstkontrolle, die Geduld zahlten sich aus. Es brauchte ein Jahr, bis Aragon richtig bei uns angekommen war, er sich sicher war, dass er voll und ganz zu uns gehört und wir nie im Traum daran denken würden, uns von ihm zu trennen und ihn alleine zu lassen. Er war wieder freundlich zu fremden Menschen; Anbiedern war nun nicht mehr nötig, er hatte ja uns. Die Zeitspanne von einem Jahr, die es braucht, um in einer neuen Familie voll und ganz anzukommen, bestätigt sich nicht nur bei Hunden, die durch vielfache negative Bindungserfahrungen so traumatisiert sind wie Aragon. Etliche Hunde, die in eine neue Familie vermittelt werden und die entweder ein eher unsicheres Naturell haben oder deren Bindungserfahrungen durch Un-

---

[120] Band 4 der Reihe ICH HALTE DICH

sicherheit gekennzeichnet sind und die zur Ressourcensicherung neigen, benötigen ebenfalls diese Zeit und vereinzelt auch noch länger. Selbstverständlich gibt es auch Vermittlungen, bei denen man schon nach wenigen Tagen den Eindruck gewinnt, als hätte der Hund noch nie woanders gelebt und wäre in dieser Familie aufgewachsen.

SICHERE BINDUNG BRAUCHT DER HUND

Es ist notwendig, nicht nachvollziehbare oder auffällige Verhaltensweisen auch unter dem Aspekt eines nicht sicheren Bindungsmusters zu betrachten. Eine Metaanalyse[121] zeigt auf, dass rund 65 % der Kinder sicher gebunden, 21 % unsicher-vermeidend gebunden und 14 % unsicher-ambivalent gebunden sind. Der Anteil mit Bindungsstörung lag unter 1 %. Diese Zahlen gelten für die Bindung zwischen Kind und Bindungsperson, zum Beispiel einem engen Familienangehörigen, von dem gemeinhin größeres Fürsorgeverhalten und Feinfühligkeit erwartet wird. Wie mag es dann erst um die Mensch-Hund-Beziehung bestellt sein, eine Beziehung über die Artgrenze hinweg, die oft noch von Herrschaftsausrichtung und der abwertenden Einstellung „Ist doch nur ein Hund!" geprägt ist. Welche Bindungsmuster werden wohl vermehrt anzutreffen sein? Der Hund wird noch viel zu häufig – frei nach dem Motto: „Was nicht passt, wird passend gemacht!" – ohne Rücksicht auf Verluste zurechtgestutzt, seine Bedürfnisse und seine Persönlichkeit werden missachtet. Dabei sollte es doch um ein Miteinander und nicht um ein Gegeneinander gehen. Erziehung sollte durch eine sichere Bindung erfolgen und nicht durch Unterdrückung und Herrschaft!

Die prozentuale Verteilung der verschiedenen Bindungsmuster bei Kindern zeigt auf, dass in der Stabilisierung der Bindung ein großes Potenzial liegt. Die Bereitstellung von guten, korrigierenden Bindungserfahrungen ist eine bedeutsame Voraussetzung für die faire Einflussnahme auf das Verhalten des Schützlings, ob Kind oder Hund. Wie dies möglich ist und welche Faktoren hierbei eine Rolle spielen, ist im Kapitel „Mensch-Hund-Bindung gestalten" beschrieben.

---

121 Ijzendoorn, MH van; Kroonenberg, PM (1988): Cross-cultural patterns of attachment: A meta-analysis of the strange situation

Halt' dich an mir fest!

MENSCH-HUND-BINDUNG GESTALTEN

ICH
HALTE
DICH

Die in diesem Kapitel aufgeführten Fallgeschichten veranschaulichen die theoretischen Erläuterungen und sind nicht ausschließlich dem Themenkomplex zuzuordnen, in dem sie aufgeführt sind. Aus diesem Grund lohnt es sich, alle Fallgeschichten aufmerksam zu lesen, auch wenn die übergeordnete Thematik Ihnen zunächst nicht vordringlich erscheint. Da es generell um Bindungsarbeit geht, können alle Fallgeschichten für Sie von Bedeutung sein.
Wie bereits in Kapitel „Bindung beim Hund" aufgezeigt, lassen sich die Bindungsmuster von Kleinkindern auf den Hund übertragen. Meinen vielfachen Erfahrungen nach, können die Faktoren, die für die Ausbildung eines sicheren Bindungsmusters verantwortlich sind, selbstverständlich auch zur Bindungsgestaltung des Hundes genutzt werden. Ich habe sie auf den Hund zugeschnitten und um einige weitere ergänzt, die ich in „Die H.A.L.T.-Methode nach Cordt" zusammengefasst habe (siehe gleichnamiges Kapitel).

HALT' DICH AN MIR FEST, WENN DU NICHT MEHR WEITER WEISST

In einer sozialen Gemeinschaft sollte es selbstverständlich sein, nicht nur seinesgleichen Hilfe und Fürsorge zuteilwerden zu lassen. Dies spiegelt sich in der Gesetzgebung wider, die den Menschen in die Fürsorgepflicht gegenüber Tieren nimmt.[122] Tiere leben diese Freundschaften über Artgrenzen hinweg vor.[123]

---

[122] *An Gesetze gebunden* in Kapitel „Bindung – das Band, das zusammenhält."

[123] Kapitel „Freundschaft unter Tieren – emotionale Beziehungen"

Meiner Erfahrung nach ist das Bindungsverhaltenssystem des Hundes vergleichbar mit dem von Kleinkindern. Sobald es durch Belastung, Trennung und Gefahr aktiviert ist, signalisiert der Hund sein Bindungsbedürfnis durch Vokalisation, regelrechtes Umklammern oder dadurch, dass er seinem Menschen hinterherläuft. All dies wird leider oft negativ als Kontrollwahn oder dominantes Verhalten missverstanden und deshalb mit unpassenden Maßnahmen geahndet. Der Mensch sollte stattdessen den wahren Beweggrund des Verhaltens erkennen und feinfühlig reagieren. Eine gute Hilfe ist es, sich vorzustellen, wie man einem Kind beistehen würde, das sich in einer mit dem Hund vergleichbaren Lage befindet. Meine Ausführungen bei **Vertrauen geben für den Sprung über den eigenen Schatten**[124] verdeutlichen, wie wichtig es ist, dem Hund in schwierigen Situationen beizustehen und ihn den Stress dadurch als kontrollierbar erfahren zu lassen.

Ist der Mensch dem Hund ein verlässlicher Halt an seiner Seite, ist die Bereitschaft des Hundes um ein Vielfaches größer, neue und zunächst auch beängstigende Wege einzuschlagen. Übermannt ihn die Furcht, kann er immer wieder zu seinem sicheren Hafen zurückkehren, dort andocken und Zuversicht tanken. So werden aus Belastungen Herausforderungen, denen sich zu stellen den Hund immer weniger ängstigt.

Welche Situation für den Hund schwierig ist und wie sehr sie ihn belastet, muss aus seiner Sicht und nicht nach der menschlichen Wahrnehmung bewertet werden. Stellen Sie sich immer die Frage: „Wie interpretiert der Hund — auch unter dem Einfluss seiner Erfahrungen — die Situation hinsichtlich der Erfüllung seiner Bedürfnisse?"[125] Sieht er seine Bedürfnisbefriedigung bedroht, dann überkommen ihn ungute Gefühle wie Angst oder Frustration, die zu aggressiven Verhaltensweisen führen können. Findet er keine Lösung und erfährt er auch keinen Beistand, verstärkt sich das Gefühl der Hilflosigkeit und der Stress wird vom Hund als unkontrollierbar erfahren.[126] Unter Umständen kann dies sogar ein Trauma auslösen. Sieht er seine Bedürfnisse erfüllt, stellen sich gute Gefühle wie Zufriedenheit und Ausgeglichenheit ein.

---

124 *Vertrauen geben für den Sprung über den eigenen Schatten* in Kapitel „H.A.L.T. – Bindung durch Schutz, Geborgenheit und Fürsorge"

125 Auf die Bedürfnisse des Hundes wird umfassend in Band 4 der Reihe ICH HALTE DICH eingegangen

126 Kapitel „H.A.L.T. – Bindung durch Schutz, Geborgenheit und Fürsorge"

Erfährt der Hund als Fürsorgebedürftiger kein feinfühliges Eingehen auf seine Bedürfnisse, werden ihm nicht Geborgenheit, Liebe, Achtung sowie Beständigkeit und Zuverlässigkeit vermittelt, so wird dies vom Organismus als Misshandlung wahrgenommen und hat besonders beim heranwachsenden Hund langfristige, negative Folgen auf die Hirnentwicklung.[127] Sozialverhalten, Lernverhalten und Stressregulation können beeinträchtigt werden. Liebe, Wertschätzung, für den Hund da zu sein und auf seine Gefühle einzugehen, hat somit nichts mit „Gefühlsduselei" zu tun; es ist Fakt, dass es fatale Konsequenzen hat, wenn darauf verzichtet wird oder liebevolle Zuwendung sogar bewusst verwehrt wird.

Nicht wenige Hunde mit Verhaltensbesonderheiten und mangelnder innerer Ausgeglichenheit, die erfahren haben, dass ihre Bezugsperson im Ernstfall nicht für sie da

---

[127] Kapitel „Die Vergangenheit hinterlässt ihre Spuren" in Band 1 der Reihe ICH HALTE DICH

ist, scheinen daraufhin regelrecht zu prüfen, ob man bedingungslos zu ihnen hält und sie zu führen bereit ist.[128] Wer sich durch dieses Testen persönlich in Frage gestellt fühlt oder dem Hund pauschal Dominanz unterstellt, hat den Test nicht bestanden. Achten Sie Ihren Hund stets für seine Persönlichkeit[129], auch wenn Sie einige seiner Verhaltensweisen nicht gutheißen. Engagieren Sie sich und lassen Sie Ihren Hund erfahren, dass er sich auf Sie als zuverlässigen Bindungspartner verlassen kann. Seien Sie eine beständige, sichere Größe, die immer für ihn da ist, wenn er nicht mehr weiter weiß. Dieser Halt in schwierigen Situationen wird im Lied „Halt' dich an mir fest" treffend beschrieben.

Halt' dich an mir fest,
wenn dein Leben dich zerreißt.
Halt' dich an mir fest,
wenn du nicht mehr weiter weißt.
Ich kann dich versteh'n.
Halt' dich an mir fest,
weil das alles ist, was bleibt.
Revolverheld, 2010

PROTEKTIVE FAKTOREN

Damit der Hund Selbstbewusstsein und soziale Kompetenz entwickeln kann, sollten Risikofaktoren so weit wie möglich ausgeschaltet und Schutzfaktoren eingebracht werden. Diese puffern die schädlichen Auswirkungen der Risikofaktoren ab und machen den Hund weniger anfällig für bleibende negative Eindrücke.

Die sichere Bindung gilt als der beste Schutz und ist aus dem Grund das erklärte Ziel im Umgang mit dem Hund. Wie ist die Beziehung zu seinen Menschen, zu seinen Hundekumpels oder anderen Sozialpartnern? Wie dauerhaft sind diese Beziehungen? Wie viel erlebt der Hund, wie aktiv ist er, wie sehr wird er sozial gefördert? Einem Hund den guten Kontakt zu Artgenossen von Welpenbeinen an vorzuenthalten ist verantwortungslos. Die Erweiterung des Spektrums an guten sozialen Erfahrungen und die Einbettung in eine soziale Umwelt ist ein wesentlicher Schutzfaktor, führt zu einem gesteigerten Wohlbefinden und setzt letztlich einen beglückenden Kreislauf in Gang: Je wohler sich der Hund fühlt, umso mehr positive Signale sendet er ans Gegenüber aus, das seinerseits darauf mit positiven Signalen reagiert. Dieses

---

[128] Band 3 der Reihe ICH HALTE DICH

[129] Kapitel „H.A.L.T. – Bindung durch Achtung, Wertschätzung und Förderung"

Aus verzagten Schritten wird Lust an der Herausforderung.

sich ständig wiederholende, gegenseitige Wechselspiel erhöht das Wohlbefinden. Damit der Hund den Menschen als sicheren Halt in seinem Leben erfahren kann, hat dieser sich zunächst einmal in dieser Hinsicht zu beweisen. Der Mensch wirkt dann überzeugend als Halt, wenn er sich dem Hund gegenüber fair verhält. Wer sich gewaltbereit zeigt, seine Emotionen nicht im Griff hat und diese am Hund auslässt, wird das Ziel „sichere Bindung" nicht erreichen können.

Es gilt nicht nur das Vertrauen des Hundes in seinen Menschen aufzubauen, sondern unbedingt auch das Vertrauen des Hundes in sich selbst und seine Selbstwirksamkeit.[130] Dies kann einige Zeit in Anspruch nehmen. Ist der Hund dem Menschen diese Zeit wert, so bringt er ihm eine spürbare Achtsamkeit entgegen, die den Hund und den Aufbau einer sicheren Bindung fördert.

Weniger beachtet wird oftmals die große Bedeutung der individuellen Schutzfaktoren des Hundes. Als diese können seine Talente angesehen werden. Was liegt dem

[130] Band 4 der Reihe ICH HALTE DICH

Hund am meisten, welches Verhalten ist aufgrund seiner Rasseveranlagung hoch motivierend? Es gilt, auf diesen Talenten aufzubauen, mit ihnen zu arbeiten, anstatt gegen sie.[131] So kann der Hund Selbstvertrauen gewinnen und soziale Anerkennung erfahren. Wenn der Hund seine besonderen Neigungen nie im kontrollierten und damit ungefährlichen Rahmen ausleben kann, dann wird er sein inneres Gleichgewicht nicht finden können.

Das Selbstvertrauen des Hundes nimmt zu, wenn ihm Lust auf Herausforderungen gemacht wird. Hierzu sollte in einer belastenden Situation das Gefühl von Unbehagen und Überforderung — ausgelöst durch die erste Stressreaktion — umgewandelt werden in ein Gefühl von „War ja gar nicht so schlimm!" Es gibt dem Selbstbewusstsein einen großen Aufschwung, die eigene Angst überwunden und eine Lösung gefunden zu haben. Der Stress ist für den Hund kontrollierbar geworden und damit ist die vormals schwierige Situation keine Überforderung mehr, sondern eine Herausforderung, die bewältigt werden kann und dabei gute Gefühle erzeugt.[132]

DAS ENGAGEMENT DES MENSCHEN

Werden Sie zum „Affen aus derselben Kolonie"!

Wie wichtig Freunde und Vertraute sind, wie sehr dank ihnen die Widrigkeiten des Alltags abgepuffert werden und welch wichtiges Mittel gegen Überforderung und Angst sie sind, wird an einer Zufallserkenntnis aus einem Tierversuch deutlich.[133] In diesem Tierexperiment wollten Forscher die Wirkung eines Mittels gegen Angst und Stress testen. Hierzu konfrontierten sie einen Affen mit einem angstauslösenden Reiz und erwartungsgemäß stieg sein Stresshormonspiegel an. Ein zweiter Affe, dem das zu testende Präparat gegeben worden war, wurde zum ersten Affen gesellt. Als der behandelte Affe nicht die erwartete Stressreaktion zeigte, freuten sich die Forscher schon über die gute Wirkung der Pille. Die Freude währte jedoch nur so lange,

---

[131] Band 4 der Reihe ICH HALTE DICH

[132] *Vertrauen geben für den Sprung über den eigenen Schatten* in Kapitel „H.A.L.T. – Bindung durch Schutz, Fürsorge und Geborgenheit"

[133] Hüther, G (2009): Biologie der Angst – wie aus Stress Gefühle werden

Nicht jeder Affe kann bei Stress und Angst helfen.
Ein Freund, ein guter Freund, das ist das Schönste, was es gibt auf der Welt.

bis sie zu ihrem Erstaunen feststellten, dass nun auch beim ersten, als Vergleichswert dienenden Affen, auch ohne den Wirkstoff kaum noch Angst ausgelöst wurde. Trennte man die Affen und konfrontierte den „Vergleichswert-Affen" erneut mit dem angstauslösenden Reiz, so stieg der Stresshormonpegel wieder an. Als die beiden Affen einen Tag später erneut zusammengesetzt wurden, war bewusst auf die Verabreichung des Präparates verzichtet worden und dennoch zeigte sich angesichts der Bedrohung bei keinem von ihnen die Stressreaktion, die sie zeigten, wenn sie allein auf sich gestellt waren. Interessanterweise lag die Reduzierung der Stressreaktion nicht allein an der bloßen Anwesenheit eines anderen Affen. Wurden zwei Affen aus unterschiedlichen Kolonien zusammengesetzt und mit dem Angstreiz konfrontiert, zeigte sich bei beiden ein hoher Stresshormonspiegel. Wurden aber zwei Affen aus derselben Kolonie zusammengesetzt, verringerte sich die Angst. Somit war das effektivste Mittel gegen Angst und Stress gefunden: die Anwesenheit eines Freundes, eines Vertrauten. Darum der Appell an Sie: Werden Sie zum „Affen aus derselben Kolonie"!

Ihre Anwesenheit, Ihr Schutz, Ihre Feinfühligkeit beim Erspüren der Sorgen und Nöte Ihres Hundes helfen ihm, schwierige Situationen zu meistern. Doch leider wird gerade davon oft abgeraten aus Sorge, dass Ihr Beistand seine Angst oder Unsicherheit belohnen würde. Diese Bedenken sind unnötig, denn ein Verstärken der Angst des Hundes muss selbst dann nicht der Fall sein, wenn Sie selbst emotional aufgewühlt sind. Voraussetzung ist, dass Sie sich unter Kontrolle haben und sich nicht zu emotionsgeladenen Aktionen hinreißen lassen. Sie vergrößern nur dann die Befürchtungen des Hundes, wenn Sie selbst die Fassung verlieren, hysterisch werden und womöglich versuchen, das ungehaltene Verhalten des Hundes durch schmerzende oder ängstigende Einwirkungen zu beenden. Leider ist jedoch genau dies häufig zu beobachten, wenn der Hund in einer für ihn schwierigen Situation feststeckt und aus seiner Sorge und Hilflosigkeit heraus ungehalten reagiert. Bekommt der Hund stattdessen liebevollen Halt, wird ihm die Gewissheit vermittelt, dass er immerzu auf seinen Halter zählen kann. Dies ist enorm wichtig, um nach und nach seine Ängste abbauen zu können.

„Der Affe aus derselben Kolonie“ ist ein Synonym für einen Vertrauten, für einen Freund, für den Bindungspartner. Je sicherer die Bindung zu ihm ist, desto stärker wirkt er als sicherer Hafen und damit als Mittel gegen die Angst.

Fehlt der Beistand seines Menschen, führt dies zu als unkontrollierbar erlebten Stressbelastungen, die besonders während der juvenilen Entwicklung weitreichende Folgen haben. Affen, die von ihren Müttern getrennt und in sogenannten Peer-Gruppen (Gruppen bestehend aus Mitgliedern gleichen Alters) aufgewachsen waren, zeigten sich später in neuen Umgebungen weniger kontaktfreudig und weniger durchsetzungsbereit.[134] Die Gleichaltrigen konnten sich nicht in der Form gegenseitig stützen und fördern, wie es durch einen erfahrenen Betreuer der Fall gewesen wäre. Andererseits schafften es Peer-Therapeuten, die psychischen Folgen des Martyriums in der vertikalen Kammer in Harlows Affenversuchen[135] abzumildern.[136, 137]

---

[134] Andrews, MW; Rosenblum LA (1991): Security of attachment in infants raised in variable- or low-demand environments

[135] *Grundnahrungsmittel Liebe* in Kapitel „Bindung – das Band, das zusammenhält“

[136] Blum, D (2002): Die Entdeckung der Mutterliebe – die legendären Affenexperimente des Harry Harlow

[137] *Tabuzonen achten* in Kapitel „H.A.L.T. – Bindung durch Nähe“

Ein Hund, der aus Angst aggressiv reagiert (Angst ist der Hauptauslöser für Aggression), braucht Hilfe und Schutz durch seinen Menschen – keinen Kampf.

Kein verantwortungsbewusster Mensch würde ein Kind ins tiefe Wasser stoßen und mit Absicht ganz alleine lassen, damit es auf diese Art schwimmen lernt. Es würde sich an niemandem orientieren können, Panik bekommen und sein Untergang wäre vorhersehbar. Wie viel fairer und erfolgversprechender ist es stattdessen, sich an der Hand seiner Vertrauensperson und mit Schwimmhilfen ins Wasser zu wagen, sich bei einer Welle schnell wieder an die Vertrauensperson zu klammern, um zu erfahren, wie das Wasser trägt. Die Neugierde des Kindes wird geweckt. Da das Stillen von Neugier eine starke Belohnung ist[138], bekommt die Situation hierdurch zusätzlich eine positive Neubewertung. Das Kind ist offener für die neue Erfahrung, zeigt bereitwilliger exploratives Verhalten in der Gewissheit, dass es nicht untergehen wird. Es weiß jemand Verlässlichen und Erfahrenen an seiner Seite. Niemand käme auf die Idee, diesem Kind Hilfe zu versagen aus Furcht, man würde seine Angst vergrößern.

[138] Blum, D (2002): Die Entdeckung der Mutterliebe – die legendären Affenexperimente des Harry Harlow

In der Vertrautheit wird Nähe zugelassen und genossen.

Dasselbe gilt für Ihren Hund: Stoßen Sie ihn nicht ins kalte Wasser, helfen Sie ihm Schritt für Schritt auf den richtigen Weg, seien Sie für ihn da, wenn er sich hilfesuchend an Sie wendet. Seine Sicherheit wächst mit der Erfahrung, dass die angstauslösende Situation kein Dauerzustand ist und dass er bei Ihnen Zuversicht und neuen Mut schöpfen kann. Dies ermöglicht die Erarbeitung neuer Verhaltensstrategien. Bewähren sich diese Strategien zur Kontrolle der Stressreaktion, so prägen sie sich besonders gut ein. Von Mal zu Mal wird die ehemals schwierige Situation erträglicher, bis ihre Bewältigung irgendwann zur Routine geworden ist und nicht mehr für belastende Aufregung sorgt. Um den Hund in einer befremdlichen Situation zu unterstützen, ist nicht immer ein direkter Kontakt, ein „Händchenhalten“, notwendig. Gute Dienste leisten auch die Rückblicke im sozialen Referenzieren[139] und das Kontakthalten über die Stimme der Vertrauensperson.[140]

[139] Kapitel „Soziales Referenzieren“

[140] *Stimme macht Stimmung* in Kapitel „Trainingsaufbau · Lenken des sozialen Referenzierens (LSR)“

Der Kontakt zur Vertrauensperson über achtsame Berührungen tut nicht nur der Psyche und dem Allgemeinbefinden gut, sondern auch der Bindung. Wie bei der stimmlichen Unterstützung wird hierbei das Vertrauenshormon Oxytocin ausgeschüttet[141], das nicht nur die Beziehung zum Partner stärkt[142], sondern das auch bei der Bewältigung von Ängsten gute Dienste leistet.[143]

GETEILTES LEID IST HALBES LEID

Entgegen der häufig verbreiteten Meinung, dass die beste Unterstützung in belastenden Situationen nur jemand geben kann, der selbst entspannt ist, stellte sich in einem Versuch genau das Gegenteil heraus: Die Gegenwart eines Leidensgenossen senkte das Stressniveau am effektivsten.[144] Somit muss sich kein Hundebesitzer Sorgen machen, wenn die Momente, die seinen Hund belasten, auch für ihn anstrengend sind oder ihm Schweißausbrüche verursachen, weil er die Reaktionen seines Hundes kennt; vorausgesetzt, die Belastung des Menschen äußert sich nicht in ungehaltenen Aktionen. Das Erspüren, dass der andere mit der vorliegenden Situation ebenfalls ein Problem hat und ähnlich leidet, schafft Verständnis füreinander und erzeugt letztlich sogar ein „Wir-Gefühl", was sich positiv auf den Bindungsaufbau auswirkt und zur Entspannung beiträgt. Zeigt der Mensch jedoch zuerst Angst, dann ist sie ein regelrechter Initiator für die Angst des Hundes, da über das soziale Referenzieren die Entstehung einer ungünstigen emotionalen Bewertung gefördert wird. Der Mensch sollte lediglich in seiner Mimik eine abgeschwächte Sorge des Hundes spiegeln, sodass für ihn erkennbar ist, dass der Mensch seine Befürchtungen verstanden hat. Hierdurch fühlt sich der Hund mit seinen Nöten ernstgenommen[145] und kann sich besser regulieren. Gemeinsam wird die Situation bewältigt, was anschließend gebührend gefeiert werden kann.

---

141 Seltzer, LJ; Ziegler, TE; Pollak, SD (2010): Social vocalizations can release oxytocin in humans

142 Buchheim, A. et al. (2009): Oxytocin enhances the experience of attachment security

143 Eckstein, M; Becker, B; Scheele, D; Scholz, C; Preckel, K; Schlaepfer, TE et al. (2015): Oxytocin facilitates the extinction of conditioned fear in humans

144 Townsend, SSM; Kim, HS; Mesquita, B (2014): Are you feeling what I'm feeling? Emotional similarity buffers stress

145 Kapitel „H.A.L.T. – Bindung durch Spiegeln von Verhaltensweisen"

Man kann seine Angst nicht auf Knopfdruck abstellen, das kann weder der Hund, noch sein Mensch. Was man jedoch tun kann und sollte: sein eigenes Verhalten in den stressbeladenen Momenten ändern. Weder Gewalt, noch Kopflosigkeit, noch Unbeherrschtheit sollten zur Lösung schwieriger Situationen vorgelebt werden. Erfährt der Hund, dass sich sein Mensch trotz derselben Sorgen immer noch kontrollieren kann und sich deeskalierend verhält, kann sich der Hund hiermit identifizieren. Das ideale Vorbild für ihn: „Egal wie aufgewühlt man ist, man kann sich immer noch halten und zurücknehmen." Sich kontrolliert zu verhalten, wenn man ohnehin nicht aufgeregt ist, ist keine Leistung. Wäre der Hund entspannt, würde er sich sowieso nicht aufregen.
Die Gefahr einer Vergrößerung der Angst des Hundes ist durch die Menschen gegeben, die ihn überbehüten und ihm Erfahrungen und das Wachsen am Leben selbst vorenthalten. Ausführlich ist dies im nachfolgenden Kapitel „Das Überengagement des Menschen" beschrieben.

DAS ÜBERENGAGEMENT DES MENSCHEN

Von Helikopter-Eltern und Curling-Eltern

Der Begriff „Helikopter-Eltern" bezeichnet Menschen, die wie ein Polizeihubschrauber unaufhörlich um ihre Schutzbefohlenen kreisen, jederzeit auf sie fokussiert sind und sie wie besessen kontrollieren und manipulieren. Daneben gibt es sogenannte „Curling-Eltern", die sich durch übertriebene Fürsorge auszeichnen. Wie bei dem namengebenden Sport versuchen sie pflichteifrig, jede noch so kleine Unebenheit auf dem Weg ihres Schützlings zu beseitigen, damit er nicht mit Schwierigkeiten konfrontiert und enttäuscht wird. Für „Curling-Eltern" wird auch der Begriff „Rasenmäher-Eltern" verwendet, da sie alles, was dem Kind im Wege stehen könnte, einfach niedermähen.[146] Diese Eltern-Typen findet man auch unter Hundebesitzern.

Mein Anspruch an den Hundehalter, als sicherer Hafen zu fungieren, soll nicht derart übertrieben werden, dass der Hund fortwährend kontrolliert und ihm jegliche

---

146 Locke, J; Campbell, MA; Kavanagh, DJ (2012): Can a parent do too much for their child? An examination by parenting professionals of the concept of overparenting

Herausforderung vom Leibe gehalten wird. Das steht einer gesunden Entwicklung entgegen. Wenn jedes Hindernis auf dem Lebensweg beiseite geschafft wird, nimmt man dem Hund die Erfahrung, Herausforderungen zu bewältigen und Sicherheit im eigenen Tun zu gewinnen. Die Erfahrung, Probleme selbstständig lösen zu können, ist genauso wichtig, wie Rückschläge zu erleben, negative Emotionen wie Frust auszuhalten und mit ihnen umzugehen. Zu erfahren, dass Scheitern keinen Weltuntergang bedeutet, sondern dass man wieder aufstehen kann, gibt Hunden genauso wie Kindern Mut und Zuversicht, sich den nächsten Herausforderungen zu stellen. Dies alles nicht zu erleben, ist eine verlorene Entwicklungschance.
Auf keinen Fall darf die übertrieben Fürsorge der Curling-Eltern mit inniger Zuwendung verwechselt werden. Von ihr in Form von Aufmerksamkeit, Feinfühligkeit und Liebe profitiert ein Lebewesen ein Leben lang. Dies trifft ganz besonders auf die ersten Lebensmonate zu.

Eine genaue Auflistung von Verhaltensweisen einschließlich ihrer Ausprägung, die kennzeichnend dafür sind, ob der Fürsorgeauftrag übertrieben wahrgenommen wird, ist nicht möglich. Sie lassen sich aus dem Grund nicht klar festlegen, da es immer auf die jeweilige Situation ankommt und auch darauf, in welchem Ausmaß der Schützling Unterstützung benötigt. Was bei dem einen als ein Überbehüten und ein Bevormunden anzusehen ist und seine Entwicklung hemmt, kann beim anderen durchaus angebracht sein, um seine Entwicklung voranzutreiben.[147]

Die Erwartungshaltung des Menschen und die an den Hund gestellten Forderungen – ich übernehme hier den von Baumrind bei Kindern verwendeten englischen Begriff **demandingness**[148] – sollten sich mit dem decken, wozu der Hund aufgrund seiner Rasseveranlagung, seiner Vergangenheit und seiner Stärken und Schwächen in der Lage ist. Ich erinnere mich immer an den Ausspruch meiner Mutter: „Du kannst aus einem Ackergaul kein Rennpferd machen!" Eine Leistungssteigerung in einem vorgegebenen Rahmen ist selbstverständlich möglich. Das Scheitern und die Enttäuschung darüber, dass dieser nicht einfach gesprengt werden kann, sollte man den

---

[147] Wolf, DSS; Sax, LJ; Harper, CE (2009):
Parental engagement and contact in the academic lives of college students

[148] Diana Baumrind, zitiert in: Grolnick, WS (2003):
The psychology of parental control: How well-meant parenting backfires

Hund nicht spüren lassen. Stattdessen sollte ihm Unterstützung angeboten werden, den Herausforderungen im Rahmen seiner Möglichkeiten zu begegnen, um an ihnen zu wachsen. Es ist sich mit ihm über jeden noch so kleinen Fortschritt zu freuen und zu schauen, welche Vorlieben, Neigungen und Stärken er hat, mit denen man arbeiten kann. Nie sollte man gegen die Besonderheiten einer Persönlichkeit arbeiten, sondern mit ihnen. Auch sollte man sich nicht zu schnell mit dem Erreichten zufriedengeben, sondern stetig mit Freude daran arbeiten, sich ohne Druck, aus der Freude heraus, weiterzuentwickeln. Dann kann sich plötzlich auch herausstellen, dass der erste gesetzte Rahmen dem Hund und seinem Entwicklungspotenzial ohnehin gar nicht gerecht wird. Was, wenn ohne Zweifel noch viel mehr möglich ist?

Nicht nur Erwartungshaltung und Forderungen sind dem jeweiligen Hund, seinem Entwicklungsstand und der Situation anzupassen, sondern auch wie prompt, in welchem Ausmaß und mit welcher Intensität auf seine Befindlichkeiten und Bedürfnisse eingegangen wird, das heißt, wie feinfühlig sich der Mensch zeigt. Auch hier übernehme ich für die Mensch-Hund-Beziehung den in der Mensch-Kind-Beziehung von Baumrind verwendeten Ausdruck **responsiveness.**[149] Feinfühligkeit ist ein wichtiges Bindungsmittel, das in einem der nachfolgenden Kapitel detaillierter beschrieben wird.
Ihre liebevolle Unterstützung ist immer dann notwendig, wenn Ihr Hund nicht auf dem richtigen Weg ist oder zu straucheln beginnt und sich nicht mehr fangen kann — immer dann sollten Sie ihn auffangen. Leiten Sie ihn einfühlsam auf den von Ihnen angestrebten, der sozialen Gemeinschaft zuträglichen Weg. Ermutigen Sie ihn bei seinen ersten Schritten und bestärken Sie ihn dann im Weitergehen. Der Mensch ist für den Hund nicht präsent, indem er sich permanent in den Vordergrund drängt, sondern dadurch, dass der Hund die Erfahrung machen kann, dass er auf den menschlichen Beistand zählen kann, wann immer er ihn benötigt.

Das Ziel ist nicht ein Hund, der auf die permanente Unterstützung seines Menschen angewiesen bleibt, sondern ein Hund, der unter Anleitung seines Menschen nach und nach gelernt hat, in Konflikten auf eigenen Beinen zu stehen.

[149] Diana Baumrind, zitiert in: Grolnick, WS (2003): The psychology of parental control: How well-meant parenting backfires

Das Talent richtig genutzt: Kraft für den Pflug, nicht die Schnelligkeit für den Sulky.

Eine Untersuchung zu der Fragestellung, ob Eltern zu viel für ihr Kind tun können (overparenting) kam zu dem Ergebnis, dass sich, in Abhängigkeit vom Grad der *demandingness* und *responsiveness*, bei den Schützlingen ein breites Feld verschiedener Verhaltensbesonderheiten entwickeln kann.[150] Allen ist eins gemeinsam: Sie erschweren ein glückliches Bestehen im Alltag und stehen einer harmonischen Eingliederung in die Gesellschaft entgegen. Mögliche Auswirkungen sind mangelndes Selbstbewusstsein, geringe Leistungsbereitschaft, geringes soziales Verantwortungsbewusstsein und eine mangelnde Selbstkontrolle. Die mögliche Entstehung einer geringen Resilienz[151] (psychische Widerstandsfähigkeit) führt zu Anpassungsschwierigkeiten bei Veränderungen in der Umgebung. Hieraus ergibt sich, dass selbst bei geringstem Anlass verstört, unkontrolliert und aggressiv reagiert werden kann.

Wie sehr der Schützling umsorgt und beschützt wird, hat der vorliegenden Situation – und wie belastend sie von ihm gewertet wird – angepasst zu werden. Wird ihm

[150] Locke, J; Campbell, MA; Kavanagh, DJ (2012): Can a parent do too much for their child? An examination by parenting professionals of the concept of overparenting

[151] Band 4 der Reihe ICH HALTE DICH

Kennt man sich nicht aus, wird die Hilfe eines fähigen Fremdenführers gerne angenommen.

durch ein Überbehüten indirekt und durch vorgelebte Angst direkt vermittelt, dass die gesamte Welt eine einzige Gefahr ist, dann können sich zusehends ein Angstgeschehen und ein erhöhtes Stresslevel etablieren. In diesem Fall gilt also leider nicht „geteiltes Leid ist halbes Leid", sondern vielmehr „Überbehüten verdoppelt Leid." Es spielen meiner Meinung nach nicht nur übermäßiges Umsorgen des Hundes sowie seine mangelnde Erfahrung und die Art der Auseinandersetzung mit Herausforderungen eine Rolle. Auch der Aspekt des sozialen Referenzierens[152] trägt wesentlich zur Entwicklung eines Angstgeschehens bei.

Ich vergleiche den Beistand des Menschen und seine Führungskompetenz gerne mit dem Engagement eines Fremdenführers. In unbekannten Gegenden, in denen man den richtigen Weg nicht kennt und sich zu verlaufen droht, nimmt man gerne seine Dienste in Anspruch. Würde mir jedoch ein übereifriger Fremdenführer in meinem

[152] Kapitel „Soziales Referenzieren"

Heimatort vorschreiben wollen, wie ich von A nach B komme, so ist seine Hilfestellung unangebracht. Sie würde aufdringlich wirken und das Gefühl vermitteln: „Der traut mir nichts zu." Erinnern Sie sich an den nervigen Beifahrer, der Sie unnötigerweise auf die rote Ampel, den Radfahrer, den Zebrasteifen aufmerksam macht, Ihnen rät, weniger dicht aufzufahren und alles kommentiert, was Ihnen so begegnet. Sie überlegen schon, wie Sie ihn am besten loswerden können. Hat dieser Mensch positiven Eindruck hinterlassen? Hat dieser Mensch Qualitäten bewiesen, die Ihnen das Gefühl vermitteln, dass er die richtige Unterstützung ist, wenn Sie in brisante Situationen kommen? Das Gegenteil ist der Fall. Er hat gezeigt, dass er jede Begebenheit dramatisiert und einen unnötigen Fokus auf sie legt, was je nach Persönlichkeit auf den anderen mehr oder weniger stark abfärbt. Er traut Ihnen zudem nichts zu, weiß nicht um Ihre Fähigkeiten und kann Sie folglich nicht entsprechend fördern.

Ebenso wirken solche Menschen auf den Hund, die fortwährend bestimmen und Kommandos, egal in welcher Situation, geben und sich hierdurch in eine „Alpha-Position" versetzt fühlen. Ich führe hier nur einige der bekannten Parolen auf: der „Alpha" geht immer zuerst durch die Tür, er isst als Erster, nur er allein darf erhöht liegen, nur er beginnt und beendet Aktionen mit seinen Untergebenen und darf über jeden und alles bestimmen, egal mit welchem Ziel und in welcher Situation.

Ich nehme mir die unaufdringliche Fremdenführer-Mentalität zu Herzen und sehe mich eher als selbstverständlicher Anleiter und Beschützer. Meine mit mir zusammenlebende Hundegruppe (immer acht bis zwölf Mitglieder) zeigt, wie Gemeinschaft aussehen sollte und wie Schwächere durch Stärkere unterstützt werden.

Drängt sich der Mensch dem Hund über Gebühr und unangebracht auf und bestimmt jeden seiner Schritte, wird dieser zunehmend unselbstständig. Es gibt aber auch Hunde, die sich einem übermäßig pflichteifrigen „Fremdenführer" entgegenstellen und sein Einmischen nicht tolerieren. Dies wird allzu oft pauschal als stures und dominantes Verhalten abgestempelt und in der Regel mit fragwürdigen Erziehungsmethoden geahndet. Dabei rebelliert der Hund nur gegen diesen Kontrollwahn des Menschen, da ihm durch das Gängeln und Umklammern regelrecht die Luft zum Atmen genommen wird. Hat der Welpe und sehr junge Hund dies noch über sich ergehen lassen, so lehnt sich der erwachsene Hund eher dagegen auf. Gehört er zudem einer Rasse an, deren Kennzeichen eine erhöhte Eigenständigkeit ist, kann das Rebellieren umso heftiger ausfallen. Wer permanent fremdbestimmt wird, droht sich zu verlieren. Als Folge wird der Hund entmutigt, wenn es ihm nicht sogar vehement verboten wird, aktiv auf Dinge zuzugehen, er wird immer passiver und es besteht das Risiko, dass er in eine erlernte Hilflosigkeit abgleitet. Solche Hunde zeigen oftmals eine geringe Selbstständigkeit, ein verringertes Autonomiestreben und eine starke Abhängigkeit von ihren Menschen. Dies ist nicht mit einer vertrauensvollen Anhänglichkeit und einer guten Bindung zu verwechseln und es ist nicht verwunderlich, wenn sich daraus neben weiteren Verhaltensauffälligkeiten Trennungsangst entwickelt.[153]

Weitere Folge nicht angemessener *demandingness* und *responsiveness* kann laut einer Studie[154] auch ein erhöhtes Anspruchsdenken sein. Dies lässt sich gut an Hunden beobachten, die von ihren Besitzern regelrecht hofiert und auf einen Thron gesetzt werden. Im besten Glauben, den Hund in seiner Entwicklung zu fördern, wird ihm nicht nur jede Herausforderung vorenthalten, sondern zudem auch versäumt, ihm durch ein achtsames Führen Sicherheit zu vermitteln[155] sowie durch bedachte Regeln und Grenzen Struktur und Halt zu geben.[156] Des Weiteren gibt es Hundebesitzer, die ihr eigenes und das Glück des Hundes einzig darin sehen, ihm alles zu ermöglichen.

Dreht sich in der Familie alles ausschließlich um den Hund und wird er über seine Belastbarkeitsgrenzen hinweg mit Zuwendung, Emotionen und Eindrücken überflutet, kann er damit nicht umgehen. Es wundert nicht, dass Probleme im Zusammenleben auftreten. Genauso wie ein Kind, das in die erste Reihe gestellt und zu einem Prinzen erzogen im Alltag anderen nicht den Vortritt lässt und keine weiteren Götter neben sich duldet, wird sich auch ein Hund verhalten. Solch ein Prinzenstatus ist zudem eine Überforderung. In Kombination mit einer geringen Frustrationstoleranz, wenn der Hund nie gelernt hat, mit Rückschlägen und mit nicht sofort erfüllten Wünschen klarzukommen, kann dies eine regelrechte Schnellstraße zu ungehaltenen Verhaltensweisen sein. Wie stark und auffällig sich diese Verhaltensweisen aus-

---

[153] Wood, JJ (2006): Parental intrusiveness and children's separation anxiety in a clinical sample

[154] Locke, J; Campbell, MA; Kavanagh, DJ (2012): Can a parent do too much for their child? An examination by parenting professionals of the concept of overparenting

[155] Band 3 der Reihe ICH HALTE DICH

[156] Band 5 der Reihe ICH HALTE DICH

prägen, hängt auch vom Alter, der Rasse und der Lebenserfahrung des Hundes ab. Junge, unerfahrene Hunde sind hierfür anfälliger.

FALLGESCHICHTE

🐾 FLAKE

Samojede, Rüde

Flake kam mit 2 Jahren ins Tierheim, da es zu mehreren Beißvorfällen innerhalb der Familie kam. Auf Nachfrage ergab sich folgendes Bild: Flake wuchs in einer recht „robusten" Außenhaltung auf; eine Familie wurde auf ihn aufmerksam, als er 1,5 Jahre alt war und übernahm ihn. Um ihn — aus der Sicht der neuen Familie — für die erlittenen Entbehrungen zu entschädigen und alles wieder gut zu machen, schoss sie weit über das Ziel hinaus: „Ab jetzt soll es ihm niemals wieder an irgendetwas mangeln!". Von diesem Gedanken getragen wurden Flake keine Strukturen und Grenzen gegeben. Er sollte sich frei entwickeln können und nur das tun, wozu er Lust hat.

Seine neue Familie vermittelte ihm genau das Gegenteil dessen, was für ein harmonisches Leben und die Eingliederung in einen Sozialverband wichtig ist: Flake bekam Rechte, aber keine Pflichten. So war seine Entwicklung in der Familie vorhersehbar.

Nach nur 8 Wochen begann das erhöhte Anspruchsdenken des „Prinzen". Flake biss seine Menschen, wenn sie ihm im Weg standen; Flake biss seine Menschen, wenn sie ihn versehentlich berührten; Flake schränkte seine Menschen ein, bis sie sich in seiner Anwesenheit kaum noch zu rühren trauten. Jede aus seiner Sicht fehlerhafte Handlung wurde umgehend mit dem Einsatz seiner Zähne geahndet.

Wie aus dem zuvor Gesagten klar geworden sein sollte, ist es verkehrt, diesem Hund Dominanz zu unterstellen. Genauso verkehrt wäre es nun, jedem ungehaltenen Hund sofort einen „Prinzenstatus" zu attestieren. Es gibt eine so unglaublich große Vielzahl von Gründen dafür, dass ein Hund sich ungehalten präsentiert, dass man ohne Kenntnis der Umstände mit diagnostischen Schnellschüssen vorsichtig sein sollte.

Flake reagierte in der dargelegten Art und Weise, weil ihm niemand Einhalt geboten und vermittelt hat, wie mit Menschen umzugehen ist. Es gab niemanden, der ihm Stärke (die nicht mit Gewalt zu verwechseln ist) und Halt vermittelt hat; niemanden, der ihm freundlich und klar den Platz im Leben gezeigt hat. Flake wurde dadurch auf den falschen Weg gebracht, der ins Nirgendwo führte. Für viele durch einen solchen Umgang fehlgeleiteten Hunde ist das Nirgendwo die Endstation – die Tierarztpraxis zum Einschläfern.

Flake wurde im Tierheim einer Freundin abgegeben, die ihm kompetent zu begegnen wusste. In der Familie selbst wäre es sinnvoll gewesen, ihm zunächst nicht das gesamte Haus zur Verfügung zu stellen, sondern ihn einzugrenzen. Ein Extrazimmer mit einem Kindergitter als Tür begrenzt den Hund nicht im Sinne von Freiheitsberaubung, sondern gibt ihm vordringlich die Erkenntnis, dass Grenzen existieren und dient so als Orientierungshilfe. Leider herrscht in der „gewaltfreien Trainingsphilosophie" oftmals die Einstellung, dass das korrekte Befolgen von Alltagssignalen, die landläufig als Grundgehorsam oder Kommandos bezeichnet werden, unnötig sei. Unnötig sind sie in der Tat, wenn das Ziel ein Kadavergehorsam ist, bei dem etwas ohne Rücksicht auf die Persönlichkeit des Hundes und seine Fähigkeiten sowie ohne einen Entscheidungsspielraum – wie von einem Automaten – verlangt wird. Werden die Alltagssignale jedoch in der Art aufgebaut und eingesetzt, dass der Hund sie lernen und umsetzen kann, so können hierüber Anforderungen an ihn gestellt werden, an denen er wachsen kann. Mit Spaß aufgebaut geben solche Signale eine gute Grundstimmung, sie geben Orientierung, dienen der mentalen Stimulation und

Hunde als Sozialarbeiter — von einem Mobbing klar zu unterscheiden!

der Selbstkontrolle. Gibt der Mensch die Signale fair und angepasst an den Ausbildungsstand des Hundes, dann wird er als feinfühlig, zuverlässig und damit vertrauenswürdig wahrgenommen.

Der Aufbau von Signalen kann selbst über ein Kindergitter hinweg erfolgen, sodass sich jeder sicher fühlen kann. Neben positiven Erfahrungen, Assoziationen sowie dem Aufbau von Alternativverhalten hätten Flake über einen achtsamen, kurzeitigen, kontrollierten Kontaktabbruch **(AKKKA-Konsequenz[157])** zudem gegebenenfalls Informationen über ein Fehlverhalten gegeben werden können. Des Weiteren hätte er so mit Rückschlägen und Frustration umzugehen gelernt.

Um Hunde wie Flake auszulasten und angemessen zu fordern und zu fördern, bieten sich beispielsweise Denkaufgaben, Tricktraining, Gerätearbeit und Nasenarbeit an. Wer mental müde und zufrieden ist, kommt nicht so schnell auf dumme Gedanken.

---

[157] Die von mir entwickelte *AKKKA-Konsequenz* wird in Band 5 der Reihe ICH HALTE DICH beschrieben

Hilfreich sind natürlich auch Kontakte zu sozial sicheren Hunden. Die Mitglieder der Hundegruppe, der Flake gleich zu Beginn vorgestellt wurde, agierten perfekt, um ihn fair einzuschränken und ihn von seinem „Prinzenthron“ herunterzuholen. Einer solchen sozial sicheren Hundegruppe bei ihrem Tun zuzuschauen, ist überaus faszinierend und lehrreich. Erst recht, wenn man bedenkt, wie plump und unbeholfen dagegen der Mensch in seiner oftmals gewaltvollen Verhaltenskorrektur ist.

In welchem Maße Sie sich engagieren, wie feinfühlig Sie auf die Bedürfnisse Ihres Hundes reagieren, wie sehr Sie ihn als eigenständige Persönlichkeit achten – das alles hat großen Einfluss auf die Bindungsqualität und das Verhalten des Hundes.

BINDUNGSAUFBAU

Bindungen spielen eine entscheidende Rolle im Leben des Hundes und die Qualität der Bindungserfahrungen hat einen so erheblichen Einfluss auf seine emotionale Entwicklung, dass sich die Frage stellt, ob es nicht ein Rezept zum Aufbau einer sicheren Bindung gibt. Jedoch gibt es genauso wenig, wie man sich ein Lebewesen nach seinen Vorstellungen „backen“ kann, eine starre Anleitung, wie man zu einer sicheren Bindung kommt. Meine H.A.L.T.-Methode ist ein grandioser Leitfaden zum Aufbau und zur Stärkung der Bindung. Sie entbindet den Hundehalter jedoch nicht von seiner Aufgabe, jedes Lebewesen mit einer große Portion Feinfühligkeit als Individuum wahrzunehmen und seine Befindlichkeiten zu erspüren, um dann angemessen auf es reagieren zu können. Des Weiteren ist es notwendig, Verständnis für Verhaltensweisen in den verschiedenen Entwicklungsphasen der Bindung aufzubringen, um nicht auf dem Weg in die sichere Bindung doch noch verkehrt abzubiegen.

ENTWICKLUNGSPHASEN DER BINDUNG

Ainsworth[158] unterscheidet bei der Entwicklung der Bindung beim Baby vier Phasen. Sie beruhen auf dem Wechselspiel des jeweiligen Reifegrads des Gehirns und den so-

158 Mary Ainsworth (1913–1999), US-amerikanisch-kanadische Entwicklungspsychologin, eine der Hauptvertreterinnen der Bindungstheorie

zialen Erfahrungen.[159] Berk[160] nennt ebenfalls vier Phasen.[161] Zum besseren Verständnis verwende ich im Folgenden beiderlei Bezeichnungen, die von Berk stelle ich voran. Auch wenn Ainsworth von Babys spricht, ist es in meinen Augen zulässig, die ersten drei Phasen auch auf den Hund – egal ob Welpe, heranwachsender oder erwachsener Hund – zu übertragen. Meinen Beobachtungen zufolge läuft der Bindungsaufbau ähnlich ab. Dies könnte auch der Grund sein, warum man bei Hunden, deren altersentsprechende Bedürfnisse von klein auf nicht erfüllt wurden, sodass ihre psychische Entwicklung regelrecht auf Eis gelegt wurde, Verhaltensweisen sehen kann, die zu dem Ausspruch hinreißen lassen: „Der holt seine Welpenzeit nach." Endlich kann ihre Seele leben, es werden nicht nur Organ-Funktionen aufrechterhalten.

Vorbindungsphase
(Ainsworth: Phase der unspezifischen sozialen Reaktionen)

Diese Phase lässt sich meines Erachtens nach gut bei etlichen Tierheim-Hunden sehen. Sie drücken sich an die Gitterstäbe und betteln regelrecht um Streicheleinheiten; sie orientieren sich sofort zu jedem potenziellen sozialen Kontakt, beispiels-

---

[159] Mary Ainsworth, zitiert in Grossmann, K; Grossmann KE (2012): Bindungen – das Gefüge psychischer Sicherheit

[160] Laura E. Berk ist Professorin für Entwicklungspsychologie an der Illinois State University

[161] Berk, LE (2011): Entwicklungspsychologie

weise durch Horchen, Anschauen, Lautäußerungen und Anschmiegen. Dies wird fälschlicherweise oft fehlinterpretiert als: „er hat Vertrauen" oder „er mag mich". Es ist verständlich, dass Hunde, ausgenommen solche, die bei einem nicht vertrauten Lebewesen sofort auf Abwehr gehen, aus dem Bedürfnis nach Sozialkontakten heraus versuchen, sich in eine Gemeinschaft zu integrieren. Sie nehmen Kontakt auf, es ist sozusagen ein Vorfühlen, ein Warmmachen für die Bindung.

Beginnende Bindungsphase

(Ainsworth: Phase der unterschiedlichen sozialen Reaktionsbereitschaft)

In dieser Phase richtet sich die Interaktion des Hundes – und damit seine Signale – an ausgewählte Sozialpartner. Der Hund ist zunächst Unbekannten gegenüber nicht mehr so offen, er fremdelt. An und für sich kann man dies auch positiv sehen: Der Hund unterscheidet zwischen vertrauten und fremden Personen. Vielen Hundehaltern werden solche Fremdelphasen, auch als Angstphasen und „spooky periods" bezeichnet, vom heranwachsenden Hund bekannt sein, der plötzlich bei vormals unbeachteten Gegenständen oder bei fremden Personen scheut oder diese sogar verbellt, während er Schutz bei seiner Vertrauensperson sucht. Diese Phase findet sich meiner Erfahrung nach in mehr oder weniger stark ausgeprägter Form auch bei erwachsenen Hunden, wenn sie in eine neue Familie gezogen sind. Regelmäßig höre ich etwa drei Wochen nach der Adoption (dies kann auch bedeutend früher sein, sogar bereits am Folgetag), dass der Hund sich offensichtlich schon heimisch fühlen würde, da er Fremden den Zutritt zum Haus verwehre. Ausprägung und Dauer des Fremdelns sind individuell verschieden. Oft ist zu beobachten, dass der Hund sich in dieser Phase einem Familienmitglied besonders eng anschließt und dieses unter Umständen sogar gegenüber den anderen Familienmitgliedern verteidigt und die anderen Familienmitglieder mehr oder weniger abwehrt. Dies ist mitnichten das Erkennungszeichen eines „Einmann-Hundes"! Es sollte einfühlsam darauf eingegangen werden, ein unbeherrschtes Vorgehen würde den Hund in eine unsichere Bindung manövrieren und diese Phase unnötig verlängern.

Phase der eindeutigen Bindung

(Ainsworth: Phase des aktiven und initiierten zielkorrigierten Bindungsverhaltens)

Je sicherer sich der Hund in der Bindung gehalten fühlt, desto weniger fremdelt er, sondern kann sich der Erkundung der Umgebung widmen. Alle Familienmitglieder

In schwierigen Momenten kann der Hund sich an der Bindungsperson festhalten.

sind nun als Bindungspersonen willkommen, wenn sie auch unterschieden werden in primäre und nachrangige Bindungspartner. Die Bindungsperson als sicherer Hafen hat eine ungeheure Wertigkeit, sie wird bei Belastungen schnell aufgesucht. Ich sehe oftmals, wie der Hund in belastenden Momenten am Menschen hochsteigt, ihn umklammert. Ein Kind würde man betteln hören: „Hilf mir! Nimm mich bitte auf den Arm!". Dem unverstandenen Hund wird dagegen sehr oft pauschal unterstellt, er reite auf oder er wolle den Menschen dominieren. Dabei braucht er in diesen Momenten den gleichen Beistand wie das schutzbedürftige Kind.

DIE H.A.L.T.-METHODE NACH CORDT

Die verschiedenen Bindungsmittel fasse ich in meiner H.A.L.T.-Methode zusammen. H.A.L.T. ergibt sich aus den ersten Buchstaben von

HILFE BEIM **A**UFBAU EINER **L**IEBEVOLLEN **T**IER-MENSCH-BEZIEHUNG

Hierbei habe ich das Wort „liebevoll“ ganz bewusst verwendet und die Betonung nicht allein auf die sichere Bindung gelegt. In meinen Augen ist die Liebe zu einem anderen Lebewesen der Schlüssel zu einem tiefen Verständnis und kann wahrhaftig Berge versetzen. Liebe ist die Quelle, aus der die Kraft geschöpft wird, alles für seinen Schützling zu unternehmen, damit es ihm gut geht. Es geht nicht darum, jede einzelne Aktion mit dem Hund auf die Goldwaage zu legen. Vielmehr kommt es darauf an, wie dauerhaft und vorhersehbar der Hund den Menschen als Bindungspartner wahrnimmt.

Die H.A.L.T.-Methode hilft beim Aufbau einer sicheren Bindung und bildet damit das Fundament für eine gesunde körperliche, emotionale und soziale Entwicklung des Hundes.

Im Folgenden werden verschiedene Bindungsmittel vorgestellt. Der Aufbau der liebevollen Tier-Mensch-Beziehung setzt voraus, dass der Mensch den Blick in den Spiegel wagt und sein eigenes Verhalten überdenkt. Oftmals ist man selbst in einem ungünstigen Bindungsmuster gefangen, sodass es sich lohnt, parallel auch an diesem zu arbeiten.

H.A.L.T. — BINDUNG DURCH FEINFÜHLIGKEIT

Sich verstanden zu fühlen tut jedem gut. Zeigt es doch, dass man nicht nur wahrgenommen, sondern auch ernstgenommen wird. Geht die Bindungsperson einfühlsam auf die Bedürfnisse des Hundes ein, so zeigt sie, dass ihr etwas an ihm liegt, sie an seinem Wohlergehen interessiert ist. Dies gibt dem Hund Vertrauen in die Bindung. Die Gewissheit, dass er seinen Menschen, seinen sicheren Hafen, in einer für ihn schwierigen Situation jederzeit aufsuchen kann und dass sein Mensch dann feinfühlig auf seine Befindlichkeiten eingeht, wirkt sich positiv auf seine Wahrnehmung der Umwelt und auf seine Reaktionen auf diese aus.

Aber nicht nur dem Hund geht es gut, wenn er feinfühlig wahrgenommen wird. Auch der, der durch Empathie und Verständnis glänzt und achtsam mit anderen und sich umgeht, profitiert davon in Form von Gesundheit und höherer Lebenserwartung.[162]

Allerdings sollte das Umsorgen nicht auf die Spitze getrieben werden, indem der Hund überbehütet wird und ihm jegliche Herausforderung als vermeintlich belastendes Hindernis genommen wird.[163] Es geht in erster Linie darum, die Bedürfnisse des Hundes zu verstehen und nicht darum, sie immer sofort und umfassend zu befriedigen. Somit ist der Grad der *responsiveness* entscheidend. Um über Feinfühligkeit einen sicheren Bindungsaufbau zu erreichen, ist das Eingehen auf die Bedürfnisse dem jeweiligen Schützling, seinem Entwicklungsstand und der Situation anzupassen.

Ainsworth definiert die mütterliche Feinfühligkeit als[164] *Fähigkeit, die kindlichen Signale wahrzunehmen, sie richtig zu interpretieren und prompt und angemessen darauf zu reagieren.*

Wie feinfühlig der Mensch als Bindungspartner vom Hund wahrgenommen wird, hängt demzufolge im Wesentlichen von vier Faktoren ab (in Anlehnung an Ainsworth):

1.
Nimmt der Mensch die Signale des Hundes überhaupt wahr? Ist der Mensch nicht nur körperlich, sondern auch mental präsent und somit beim Hund? Wer nur seinen eigenen Gedanken nachhängt und kein Auge für den Hund hat, verpasst viele entscheidende Informationen. Der Hund kann noch so viel senden, wenn der Mensch nicht empfangsbereit ist, kann nichts davon bei ihm ankommen.

2.
Aber selbst wenn der Mensch offen für seinen Hund ist und seine Antennen auf ihn ausgerichtet hat, so stellt sich immer noch die Frage, ob er die empfangenen Signale

---

[162] Bartens, W (2015): Empathie – Die Macht des Mitgefühls: Weshalb einfühlsame Menschen gesund und glücklich sind

[163] Kapitel „Von Helikopter-Eltern und Curling-Eltern“

[164] Ainsworth, MDS (1974): Feinfühligkeit versus Unfeinfühligkeit gegenüber den Mitteilungen des Babys

richtig deutet. Der Mensch erhält über alle Verhaltensweisen, Lautäußerungen und emotionalen Zustände des Hundes wichtige Informationen, um seine Bedürfnisse erkennen und angemessen auf ihn eingehen zu können. Dabei ist selbstverständlich immer den unterschiedlichen Charakteren mit ihren individuellen Erfahrungen Rechnung zu tragen. Das eigene Wunschdenken sollte dabei in den Hintergrund treten und die hundlichen Signale sollten nicht nach eigener aktueller Befindlichkeit interpretiert und damit den menschlichen Launen unterworfen werden; der Hund würde seinen Menschen sonst als unberechenbar und unbeständig wahrnehmen. Es gilt, sich in den Hund hineinzuversetzen, den Moment aus seiner Sicht zu erkennen, ohne sich persönlich in Frage gestellt zu fühlen.

Erschreckend fand ich die ernstgemeinte Aussage eines Referenten in einem Hundeseminar zu der Notwendigkeit, das Ausdrucksverhalten des Hundes lesen zu lernen: „Man muss ja schließlich seinen Feind kennen, um ihn besiegen zu können!". Warum lebt oder arbeitet man mit einem Lebewesen zusammen, das man als Feind ansieht? Welche verhängnisvolle Einstellung offenbart sich hier. Es hat fatale Auswirkungen, wenn jegliches Verhalten unter dem Blickwinkel der Herrschaftsausrichtung gesehen wird, die dem Hund unterstellt, jede Gelegenheit zu nutzen, sich als Diktator aufzuspielen und seinen Besitzer zu dominieren und kleinzuhalten. Eine solche Einstellung verzerrt die Wahrnehmung der tatsächlichen Befindlichkeiten des Hundes von Grund auf. Die Bedürfnisse des Hundes zu erkennen hat nichts mit einem Vermenschlichen zu tun, sondern mit Empathie und Verantwortungsbewusstsein gegenüber einem Schutzbedürftigen.

3.
Die Reaktion des Menschen darf nicht einem allgemein gültigen Patent-Schnellrezept folgen. Es gibt keine Reaktions-Pauschale, sondern die Reaktion des Menschen ist den tatsächlichen Bedürfnissen des Hundes in diesem Moment anzupassen. Benötigt der Hund Kontakt, um Zuversicht zu tanken, so ist ihm dieser zu geben. Ist es für ihn wichtig, die Umgebung zu erkunden, um sich hierüber sicherer zu fühlen, dann sollte ihm dies ermöglicht werden, soweit es die Situation zulässt. Aber vielleicht will der Hund sich auch im Kontakt mit seinem Menschen ein Bild von der Umgebung machen. Wird hierauf nicht eingegangen oder reagiert der Mensch sogar genervt und ablehnend, wenn der Hund Nähe sucht, dann ist für ihn nicht vorhersehbar, wann er mit der Feinfühligkeit seines Menschen rechnen kann. Sein Bindungsverhalten ist

aktiviert, sodass er damit beschäftigt ist, seinen Menschen hinsichtlich seiner Reaktionen einzuschätzen, anstatt offen seine Umgebung erkunden zu können.

4.
Braucht der Hund in einer Situation den Beistand seines Menschen, dann muss ihm dieser Beistand auch genau in diesem Moment gegeben werden. Wird dem Hund jedoch immer nur dann Nähe und Unterstützung gegeben, wenn dem Menschen danach ist, wird das Bedürfnis nach Beistand und Kontakt nie im richtigen Moment erfüllt. So saß eine Klientin, die mich mit ihrem Kuvasz aufsuchte, dem Glauben auf, dass jegliche Aktion immer vom Menschen auszugehen hat. In den vorherigen Trainings bei einem anderen Verhaltensberater hatte sie die Anweisung erhalten, niemals auf ihren Hund einzugehen, wenn er die Nähe zu ihr sucht. Sie solle ihn ignorieren. In Momenten, in denen er überhaupt nicht mit ihrem Kontakt und ihrer Zuwendung rechnet, sollte sie mit ihm kuscheln. Dahinter steht die Idee, dass jegliche Aktion nur von Hoheit Mensch auszugehen hat. Der Clou war, dass sie ihren Hund sogar beim Schlafen störte, um sich ihm „herrschaftlich“ aufzudrängen.

Mit seinem Menschen an seiner Seite fällt es dem Hund leichter, Befremdliches zu erkunden.

Ich dagegen begrüße es, wenn der Hund die Erfahrung macht, dass er den Menschen mit seinem Verhalten beeinflussen und sich damit zu mehr Wohlbefinden verhelfen kann. Leider wird aber gerade dies gerne als ein unrechtmäßiges Manipulieren fehlinterpretiert. Es wird dem Hund obendrein unterstellt, sich über den Menschen zu stellen. Ich sehe das angebliche Manipulieren als begrüßenswerte Selbstwirksamkeit des Hundes, die vor der Entwicklung von vielen unliebsamen Verhaltensweisen schützt.[165]

FALLGESCHICHTE

CORDOBA

Zentralasiatischer Owtscharka, Rüde

Cordoba war wie so viele unserer aus übelster Haltung übernommenen Herdenschutzhunde zu Recht der Auffassung, dass er sein „Soll" an einem Leben außerhalb des Hauses und der Familie bei Weitem erfüllt habe. Überaus froh, endlich im Haus leben und unsere Fürsorge genießen zu können, traute er sich kaum, das Haus zu verlassen. Zu groß war die Angst, dass dieses schöne Leben dann vorbei sein könnte. Er ging nur ganz kurz in den Garten, um sich zu lösen, wobei seine Bedingungen hierzu die offene Tür zum Haus und unser Verbleib in dieser waren. Dies gab Cordoba die Sicherheit, dass wir ihn nicht aussperren. Gerne erfüllten wir ihm diesen Wunsch. Zunehmend wurde er sich seines neuen Zuhauses und unserer sicher. Wie freute ich mich, als ich auf einmal ein besonderes Blitzen in seinen Augen sah, als er vor der Tür stand und mir zu erkennen gab, dass er nach draußen möchte. Ich deutete seinen Augenausdruck richtig und schloss hinter ihm die Tür, anstatt sie wie sonst offen zu lassen, so lange er sich im Freien aufhält. Durch die Türglasfüllungen konnte ich sehen, dass Cordoba sich sofort umdrehte und mich wedelnd und äußerst gut gelaunt durch das Glas ansah. Er war in keiner Weise in Sorge, dass die Tür nun verschlossen bliebe, sondern in freudiger Erwartung in der Gewissheit, dass ich sie sofort wieder für ihn öffne. Ich tat dies umgehend und Cordoba lief ein paar Schritte ins Haus, um sich sofort wieder umzudrehen und um ein erneutes Öffnen der Tür zu bitten. Kaum draußen, wiederholten wir das Spiel: Ich schloss die Türe, er strahlte mich durch die Scheiben an, ich öffnete die Tür und er lief glücklich ins Haus, um das Spiel wieder von vorne zu beginnen. Es war schwer auszumachen, wer von uns beiden glückli-

165 Band 4 der Reihe ICH HALTE DICH

cher war und mehr Spaß hatte: ich, weil es offensichtlich war, dass Cordoba sich nun seiner neuen Familie und seines Wohnrechts sicher fühlte oder er, weil er sich auch sicher war, dass er steuern kann, jederzeit wieder ins Haus zu kommen.

Muzi und Cordoba wissen, dass sich die Tür wieder für sie öffnet und sie nicht ausgeschlossen sind.

H.A.L.T. — BINDUNG DURCH NÄHE

Das Bedürfnis nach Nähe ist nicht bei jedem Hund und in jeder Situation gleich stark. So beeinflussen die Situation an sich, aber auch das individuelle Wesen des Hundes, sein Alter, sein Entwicklungsstand, seine Entwicklungsgeschichte und seine augenblickliche Befindlichkeit seinen Wunsch nach Nähe. Aus seinem Verhalten wird ersichtlich, ob er die Distanz zu der Bindungsperson verringern möchte (Bellen, Heulen, regelrechtes Rufen etc.), ob er ihre Nähe sucht (aktives Suchen, Nachlaufen) oder ob er eine Trennung verhindern möchte (Klammern, Festhalten sogar mit den Zähnen). Je schutzbedürftiger man sich fühlt, desto mehr sehnt man sich nach Nähe.

Ist der Mensch zornig — selbst wenn es nicht auf den Hund bezogen ist — so wird dem Hund die Annäherung erschwert. Üble Laune ist sozio-negativ und damit abstoßend. Verweigert die Bindungsperson grundsätzlich Nähe, weist sie den Hund zurück, ist sie oft gereizt und schimpft, ist es nicht verwunderlich, dass der Hund nur ein geringes Selbstwertgefühl und eine unsichere Bindung entwickeln kann. Der Mensch sollte Kontakt und damit Nähe anbieten, wobei dem Hund die Freiheit bleibt, dieses Angebot anzunehmen.

Wie sehr Hunde die beschützende Nähe selbst zu Personen suchen, die nur kurzen Kontakt zu ihnen haben und sich dabei noch nicht einmal exklusiv um sie kümmern, wird mir immer wieder drastisch vor Augen geführt, wenn ich Fotos von befreundeten Tierschützern in der Türkei sehe, die sich unter anderem um Hunde rund um Istanbul kümmern. Auf einem Gebiet von rund 1.500 Quadratkilometern gibt es dort siebzehn verschiedene Stellen, an denen Hunde ausgesetzt werden. In der Summe handelt es sich um etwa 50.000 Hunde. Diese Hunde führen kein schönes, freies Leben. „Frei" hat bei ihnen viel eher die Bedeutung von „frei von Schutz", „frei von Fürsorge", „frei von Futter". Sie sind sozusagen vogelfrei — und damit können sie ungestraft getötet werden oder vielmehr einen „unschönen" Tod finden. Der Großteil dieser Hunde ist sehr menschenbezogen und sozial. Tierschützer vor Ort versu-

chen, soweit es mit ihren bescheidenen Mitteln möglich ist, das Leid dieser Hunde zu lindern. Sie sind Lichtblicke für sie. Die Hunde wissen, dass diese Menschen den Weg in ein besseres, behütetes Leben bedeuten. So stürzen sich viele zunächst gar nicht auf das mitgebrachte Futter, sondern sie suchen zuerst Zuwendung. Nach den Fütterungen laufen einige Hunde oft noch dem leeren Wagen hinterher – zwei Hündinnen einmal ganze sieben Kilometer! Aufnehmen konnten die Tierschützer diese Hunde leider nicht, ihre Station war voll. Sie mussten weiterfahren und konnten den unbändig großen Wunsch dieser Hunde nicht erfüllen. Es blutet einem das Herz, wenn man sich der unendlich großen Sorge dieser Hunde bewusst wird. Es erfasst einen ein ohnmächtiges Gefühl, so als könnte man einem Ertrinkenden nicht die Hand reichen, nach der er sich hilfesuchend streckt.

Nähe gibt nicht nur Schutz, sie kann auch physisch wie psychisch heilen. Jemandem in schwierigen Zeiten beizustehen, sodass er liebevolle Geborgenheit erfährt, beschleunigt seine Heilung. Bei Kindern reduziert sich die Behandlungszeit sogar um bis zu ein Drittel.[166]

---

[166] Linschoten van, CP; Reuter, E (1996): A home away from home. Summary of the report on the study of the *use and necessity of the Ronald McDonald House*

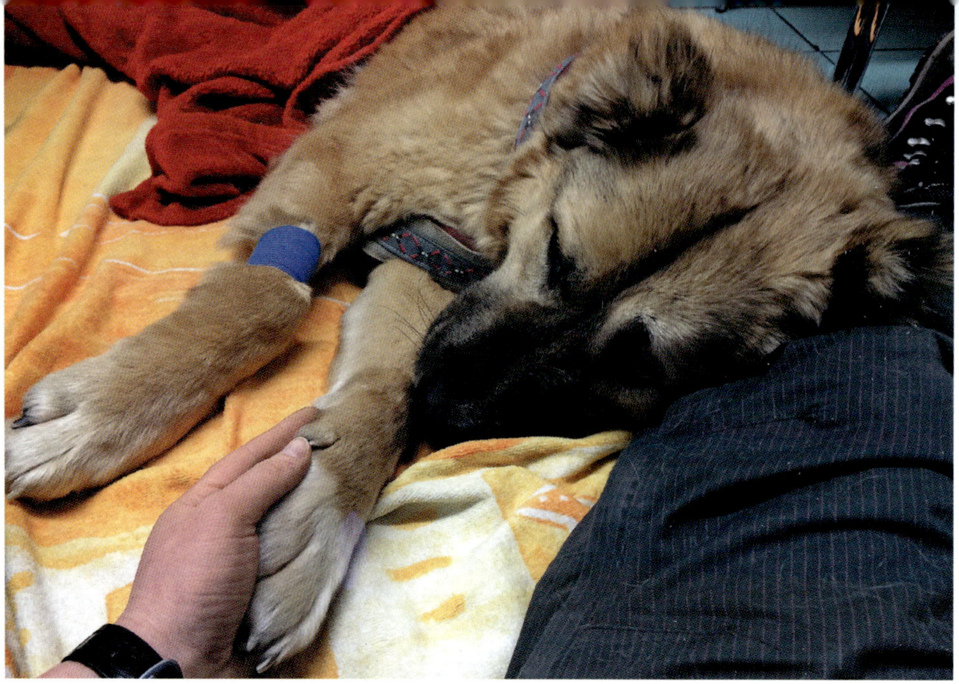

Aus diesem Grund achte ich in Absprache mit dem Tierarzt darauf, sowohl bei einer Narkoseeinleitung, als auch beim Aufwachen bei unseren Hunden zu sein, ihnen regelrecht die Pfote zu halten. Auffallend ist nach diesem liebevollen, begleiteten Aufwachen, dass Hunde mit einer größeren Bindungsvermeidung offener werden, und dass ihre Orientierung zu mir zunimmt.

FALLGESCHICHTE

PERSÖNLICHE ERFAHRUNG

Ich selbst habe am eigenen Leib erlebt, wie wohltuend liebevolle, fürsorgliche Nähe ist, wenn man sich schutzbedürftig fühlt. Wenn keine Vertrauensperson vor Ort ist, dann kann es sogar unerheblich sein, ob einem die Ersatzperson bereits bekannt ist. Es ist in diesem Moment einzig entscheidend, dass der ehrliche Wunsch des anderen spürbar ist, helfen zu wollen. In einem Alter von 15 Jahren stand bei mir eine Operation an. Ich wurde im Krankenbett durch die langen Flure des Krankenhauses geschoben, passierte Aufzüge und immer sterilere Bereiche. Meine Brille musste ich in meinem Krankenzimmer zurücklassen und ich fühlte mich ausgesprochen hilflos. Die Kälte um mich herum nahm zu. Kurz vor der Narkoseeinleitung entschieden sich die Operateure aus verschiedenen Gründen gegen eine Operation. Ich verstand die Aufregung vor dieser Entscheidung nicht, was mich noch hilfloser machte. Auf dem Weg zurück in mein Zimmer fühlte ich mich sehr allein, als plötzlich ein Pfleger meine Hand nahm und sie in seiner warmen Hand hielt. Was er mir alles erzählte, kann ich nicht mehr sagen, es war auch unerheblich. Wichtig waren seine Ruhe, sein Beistand, seine menschliche Wärme und die wohltuende, beruhigende Stimme.[167]

Es war nicht nur die erfahrene menschliche Wärme, die mich zuversichtlicher werden ließ. Auch die warme Hand war wohltuend. Grundsätzlich löst physikalische Wärme einen ähnlichen Effekt aus wie zuteilwerdende Warmherzigkeit. Temperatur wirkt sich auf das Fühlen, Denken und Handeln aus. Fühlt man sich ausgegrenzt, so fröstelt man, es sinkt sogar die Hauttemperatur. Wärme dagegen kann das Gefühl der Einsamkeit vertreiben und das Urteil über andere positiv beeinflussen, sodass man ihnen mehr Vertrauen entgegenbringt und sich ihnen gegenüber toleranter zeigt.[168] Aufschlussreich ist, wie deutlich sich diese Erkenntnis im Sprachgebrauch niederschlägt: „mit jemandem warm werden“, „warme Worte schenken“, „warmherzig sein“, aber auch: „kaltherzig die kalte Schulter zeigen“.

Um eine positive Bindungserfahrung über Nähe erleben zu können, ist es wichtig, Nähe zu definieren. Nähe drückt tiefe Verbundenheit aus. Nähe bedeutet da-sein, sowohl körperlich, wie auch emotional. So kann man seinem Schützling sehr nah sein, selbst wenn man nicht bei ihm ist, um ihm die Pfote zu halten. Voraussetzung hierfür ist die Gewissheit des Hundes, dass man an seinem Wohlergehen interessiert ist. Diese Gewissheit hat er in der sicheren Bindung.[169]

Nur wenn ein Vertrauensverhältnis besteht, kann der Hund Nähe genießen. Vertrauen gewinnt man nicht durch plumpe Vertraulichkeiten, diese widern eher an und lassen den Anbiedernden als wenig in sich gefestigt und als wenig führungstauglich erscheinen. Deutlich ist dies bei Katzen zu beobachten: Sind mehrere Personen in einem Katzenhaushalt zu Besuch, dann wird in der Regel derjenige von der Katze aufgesucht, der zuvor betont hat, dass er Katzen nicht mag. Warum lässt wohl die Katze diejenigen links liegen, die säuselnd vor ihr knien und über „miez miez miez“ ihre

---

167 Welche Kraft die Stimme hat, ist in *Stimme macht Stimmung* in Kapitel „Trainingsaufbau · Lenken des sozialen Referenzierens (LSR)“ sowie in Band 3 der Reihe ICH HALTE DICH beschrieben

168 *Geborgenheit vermitteln* in Kapitel „H.A.L.T. – Bindung durch Schutz, Geborgenheit und Fürsorge“

169 *Sicher gebunden* in Kapitel „Bindung beim Hund“

Zuwendung gewinnen wollen? Wer sofort nach ihr grabscht, fängt sich unter Umständen sogar eine ein. Die Zurückhaltung (nicht zu verwechseln mit Arroganz und böswilliger Ignoranz) hat den Menschen aufgewertet. Über Feinfühligkeit, Fairness und Beständigkeit sind sich Vertrauen und Achtung zu verdienen. Erst bei Vertrautheit wird Nähe als wohltuend wahrgenommen. Umgedreht funktioniert es nicht: Aufdringliche Nähe erzeugt keinen Respekt, keine Achtung und kein Vertrauen.

Es geht mir um ein Angebot von liebevoller, auffangender Nähe und ein sensibles Wahrnehmen, wann die Grenze zur erdrückenden Nähe überschritten ist. So gibt es einige Hunde, die sich zwar an den Menschen schmiegen und darüber Nähe suchen, aber trotzdem von dem Menschen (noch) nicht angefasst werden möchten. Hier spielt das **Prinzip von Geben & Nehmen**[170] eine Rolle, aber auch, dass ein Anlehnen weniger verfänglich ist als ein direkter Zugriff. Sucht ein an und für sich misstrauischer Hund die Nähe des Menschen und nimmt körperlichen Kontakt auf, so sollte der Mensch nicht vorschnell in eine überschwängliche Fummelei geraten. Dies

---

[170] Band 4 der Reihe ICH HALTE DICH

hat schon für Bisse und einen erschwerten Vertrauensaufbau auf beiden Seiten gesorgt. Nimmt der Mensch dagegen feinfühlig den inneren Konflikt des Hundes wahr und geht auf seinen Wunsch nach distanzierter Nähe ein, zeigt er, dass er fürsorglich um sein Wohlergehen bemüht und vertrauenswürdig ist. Als Folge fühlt der Hund sich ihm zunehmend näher und kann vermehrt auch körperliche Nähe zulassen.

Ausnahmen sind Extremsituationen, in denen der Hund aus einer misslichen Lage gerettet werden muss und keine Zeit für Zurückhaltung bleibt. Hier sind der ehrliche Wunsch zu helfen und die souveräne Ausstrahlung des Helfers entscheidend.

Für den Bindungsaufbau durch Nähe haben sich unter anderen die folgenden Trainingselemente und Umgangsformen bewährt:

SLEEP-IN

Häufig gelangen Hunde in meine Betreuung, die sich zunächst nicht anfassen lassen wollen und den Menschen ängstlich und argwöhnisch beobachten. Bei diesen Hunden hat sich das **Sleep-in** als wunderbarer Türöffner bewährt: Ich übernachte bei diesen Hunden, trotz — oder gerade wegen — ihrer noch vorhandenen Zurückhaltung. Voraussetzung ist hierbei, dass der Hund durch die Anwesenheit des Menschen nicht in eine so große Angst gerät, dass er keinen Schlaf finden kann, er am liebsten durch die Wand gehen möchte und letztlich hilflos kapituliert. Wählen Sie deshalb einen genügend großen Raum (in dem Fall mit Strukturen, bitte keinen „Halleneffekt“) und finden Sie heraus, wie groß der Abstand zum Hund zu sein hat, damit er nach einer gewissen Zeit körperlich und emotional zur Ruhe kommen kann. Ist der Raum zu klein, dann ist die Gefahr groß, dass er übermäßig bedrängt und durch die Nähe erdrückt wird. Wählt er dann in der für ihn übermäßig belastenden Situation als Strategie das *Freeze,* das Einfrieren, eines der sogenannten „4F“ [171], so ist dies nicht leichtfertig und unbedacht mit einem Entspannen und erholsamen Einschlafen zu verwechseln. Ein kurzfristiges Erstarren ist weniger besorgniserregend. Zu vermeiden ist jedoch, dass sich der Hund aus dieser Erstarrung nicht oder nur sehr schwer erholen kann oder in dieser Not sogar Urin und Kot absetzt.

---

[171] Band 4 der Reihe ICH HALTE DICH

Das **Sleep-in** hat bei jeder meiner Anwendungen wahre Wunder bewirkt, ermöglicht es doch eine unaufdringliche Nähe; wer schläft, kann sich dem anderen nicht aktiv aufdrängen. Zudem wird durch das Einschlafen Gelassenheit vorgelebt, denn wer sich lang ausgestreckt hinlegt und sich nicht in der hintersten Ecke zusammenkauert, der zeigt, dass er sich sicher fühlt. Ein Einschlafen vor Erschöpfung durch mentale Überforderung möchte ich weder beim Hund sehen, noch sollte dies der Mensch im Sleep-in vorleben. Aus diesem Grund ist auch dem Sicherheitsempfinden des Menschen Rechnung zu tragen. Besteht die Gefahr, dass sich der Hund nachts dem Menschen nähert und ihn eventuell verletzen könnte oder fühlt sich der Mensch beim Liegen auf einer Schlafstätte mit dem Hund unwohl, empfiehlt es sich, den Schlafplatz mit einem transportablen Gitter zu schützen. Auf diese Weise wird auch vermieden, dass der schlafende Mensch bei der Inspektion durch den Hund erschreckt aufwacht und abrupt zusammenzuckt. Eine derartige Reaktion des Menschen würde eine positive Erfahrung des Hundes bei seinem selbstständigen Hinwenden und der Annäherung zum Menschen vereiteln.

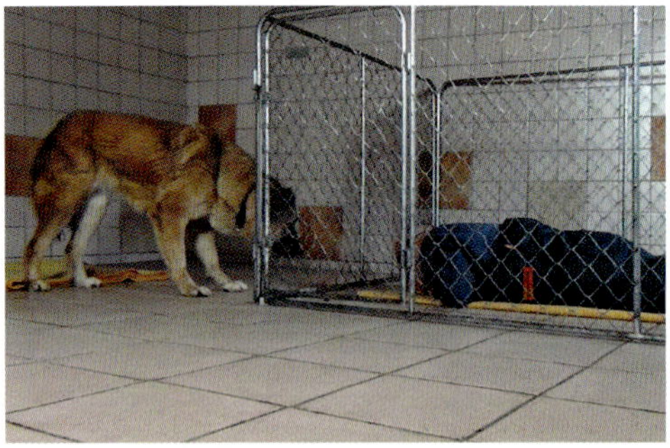

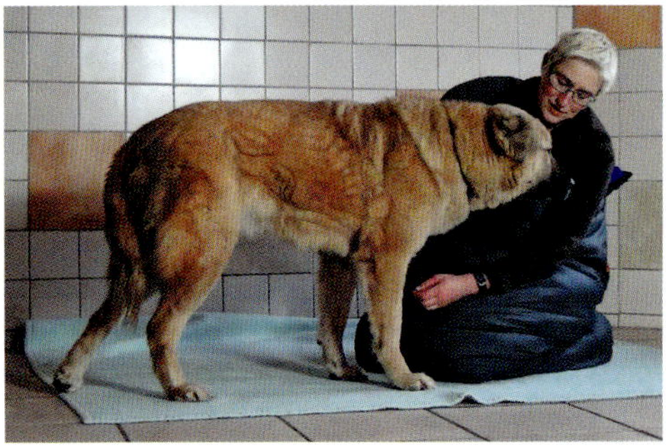

Damit der Hund in der zunehmend entspannenden Situation nicht doch plötzlich wegen vermeidbarer Außenreize hochschreckt, sollte darauf geachtet werden, dass beispielsweise das Mobiltelefon leiser gestellt wird und keine nicht in das Projekt involvierte Person plötzlich die Räumlichkeit betritt. Um eine angenehme Atmosphäre zu schaffen und dem Menschen die Dunkelheit zu erleichtern, nutze ich gerne eine Farblichtlampe, die ein wohltuend gedimmtes Licht gibt. Da ich von der Wirkung der Farben überzeugt bin, habe ich hierdurch zudem eine weitere Möglichkeit, die Stimmung zu beeinflussen. In meinem Buch *Hundereich,* das sich der erfolgreichen Integration von Hunden in eine Hundegruppe sowie der Mehrhundehaltung und dem Thema harmonische Hundebegegnungen widmet[172], weise ich auf diese Möglichkeit der Einflussnahme hin.

SIT-IN

Das hier beschriebene **Sit-in** findet sich als Führelement auch in der Reihe *Achtsames Führen nach Cordt,* die in Band 3 dieser Buchreihe näher beschrieben ist.

Mein erstes Sit-in zum Bindungsaufbau praktizierte ich bereits 1996, als ich Gassigeherin in einem Tierheim war. Dort war eine Hündin abgegeben worden, die niemanden an sich heranließ und auf den ersten Blick nicht am Menschen interessiert schien. Ich spürte, wie diese sich abwehrend verhaltende Hündin, ich nannte sie Marenga, sich insgeheim nach Nähe sehnte und sich so sehr wünschte, wahrgenommen zu werden. Da ich mich zu der Zeit in Prüfungsvorbereitungen meines Studiums befand, verlagerte ich meinen „Schreibtisch“ kurzerhand in Marengas Innenzwinger und verbrachte dort ganze Nachmittage und Abende. Dies zahlte sich in zweierlei Hinsicht aus: Ich wurde nicht gestört und konnte mich perfekt auf die Prüfungen vorbereiten, was mit einem guten Ergebnis belohnt wurde. Ich wurde aber auch durch Marengas Entwicklung belohnt. Während ich vertieft in meinen Ordnern und Büchern steckte, beäugte sie mich zunehmend interessierter, um sich immer näher an mich heranzuwagen und sich irgendwann wie zufällig neben mich zu setzen. Auch wenn es verlockend war, ich streichelte sie noch nicht, sondern sprach liebevoll mit ihr, ohne sie dabei anzugucken. Unser gegenseitiges Vertrauen wuchs mit jeder „Sitzung“ und war bald so groß, dass ich sie problemlos angucken, anfassen, anleinen und auf Spaziergänge mitnehmen konnte. Das berauschende Gefühl, wenn ein vormals verstörtes und abwehrbereites Wesen einem sein Vertrauen schenkt, hat einen starken Eindruck bei mir hinterlassen.

[172] Cordt, M: Hundereich – Hundebegegnungen und Vergesellschaftung · Mit einem klaren Plan und friedvoll zum Erfolg

Das **Sit-in** ist so einfach, wird jedoch leider von vielen nicht als Element zur Verhaltensbeeinflussung wahrgenommen, da man auf den ersten Blick untätig ist, sich nicht aktiv um den Hund bemüht und die Übung damit unspektakulär ist. Aber gerade ein Spektakel, ein Aufsehen erregendes Ereignis, ist oft genau der verkehrte Weg. Jede Minute, die man im Sit-in scheinbar untätig beim Hund sitzt, ist bestens investiert. Einfach da sein, dem anderen Zeit und Nähe schenken, gehört in unserem von Hektik geprägten Alltag mit dem Erfolgsdruck auf schnelle Ergebnisse zu dem Wertvollsten, was man einem anderen Wesen geben kann.

HOUSE-IN

Eine ähnliche Intention wie das Sleep-in hat auch das **House-in.** Lebt der Hund bereits mit seinen Menschen im Haus, fühlt sich aber noch nicht zu Hause oder gilt es, sein Bindungsmuster positiv zu beeinflussen, so toleriere ich es nicht, dass er sich nachts nach draußen legt oder sich deutlich absondert. In diesem Fall hat er sich im Schlafraum oder in einem unmittelbar angrenzenden Raum aufzuhalten. Rückzugsmöglichkeiten wie Höhlen und behagliche Ecken erleichtern ihm die neue Nähe. Ein Hund, der bisher immer draußen ungeschützt allen Witterungen ausgesetzt war und im Winter übernommen wird, den kann es aus der Not heraus nach draußen ziehen, da es ihm im Haus zu warm ist; sein Organismus und sein Fell haben sich noch nicht an das Leben im Haus angepasst. Auch wenn Wärme das Vertrauen in andere fördert, ein Überhitzen des Hundes ist dagegen wenig sinnvoll. Passen Sie die Raumtemperatur daher entsprechend so an, dass sowohl Sie, als auch der Hund sich wohlfühlen können.

Nur ein gerne aufgesuchter Platz eignet sich als Rückzugsort. Er sollte ausreichend Platz zum Strecken, Umdrehen und Liegen bieten und vor den Blicken anderer schützen. Werden diese Vorgaben eingehalten, kann eine Box gute Dienste leisten.

Meine eigenen Hunde lieben es, jederzeit meine Nähe aufsuchen zu können, wenn sie Beistand benötigen oder sich einfach nur meiner Anwesenheit vergewissern wollen. Auffällig ist immer das erste Jahr nach der Adoption. Sie kommen nachts schnuppern, legen sich kurz oder für den Rest der Nacht neben mein Bett. Oftmals kommt es mir vor, als ob sie es gar nicht fassen könnten, nun einen liebevoll sorgenden Menschen an ihrer Seite zu haben und in einer schützenden Gemeinschaft aufgehoben zu sein.

FALLGESCHICHTE

🐾 ZAPPO

Dalmatiner-Pitbull-Mix, Rüde

Zappo war von einem Alkoholiker im Tierheim abgegeben worden. Mein Mann und ich verliebten uns sofort in ihn und so war schnell klar, dass wir ihn adoptieren werden. Zappo war erst wenige Tage bei uns, als er im oberen Stockwerk des offen gebauten Hauses schlief. Mein Mann und ich unterhielten uns in der Küche,

Für Zappo ging ein Traum in Erfüllung – endlich eine eigene, einfühlsame Familie. Gleichzeitig erfüllte sich auch mein Traum: Eine faszinierende Reise mit den wundervollsten Lebewesen an meiner Seite nahm ihren Anfang – meine Reise zu mir selbst.

als wir auf einmal ein besorgt fragendes „wuff wuff" vernahmen. Wir verstummten und lauschten nach oben. Nur wenig später lief Zappo aufgeregt die Stufen hinunter, gelangte nach wenigen Metern in die offene Küche, stoppte und guckte uns an. Die Sorgenfalten in seinem Gesicht verschwanden, er drehte sich um, ging gemächlich die Treppenstufen ins obere Stockwerk wieder hinauf und ließ sich mit einem wohligen Seufzer auf seinem Liegeplatz nieder. Bei Zappo war überdeutlich zu sehen, wie sehr er sich sorgte, dass das schöne Leben eventuell nur ein Traum gewesen sein könnte. Uns kamen fast die Tränen vor Rührung, aber auch, weil es uns bekümmerte, dass derartige Gefühle den Hunden – und Tieren generell – so oft abgesprochen werden. Zappo war sichtbar erleichtert, als er uns vorfand. Er war nicht allein, wir waren in seiner Nähe. Je mehr er sich heimisch fühlte, je sicherer die Bindung wurde, umso weniger war unsere permanente Anwesenheit wichtig. Er konnte stundenweise alleine bleiben, da er sich nun sicher war, dass wir wieder zurückkehren und ihn niemals im Stich lassen würden.

Die Wichtigkeit des Sozialkontaktes für den Hund als sozial organisiertes Lebewesen wurde hinreichend dargelegt.[173] Der Sozialkontakt ist eines der elementaren Bedürfnisse[174] und sollte so oft wie möglich hergestellt werden. Dazu ist nicht unbedingt immer ein Körperkontakt nötig, und unentwegte Aktionen und Bespaßung wären sogar kontraproduktiv. Es zählt vielmehr eine unaufdringliche Nähe, womit ein Angebot von Nähe gemeint ist, welches der Hund in Anspruch nehmen kann, wann immer es ihm wichtig ist. Das kann durch Körperkontakt seinerseits erfolgen oder einfach nur durch eine Annäherung, eine Distanzverringerung.

WINKE, WINKE — MIT DEN HÄNDEN, MIT DEN AUGEN

Es werden sicherlich nicht viele den Schlager „Winke-winke, winke-winke, mit den Händen, mit den Augen, mit dem Mund“ von 1950 kennen, aber er passt überaus gut zu meinem Anliegen. Besonders zu Beginn des Bindungsaufbaus können misstrauische Hunde es einem übelnehmen, wenn sie, bewusst oder unbewusst, ignoriert werden. Die Auswirkungen eines unbedachten Ignorierens im falschen Moment habe ich eindrucksvoll von einem Kangal zu spüren bekommen. Ihm verdanke ich auch die Entwicklung meiner **AKKKA-Konsequenz** (achtsamer, kontrollierter, kurzzeitiger Kontaktabbruch).[175]

Schaut mich ein neu übernommener Schützling erwartungsfroh an, so möchte ich ihn nicht enttäuschen und dadurch unsere Beziehung beeinträchtigen. Sein Vertrauen in mich als Bindungspartner ist wie ein zartes Pflänzchen, das sich zu entwickeln beginnt und sorgsam gehegt und gepflegt werden muss. Besonders zu Beginn des Bindungsaufbaus ist noch gewissenhafter und besonnener vorzugehen. Dies gilt nicht nur für bewusst inszenierte Treffen, sondern auch für Begegnungen, die sich durch die alltägliche Arbeit ergeben. Gehe ich beispielsweise im Hundetraining, beziehungsweise in der Verhaltensberatung mit einem Hund und seinen Menschen an meinem Hundeho-

---

[173] Kapitel „Bindung – Nahrung für Körper und Seele“

[174] Auf die Bedürfnisse des Hundes wird in Band 4 der Reihe ICH HALTE DICH umfassend eingegangen

[175] Die von mir entwickelte *AKKKA-Konsequenz* wird in Band 5 der Reihe ICH HALTE DICH beschrieben

tel vorbei und es befindet sich einer meiner Schützlinge im Freilauf, schenke ich ihm Beachtung. Das ist unabhängig davon, ob dieser Hund neu in meine Obhut gekommen ist und sich meiner Fürsorge noch nicht sicher ist oder ob es ein Schützling ist, der hoffnungsvoll am Zaun wartet, um mich zu erspähen. Ich gehe nicht achtlos an ihm vorbei. Seine Enttäuschung wäre groß und damit auch die Bekräftigung seiner vorherigen Einstellung, dass man sich auf Menschen nicht verlassen kann. Den Beweis für die Enttäuschung und den Stress, den die Hunden zeigen, wenn sie nicht begrüßt werden, liefert eine Studie, die sich meiner Erfahrung nach bestens auf Hunde übertragen lässt. Menschen können das Gefühl, ausgeschlossen zu sein, nur schwer ertragen. Die Notwendigkeit und der Wunsch nach Bindung sind so groß, dass sich selbst ein verweigerter Blick eines Fremden störend auf das Wohlbefinden auswirken kann. Für die Studie befragte ein amerikanisches Forscherteam Passanten. Diejenigen, denen unterwegs freundliche Blicke geschenkt wurden, fühlten sich wohler und verbundener als die Passanten, die von den entgegenkommenden Menschen ignoriert worden waren. Bei ihnen wirkte sich der soziale Schmerz aus, der auftritt, wenn man sich existentiell verlassen fühlt, selbst wenn man von fremden Menschen ignoriert wird.[176] Wenn es sich schon negativ auf das Wohlbefinden und das Gemeinschaftsempfinden auswirkt, wenn man von Wildfremden ignoriert wird, wie viel schmerzhafter ist es dann wohl, wenn Bekannte – und erst recht Bindungspartner – einen ignorieren.

Einige Hunde stecken es scheinbar leichter weg, dass sie regelmäßig nicht wahrgenommen werden. Bei anderen wiegt dieses Erlebnis jedoch schwerer und leistet einem ungehaltenen Verhalten Vorschub, es kann somit ein wahrer Konfliktstifter sein.[177] Die Aufmerksamkeit sollte aber nun nicht derart überzogen werden, dass der Mensch zum Alleinunterhalter des Hundes wird und bestrebt ist, ihm jeden Wunsch umgehend zu erfüllen.[178]

Da ich mich im Gespräch und im Training auf den Klienten konzentrieren möchte und auch meine Schützlinge lernen müssen, ohne den direkten Kontakt zu „Mama“

---

[176] Wesselmann, DE; Cardoso, FD; Slater, S; Williams, KD (2012): To be looked at as though air: Civil attention matters

[177] Auf die Vielzahl von Konfliktstiftern und Konfliktbeschleunigern gehe ich in Band 4 der Buchreihe ein

[178] Kapitel „Von Helikopter-Eltern und Curling-Eltern“

auszukommen, habe ich mir eine Bewegungsabfolge angewöhnt, die im Kontakt mit dem Klienten nicht hinderlich ist, meinen Schützlingen aber Verbundenheit symbolisiert: Ich warte auf einen Augenkontakt, lächle sie an, ziehe die Augenbrauen kurz zum Augengruß hoch, führe die Hand zur Brust und winke ihnen dann mit einer kleinen Handbewegung zu. Offensichtlich verstehen alle meine Hunde diese Gesten und antworten mir in der Regel darauf mit einem Schwanzwedeln. Dieses herzliche Winken und der Augengruß sind eine geläufige Kommunikation unter einander bekannten Menschen, die sich in einiger Entfernung sehen. Warum sollte man beim Hund darauf verzichten? Der liebevolle Blickkontakt ist in seiner Wirkung nicht zu unterschätzen. Hunde kommunizieren über den Augenkontakt nicht nur mit ihresgleichen, sondern auch mit Menschen. Wie eine Studie[179] aus Japan zeigt, hat der Blickkontakt auch eine bedeutende Wirkung auf die Mensch-Hund-Beziehung, da im Menschen starke neuronale Prozesse ausgelöst werden, was sonst eher vom Umgang mit dem eigenen Nachwuchs bekannt ist. Der Blickkontakt des Hundes setzt beim Menschen das Bindungshormon Oxytocin frei. Der Mensch erwidert den Blick, was wiederum beim Hund zur Oxytocin-Ausschüttung führt. Je länger der Blickkontakt anhält, umso höher ist die Oxytocin-Ausschüttung, was einen erneuten Blickkontakt fördert. Hierdurch wird ein Kreislauf in Gang gesetzt, der die soziale Beziehung festigt und als *positive Rückkopplungsschleife* bezeichnet wird.[180] Die Bedeutsamkeit des Blickkontaktes zeigt, dass er zum Aufbau einer sicheren Bindung nicht eingeschränkt werden sollte und man deshalb besonders am Anfang der Bindungsbeeinflussung vom Tragen einer Brille mit dunklen Gläsern oder von Kopfbedeckungen, die einen Schatten auf den Augenbereich werfen, absehen sollte. Ich möchte hier auch noch einmal auf Harlows wichtige Erkenntnis „Mütter haben Augen“ hinweisen.[181]

Das Wissen um die positive Rückkopplungsschleife zwischen Hund und Mensch zeigt erneut, wie gut Erkenntnisse aus der Eltern-Kind-Beziehung auf den Hund übertragen werden können und wie sehr der Mensch seine Rolle als Schutzpflichtiger dem Hund gegenüber ernst zu nehmen hat.

---

179 Kikusui, T et al. (2015): Oxytocin-gaze positive loop and the coevolution of human-dog bonds

180 *Alles im Blick* in Kapitel „Trainingsaufbau · Lenken des sozialen Referenzierens (LSR)“

181 Harlow, HF (1958): The nature of love

PHONE HOME – DIE LEINE ALS VERBINDUNGSKABEL

Die Hundeleine wird allzu oft einseitig nur als negative Begrenzung des Freiheitsdranges des Hundes gesehen, was sich im oft zu hörenden „Leinen los!" widerspiegelt. Doch im Freilauf liegt sicherlich nicht das alleinige Heil. In der Tat schränkt eine Leine die Freiheit ein, doch hört die Freiheit des einen da auf, wo sie andere belästigt oder sogar schädigt. Darüber hinaus kann man der Leine viel Positives abgewinnen. Hat der Hund die Leine bisher nicht als schmerzendes und ängstigendes Instrument erlebt, mit dem er geschlagen, fast stranguliert oder mit dem er grob herumgerissen wurde, dann symbolisiert die Leine ein Angebunden- und zugleich Eingebunden-Sein. Über dieses Verbindungskabel ist die Bereitschaft größer, sich auf den anderen einzulassen und sich führen zu lassen.[182] Von dieser Tatsache profitiere ich, wenn ich einen noch skeptischen Hund an der Leine halte und diese achtsam nutze, um gemeinsam mit ihm eine bestimmte Richtung einzuschlagen. Sehen Sie die Leine wie ein Händchenhalten.

Wenn ich einen neuen Tierschutzhund übernehme, der fremden Menschen gegenüber noch unsicher und abwägend ist und der auch mich erst einmal kennenlernen und mir vertrauen muss, nutze ich den positiven Effekt der Leine sogar auf einem umzäunten Gelände. Ich bewege mich mit dem Hund an einer ca. 2 bis 3 Meter langen Leine gemächlich über das Areal und beachte ihn nicht offensichtlich. Damit ist jedoch nicht gemeint, dass ich ihn ohne Rücksicht auf seine Bedürfnisse hinter mir herziehe, sondern vielmehr, dass ich seine Befindlichkeiten wahrnehme, ohne ihn dabei mit intensiven Blicken zu irritieren. Ich bediene mich offensichtlich einer nicht offensichtlichen Kommunikation. Die ersten Schritte einer **Entwicklung des achtsamen Miteinanders**[183] werden getan. Gerne verbinde ich hierbei Notwendiges mit Nützlichem und damit mit Aufräumarbeiten oder dergleichen auf dem Gelände. Hierbei vermeide ich selbstverständlich hektische Bewegungen oder das Erzeugen von plötzlichen und lauten Geräuschen. So kann der Hund die Geräusche und Be-

---

[182] Band 3 der Reihe ICH HALTE DICH

[183] *Entwicklung des achtsamen Miteinanders* ist ein Führelement aus der Reihe „Achtsames Führen nach Cordt", das im nachfolgenden Kapitel sowie in Band drei dieser Buchreihe beschrieben wird

Eine Leine als verbindendes Element, achtsam eingesetzt, hilft dem Hund zu lernen, sich auf den Menschen einzulassen, sich führen zu lassen.

wegungen von mir studieren, ohne dass sie ihm gelten. Zuckt er zusammen, so gehe ich nicht darauf ein, da meine Aktion ja nicht ihm galt.

Zieht ein neuer Hund in die Familie, der zunächst noch nicht einfach zu händeln ist, hilft eine Hausleine mit einer Länge von etwa 2 Metern, ihn im Haus in einen anderen Bereich führen zu können, ohne ihn direkt anzufassen oder ihn über körperliche Präsenz zu einem Ortswechsel zu bewegen. Als Hausleine verwende ich eine leichte Welpenleine, gerne auch ein Stück Leine aus Biothane oder eine gummierte Wäscheleine ohne Handschlaufe. So wird verhindert, dass die Leine hängen bleibt oder sich Schlingen bilden. Bevorzugt befestige ich die Hausleine an einem Brustgeschirr. Ist ersichtlich, dass die Leine eine längere Zeit am Hund bleiben muss oder der Hund das Brustgeschirr durchbeißen würde, befestige ich sie an einem weichen, breiteren Halsband. Statt die Hausleine nach einer gewissen Zeit ganz zu entfernen, empfiehlt es sich, zunächst noch ein 20 bis 30 Zentimeter langes Band an einem breiten, angenehm weichen Halsband

Eine Leine, als verbindendes Element achtsam eingesetzt, hilft bei der Kontaktaufnahme zu ängstlichen Hunden.

zu belassen. Der Hund lässt sich über dieses Kooperationsband wesentlich bereitwilliger zu einem anderen Ort im Haus führen, als durch den direkten Griff in Halsband oder Brustgeschirr. Dieses Prozedere ist selbstverständlich nicht nötig bei einem Hund, der sich dem Menschen leicht anschließt und sich nicht abwehrbereit zeigt.

Es ist schade, dass das große Potenzial der Leine oft nicht gesehen wird und der Hund viel zu früh abgeleint wird, wegen oben erwähnter, vermeintlicher leinenloser Glückseligkeit. Des Weiteren finde ich es unverantwortlich, einen erst vor Kurzem übernommenen Hund vorschnell frei laufen zu lassen. Leider herrscht zu oft die Erwartung, dass der Hund auch ohne gewissenhaften Aufbau der Alltagssignale das „Komm!“ als magisches Wort versteht und sich zudem aus Dankbarkeit für sein neues Zuhause sowieso nicht entfernt. Umso erfreuter war ich über die Zeilen eines meiner Schützlinge, einem 10 Jahre alten Carpatin-Mix, aus seinem neuen Zuhause. Lumis neue Familie bestand aus einer Hündin, Katzen sowie einer empathischen Frau mit einem wunderbar natürlichen Verständnis. Lumi schrieb mir wie folgt:

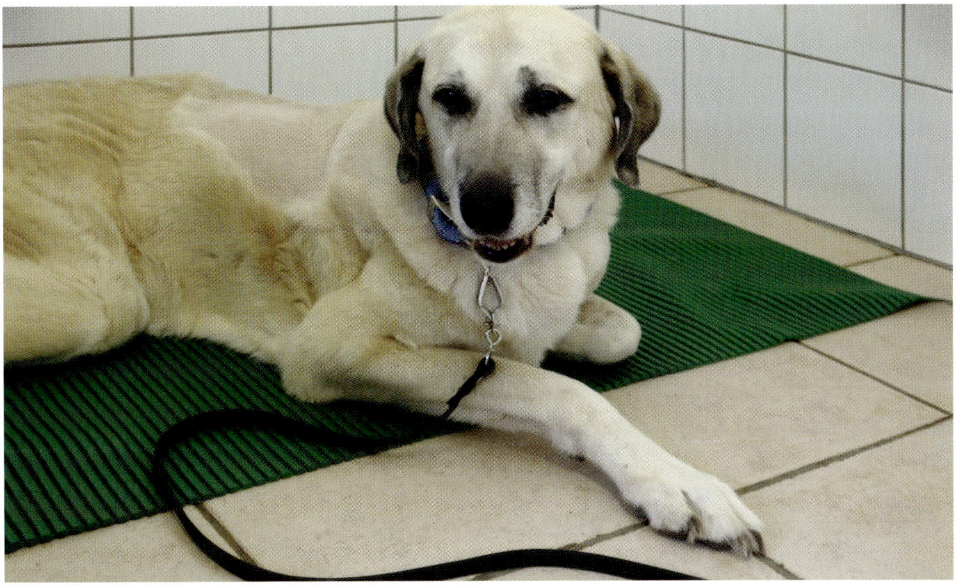

Wenn der Hund operiert wurde, sich hilflos fühlt oder notwendige Ortswechsel verweigert, kann eine Hausleine von großem Nutzen sein.

Meine neue Schwester darf immer frei laufen, nur ich bin an der Leine. Und die ist auch ziemlich kurz, so 2 Meter. Wegen der Bindung, meint „sie" – und damit ich mich sicher fühle. Schleppleine käme später, die ist dann 15 oder 20 Meter lang. Dann, nach ein paar Monaten, wenn meine Bindung an sie fest genug wäre, könnte ich zusammen mit Charlotte so viel rennen wie ich wollte. Monate!

In diesen Zeilen steckt so viel Wahrheit!

Selbstverständlich konnte sich Lumi in seinem großen Garten leinenlos bewegen und seinem Bewegungsdrang ungehindert nachgehen.

Gefreut habe ich mich auch über ein Feedback zu einem meiner Seminare, in dem ich den großen Nutzen einer Leine als Verbindungskabel hervorhob. Im Seminar selbst sah ich zunächst skeptische Blicke als ich betonte, dass über eine gespannte Leine nicht notwendigerweise eine Erregungszunahme des Hundes angesichts eines belastenden Reizes stattfinden muss. Einer unerwünschten Erregungszunahme kann man zudem entgegenwirken, wenn vorab die Übung zur Selbstkorrektur gemacht

Schützen Sie die empfindliche Wirbelsäule Ihres Hundes durch die Verwendung eines Brustgeschirrs.

wurde. Die Übung zur Selbstkorrektur ist in meinem Buch *Hundereich*[184] beschrieben. Entscheidend ist nicht die Spannung an sich, sondern vielmehr wie der Mensch mit der Spannung der Leine umgeht. Zudem ist die Intensität der Spannung entscheidend: Die von mir favorisierte „angenommene Leine"[185] stellt eine Leinenspannung dar, bei der der Kontakt spürbar ist, aber in die der Hund sich nicht „reinlegen" kann und damit aus seinem Gleichgewicht käme. Mit diesem verbundenen Gefühl kann der Hund belastende Situationen besser meistern. Dies wird in einer Feedback-E-Mail schön zum Ausdruck gebracht:

Nun kann ich mir doch ein Feedback zum Seminar nicht verkneifen. Es war echt prima. Selbst wenn man schon vieles weiß und kennt, ist es doch immer wieder gut, für gewisse

[184] Cordt, M: Hundereich – Hundebegegnungen und Vergesellschaftung · Mit einem klaren Plan und friedvoll zum Erfolg

[185] Band 3 der Reihe ICH HALTE DICH

Dinge sensibilisiert zu werden. So hatte ich gestern beim Gassigehen mit Mogli ein tolles Erlebnis: Er darf jetzt unter bestimmten Bedingungen an gespannter Leine laufen. In der Nachbarschaft wohnen vier kleine Hunde, sehr unsicher und sehr laut am Gartenzaun, die auch unsere schon einige Male attackiert haben, sodass ich dazwischen ging. Dort vorbeizulaufen ist eine gute Übung, aber für Mogli extrem anstrengend und er kann nicht auf der abgewandten Seite bleiben (ich versuche immer zu splitten), weil er zu fahrig ist. Mehr aus Verzweiflung habe ich dann gestern die Leine etwas kürzer genommen, sodass er nicht zog, aber über die Leine ein Kontakt zustande kam und siehe da, er schaute mich kurz an und alles war prima, wir konnten gut vorbeilaufen. Auch in der nächsten Situation, Spaziergänger mit Hund, getestet und hat funktioniert. Fazit: Thundershirt gespart und für Mogli ist ein weniger stressiges Spazierengehen möglich. Danke Dir nochmals für das tolle Wochenende und herzliche Grüße.

Selbst eine Schleppleine ohne den direkten Kontakt kann einem unsicheren Hund helfen. So kenne ich nicht wenige Hunde, für die die Leine Symbolcharakter hat und die sich daher mit der Schleppleine sicherer verhalten als im leinenlosen Freilauf.

Wie die Leine vom Hund empfunden wird, hängt nicht nur von seinen Erfahrungen mit ihr, sondern auch maßgeblich von der Einstellung des Menschen zur Leine ab. Steht dieser ihr nicht verkniffen und ablehnend gegenüber, sondern offen und bejahend, bekommt sie durch das soziale Referenzieren[186] zunehmend eine positive Bedeutung für den Hund. Dies ist umso wichtiger bei den Hunden, die die Leine als beängstigendes oder schmerzendes Instrument erfahren haben. Besonders schwer wiegt die Erfahrung, wenn der Besitzer den angeleinten Hund einer anderen Person übergibt und diese sich ihm gegenüber dann unfair und gewalttätig verhält. So geschehen beim Hund eines Klienten, der zuvor auf einem Hundeplatz etliche Male vom dortigen Trainer schmerzhaft korrigiert worden war. Dieser Hund fing auf einmal an, sogar Bekannte zu beißen, mit denen er zuvor keine Probleme hatte. Nach und nach kamen wir auf die Fehlverknüpfung: Aufgrund der Lektionen auf dem Hundeplatz wurde die Übergabe der Leine an jemand anderen gleichbedeutend mit einer Kampfansage. In Erwartung der kommenden Schmerzen reagierte der Hund mit der nachvollziehbaren Einstellung: „Bevor du mich fertig machst, mache ich dich fertig!"

[186] Kapitel „Soziales Referenzieren"

Die Leine kann dem Hund auch dann Schaden zufügen, wenn er mit ihr regelrecht verschnürt, eng an den Menschen fixiert und jegliches Eigenleben unterbunden wird. Mir drängt sich dann immer das Bild eines Strafgefangenen auf, der sich mit Fußfesseln, Handschellen und eventuell noch mit einer Halsfessel nicht mehr eigenständig bewegen kann, sondern genötigt ist, seinem Wächter ohnmächtig hinterherzustolpern. Schleift der Mensch den Hund regelrecht geknebelt, verschnürt und gegängelt, wie ein willenloses Bündel hinter sich her, werden seine Befindlichkeiten nicht geachtet. Ignorieren Sie nie seine Sorgen und Ängste sowie das ihm eigene Lerntempo und die Zeit, die er braucht, um Vertrauen zu fassen und den richtigen Weg zu finden. Nur so können Sie eine bindungsfördernde Nähe aufbauen.

Ein gefährlicher Gebrauch der Leine ist auch, eine Schleppleine am Halsband zu befestigen. Eine sehr wahrscheinliche Folge sind subluxierte Halswirbel mit weitreichenden negativen Auswirkungen auf Körper und Psyche. Gesteigert wird dies, wenn die Leine dem Hund unfair und bewusst schädigend um den Bauch oder andere schmerzempfindliche Körperregionen gewickelt wird, um ihn dann ungebremst in dieses schmerzbringende Konstrukt rennen zu lassen. Tatsächlich wollten mir sogar schon Hundetrainer weismachen, dass sie nicht über Schmerzvermittlung arbeiten – trotz Anwendung dieses perfiden Trainings. Auf meine Frage, ob sie nicht erkennen würden, dass dies den Hund schmerzt, bejahten sie, wiesen jedoch jegliche Schuld von sich, da es dem Hund ja freistehe, in die Leine zu rennen und sich dabei wehzutun. Schließlich sei der Hund intelligent genug, dies nicht zu oft zu machen. Welch verschobene Wahrnehmung muss man haben, um dies nicht als ein quälerisches Training zu erkennen? Zu ihrem Vorhaben, sich von jeglicher Schuld freizusprechen, passt das nebenstehende Sprichwort aus dem Kongo hervorragend.

Tadele nicht den Ofen, in den du deine Erbtante geschoben hast.

Vor einiger Zeit hörte ich bei der Aufnahme eines neuen Schützlings, der sich bereits auf weite Entfernung über Artgenossen aufregte, zum ersten Mal von einem „Koffergriff". Ein Hundetrainer hatte dem Besitzer geraten, dem Hund die Leine um den Bauch zu schlingen und immer dann kräftig nach oben zu ziehen, wenn er beim Anblick anderer Hunde außer sich geriet. Es ist nicht verwunderlich, dass der arme Hund durch diesen Schmerzreiz angesichts anderer Hunde immer unsicherer wurde und dadurch sein abwehrendes Verhalten immer mehr zunahm, weil er die anderen Hunde als Auslöser für seine Schmerzen – und seinen Menschen als unberechenbar ansah.

Leider hat die Änderung des Tierschutzgesetzes von 2014 (TierSchG, §11, Abschnitt (1), Ziffer 8f) nicht wirklich den erhofften Erfolg für die Hunde gebracht. Die Änderung fordert, dass Personen, die gewerbsmäßig für Dritte Hunde ausbilden oder die Ausbildung der Hunde durch den Tierhalter anleiten, eine Erlaubnis benötigen und eine entsprechende Sachkunde nachweisen müssen. Leider werden jedoch nach wie vor lebensverachtende und tierschutzrelevante Trainingsmethoden von zugelassenen Hundeausbildern angewendet, jetzt sogar unter dem Siegel „behördlich geprüft".

ENTWICKLUNG DES ACHTSAMEN MITEINANDERS

Gefühlskälte und Verachtung schaffen niemals Nähe. Was Nähe vermittelt, ist ein achtsames Miteinander. Um dieses mit dem Hund zu entwickeln, ist die Leine von großem Nutzen: sei es, dass man selbst — als noch nicht vertraute Person — den Hund an der Leine hat, sei es, dass er von einer anderen, ihm bereits vertrauten Person an der Leine geführt wird, weil er sich noch übergriffig gegenüber einem für ihn neuen Menschen verhält. Die Leine dient dazu, dass zwei Wesen sich sowohl im wahrsten Sinne des Wortes als auch im übertragenen Sinne näherkommen.
Um eine Beziehung zu einem noch kritischen Hund aufzubauen, wird oft ein Parallell-Laufen in einer Distanz empfohlen, auf die der Hund noch nicht außer sich gerät. Dies ist hilfreich, jedoch ist der Beziehungsaufbau um ein Vielfaches effektiver, wenn zudem der Bewegungsfluss aufeinander abgestimmt wird, sodass eine Verhaltenssynchronisation erfolgt. Das sich hierbei entwickelnde gemeinsame Laufen, das gleichzeitige Beobachten der Umgebung und das gleichzeitige Warten stellen eine Verhaltensangleichung dar, ein sogenanntes allelomimetisches Verhalten. Es dient der Stimmungsübertragung und ist sozio-positiv. Auch wenn der Hund dieses gemeinsame Tun zunächst noch nicht von sich aus zeigt, sondern hierin von seinem Hundeführer unterstützt wird, so verfehlen die gespiegelten Verhaltensweisen nicht ihre positive Wirkung.[187]

Bei der **Entwicklung des achtsamen Miteinanders** hat der Hundeführer die Leine einfühlsam einzusetzen: stoppt der Hund, so stoppt der Mensch; setzt sich der Hund

---

[187] Kapitel „H.A.L.T. – Bindung durch Spiegeln von Verhaltensweisen"

Ein Parallell-Laufen ist ein guter Ansatz, aber erst das achtsame Miteinander trägt entscheidend zum Vertrauens- und damit zum Bindungsaufbau bei.

wieder in Bewegung, so tut es der Mensch auch. Genauso wartet der Hund auf den Menschen, wenn dieser stehen bleibt und setzt den Weg fort, wenn der Mensch dies tut. Dieses gegenseitige aufeinander Achten, ein einander Achten, das jedoch auf keinen Fall den Anschein eines Nachäffens haben darf, erweist sich als ein überaus wirkungsvoller Wegbereiter in die neue Bindung.

Wird der Hund zunächst von einer Vertrauensperson geführt, weil er noch ein zu großes Misstrauen gegenüber der fremden Person hegt, muss darauf geachtet werden, dass dem Hund nicht das Gefühl vermittelt wird, von dieser fremden Person beschattet zu werden. Stellt sie ihm nach wie der Kommissar in einem schlechten Krimi, bleibt bei jeder Orientierung des Hundes zu ihr abrupt stehen und tut betont unbeteiligt, wird den Hund verständlicherweise ein ungutes Gefühl beschleichen. Das achtsame Miteinander soll ein ehrliches und unaufdringliches Interesse am anderen signalisieren, bei dem er und seine Befindlichkeiten geachtet werden. Diese Art des Gehens ist ein Führelement aus der Reihe *Achtsames Führen nach Cordt*.[188]

[188] Band 3 der Reihe ICH HALTE DICH

Die Bindungsbereitschaft wird erhöht, wenn der Mensch über die Leine verbunden achtsam auf das Tempo und die Interessen des Hundes eingeht.

Kann der fremde Mensch den Hund selbst an der Leine halten, ist der erste Schritt der Entwicklung des achtsamen Miteinanders ein scheinbar zielloses Gehen über ein Gelände; tendenziell gibt der Hund zunächst die Richtung vor. Je besser sich Mensch und Hund aufeinander einstellen können, je geringer das Risiko eines Übergriffs durch den Hund und je konfliktärmer die Situation ist, umso mehr kann sich der Mensch ins Spiel bringen. Aus der **Entwicklung des achtsamen Miteinanders** wird ein „Führen im achtsamen Miteinander", bei dem nach wie vor aufeinander geachtet wird, der Mensch aber den Weg vorgibt.
Achtsam gemeinsam unterwegs zu sein, stellt eine Einheit her, keine Gleichheit. Eine Gleichheit anzustreben würde bedeuten, dass der Hund sich komplett dem Menschen anpassen muss und dabei seine eigene Persönlichkeit ignoriert.

Dieses achtsame Miteinander sollte grundsätzlich gepflegt werden. Ich beobachte häufig, dass der Mensch im Gras raschelt und dabei erwartet, dass sein Hund sich neugierig nähert und sich ebenfalls für den vermeintlichen Fund interessiert. Raschelt dagegen der Hund im Gras und scheint etwas Spannendes gefunden zu haben, wird dies entweder ignoriert oder der Hund sofort mit einem „Pfui!" davon weggerissen. Warum nur erwartet der Mensch, dass der Hund beim Spaziergang jederzeit ein Auge auf ihn hat und sich für die Dinge interessiert, die der Mensch beachtenswert findet, während er umgekehrt aber blind für die Sehens- und „Riechwürdigkeiten“ des Hundes ist?

FALLGESCHICHTE

IBO & KAMIL

Kangal, Rüden

Genauso wie über den achtsamen Gebrauch der Leine eine bindungsfördernde Nähe zwischen Mensch und Hund hergestellt werden kann, ist dies auch zwischen zwei Hunden möglich. Darstellen möchte ich dies an der Zusammenführung zweier Kangals: Ibo und Kamil. Die Hunde, die ich in meinen Familienverband aufnehme und die im engen Kontakt zu mir leben, sind bevorzugt Hunde, die nur eine geringe Vermittlungschance haben, sei es aus gesundheitlichen Gründen, altersbedingt oder aufgrund ihrer Verhaltensbesonderheiten. So auch Kamil. Er hat ein äußerst sensibles Wesen und ihm wird recht schnell alles zu viel, was zu einem ungehaltenen Auftreten gegenüber anderen Hunden führt. Die Integration von Ibo, einem nicht minder sensiblen Wesen, ließ sich zunächst gut an. Jedoch war die letzte Annäherung schwierig: Kamil trat Ibo forsch und imponierend entgegen, es kam zu einem kurzen Schlagabtausch, der Ibo nachhaltig verunsicherte. Sobald Kamil bis auf fünf Meter zu ihm herankam, knurrte Ibo und suchte das Weite. Um beiden Hunden das Gefühl einer ungefährlichen Nähe zu geben und gegenseitige Achtsamkeit zu lehren,

ging ich mit ihnen angeleint über mein Trainingsgelände spazieren. Kamil war dicht an meiner Seite mit einer Leinenlänge von bis zu einem Meter. Ibo bekam eine vier Meter lange Leine, damit er die Distanz zu Kamil frei wählen konnte. Ich führte beide Hunde so, dass ich mich zunächst zwischen ihnen befand, bis Ibo merkte, dass er sich in dieser Nähe zu Kamil gefahrlos aufhalten kann. Als erkennbar war, dass Ibo nicht mehr die gesamten vier Meter benötigte, wurde Kamils Leinenlänge sukzessive vergrößert. So näherten sie sich allmählich bis auf zwei Meter an. Unser Gehen fand bewusst auf meinem umzäunten Trainingsgelände statt, sodass ich, wenn es einem von beiden zu viel geworden wäre, umgehend die Übung hätte abbrechen können. Während ich mich mit beiden Hunden gemächlich über das Gelände bewegte, lernten beide, aufeinander zu achten: Blieb Ibo stehen, um etwas zu beobachten oder zu schnüffeln, hielten Kamil und ich an, um ihm die Gelegenheit dazu zu geben und ihm zu vermitteln, dass wir auf ihn achten. Das Gleiche galt für Kamil: Ibo und ich achteten auf seine Bewegungen und ließen auch ihm die Zeit, sich mit den Dingen zu beschäftigen, die ihm in dem Moment wichtig erschienen. Dieses Vorgehen hat eine starke positive Auswirkung auf die gegenseitige Akzeptanz.
Hätten beide Hunde im ersten Schritt aktiv die Konfrontation gesucht oder wäre eine größere Distanz notwendig gewesen, so wären die Hunde von jeweils einem Menschen geführt worden. Indem die Menschen aufeinander warten und damit darauf achten, dass die imaginäre Leine zwischen beiden Hunden nicht reißt, wird ihnen Achtsamkeit vermittelt. Einfach nur auf einer parallelen Strecke zu laufen ohne aufeinander zu warten und dabei zu denken, die Gesamtstrecke gleiche die Phasen des Stehenbleibens und des Weitergehens wieder aus, entspricht nicht dem angestrebten Ziel. Somit passt hier wie so oft: Der Weg ist das Ziel.

DEN KÖRPER UND DIE SEELE STREICHELN

Möchten zwei Menschen ausdrücken, wie sehr sie zusammenhalten und wie nahe sie sich stehen, dann wird dies gerne mit der Redewendung „Zwischen uns passt kein Blatt Papier!“ ausgedrückt. Diese Menschen stimmen überein, was sich auch in einem unbewussten Spiegeln von Verhaltensweisen zeigt. Wie beglückend ist es, solch eine Nähe mit jemandem eingehen zu können, sichert sie doch das Überleben.

Die Berührung ist zehnmal intensiver als der verbale oder emotionale Kontakt und sie wirkt sich auf nahezu alle unsere Aktivitäten aus. Kein anderes Sinnesorgan stimuliert uns so sehr wie der Fühl- oder Tastsinn. Das war schon immer bekannt, aber wir haben uns nie bewusst gemacht, dass es dafür eine biologische Grundlage gab. Wenn sich die Berührung nicht gut anfühlte, gäbe es keine Artenvielfalt, keine Eltern, kein Überleben. Eine Mutter würde den Körperkontakt zu ihrem Baby nicht suchen, wenn sie keine Freude daran hätte. Wenn uns das Berühren und Erkunden des anderen nicht gefielen, gäbe es keinen Sex. Tiere, die instinktiv mehr Körperkontakt hatten, zeugten Nachkommen, die überlebensfähiger waren und mehr Energie besaßen; auf diese Weise vererbten sie die Neigung zum Körperkontakt, die sich dadurch immer stärker ausprägte. Wir vergessen, dass die Berührung nicht nur ein grundlegendes Bedürfnis, sondern der Schlüssel für das Überleben unserer Art ist.[189]

So eine Nähe erlaubt man selbstverständlich nicht jedem. Erst mit zunehmendem Vertrauen aufgrund guter Erfahrungen mit dem anderen lässt man nicht nur mehr Nähe zu, sondern es wächst auch der Wunsch, sich dem anderen zu nähern. Dies ist nicht nur beim Menschen so, es kann auch beim Hund beobachtet werden. Wie schnell der Direktkontakt gestattet und auch genossen wird, wie intensiv und wie lange und an welchen Bereichen des Körpers er zugelassen wird, ist auch eine Frage der jeweiligen Rasseveranlagung. Meutehunde wie Beagle und Französische Laufhunde weisen in der Regel eine geringere Individualdistanz auf und fühlen sich auch im engeren Kontakt mit nur kaum Bekannten noch wohl. Die auf Eigenständigkeit selektierten Hunde wie Herdenschutzhunde, Chow-Chow, Akita Inu etc. sind eher zurückhaltender und fordern zunächst einen größeren Abstand. Man sollte sich jedoch nicht allein auf die Rasse versteifen, denn diese gibt zwar eine zu erwartende Verhaltenstendenz vor, entscheidend ist jedoch immer, welche besonderen Eigenheiten und Vorlieben das jeweilige Individuum hat und welche Erfahrungen es bereits mit Nähe gemacht hat.

Die Eigenständigkeit eines Hundes ist auf keinen Fall als Wunsch nach einem Eremitendasein zu interpretieren. Selbstverständlich gilt auch für eigenständige Hunde, dass sie sozial organisierte Lebewesen sind, auch wenn sie sich mehr Zeit lassen, bevor sie innige körperliche Nähe zulassen. Dies wird sehr häufig nicht berücksichtigt

---

[189] Schanberg, S (1995): The genetic basis for touch effects

und sie werden dann als reiner Wachhund ohne weitere Sozialkontakte in die Einsamkeit abgeschoben. In meiner Tierschutzarbeit erlebe ich dies leider immer wieder speziell bei den Herdenschutzhunden. Wenn sich solch ein Hund aufgrund mangelnder positiver Bindungserfahrung immer abwehrender verhält, dann ist das für denjenigen, der den Hund in die Isolation verstoßen hat, die Bestätigung dafür, dass der Hund keine Kontakte haben möchte. Traurig, dass hinter dem abwehrenden Verhalten nicht der Schrei nach Nähe und Liebe vernommen wird.

Nähe ist jedoch nicht gleich Nähe. Eine nicht gewünschte körperliche Nähe ist ein Konfliktstifter.[190] Sie kann durch Platzmangel zustande kommen (man kann nicht ausweichen oder wird gegeneinander geschoben) oder durch Unbedachtheit (man steuert gedankenlos auf jemanden zu) sowie durch Unachtsamkeit (man versetzt sich nicht ausreichend in die Situation des anderen). All dies wird vom Gegenüber als unangenehm empfunden und kann, je nach Impulsivität, nervlicher Belastbarkeit und aktueller Befindlichkeit ein mehr oder weniger abwehrendes Verhalten hervorrufen.

---

[190] Auf die Vielzahl von Konfliktstiftern und Konfliktbeschleunigern gehe ich in Band 4 dieser Buchreihe ein

Vertraut man einander, stellt Nähe kein Problem dar; man sucht sie auch gezielt – unabhängig von der Rasseveranlagung.

Bei der Kontaktaufnahme mit einem zunächst noch zurückhaltenden Hund kommt es fast einem Überfall gleich, wenn er sofort innig in den Arm genommen, überall intensiv gestreichelt und einer regelrechten Leibesvisitation unterzogen wird. Wie viel freundlicher und respektvoller ist es, dem Hund eine kontaktbereite Hand anzubieten und es ihm zu überlassen, ob er sich annähern will **(Prinzip von Geben & Nehmen[191]).** Bei noch zögerlichen Hunden empfiehlt es sich, sie im Direktkontakt zunächst mit dem Handrücken zu streicheln. Dies ist weniger intensiv und damit weniger verfänglich. Eine weitere Möglichkeit ist, mit den Fingerspitzen zu krabbeln. Ist die Berührung wie ein ängstlicher Hauch oder geschieht sie ohne Vorankündigung, kann dies den Hund erschrecken und ähnlich ungeschickt wirken wie ein sofortiger, grober Zugriff. Als wohltuend wird eine achtsame, respekt- und liebevolle Berührung empfunden.

[191] Band 4 der Reihe ICH HALTE DICH

Die Tierarztsituation macht aufgrund notwendiger Untersuchungen in der Regel jedoch einen recht schnellen „Zugriff“ notwendig, der die Hunde sehr stresst und den sie häufig auch unter „normalen“ Umständen nicht tolerieren würden. Hier obliegt es dem Hundehalter, dem Hund die Sicherheit zu vermitteln, die er braucht, um auch in dieser Situation zu kooperieren. Es kommt jedoch in dieser „Ausnahmesituation Tierarzt“ nicht nur auf den Hundehalter an, sondern gleichermaßen auf den Tierarzt und das tierärztliche Team. Jeder trägt maßgeblich dazu bei, wie der Hund diese Situation erlebt. Laut einer Studie zeigen 78,5 % der Hunde beim Eintreten in die Tierarztpraxis Angstsymptome. Die Notwendigkeit, hier aktiv Erleichterung für den Hund zu schaffen, ist offensichtlich. Das von mir entwickelte Programm DOG FRIENDLY DOC trägt exakt dazu bei, es achtet auf die Bedürfnisse und Befindlichkeiten des Hundes und unterstützt den Hundehalter in dieser besonderen Situation.[192]

Die Berührung selbst verändert den Körper und damit auch die Hirnchemie. In sogenannten „licking and grooming-Tierversuchen“[193] wurden die Auswirkungen fürsorglicher Nähe gezeigt. Werden junge Ratten durch Ablecken und mit vielen Liebkosungen umsorgt, so wird bei ihnen im Gehirn der Neurotransmitter Serotonin freigesetzt. Dieser wiederum bewirkt, dass der Organismus besser gegen Stress gewappnet ist. Aber auch die kurzfristigen Effekte einer liebevollen Berührung sind nicht zu verachten: Atmung, Kreislauf und Stoffwechsel stabilisieren sich.[194]

Berührungen können zudem helfen, Ängste besser zu bewältigen, da durch Berührung — und auch über die Stimme[195] — das Bindungshormon Oxytocin ausgeschüttet wird. In einer Studie[196] konnte gezeigt werden, dass das auch als Vertrauenshormon bekannte Oxytocin angesichts eines angstauslösenden Reizes einen hemmenden Einfluss auf die Amygdala, das Angstzentrum im Gehirn, ausübt, sodass diese weniger aktiv ist. Zudem kann im Gehirn eine erhöhte Aktivität von furchthem-

---

[192] Detaillierte Informationen unter www.dogfriendlydoc.de

[193] Weaver, ICG; Cervoni, N; Champagne, FA; D'Allessio, AC; Sharma, S; Seckl, JR; Dymov, S; Szyf, M; Meany, MJ (2004): Epigenetic programming by maternal behavior

[194] Kapitel Besonderheiten im Gehirn: Neurotransmitterstörungen in Band 1 der Reihe ICH HALTE DICH

[195] Seltzer, LJ; Ziegler, TE; Pollak, SD (2010): Social vocalizations can release oxytocin in humans

[196] Eckstein, M; Becker, B; Scheele, D; Scholz, C; Preckel, K; Schlaepfer, TE et al. (2015): Oxytocin facilitates the extinction of conditioned fear in humans

menden Regionen beobachtet werden, sodass übermittelte Furchtreize gemildert werden. Dies führt zu einer verringerten Erwartungshaltung, mit angsterregenden Reizen konfrontiert zu werden. Gerade dies ist neben dem positiven Einfluss auf die Bereitschaft, sich jemandem anzuvertrauen, ein wichtiger Aspekt bei Hunden mit schlechten Bindungserfahrungen. Darüber hinaus konnte eine weitere Studie[197] zeigen, dass unter dem Einfluss von Oxytocin Bindungssicherheit empfunden werden kann, was als Türöffner bei der positiven Bindungsgestaltung hilfreich ist. Wer jetzt denkt, dass sich die positive Wirkung liebevoller Berührungen nur bei Menschen und Hunden bemerkbar macht, der wird dank einer Studie[198] eines Besseren belehrt: Kälber, die täglich nur drei Minuten vom Menschen gestreichelt werden, entwickeln eine bessere Beziehung zum Menschen, nehmen schneller zu und geben als erwachsene Kühe mehr Milch.[199]

Menschen neigen dazu, andere Lebewesen, mit denen sie sich verbunden fühlen, in den Arm zu nehmen, sie an sich zu drücken, ihren Kopf liebkosend an- oder aufzulegen. Das Gleiche überkommt viele, wenn selbst Nicht-Vertraute das Herz berühren. Allein abwehrende Reaktionen desjenigen, den man gerade so vorschnell vereinnahmen wollte, halten davon ab.

Es wird erwartet, dass der Hund diesen Zuneigungs- und Liebesbeweis versteht und sofort offen dafür ist. Drückt der Hund hingegen seinen Kopf an den Menschen oder legt ihn auf ihm ab, beispielsweise auf Schulter oder Bein, so werden dem Hund dagegen allzu häufig pauschal ein Dominieren und ein Austesten unterstellt. Wagt es jemand, in diesem Auflegen ein nettes, sozio-positives Verhalten zum Aufbau sozialer Bindungen zu sehen, dann stößt er bei vielen Mitmenschen schnell auf Unverständnis. Warum diese unterschiedliche Bewertung für das gleiche Verhalten? Auf der einen Seite Ausdruck von Verbundenheit und Liebkosung (wenn es vom Menschen ausgeht), auf der anderen Seite Ausdruck von Dominieren und Austesten (wenn es vom Hund ausgeht). Bevor dem Hund ein unlauterer Beweggrund unter-

---

197 Buchheim, A et al. (2009): Oxytocin enhances the experience of attachment security

198 Lürzel, S; Münsch, C; Windschnurer, I; Palme, R; Waiblinger, S (2015): The influence of gentle interactions on avoidance distance towards humans, weight gain an physiological parameters in group-housed dairy calves

199 Weitere Fakten zu diesem Thema finden sich im Anhang in „Die Kuh, die lacht?"

stellt wird, sollten zuerst Körperspannung, allgemeine Situation, vorangegangenes Geschehen, Blickrichtung, Gewichtsverlagerung etc. im Zusammenhang betrachtet werden. Nur so kann annähernd richtig gedeutet werden. Es ist unfair und wird dem Hund in keiner Weise gerecht, seine enge und „auflegende“ Kontaktsuche generell als ein Sich-über-den-Menschen-Stellen zu interpretieren.

FALLGESCHICHTE

AURELIA

Zentralasiatischer Owtscharka, Hündin

Aurelia lebte unter unfassbar tierquälerischen Bedingungen einsam in einem kahlen, kalten, nassen Verschlag. Sie wirkte bei der Übernahme apathisch und litt unter einer massiven Blasenentzündung. Nach einigen Tagen der allmählichen Annäherung und des Vertrauensaufbaus (wobei sich das **Sleep-in** mal wieder als ein wunderbarer Türöffner erwiesen hatte), ließ sich Aurelia so weit anfassen, dass ich sie anleinen konnte. Über die Leine verbunden bewegten wir uns geruhsam auf der zu ihrem Zimmer gehörenden umzäunten Fläche (wir übten uns im **Phone-home** und in der **Entwicklung des achtsamen Miteinanders**) und gingen nach einiger Zeit wieder gemeinsam in ihr Zimmer zurück, wo ich mich auf den Boden setzte. In den Tagen zuvor war deutlich zu merken gewesen, dass Aurelia gerne Nähe zu mir hergestellt hätte, sich aber noch nicht traute. Durch das gemeinsame, achtsame Gehen beflügelt, fasste sie sich auf einmal ein Herz, kam zu mir und legte ihren Kopf schwer auf meiner Schulter ab. Mir blieb fast das Herz stehen, war mir doch zum jetzigen Zeitpunkt diese Nähe zu riskant. Einerseits berührte es mich außerordentlich, wie

sehr sie sich nach der langen Zeit der Entbehrung nach einem Bindungspartner sehnte, andererseits war zu spüren, dass Aurelia mit dieser Nähe zunächst noch überfordert war, was sich in einer ungehaltenen Aktion hätte entladen können. Von Tag zu Tag vertrauten wir uns immer mehr, sodass ich ruhig in der Hocke bleibend ihren Kopf auf meinen Schultern oder meinem Kopf abgelegt oder an meinen Brustkorb angelehnt lassen konnte. Aurelia leckte mir regelmäßig hingebungsvoll den Kopf und rieb den ihrigen an meinem. Es war deutlich zu sehen, wie die Bindung wuchs und Aurelia zusehends Sicherheit erlangte. Hält man sich ihre ersten Anlehnungsversuche vor Augen und welche emotionale Befindlichkeit und Sehnsucht dahintersteckte, dann stellt man mit Erschrecken fest, wie unsensibel der Mensch in der Regel ein solches Kopfauflegen bewertet.

SO RICHTIG NETT IST'S NUR IM BETT

Der Ruf „Hunde gehören nicht ins Bett!“ ist leider immer wieder zu hören. Als Begründung werden Schlagworte wie „Rangordnungsproblem“ und „Vermenschlichen“ vorgebracht. Schaut man sich jedoch die Vorteile an, die es mit sich bringen kann, wenn der Hund ins Bett oder auf die Couch darf, so fragt man sich, warum noch so oft hartnäckig an dem Verbot festgehalten wird.

Warum lieben Hunde es, sich aufs Bett oder die Couch zu legen? Sicherlich aus dem gleichen Grund wie wir Menschen: es ist so schön kuschelig und bequem und der Kuschelfaktor steigert das Behaglichkeitsgefühl.[200] Das Gefühl von Geborgenheit sucht man umso mehr, je mehr man aus seinem inneren Gleichgewicht gekommen ist und sich einsam und unverstanden fühlt. Den Hund ins Bett oder auf die Couch zu lassen, stellt eine besondere Nähe her, die bindungsfördernd ist. Der Hund fühlt sich dadurch nicht, wie von den Im-Bett-schlaf-Gegnern argumentiert, im negativen Sinne aufgewertet, sondern wertgeschätzt.

Dass es bindungsfördernd ist, den Hund nicht nur tagsüber, sondern auch nachts bei sich zu haben, ist von alters her bekannt. Bereits der französische Fürst Gaston Phoebus (Baron Gaston de Foix de Béarn, Gaston III), der im 15. Jahrhundert ein Buch über die Jagd geschrieben hat, empfiehlt bei der Ausbildung der Jagdhunde, gerade die Leithunde, im Gegensatz zu den Meutehunden, Tag und Nacht beim Menschen zu halten. Sie würden so gesund bleiben und mit ihrem Hundeführer als Team zusammenwachsen: *Die Hundejungen, Jagdknechte und (ausgelernten) hirschge-*

---

[200] *Geborgenheit vermitteln* in Kapitel H.A.L.T. – Bindung durch Schutz, Geborgenheit und Fürsorge

Ob er gerade darüber nachdenkt, dass er die Welt erobert hat? Sicherlich nicht. Vielmehr denkt er, dass seine Welt viel schöner geworden ist.

rechten Jäger sollen ihre Leithunde Tag und Nacht bei sich haben. Die Tiere blieben so sauber und sind weniger der Gefahr ausgesetzt, räudig zu werden. Auch lernen Hund und Herr einander besser kennen. Auch kann man seinen Leithund in Jagdhof vieles lehren, was draußen in der Natur oder im Zwinger nicht möglich ist.[201]

Selbstverständlich kann sich keine bindungsfördernde Nähe einstellen, wenn der Hund zähnezeigend Bett oder Couch verteidigt. Ein solcher Hund ist zur Konfliktvermeidung zunächst nicht mehr auf das Bett oder die Couch zu lassen, und es ist parallel an seiner Ressourcenverteidigung zu arbeiten.[202]

Sicherlich ist es nicht nur der Kuschelfaktor, der den Hund ins Bett treibt. Der intensive Geruch seines Menschen übt ebenfalls einen starken Reiz aus. Ähnlich

[201] Gaston Phoebus in: Schlag, W; Thomas, M (1994): Das Jagdbuch des Mittelalters

[202] Band 4 der Reihe ICH HALTE DICH

empfinden auch verliebte Paare, die den Pullover des anderen anziehen und an ihm schnuppern, um dem anderen nahe zu sein, wenn er abwesend ist. Dies kann ungemein tröstlich sein, wenn man sich alleingelassen und einsam fühlt. Werfen Sie somit Ihrem Hund nicht vor, Ihre Abwesenheit schamlos auszunutzen, um sich in Ihrem Bett zu lümmeln. Sehen Sie es vielmehr so, dass ihn die Sehnsucht nach Ihnen hineintreibt. Diese Wahrnehmung ist der Beziehung bei Weitem zuträglicher als ein Vorwurf.

Da es dem Menschen erfahrungsgemäß leichter fällt, dem Hund Zugeständnisse (wie das Liegen im Bett oder auf dem Sofa) zu machen, wenn er seinen eigenen Nutzen darin sieht, freue ich mich, dass eine Studie[203] auch diesen aufgezeigt. Von den befragten Personen teilten sich 56% das Schlafzimmer mit einem Haustier. Von ihnen empfanden 41% ihre Tiere hierbei unauffällig oder profitierten davon, da sie sich entspannter fühlten und besser schliefen. Lediglich 20% empfanden die Anwesenheit der Haustiere als störend.

Auch wenn die Nähe im Bett oder auf dem Sofa der Bindung zuträglich ist, darf keinesfalls der Umkehrschluss gezogen werden, dass ein Hund keine gute Bindung aufbauen könnte, wenn er dies nicht darf. Es gibt eine Vielzahl von Möglichkeiten für die Bindungsgestaltung. Im Bett zu schlafen oder auf dem Sofa zu liegen ist nur eine von ihnen. Jeder Hundebesitzer muss selbst entscheiden, ob er seinen Hund ins Bett oder aufs Sofa lässt. Dies ist nicht das ausschlaggebende Kennzeichen eines besseren oder schlechteren Hundehalters.

TABUZONEN ACHTEN

Es sollte darauf geachtet werden, dass im Bestreben, Nähe herzustellen, nicht über das Ziel hinausgeschossen wird. Bei meinem Trainingselement **Bärenumarmung**[204] geht es um eine große körperliche Nähe in belastenden Momenten, die den Hund noch völlig außer sich geraten lassen. Von einer solchen Nähe und Bewegungsein-

---

[203] Krahn, LE; Tovar, MD; Miller, B (2015): Are pets in the bedroom a problem?

[204] Die *Bärenumarmung* ist ein Führelement aus der Reihe „Achtsames Führen nach Cordt", das in Band 3 dieser Buchreihe beschrieben wird

Die innige Nähe der Bärenumarmung wird nicht jedem Menschen gestattet.

schränkung ist selbstverständlich bei den Hunden abzuraten, die selbst in nicht belastenden Situationen noch nicht angefasst werden möchten — Notfälle ausgenommen. In diesem Stadium des Beziehungsaufbaus gilt es vielmehr, extrem belastende Situationen über ein Management so weit wie möglich zu vermeiden und Nähe durch unerschütterliche Anwesenheit zu demonstrieren, anstatt durch Anfassen oder Umrahmen des Hundes wie es bei der Bärenumarmung der Fall ist. Hier bieten sich als Einstieg beispielsweise das bereits beschriebene Sit-in an, bei dem der Mensch dem Hund gleichbleibend freundlich und unaufgeregt begegnet, selbst wenn dieser ihm noch nicht wohlgesonnen ist, wenn nötig in einem sicheren Abstand oder über eine Absperrung gesichert. Durch die freundliche Anwesenheit lernt der Hund nicht, sich noch aggressiver zu verhalten. Vielmehr lernt er, dass er nicht alleine gelassen wird, dass es eine beständige, berechenbare und positive Größe in seinem Leben gibt: den Menschen, der sich um ihn bemüht. Auch hier kommt wieder die ICH HALTE DICH-Philosophie zum Tragen: „Ich halte dich, ich halte dich auch aus.“.

Obwohl sich auch solch ein Hund nach Bindung sehnt, wird er sich nur nach und nach auf Nähe einlassen können. Es ist wichtig, ihm trotzdem Beistand zu leisten, auch wenn zunächst keine körperliche Nähe, kein Direktkontakt möglich ist. Erzwungene körperliche Nähe kann nicht nur distanzlos und unhöflich sein, sondern auch an frühere Gewalterlebnisse erinnern und damit Traumata antriggern.

Experimente zeigten, dass junge Affen, die Harlows Isolationsversuche durchleiden mussten und anschließend bei Nähe zurückwichen, durch Peer-Therapeuten[205] ins Leben zurückfinden konnten.[206] Die gleichaltrigen, im Sozialverband aufgewachsenen Affen näherten sich unbefangen und Liebe suchend den zu therapierenden Affen an; die Dauer des Beisammenseins beschränkte sich anfangs auf zwei Stunden. Indem diese Peer-Therapeuten unermüdlich ihr Bedürfnis nach Kontakt durch Anschmiegen und Streicheln zeigten, konnten, je nach Dauer der Isolationsversuche, die Schäden der Isolation beim anderen Affen abgemindert werden. Auf keinen Fall darf dies nun mit einem Freifahrtschein für ein Zwangskuscheln verwechselt werden. Das Geheimnis der „Streicheltherapie" liegt meines Erachtens in der Unschuld und fehlenden Erwartungshaltung der Peer-Therapeuten. Nimmt man sich deren Vorgehensweise zu Herzen, so kann, auch wenn der Schützling zunächst noch zurückweicht, ein zunächst noch unerwünschtes Streicheln in Form eines achtsamen und liebevollen Körperkontaktes durchaus angebracht sein, um ihn wieder „gesellschaftsfähig" machen zu können.

Wie gefährlich nicht achtsames, nicht einfühlsames, erfolgsgierendes und selbstgefälliges Zwangskuscheln ist, zeigt ein Hund aus dem Klientenkreis meiner Verhaltensberatung. Dem angstaggressiven Rüden wurde von einer früheren Trainerin ein Maulkorb aufgesetzt und dann wurde er so lange von ihr gestreichelt, bis er letztlich kollabierte. Nach dieser „Therapie" war das Verhalten des Rüden schlimmer als zuvor und er hasste zudem — verständlicherweise — die Trainerin.

Viele Hundebesitzer erkennen zunächst nicht, wann ein Hund Nähe sucht und ob er überhaupt mit ihr klarkommt. So habe ich schon von einigen „unberechenbaren" Hunden gehört, die sich angeblich über Besuch gefreut und diesen angespielt hätten,

---

[205] Eine Peer-Gruppe besteht aus Mitgliedern gleichen Alters

[206] Blum, D (2002): Die Entdeckung der Mutterliebe – die legendären Affenexperimente des Harry Harlow

Ein Maulkorb darf niemals missbraucht werden, um den Hund „mundtot" zu machen und sich so über seine Befindlichkeiten hinwegzusetzen.

Er muss an die Größe und an die Kopfform des Hundes angepasst und luftdurchlässig sein. Auf dem Nasenrücken und im Bereich der Backen ist für längeres Tragen eine Polsterung nötig. Der Hund muss das Maul so weit öffnen können, dass er ungehindert hecheln und trinken kann. Insbesondere bei hohen Temperaturen oder starker Belastung muss die Zunge für die Thermoregulation freiliegen können.

---

um dann aus diesem Spiel heraus zu beißen. Schaut man sich diese Hunde näher an, dann fällt auf, dass fremde Personen sie grundsätzlich noch verunsichern und beunruhigen. Sind diese dann auch noch in ihrem Haus, so stellt dies eine schwierige Situation dar, die die Hunde zu überspielen versuchen. Durch dieses *Fiddle about*[207], das Überspielen der Situation, fühlen sich einige Menschen animiert, sich auf ein Spiel mit körperlicher Nähe zum Hund einzulassen, doch das war nicht sein Ziel. Sein Ziel war es, eine Strategie zur Lösung der vorliegenden Situation zu finden, das heißt mit der Anwesenheit des nicht Vertrauten klarzukommen. Reagiert die „angespielte" Person im vermeintlichen Spiel mit Nähe, so kann das unsichere Herumkaspern des Hundes in ein Abwehren umschlagen. Da er so den unangenehmen Reiz auf Abstand halten kann, lernt er leider daraus, dass dies für seine Problemlösung die effektivere Strategie darstellt.

Die Strategie *Fiddle about* stellt jedoch grundsätzlich die zuträglichere Strategie dar: Der Hund kann in der Bewegung seine Anspannung loswerden und es besteht weniger

---

[207] Band 4 der Reihe ICH HALTE DICH

Ein „Fiddle about“ ist von einem echten Spiel zu unterscheiden; erkennbar nicht nur am Bewegungsablauf, sondern auch an der Situation.

Gefahr für Hund und Mensch als bei einem *Fight* (Kämpfen) oder *Flight* (Flüchten) — vorausgesetzt, der Mensch erkennt den hundlichen Konflikt im „Spielen“. Aus diesem Grund ist mir bei der Beeinflussung des unerwünschten Verhaltens des Hundes sowohl eine Ursachenbeseitigung durch eine neue emotionale Bewertung von potenziellen Konflikten[208] wichtig, als auch eine Strategieänderung zur Lösung schwieriger Situationen, wie beispielsweise durch das Fördern des *Fiddle about*.[209]

Auch bei Hunden, die Nähe grundsätzlich genießen, sollten Tabuzonen respektiert werden. Dauerhafte Nichtbeachtung kann selbst bei ihnen irgendwann ein abwehrendes Verhalten zur Folge haben. Das Ignorieren der Tabuzonen geschieht oftmals sogar in der besten Absicht, den Hund optimal auf sein Leben vorzubereiten. Wer den Hund jedoch jederzeit, ganz gleich in welcher emotionalen Verfassung er sich befindet, anfasst und anfassen lässt im Bestreben, ihm Berührungen von Fremden

[208] Kapitel „Lenken des sozialen Referenzierens (LSR)“

[209] Band 4 der Reihe ICH HALTE DICH

schmackhaft zu machen, der vermittelt dem Hund, dass man sich über Tabuzonen und persönliche Befindlichkeiten getrost hinwegsetzen kann.

Dieses Verhalten ist in meinen Augen einer der Gründe dafür, dass einige Hunde konsequent die Tabuzonen anderer Lebewesen missachten. Seien es die Tabuzonen anderer Hunde, in die sie ungebremst hineinrennen und nicht zu verstehen scheinen, dass diese Form der Annäherung nicht erwünscht ist. Seien es die von Menschen, die in diesem distanzlosen Verhalten zunächst noch ein besonders menschenfreundliches, kindlich-liebenswertes Verhalten sehen. Ab einer bestimmten Größe oder bei fortschreitendem Alter des Hundes finden auch sie es dann nicht mehr spaßig und bestrafen ihn für Verhaltensweisen, die sie ihm vorgelebt und regelrecht anerzogen haben. **Wie soll der Hund Tabuzonen erkennen und beachten, wenn ihm dies niemand vorlebt und er nie an sich selbst erfährt, welche Bedeutung sie haben?**

Daneben gibt es auch die Hunde, die des permanenten Begrabschens überdrüssig werden und lernen, sich unliebsame Hände mit ihren Zähnen vom Leib zu halten. Zur Korrektur dieser Hunde gibt es ein gefährliches Patentrezept, das mich immer wieder von Neuem erschüttert. Es wird nicht nur bei Hunden angewendet, die in einer Familie leben, sondern auch bei Hunden, die im Tierheim untergebracht sind. Für die Besitzer, beziehungsweise Betreuer gilt als Trainingsziel, dass der Hund Berührungen zulässt und sich nicht mehr gegen sie wehrt. Für dieses Training wird er mit einem Maulkorb ausgestattet und jeder, der ihm begegnet, hat die Anweisung, ihn zu streicheln. Die Begründung: „Damit er sich daran gewöhnt und es genießen lernt." Die Verantwortlichen fühlen sich in ihrem Tun bestätigt, da einige Hunde tatsächlich irgendwann aufgeben, sich abwehrend zu verhalten. Dies hat jedoch weniger mit einem Genießen und Mögen zu tun, als vielmehr mit Resignation, einer erlernten Hilflosigkeit. Sie haben aufgegeben. Ein trauriger Zustand, bei dem auch noch applaudiert wird, weil das Training scheinbar so wirkungsvoll war. Aber um welchen Preis? Wird permanent ignoriert, dass dem Hund die enge körperliche Nähe zu viel und zuwider ist, wird nie auf seine Bitte um die Einhaltung einer Distanz und damit auf seine Befindlichkeiten eingegangen, so stellt dies eine Misshandlung mit den entsprechenden Folgen dar.[210] Für mich ist die Idee, die hinter dieser Trainingsmethode steckt,

---

[210] Kapitel „Die Vergangenheit hinterlässt ihre Spuren" in Band 1 der Reihe ICH HALTE DICH

so lebensverachtend wie der Ausspruch eines indischen Polizeisprechers. Dieser gab angesichts der vielen vergewaltigten Frauen in Indien den zynischen Rat: „Wenn man eine Vergewaltigung nicht verhindern kann, sollte man sie genießen." Auch wenn er diese Aussage später revidierte und betonte, er habe „nur ein Sprichwort verwendet, um etwas zu veranschaulichen" und seine Äußerung sei ein Missverständnis und aus dem Zusammenhang gerissen, so hinterlässt sie doch einen bitteren Nachgeschmack.

IM NAHSEIN NÄHE VERMITTELN

Von Bedeutung ist nicht nur die physische Nähe, sondern vor allem auch die psychische Nähe. Die liebevolle Berührung lässt uns spüren, dass wir nicht allein sind, wir mit anderen verbunden und ihnen nah sind. Ohne liebevolle Zuwendung verkümmert man zuerst emotional, danach auch körperlich. Wie belastend es für den Heranwachsenden ist, wenn seine Bezugsperson trotz körperlicher Anwesenheit emotional abwesend ist, zeigt sich darin, dass unter anderem dies eine mögliche Ursache für die Entwicklung eines desorganisierten Bindungsstils sein kann.[211]

Wie notwendig fürsorgliche Nähe ist und wie groß die Sehnsucht danach ist, wird aus den Affenversuchen von Harlow[212] ersichtlich. Die mit einem flauschigen Kuschelbezug überzogene Drahtgestell-Mutter wurde selbst dann noch von den Affenbabys aufgesucht, wenn sie zu einem wahren Monster mutierte. Auch wenn sie sich abschreckend verhielt, indem sie heftige Druckluftstöße von sich gab oder sogar Drahtstifte aus ihrem Körper austreten ließ, suchten die Babys aktiv den Kontakt zu ihr und schmiegten sich an sie. Nahrung erhielten die Babys nie von der Kuschelbezug-Mutter, sondern nur von einer blanken Drahtgestell-Mutter. Diese wurde dann auch einzig und allein zur Nahrungsaufnahme aufgesucht.
Jedoch reichte der Kuschelbezug allein selbstverständlich nicht für eine gesunde Entwicklung aus. Er gaukelte nur eine gewisse Behaglichkeit vor, Nähe ließ er jedoch nicht spüren. Es fehlte die beglückende Wärme des gefühlten Miteinanders und die so aufgewachsenen Tiere entwickelten dann auch schwere Verhaltensstörungen.

---

211 *Bindungsmuster* in Kapitel „Bindung beim Kind"

212 Blum, D (2002): Die Entdeckung der Mutterliebe – die legendären Affenexperimente des Harry Harlow

Das Wissen um diesen Zusammenhang entlarvt manche Verhaltenstherapie als psychische Folter. So wurde bei einem Hund mit Trennungsangst empfohlen, ihm die Anwesenheit seines Menschen zu verleiden, damit er es genießen lernt, dass der Mensch aushäusig ist. Ein unsinniges und leidvolles Vorgehen. Um ihn von seiner Trennungsangst zu befreien, sind unter anderem der Aufbau einer sicheren Bindung, die Erhöhung der Selbstwirksamkeit sowie eine schleichende Gewöhnung an eine immer länger andauernde Abwesenheit des Menschen das Mittel der Wahl. Wird der kaltherzige und unsinnige Vorschlag, dem Hund die Anwesenheit des Menschen unangenehm zu machen, umgesetzt, so wird er immer weiter in die nicht sichere Bindung getrieben und geht letztlich verloren. Unter Umständen heult er dann zwar seinem Besitzer nicht mehr nach, aber seine Psyche und auch sein Körper werden Schäden davontragen.

So, wie der Trennungsschmerz vergleichbar mit körperlichen Schmerzen ist[213], so haben auch sozialer und physischer Schmerz ähnliche neurologische Komponenten.[214] Hieraus wird ein weiteres Mal ersichtlich, dass der psychosoziale Konflikt der bedeutendste und häufigste Stressor ist.[215] Diese Tatsache sollte ausreichen, um zu verdeutlichen, dass sich nicht nur die landläufig verstandene Gewalt in Form von körperlicher Maßregelung verbietet. Das absichtliche Zufügen von psychischen Schmerzen ist ebenfalls als Gewalttat anzusehen.

Ein Beispiel für ein derart schmerzendes Training kann das plötzliche Verstecken des Menschen bei Unachtsamkeit des Hundes ungeachtet der Situation und der individuellen Besonderheiten des Hundes sein. Hier wird das Suchen nach der überlebenswichtigen Nähe ausgenutzt und Urängste angesprochen, was je nach vorliegendem Bindungsmuster folgenschwer sein kann. Der Hund sollte doch vielmehr nach seinem Menschen schauen, weil er sich bei ihm beschützt und sich zu ihm hingezogen fühlt und weil er gerne gemeinsam mit ihm etwas unternimmt. Mir wäre es nicht lieb, wenn meine Hunde nur aus dem Grund auf mich

---

[213] Moles, A; Kieffer, BL; D'Amato, FR (2004): Deficit in attachment behavior in mice lacking the μ-Opioid Receptor Gene

[214] MacDonald, G; Leary, MR (2005): Why does social exclusion hurt? The relationship between social and physical pain

[215] Hüther, G (2001) Die neurobiologische Verankerung von Erfahrungen und ihre Auswirkungen auf das spätere Verhalten

achten, weil sie Angst haben, ich könnte vom Erdboden verschluckt werden und sie alleine lassen. Ich freue mich, wenn sie Vertrauen in meine Präsenz haben, unter meinem sicheren Schirm ihre Neugierde stillen und so neue Eindrücke und Erfahrungen sammeln können. Um Missverständnissen vorzubeugen: Mit dem angesprochenen und von mir kritisierten Verstecken im Sinne einer sozialen Verunsicherung ist nicht ein vereinzeltes und kurzes Verstecken im gemeinsamen Spiel gemeint. Wenn die Beziehung harmonisch und von Vertrauen geprägt ist, wird dieses kurzzeitige, nicht angekündigte Verstecken nicht als Verunsicherung gewertet und hat somit auch keine negativen Folgen auf die Psyche. Es sollte dabei auf beiden Seiten der Spaßfaktor angesprochen werden und niemals die Angst.

Erst wenn körperliche und emotionale Nähe gegeben und selbstverständlich sind, kann man sich auf Schutz, Fürsorge und Geborgenheit verlassen.

Ich zitiere Fabienne Becker-Stoll: *Kinder brauchen verlässliche körperliche Nähe, um seelische Grundbedürfnisse zu befriedigen und Stress abzubauen. Nur dann können sie sichere, vertrauensvolle Bindungen zu den Eltern und später zu anderen*

Menschen aufbauen.[216] Für mich ist diese Tatsache eins zu eins auf den Hund übertragbar. Erst wenn körperliche und emotionale Nähe gegeben und selbstverständlich sind, kann sich auf Schutz, Fürsorge und Geborgenheit verlassen werden.

H.A.L.T. — BINDUNG DURCH SCHUTZ, GEBORGENHEIT UND FÜRSORGE

Es kann kaum einen besseren Einstieg in dieses Kapitel geben als diese Worte von Mahatma Gandhi:

Je hilfloser ein Lebewesen ist, desto größer ist sein Anrecht auf menschlichen Schutz vor menschlicher Grausamkeit.

SCHUTZ GEBEN

Das Gefühl, ausgeschlossen zu sein, ängstigt und schmerzt ein sozial organisiertes Lebewesen. Bedeutet es doch, dass der Schutz durch die Gemeinschaft, die das Überleben erst ermöglicht, fehlt. Somit ist das Zeigen von Angst auch eine Bitte um Schutz. Sie richtet sich einerseits an den, der die Angst erzeugt, um die beängstigende Aktion zu stoppen. Sie ist aber auch an den Bindungspartner gerichtet, um Beistand zu erhalten. Der Schmerz durch Ablehnung und Vereinsamung wird zur Triebfeder, zum einen Kontakte zu knüpfen, um die Isolation zu überwinden und zum anderen an ungünstigen Bindungsmustern zu arbeiten, um in der sicheren Bindung Schutz und Geborgenheit zu erfahren. Die Sehnsucht nach der schützenden Bindung ist immer vorhanden, auch wenn sie auf den ersten Blick nicht sofort zu erkennen ist.

Dieses evolutionäre Erbe wird im Ergebnis der in Kapitel „Winke, winke — mit den Händen, mit den Augen“ vorgestellten Studie sichtbar, dass selbst das Ignoriert-werden von wildfremden Personen die Laune beeinträchtigt und man sich einsam fühlt,

---

[216] Prof. Dr. Becker-Stoll ist Direktorin des Staatsinstitutes für Frühpädagogik in Bayern; zitiert in: Bartens, W (2015): Empathie – Die Macht des Mitgefühls: Weshalb einfühlsame Menschen gesund und glücklich sind

während ein freundliches Zeichen des Wahrgenommen-werdens die Laune hebt und das Gefühl vermittelt, mit anderen verbunden zu sein.[217] Wie sehr sozial organisierte Lebewesen ihren Schutzauftrag leben, zeigt die Redewendung „wie eine Glucke“, um jemanden zu beschreiben, der sich außerordentlich um das Wohlergehen seiner Schützlinge sorgt. Hühner sind ausgesprochen intelligente und soziale Tiere und Hennen liebevolle, besonders fürsorgliche Mütter. Um ihren Küken jederzeit Sicherheit und Geborgenheit zu vermitteln, beschützen sie sie furchtlos vor Feinden. Dieses schützende Verhalten kann man bei allen sozial organisierten Lebewesen beobachten.

Je nach Konstellation von Mensch und Hund lässt sich meiner Erfahrung nach eine unterschiedliche Bereitschaft hinsichtlich des Gebens von Schutz beobachten. Es besteht eine überdenkenswerte Diskrepanz zwischen Menschen untereinander, Hunden untereinander und der Kombination Hund-Mensch und Mensch-Hund.

Mensch-Mensch

Experimente mit verunfallten Menschen im Straßenverkehr zeigen, dass sich Hilfsbereitschaft und Schutz in der Regel nur auf vertraute Wesen beschränken. Die Bereitschaft, einem fremden Menschen zu helfen, ist erschreckend gering. Sie ist umso geringer, je größer das Risiko ist, selbst in Gefahr zu geraten. Dabei sollte es eigentlich selbstverständlich sein, immer dann einem Hilflosen — egal ob Mensch oder ein anderes Wesen, ob vertraut oder fremd — beizustehen, wenn es um dessen körperliche oder seelische Unversehrtheit geht; dies ohne die Erwartung einer Gegenleistung und auch im Bewusstsein, eventuell einen Nachteil zu erleiden. Selbstverständlich darf der Selbstschutz nicht außer acht gelassen werden. Einen anderen zu schützen und sich dabei selbst ganz zu vergessen, ist kurzsichtig. Halten Sie sich an die Anweisung des Flugzeugpersonals bei der Sicherheitseinweisung:

„Sollte der unwahrscheinliche Fall eines Druckverlustes in der Kabine auftreten, fallen aus den Deckenverkleidungen über Ihnen automatisch Sauerstoffmasken heraus. Bitte ziehen Sie eine dieser Masken zu sich heran, streifen Sie sie über Mund und Nase und atmen Sie normal weiter. Danach helfen Sie Kindern und hilfsbedürftigen Personen.“

---

[217] Wesselmann, DE; Cardoso, FD; Slater, S; Williams, KD (2012): To be looked at as though air: Civil attention matters

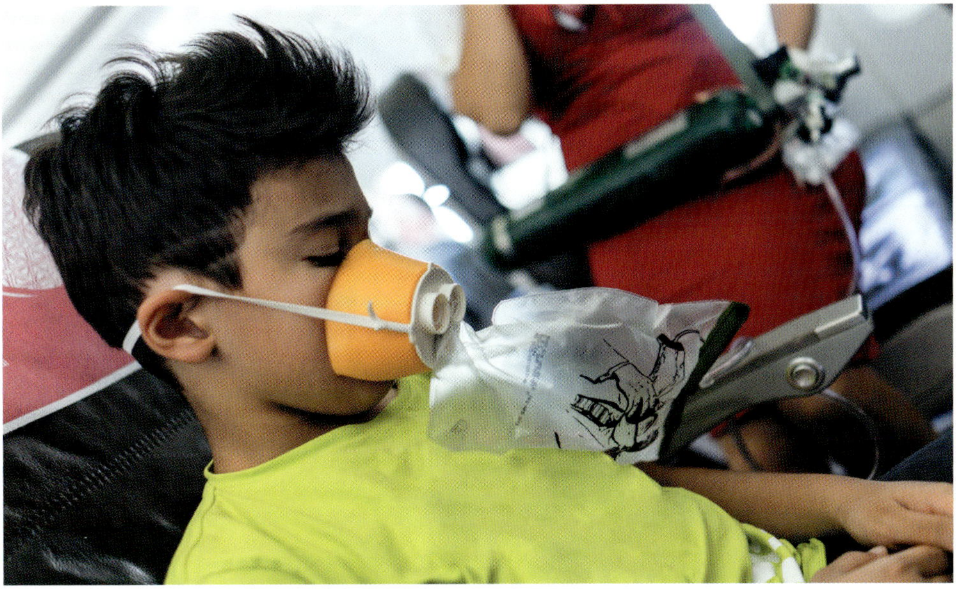

Die Anweisung lautet nicht: *„Helfen Sie zuallererst allen anderen Personen und atmen Sie möglichst flach, um so wenig wie möglich vom vorhandenen Sauerstoff zu verbrauchen. Erst wenn alle anderen versorgt sind, können Sie sich — falls Sie dann noch dazu in der Lage sind — selbst eine der übrigen Masken überstreifen."*

Genauso wenig lautet die Anweisung: *„Reißen Sie möglichst viele Masken an sich und streifen Sie eine von ihnen über Mund und Nase. Die restlichen behalten Sie, wer weiß, wann Sie sie noch einmal benötigen könnten. Ignorieren Sie Hilfsbedürftige, denn durch Ihren Beistand vergrößern Sie deren Angst. Zudem sollen sie lernen, sich zu behaupten."*

Um das Risiko und das Ausmaß einer Gefährdung bei einem Eingreifen in einen Konflikt zu minimieren, gibt es allgemeingültige Verhaltensempfehlungen:

1. Bevor es zu einer schwierigen Situation kommt, sollte man sich über verschiedene Verhaltensoptionen im Klaren sein, und nicht pessimistisch durch ein negatives Denken Konflikte regelrecht heraufbeschwören. Man sollte für den Notfall gewappnet sein, um gelassen das Beste zu erwarten.

2. Man sollte vorausschauend agieren und erkennen, wo sich ein Konflikt anbahnt und wann derjenige, dem Unrecht geschieht, sich selbst nicht mehr zu helfen

weiß. Man sollte rechtzeitig eingreifen und nicht warten, bis die gesamte Situation verfahren ist.

3. Man sollte einen kühlen Kopf behalten und deeskalierend eingreifen. Eine Überreaktion kann den Konflikt weiter aufheizen oder sogar erst zum Ausbruch bringen.

4. Es gilt, entschlossen zu handeln, ohne selbstherrlich zu wirken oder wie eine Naturgewalt alles niederzuwalzen. Es sind die eigenen mentalen und körperlichen Fähigkeiten realistisch einzuschätzen, um die Eigengefährdung zu minimieren.

Hund-Hund

Die Selbstverständlichkeit, mit der sich Hunde in einer Notlage gegenseitig unterstützen, berührt mich jedes Mal. Die Beobachtung der bei mir lebenden Hunde zeigt, dass keiner, der dem anderen zu Hilfe eilt, lange überlegt, ob er eventuell verletzt werden könnte. Sie helfen einander uneigennützig und zeigen prosoziales Verhalten.[218]

Beobachtet man in schwierigen und sich zuspitzenden Situationen die Blicke, die der im Konflikt befindliche Hund zunächst seinen Freunden und dann auch weniger bekannten und letztlich sogar unbekannten und nicht in den Konflikt involvierten Hunden zuwirft, so ist daran deutlich zu erkennen, wann er um Unterstützung bittet. Manchmal ist jedoch ein solch schneller Einsatz gefordert, dass nicht erst auf einen hilfesuchenden Blick gewartet werden sollte. Die Fähigkeit, einen Konflikt alleine lösen zu können, ist von der Tagesform und von der Situation aller Beteiligten und ihren aktuellen Befindlichkeiten abhängig.

FALLGESCHICHTE

HUMPHREY

Komondor, Rüde

Komondor Humphrey und Lakenois-Mix Ismael wohnten schon länger zusammen, sie waren befreundet. Beide zeigten sich immer grandios im Erziehen von rüpeligen Hunden. So fungierten sie als „Erziehungsunterstützung“, als eine Vergesellschaf-

---

[218] *Freundschaft unter Tieren – emotionale Beziehungen* in Kapitel „Bindung – das Band, das zusammenhält“

tung mit einer 1,5-jährigen Kangal-Hündin anstand, die aufgrund unzureichender Erfahrungen zu forsch auftrat, da sie noch nicht gelernt hatte, sich zurückzunehmen und ein auf Konfliktvermeidung ausgerichtetes Sozialverhalten zu zeigen.
Ein Zusammenstoß ließ auch nicht lange auf sich warten. Bei einer Begegnung rempelte die Hündin Ismael an und schob sich über ihn. Sofort eilte Humphrey seinem Freund zu Hilfe, der sich umgehend vom Ort des Geschehens entfernte. Humphrey maßregelte die Hündin, jedoch ohne ihr einen körperlichen Schaden zuzufügen. Er hatte sich in seiner Erziehungsarbeit die ganze Zeit unter Kontrolle und schaffte es so, die Hündin zu beeindrucken, anstatt sie aufzustacheln.

Es war für mich faszinierend zu sehen, wie schnell Humphrey seinem Freund zu Hilfe eilte, obwohl er aus Erfahrung wusste, wie geschickt und souverän Ismael für seinen eigenen Schutz sorgen konnte und dabei auch noch eine wunderbar faire und verständliche Erziehungsarbeit leistete. Mit dieser Konfrontation hätte Ismael unter normalen Umständen mit Leichtigkeit fertig werden können. Diesmal lagen aber ungünstige Voraussetzungen vor: Ismael hatte einen noch nicht operierten Kreuzbandriss und war in seinen Bewegungen und Fähigkeiten eingeschränkt. Das bewog Humphrey, seinem Freund sofort zu Hilfe zu eilen und den Konflikt für ihn zu lösen.

Die aktuellen Befindlichkeiten des anderen wahrzunehmen, um dadurch zu erkennen, wann Beistand notwendig ist und diesen Beistand dann auch zu geben, ist fürsorglich. Diese Aufmerksamkeit und Feinfühligkeit wünsche ich mir auch, wenn es am Menschen ist, seinem Hund beizustehen.

Hund-Mensch

Der Hund macht keinen Unterschied, ob er seinem Hundefreund zu Hilfe eilt oder seinem Menschen. Bindungspartner ist Bindungspartner. Allerdings gibt es bei Hunden wie auch bei Menschen Individuen, die auch dann denken, ihren Partner beschützen zu müssen, wenn es absolut unnötig ist. Unnötig nicht nur, weil der andere mit dieser Art der Belastung im Konflikt bestens selbst umgehen kann. Unnötig auch, weil der Beschützende eine Situation als bedrohlich wahrnimmt, die in keiner Weise bedrohlich ist. Hier liegt eine übermäßige Sicherung einer sozialen Ressource vor, die aber nicht Gegenstand des vorliegenden Bandes ist.[219] An dieser Stelle möchte ich lediglich darauf hinweisen, dass ein Hund, der übermäßig Ressourcen sichert, sich selbst nicht sicher fühlt; sonst würde er nicht in einer an und für sich harmlosen Situation einen Übergriff auf seinen Sozialpartner sehen. Somit wird der schützende Hund zu demjenigen, der geschützt werden muss, damit er wieder sein Gleichgewicht finden kann.
Wenn ich erlebe, wie Hunde ihren Menschen beistehen, ist der folgende Ausspruch wörtlich zu verstehen: „Sie würden ihr Leben bedenkenlos für den anderen geben."

Mensch-Hund

Gleich das eigene Leben für einen anderen zu geben, ist als Kennzeichen für einen fürsorgenden Menschen sicherlich ungeeignet. Man sollte jedoch bedenken, was der Mensch bereit ist, zum Schutz seines Hundes zu unternehmen und was er im Gegenzug vom Hund bekommt. Hat man sich seine Liebe und Hingabe überhaupt verdient?

Hier gilt Ähnliches wie bereits in der Konstellation „Mensch-Mensch" angesprochen, doch mit einem bedeutsamen Zusatz. Häufig erwartet das Anspruchsdenken des Menschen, Hilfe und Schutz vom Hund frei Haus zu bekommen, ohne im

---

[219] Auf Ressourcensicherung und Ressourcenverteidigung wird in Band 4 der Reihe ICH HALTE DICH umfassend eingegangen

Gegenzug für ihn da zu sein. Gerade der im Herrschaftsdenken gefangene Mensch erkennt nicht, welchen Widerspruch er verkörpert. Einerseits sieht er sich allein schon aufgrund seines Menschseins als „Alpha“ und „auf der Rangstufenleiter ganz oben“. Andererseits füllt er jedoch den Anführer-Posten nicht aus: Er gibt seinem Hund nicht den benötigten Schutz, besteht aber darauf, dass der Hund ihm jederzeit bedenkenlos beisteht und damit die Rolle des Schutzpflichtigen übernimmt. Ausschließlich die Erfüllung der eigenen Bedürfnisse als erstrebenswert zu sehen, steht einem führungskompetenten Menschen nicht. Heißt es doch: „Der Kapitän verlässt als letzter das sinkende Schiff.“ Empfindet der Hund eine Situation als belastend und beängstigend, dann macht es für ihn keinen Unterschied, ob seine Sorge begründet ist oder nicht. Er nimmt eine Bedrohung wahr, das ist ausreichend. Auch der Mensch macht keinen Unterschied, ob er sich die Gefahr nur einbildet, oder ob sie real vorhanden ist. Einen Menschen, der wegen einer Maus oder einer Spinne davonläuft, kann man nicht einfach mit dem Hinweis beruhigen, doch seinen Verstand zu nutzen. Im Zustand hoher emotionaler Erregung (Aktivierung des limbischen Systems) ist es schwer, rational zu handeln (Aktivierung der Großhirnrinde). Das Wissen, dass weder Maus noch Spinne dem Menschen nach dem Leben trachten, kann somit keinen beruhigenden Einfluss ausüben. Demzufolge sind auch die fiktiven Gefahren, die der Hund wahrnimmt, zu respektieren, und ihm ist entsprechend beizustehen. Der Mensch als Führungspersönlichkeit[221] wird für den Hund unglaubwürdig und kann nicht als zuverlässiger Schutz ernstgenommen werden, wenn er in fiktiven Gefahren den Helden spielt, sich aber in wirklichen Gefahrenmomenten am liebsten hinter dem Hund versteckt oder ihn angsterfüllt sogar vorschickt.

Wir schenken unseren Hunden
ein klein wenig Liebe und Zeit.
Dafür schenken sie uns restlos alles,
was sie zu bieten haben.
Es ist zweifellos das beste Geschäft,
was der Mensch je gemacht hat.
Roger Caras[220]

Es gibt eine Vielzahl von Gründen, warum der Mensch dem Hund in belastenden Situationen nicht beisteht oder nicht den Einsatz zeigt, den ein Hund zeigen würde:

---

[220] Roger Caras (1928 – 2001), amerikanischer Tierfotograf

[221] Band 3 der Reihe ICH HALTE DICH

- der Irrglaube, man vergrößere die Angst des Hundes, wenn man ihm beisteht;
- die Einstellung, der Hund soll lernen, sich zu behaupten und daran wachsen;
- die Notsituation wird als solche nicht erkannt;
- Unkenntnis, wie man dem Hund beistehen kann/fehlende Verhaltensoptionen;
- man hat Sorge, sich selbst in Gefahr zu bringen;
- Gleichgültigkeit und Bequemlichkeit;
- Zeitdruck.

Der letzte Punkt verdient besondere Beachtung, da er für viele die Rechtfertigung für gewaltvolle und schmerzhafte Trainingsmethoden ist, die im Hauruck-Verfahren (und dabei ist „Hau" und „Ruck" im wörtlichen Sinne zu verstehen) schnelle Erfolge versprechen. Stattdessen sollte man das nebenstehende Sprichwort aus Mali beherzigen. Die unhaltbare Rechtfertigung der Verfechter der Hauruck-Verfahren: „Hunde gehen ja auch nicht zimperlich miteinander um!", zeigt, dass ihnen sehr wohl bewusst ist, dass sie sich unrecht verhalten — warum sonst sollten sie diese Behauptung als Verteidigung ihres Tuns in den Raum stellen. Eine Behauptung, die zudem zeigt, wie wenig sorgsam sie Hunde beobachten.

Es ist besser, mit drei Sprüngen zum Ziel zu kommen, als sich mit einem das Bein zu brechen.

Dass sich der Hund in der Regel wesentlich mehr einbringt, wenn es um den Schutz seines Bindungspartners Mensch geht, liegt in meinen Augen daran, dass der Mensch für den Hund häufig eine primäre Bindungsperson ist.[222] Die Liebe zu ihm lässt ihn alles daransetzen, diese Hauptquelle der Sicherheit zu verteidigen. Die Angst, in einer bedrohlich wirkenden Situation von seinem Bindungspartner getrennt zu werden, aktiviert das Bindungsverhalten und erhöht die Aufmerksamkeit und die Verteidigungsbereitschaft. Diese sind umso größer, je unsicherer der Hund ist. Für den Menschen jedoch ist der Hund in der Regel nur ein nachrangiger Bindungspartner, dementsprechend erscheint er ihm weniger wichtig und damit weniger verteidigenswert.

Eine der unter „Mensch-Mensch" vorgestellten Verhaltensempfehlungen beim Eingreifen in einen Konflikt verdient in meinen Augen eine erneute Erwähnung und

---

[222] *Erst eins, dann zwei, dann drei, dann vier – alle die gehören zu mir!* in Kapitel „Bindung – das Band, das zusammenhält"

Mit einem einfühlsamen Menschen an der Seite werden aus belastenden Situationen bewältigbare Herausforderungen.

sollte in seiner Bedeutsamkeit unterstrichen werden: Man sollte einen kühlen Kopf behalten und deeskalierend eingreifen. Eine Überreaktion kann den Konflikt weiter aufheizen oder sogar erst zum Ausbruch bringen. Der kühle Kopf und der besonnene Beistand sind nicht nur wichtig, um eine Deeskalation zu bewirken. Sie haben auch eine Vorbildfunktion, indem Sie dem Hund zeigen, wie sich belastende Situationen am besten lösen lassen, nämlich nicht unbeherrscht hitzig und mit Gewalt, sondern mit Besonnenheit und guter Selbstkontrolle, egal wie aufgewühlt man innerlich ist.[223]

Wie der Hund in als schwierig empfundenen Situationen den Schutz des Menschen wahrnimmt, wie viel Zuversicht und Mut er daraus schöpfen kann und wie dadurch unkontrollierbar erlebter Stress in kontrollierbar erlebten Stress umgewandelt wird, zeigt mein Trainingselement **Vertrauen geben für den Sprung über den eigenen**

[223] *Aufgewühlt und doch kontrolliert* in Kapitel „Trainingsaufbau · Lenken des sozialen Referenzierens (LSR)“

Schatten. Ziel ist, dass aus Belastungen Herausforderungen werden, auf die der Hund Lust bekommt und denen er sich stellt.

Oft ist dem Menschen nicht bewusst, dass es auch bei der Verhaltenskorrektur Situationen gibt, in denen der Hund unbedingt zu schützen ist, und zwar wenn ein Trainer (oder wer auch immer) ihn aus Erziehungsgründen gewaltsam maßregeln möchte. Lassen Sie nicht zu, dass Ihr Hund provoziert wird, um zu zeigen, wie man ihn kleinbekommt und wo seine besonders schmerzhaften Punkte liegen. Für den Hund ist es umso dramatischer, wenn sein Mensch — als in der Regel primäre Bindungsperson — der Misshandlung (nichts anderes ist es) tatenlos zusieht oder sie aktiv ausübt, indem er sich ebenfalls gewaltbereit zeigt. Dabei wäre doch gerade von ihm Schutz und Sicherheit zu erwarten. So kommt es zu einer widersprüchlichen Situation: durch die Aktivierung des Bindungsverhaltens klammert sich der Hund umso vehementer an die Person, die der Auslöser eben dieser Aktivierung ist, obwohl sie doch diejenige sein sollte, die zu einer Deaktivierung beiträgt.[224] Dieser paradoxe Sachverhalt nimmt leider vielen Menschen ihr Unrechtsbewusstsein, da sie die Anhänglichkeit des Hundes dahingehend interpretieren, dass der Hund sie liebt. Wer kennt nicht das erschütternde Verhalten misshandelter Hunde, die ihren Peinigern die Hände lecken und immer wieder zu ihnen zurückkehren?

Eine traumatische Erfahrung kann auch der machen, der seinem Schützling in einer gefährlichen Situation helfen will, aber keine Möglichkeit dazu hat. Ich kann mich so gut in das Pärchen aus Österreich einfühlen, das 2008 während ihrer Entführung in Tunesien ohnmächtig mit ansehen mussten, wie ihre beiden Schäferhunde vor ihren Augen erdrosselt wurden.

GEBORGENHEIT VERMITTELN

Einem Lebewesen das Gefühl von Geborgenheit zu vermitteln, erreicht man nicht nur dadurch, dass man für es da ist und eine sichere Basis darstellt, von der es Schutz und Fürsorge erfahren kann. Das Gefühl von Geborgenheit kann auch durch gezielte Sinneseindrücke ausgelöst werden. Es wird zu oft nicht bedacht, welch beacht-

---

[224] *Die sichere Basis und der sichere Hafen* in Kapitel „Bindung – das Band, das zusammenhält"

lichen Einfluss die Sinneswahrnehmung auf den Gemütszustand hat. Kennen Sie die Orientierungslosigkeit auf einem großen Schneefeld oder auf einer verschneiten Autobahn, auf der man die Orientierungsstreifen nicht mehr erkennen kann? Obwohl es einfach sein sollte, weiterhin geradeaus zu fahren, wird man unsicher und hat Probleme, die Spur zu halten. Auf dem weitläufigen Schneefeld fehlen einem ebenfalls die wichtigen Begrenzungen, und so wird aus einem Geradeauslaufen sehr schnell ein Sich-im-Kreis-Drehen und man fühlt sich verloren.
Das Schaffen von überschaubaren Räumlichkeiten gibt dem Hund Orientierung und Sicherheit und damit ein Gefühl von Geborgenheit. Orientierungshilfen sind wichtig, um innerlich zur Ruhe zu kommen. Werden die Begrenzungen durch immer gleiche Utensilien geschaffen, so kann sich durch den Wiedererkennungswert ebenfalls ein Gefühl von Geborgenheit einstellen. Beim Hund bieten sich Begrenzungen beispielsweise durch mobile Abtrennmöglichkeiten an. Hundebetten mit einer optischen Begrenzung, beispielsweise mit einer wulstigen Umrandung, dienen dem gleichen Zweck, heißt es doch: „Ein Nest hat einen Rand". Eine zusätzlich schützende Begrenzung wie eine Wand schafft noch mehr Geborgenheit.
Je nach Hund und dessen Größe kann unter Umständen der Kinderlaufstall oder das alte Kindergitterbett eine neue Funktion bekommen. Aber auch Gittertransportboxen, Stoffkennel und ähnliches sind geeignet. Nischen, die durch Anordnung von Möbeln entstehen, können überall geschaffen werden und haben somit allerorts einen Wiedererkennungswert. Wenn es sich der Hund bei Ihnen zuhause beispielsweise in der Ecke zwischen zwei Sesseln gemütlich macht, wird er es begrüßen, wenn Sie bei einem Hotelaufenthalt die dortigen Sessel ähnlich anordnen. Weitere Möglichkeiten für das Geborgenheitsmoment kann der Mensch durch seinen Körper direkt geben: Umrahmt durch die Beine des Menschen, ob mit oder ohne direkten Kontakt, sowie durch die **Bärenumarmung**[225] kann sich der Hund geschützt fühlen; so sicher, wie die Redewendung „so sicher wie in Abrahams Schoß" es bildlich ausdrückt.

Was macht man am liebsten, wenn man emotional sehr mitgenommen ist? Man kauert sich in Embryohaltung unter eine kuschelige Bettdecke. Zum einen fördert die Begrenzung auf eine Höhle das Geborgenheitsmoment, zum anderen vermittelt die

---

225 Die *Bärenumarmung* ist ein Führelement aus der Reihe „Achtsames führen nach Cordt", das in Band 3 dieser Buchreihe beschrieben wird

kuschelige Decke ein Gefühl von Wärme, Behaglichkeit und Schutz. Es gibt nicht wenige Hunde, die sich mit Begeisterung unter Decken oder sogar in einen sogenannten Hundeschlafsack kuscheln. Meine Hunde genießen es, sich weich auch noch auf die fünfte Decke zu legen und ihren Kopf auf ein Kissen zu betten. Es ist so einfach, dem Hund allein durch eine kuschelige Liegestatt mit Kissen zum Anlehnen zu mehr Wohlbefinden zu verhelfen und damit seine Bindungsbereitschaft zu fördern.

Saba, eine unsichere Hündin meines Tierschutzvereins *Hilfe für Herdenschutzhunde e.V.* (www.herdenschutzhundhilfe.de) liebte es, sich regelrechte Bettenburgen zu bauen. Sie zog sogar die Decken unter ihren Kumpel weg, hortete sie und legte sich genießerisch auf ihren Kuschelhügel. Als sie zu kleineren Kindern vermittelt wurde, wurde diese Bettenburg dann auch die Fundstätte aller verloren geglaubten Stofftiere: Saba hortete auch sie und fühlte sich sichtlich wohl in ihrem Nest.

Die über einen Kuschelbezug vermittelte Geborgenheit war letztlich auch der Grund für die Affenbabys in Harlows unsäglichen Tierversuchen, sich bei der mit einem flauschigen Kuschelbezug überzogenen Drahtgestell-Mutter aufzuhalten und nicht bei der blanken Drahtgestell-Mutter, die dafür mit Nahrung aufwartete. Wenn es jedoch einzig beim Kuschelbezug bleibt und keinerlei liebevolle Nähe sowie Fürsorge gegeben wird, dann wundert es nicht, dass sich — wie bei den Harlow-Affenbabys — Verhaltensauffälligkeiten entwickeln. Hieraus wird auch ersichtlich, welch große Bedeutung Decken oder etwas anderes zum Einkuscheln für Tierheimhunde haben, deren gemeinsame Zeit mit den Betreuern nur begrenzt ist. Selbst Papierschnitzel und Stroh sind besser als der blanke, kalte Boden. Leider wird von Hundebesitzern oft der Einwand gebracht, dass sich ihr Hund aber am liebsten auf dem kalten Boden aufhält. Es geht bei der „Kuschel-Textur" um das Angebot, das vom Hund angenommen werden kann, wenn er es benötigt. Ich kenne keinen einzigen Hund, der nicht Decken und dergleichen liebt, auch wenn er es sich mal auf dem blanken Boden gemütlich macht.

Das Angebot an den Hund, einen sauberen, kuscheligen und angenehm temperierten Ort aufsuchen zu können, sollte immer vorhanden sein. Er wird diesen besonders in den Momenten aufsuchen, in denen er emotional auftanken muss. Ich erlebe immer wieder, wie sich die von mir übernommenen Hunde aus schlechter Haltung, denen das erfahrene Leid im wahrsten Sinne des Wortes am ungepflegten Fell „klebt", nach dem warmen Bad genießerisch in die frischen, behaglichen Decken kuscheln.

Ein warmes Bad bewirkt mehr als nur Sauberkeit. Die Temperatur hat auch einen entscheidenden Einfluss auf das Wohlbefinden, was sich wiederum auf das Verhalten auswirkt. In vielen Worten und Metaphern (warmherzig, kaltherzig, der warme Schoß der Mutter, die kalte Schulter) spiegelt sich dieser Zusammenhang von Temperatur und Gefühl wider, der auch in einer Studie[226] nachgewiesen werden konnte. Kälte erzeugt ein Gefühl der Einsamkeit, Wärme hingegen bewirkt, dass man sich in einer Gesellschaft geborgen fühlt und Personen in der Umgebung positiver wahrgenommen werden.

Welche tiefgreifende Auswirkung Temperatur auf das Wohlbefinden hat, zeigte Harlow in seinen Affenversuchen.[227] Wurde die mit einem kuscheligen Bezug überzogene Drahtgestell-Ersatzmutter von der sonst üblichen Temperatur von ca. 37 Grad Celsius rasch auf 1 bis 2 Grad Celsius abgekühlt, so konnte bei den Affen „der psychologische Tod"[228] herbeigeführt werden.

---

[226] Williams, LE; Bargh, JA (2008): Experiencing physical warmth promotes interpersonal warmth

[227] Blum, D (2002): Die Entdeckung der Mutterliebe – die legendären Affenexperimente des Harry Harlow

[228] Harlow zitiert in: Singer, P (1996): Animal Liberation. Die Befreiung der Tiere

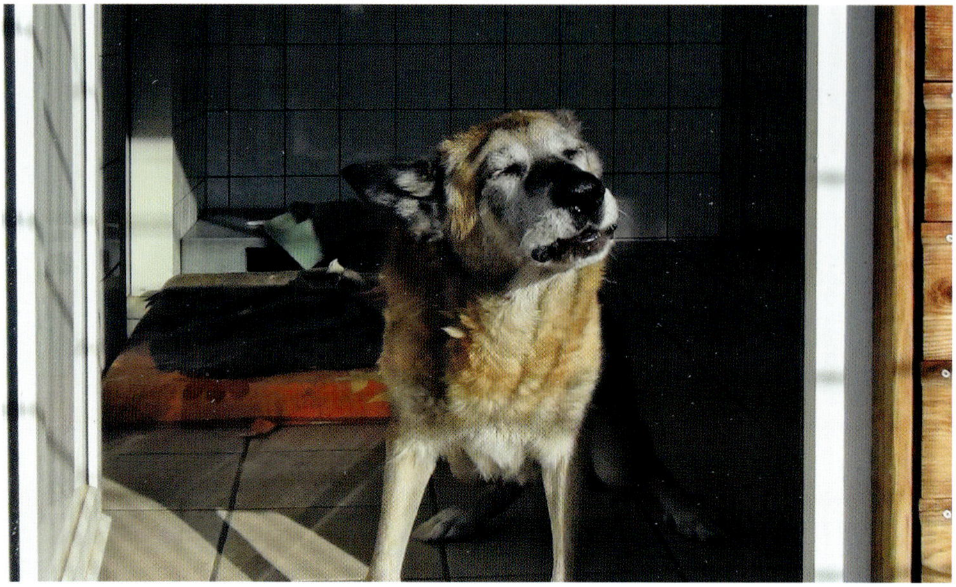

Nach Jahren der Entbehrung lässt Phönix die Schatten der Vergangenheit hinter sich. Genießerisch streckt er sich der Sonne entgegen.

Der Aspekt, dass die körperliche Wärme die zwischenmenschliche Wärme fördert, lässt sich bestens für die Beeinflussung der Mensch-Hund-Bindung ausnutzen und ein besonderes Augenmerk auf eine angenehm temperierte Umgebung richten. Dass ein Hund nicht weggesperrt vom Menschen draußen frieren sollte, sollte selbstverständlich sein und im Sozialverbund mit seinen Menschen sollten sie auch ein gemeinsames Heim haben. So genießen meine Herdenschutzhunde im Winter den Platz im Warmen und teilweise sogar direkt am Ofen in der gemeinsamen Stube.
Ich finde es erschreckend, dass viele Menschen es für unnötig halten, größere Hunde, beispielsweise Herdenschutzhunde, mit ins Haus zu nehmen. Genauso unwissend wird sich oft auch über Hundemäntel oder wärmende Decken für Nicht-Schoßhunde lustig gemacht. Ganz sicher gilt nicht die Regel: „Je wärmer, desto besser!" Der Hund sollte nicht unter der Wärme leiden, zudem wird Hitze sogar mit Aggression in Verbindung gebracht.[229] Ziel ist, dass der Hund sich wohlfühlt und ihn die ange-

[229] Cohn, EG; Rotton, J (2005): Is the curve relating temperature to aggression linear or curvelinear?

nehme Wärme „betriebsbereit" für die Bindungsarbeit macht. Da bei Menschen, die sich einsam fühlen, die Hauttemperatur sinkt[230] gehe ich davon aus, dass auch ein Hund schneller fröstelt, wenn er sich verlassen und nicht in einer sicheren Bindung aufgefangen fühlt. Eine frei zugängliche Wärmequelle kann es dem Hund erleichtern, sich dem Menschen zu öffnen und auch bei Trennungsschmerz gute Dienste leisten.

Eiskaltes Wasser und Nahrung sind für den Magen-Darm-Trakt nicht gesund. Unter dem Aspekt der Bindungsgestaltung kommt der „warmen Mahlzeit" noch eine besondere psychische Bedeutung zu. Akwaaba, ein sehr in sich verschlossener 8,5-jähriger Akbash-Rüde, der seelisch und körperlich äußerst mitgenommen war, autistische Züge aufwies und den ich 1999 aufnahm (seine Fallgeschichte findet sich in meinem Buch *Hundereich*[231]), bot ich mehrmals täglich Naturjoghurt verrührt mit warmem Wasser an, damit er genügend Flüssigkeit aufnahm. Dieses Gemisch war nötig, weil er anfangs Angst vor Wasser hatte und pures Wasser nicht trank. Akwaabas warmes Joghurt-Süppchen kam mir immer vor wie die stärkende Suppe, die man einem Kranken fürsorglich ans Bett bringt. Das Gefühl des Umsorgtwerdens und die angenehm temperierte Suppe waren die Mittel gegen Akwaabas Gefühl des Ausgeschlossenseins und beschleunigten den Vertrauensaufbau und den Aufbau der sicheren Bindung. Das Futter unserer Schützlinge (seien es die eigenen Hunde, Schützlinge unseres Tierschutzvereins oder Hundehotelgäste) rühre ich aus diesem Grund mit lauwarmem Wasser an. So wenig Aufwand kann einen so großen Nutzen erzeugen.

Um einem Verlassenheitsgefühl entgegenzuwirken, können zusätzlich zu einer Wärmequelle gezielt Farben eingesetzt werden, sei es über eine Farblichtlampe oder über Gegenstände wie Decken, beispielsweise in den Farbtönen Orange, satt Goldgelb, Hellgrün. Die Wirkung der Farben wird leider allzu oft unterschätzt, dabei bestimmen sie unseren Alltag und den unserer Tiere in einem nicht unerheblichen Maß. Bereits in meinem Buch *Hundereich*, das die Verbesserung der sozialen Fähigkeiten des Hundes und seine Integration in eine bestehende Hundegruppe thematisiert, habe ich auf den Einsatz und die Wirkung von Farben hingewiesen.

---

[230] Ijzermann, H; Gallucci, M; Pouw, WT; Weißgerber, SC; Van Doesum, NJ; Williams, KD (2012): Cold-blooded loneliness: social exclusion leads to lower skin temperature

[231] Cordt, M: Hundereich – Hundebegegnungen und Vergesellschaftung · Mit einem klaren Plan und friedvoll zum Erfolg

Sprechen Sie liebevoll mit Ihrem Hund. Beim Klang Ihrer Stimme wird das bindungsfördernde Oxytocin ausgeschüttet und über die Art Ihres Sprechens können Sie dem Hund signalisieren, dass Sie an seinem Wohlergehen interessiert sind. Die Verwendung von *Motherese,* bekannt auch als Babysprache, ist bindungsfördernd.[232]

So wie Farbe, Temperatur, die Beschaffenheit von Oberflächen (Textur) und auch Töne auf die Psyche einwirken, so reichen Attrappen mit oft sehr simplen und reduzierten Signalen aus, um gezielt Gefühle zu wecken und die Bereitschaft zu erhöhen, ein bestimmtes Verhalten zu zeigen.

FÜRSORGE LEISTEN

Morgenritual

Welch überragende Wirkung Fürsorge auf Beziehungen hat, zeigte mein Beagle Clara eindrucksvoll. Clara, rund 15 Jahre alt, lebte in meiner Hausgruppe von 14 Hunden, die zu dieser Zeit aus vier mittelgroßen Hunden und zehn Herdenschutzhunden bestand. Clara gehörte zwar zu den körperlich Kleinsten, aber zu den im Sozialverhalten Größten. Jeden Morgen ging sie reihum und weckte alle auf eine so nette und fürsorgliche Art, dass man sie förmlich fragen hörte: „Aufwachen, mein Lieber. Hast du gut geschlafen?". Ein plumpes, distanzloses Aufwecken, ähnlich dem Schlag mit dem nassen Waschlappen ins Gesicht, würde verständlicherweise Unmut erzeugen. Clara weckte aber so einfühlsam und liebevoll, dass niemand ihr Umsorgen und ihre Nähe als aufdringlich empfand. Es wurde so verstanden, wie es gedacht war: fürsorglich. Clara hatte nicht nur einen ungeheuren Charme, sondern auch ein besonders gutes Empfinden für die Bedürfnisse der anderen. Sie erfasste sehr schnell, wenn ein anderer Beistand benötigte und stand ihm sofort bei, ohne dass sie dabei den Eindruck erweckte, unüberlegt und übertrieben pflichteifrig zu agieren. Clara blieb sich selbst immer treu, sie biederte sich nicht an, sie war einfach da. Ihre Fürsorglichkeit und Präsenz zeigten ihre starke Persönlichkeit und als die wurde sie auch wahrgenommen. Alle Hunde hatten eine hervorragende Bindung zu Clara, sodass sie mit ihnen sehr ungezwungen und vorbehaltlos umgehen konnte.

---

[232] Horsch, U (2001): Wie das Kind hören und sprechen lernt

Clara ist eine hervorragende Lehrmeisterin. Ihre Art habe ich mir zu Eigen gemacht und begrüße, nicht nur morgens, nach ihrem Vorbild achtsam und fürsorglich jeden einzelnen meiner Hunde, egal wie eilig ich es habe.

Brot-Teilen

Fürsorge drückt sich auch im **Brot-Teilen** aus, bei dem ich meinen Hunden bewusst etwas von meinem Essen abgebe, während ich selbst esse. Dies erscheint auf den ersten Blick unklug, wird doch oft geraten, genau das zu vermeiden. Ich wende es jedoch gezielt bei Hunden an, um mich fürsorglich zu zeigen und damit ihr Geborgenheitsempfinden weiter zu stärken. Dies soll auf keinen Fall ein nerviges Futter-Betteln beim Tisch fördern; solch geneigten Hunden gebe ich nichts vom Tisch. Bittet der Hund um einen Happen oder ist er ein vorsichtiger, introvertierter Schützling, der immer noch nicht glauben kann, dass sich jemand um sein Wohlergehen bemüht, dann biete ich ihm mit einer liebevollen Geste etwas an. Mich berührt dabei immer, wie seine Augen zu leuchten beginnen. Diese Fürsorge lässt ihm bewusst werden, dass er wahrgenommen wird, dass ich mich um ihn sorge; er fühlt sich mir zunehmend verbunden.

Will man einmal nichts von seinem Essen abgeben — was sich förderlich auf die Frustrationstoleranz auswirken kann — so sollte dies gelassen vonstattengehen. Verteidigt der Mensch stattdessen vehement und grob sein Essen, lebt er vor, dass man es sichern muss, was der Entstehung einer diesbezüglichen Ressourcenverteidigung Vorschub leisten kann.
Brot-Teilen verkörpert nicht nur die Gabe von etwas Essbarem, sondern steht ebenso für Liebe und Zuwendung, ohne die es sich nicht leben lässt. Auch in dieser Hinsicht sollte der Hund, genauso wie nach Anerkennung[233], nie Hunger leiden müssen.

Eine Umfrage eines Instituts für Demoskopie ergab, dass auf die Frage „Was genießen Sie am meisten mit Ihrer Familie?" die Antwort „Wir genießen am meisten das gemeinsame Abendessen." mit 72 % der Spitzenreiter war. Gemeinsam zu essen und zu trinken ist mehr als Nahrungsaufnahme; man fühlt sich einander verbunden.

Damit der Hund das gemeinsame Essen als einen Akt der Fürsorge und damit bindungsfördernd empfinden kann, ist die Form der Darreichung des Essens entscheidend. Eine ehrliche, liebevolle Geste lässt den Hund strahlen und fördert die Bindung. Ein liebloses Zuwerfen und achtloses Entgegenschlittern der Metallschüssel drücken dagegen eine geringe Wertschätzung aus, und werden nicht als bindungsfördernd empfunden.
Ein selbstgefälliges, gönnerhaftes Überlassen, erst recht, wenn dies auch noch von einer entsprechenden Mimik begleitet wird, die zeigt, wie gnädig man sich fühlt und dass man Dankbarkeit erwartet, ist ebenfalls nicht bindungsfördernd. Es geht nicht darum, eine Abhängigkeit des Hundes zu demonstrieren, sondern es geht um die Entwicklung des achtsamen Miteinanders. Nie sollte dem Hund das Gefühl vermittelt werden: „Durch meine Gnade kommst du zu deinem Essen." Diese Machtdemonstration ist Bestandteil des Herrschaftsdenkens[234], das nichts in einer sicheren Bindung verloren hat.

Meine Befürwortung des Brot-Teilens soll nicht dergestalt missverstanden werden, dass dem Hund permanent Futter zugeschoben wird und man jeden Brocken teilt.

---

[233] Auf den Hunger nach Anerkennung wird in Kapitel „Warum die positive Bestätigung so wichtig ist" in Band 1 der Reihe ICH HALTE DICH eingegangen

[234] Auf das Herrschaftsdenken wird in Band 3 dieser Buchreihe eingegangen

Alles kann zur Karikatur werden und damit am Ziel vorbeischießen, wenn es übertrieben wird. Es gilt immer, Empfehlungen nicht rein mechanisch umzusetzen, sondern sich von seinem Herzen leiten zu lassen. Des Weiteren ist zu beachten, dass das Brot-Teilen ein Angebot an den Hund ist. Möchte er den angebotenen Happen nicht, darf man nicht enttäuscht oder beleidigt sein und dies erst recht nicht den Hund spüren lassen. Mich erinnert das Brot-Teilen immer an meine Oma, die jeden, der ihr Haus betrat, als Erstes fragte: „Möchten Sie einen Schnaps?“, selbst wenn die Tageszeit dafür unpassend war. Ihr freundlicher Empfang kam an und die Gäste fühlten sich sogleich willkommen.

Eine Freundin von mir hat das liebevolle Brot-Teilen praktiziert, um eine entlaufene, scheue Hündin einzufangen. Die Hündin war bereits seit einigen Tagen allein in den Weinbergen unterwegs und traute sich auf maximal 30 Meter an Menschen heran. Meine Freundin besorgte sich eine warme Mahlzeit bestehend aus Nudeln und gekochtem Fleisch. Sie machte es sich auf dem Boden im Weinberg bequem, während die Hündin sie von Ferne durch die Weinreben vorsichtig beäugte. Die dampfende und weithin duftende Mahlzeit verfehlte ihre Wirkung nicht und die hungrige Hündin traute sich einige Schritte näher, während sie jede Bewegung meiner Freundin argwöhnisch beobachtete. So sah sie auch, dass meine Freundin einige Stücke der Mahlzeit zu sich nahm und ihr etwas davon mit einer vorsichtigen Bewegung zuwarf. Hierbei war sehr bedacht vorzugehen, damit die Hündin die Bewegung des Futterwerfens nicht als ein Wegscheuchen oder ein Bewerfen mit schädigenden Gegenständen missversteht. Während meine Freundin abwechselnd einen Happen zu sich nahm und der Hündin mit einladender, freundlicher Mimik Futter zuwarf, näherte diese sich kontinuierlich an. In der Art ihrer Annäherung war offensichtlich, dass es nicht ausschließlich der Hunger war, der sie näherkommen ließ — es war die freundliche Geste des Brot-Teilens. Letztlich ließ sich die Hündin anfassen und konnte gesichert werden. Das, was das Eis zum Schmelzen brachte, war das ehrliche Bemühen meiner Freundin um das Wohlergehen der ängstlichen Hündin, das sie durch das Brot-Teilen zum Ausdruck brachte.

Vertrauen geben für den Sprung über den eigenen Schatten

Stellen Sie sich vor, Sie stehen im Schwimmbad zum ersten Mal oder die ersten verzagten Male auf dem 10-Meter-Brett. Sie trauen sich kaum an den Rand, gucken nur verzagt in den Abgrund, Sie halten sich am Geländer fest. Wie gut tut es dann, einen Freund an seiner Seite zu wissen, der Mut zuspricht, der Sie ermutigend anlächelt und sogar Ihre Hand hält, wenn Sie schon recht weit vorne stehen und das Geländer nicht in unmittelbarer Reichweite ist. Sie werden einige Schritte zurückgehen, vielleicht sogar zurück bis zur Leiter, auf der Sie hochgeklettert sind und die für Sie der Notausstieg ist. Die Leiter gibt Ihnen die Sicherheit, sich selbstständig von der Gefahr entfernen zu können. So gestärkt trauen Sie sich wieder nach vorne, merken, dass Ihnen für den Absprung doch noch der Mut fehlt. Sie weichen wieder zurück, um Zuversicht zu tanken und Beistand zu bekommen, um dann im Wissen um jemanden, der es gut mit Ihnen meint und der an Sie glaubt, den Sprung zu wagen. Egal wie ungelenk der Sprung aussieht, egal wie lange Sie oben zögerten: Sie haben sich getraut. Applaus! Sie sind stolz auf sich und lassen sich gerne von Ihrem Freund, Ihrer Vertrauensperson feiern. Der erlittene Stress wird als kontrollierbar erlebt, aus der Belastung wird eine Herausforderung und das Selbstbewusstsein erhält einen Aufschwung. Selbst wenn Sie über die Leiter wieder den Sprungturm heruntergeklettert sind, haben Sie sich ein Lob verdient. Sie haben sich Ihren Ängsten gestellt und bereits den ersten Schritt getan. Der Zweite wird folgen!

Wenn Sie einige Male immer wieder von der Absprungstelle zurück in den sicheren Bereich gegangen sind und sich noch nicht ganz überwinden konnten, tut es gut, wenn Ihre Begleitperson Ihnen für das restliche Quäntchen Mut zum Sprung gut zuspricht und anbietet, gemeinsam zu springen. Die Feinfühligkeit Ihrer Begleitperson

Mit einem einfühlsamen Menschen an der Seite werden
aus belastenden Situationen bewältigbare Herausforderungen.

lässt Sie wissen, wann Sie „überredet“ werden sollten, um nicht aus „Bequemlichkeit“ in eine Dauerschleife der Vermeidung zu rutschen.

Die Tatsache, dass der Sprung aus eigenem Antrieb erfolgt und es einen Notausstieg im Hintergrund gibt, führt zu der Gewissheit, dass man jederzeit selbstständig zur sicheren Ausgangsposition zurückfinden kann. Dies erhöht die Selbstsicherheit, das Wohlbefinden und die Freude an weiteren Herausforderungen.

Nun stellen Sie sich andere Begleitumstände vor: Sie stehen zum ersten Mal oder die ersten verzagten Male auf dem 10-Meter-Brett und die Leiter, über die Sie hochgeklettert sind, wird entfernt. Ihr Notausstieg ist Ihnen genommen. Sie spüren den Druck, dass es keinen anderen Ausweg gibt, als den Weg über das Sprungbrett, was Ihre Angst verstärkt. Fehlt nun auch noch ein Freund, der Ihnen gut zuredet, dann fühlen Sie sich verloren. Stellen Sie sich weiterhin vor, dass noch jemand mit Ihnen auf dem 10-Meter-Brett steht. Aber nicht, um Ihnen Mut zuzusprechen und Ihnen Zuversicht zu geben, sondern um sich über Ihre Sorge lustig zu machen und Sie verächt-

lich anzugucken, wenn Sie zurückweichen. Jetzt gesellt sich sozialer Stress zu dem Stress angesichts des Sprungs. Verachtung, Häme und Spott des anderen spiegeln sich nicht nur in seinem Tonfall wider, sondern lassen sich auch an seinem Gesicht ablesen. Wie für Sie, ist es auch für den Hund nicht schwer, dies wahrzunehmen.
Dass Hunde die menschliche Mimik lesen können und somit auch Emotionen in Gesichtern von Artfremden erkennen können, war für mich immer offensichtlich und selbstverständlich. 2015 wurde dies endlich nachgewiesen[235] und überzeugt nun hoffentlich auch die letzten Zweifler. Das Erkennen der Emotionen des Menschen an ihrem Gesichtsausdruck wird im Trainingselement **Lenken des sozialen Referenzierens (LSR)** gezielt genutzt.

Wenn es nicht nur bei der bloßen Anwesenheit des unfreundlichen anderen bleibt, sondern dieser auch noch körperlich auf Sie einwirkt und Sie mit einem befehlshaberischem „BLEIB!“ zwingt, direkt am Abgrund stehen zu bleiben — weil Ihr Zurückweichen Sie angeblich in Ihrer Angst bestätigen könnte — nehmen Stress und Angst immer mehr zu. Die Steigerung wäre, wenn dieser „Dummteur“ Ihnen genervt und mit übler Laune noch einen Schubs gäbe, damit Sie endlich springen. Ein gutes Gefühl kann dabei nicht aufkommen und der erfahrene Stress wird als unkontrollierbar erlebt. Macht der andere sich dann auch noch über Sie lustig und lässt er Sie seine Verachtung mit einem „Warum denn nicht gleich, das war doch so simpel!“ spüren, dann erfahren Ihr Selbstwertgefühl und Selbstbewusstsein eine wahre Talfahrt.

Bei beiden vorgestellten Varianten ist der Sprung erfolgt, aber wie steht es um Ihre Gefühle und Ihre Bereitschaft, solch eine Belastung erneut anzugehen? Die erste Variante macht Lust auf Herausforderungen und bestätigt, dass Ihr Freund neben Ihnen ein wahrer Freund ist, wohingegen sich die zweite Variante wie ein Sprung ins Verderben anfühlt und Sie emotional nach unten zieht; Sie werden sich nicht freiwillig ein weiteres Mal dieser oder einer ähnlichen Belastung aussetzen, erst recht nicht mit dieser Begleitperson.

Leider sehen die Zuschauer am Beckenrand nicht, was sich auf dem Sprungturm abspielt. Sie sehen nur, wie schnell gesprungen wird und achten zu wenig darauf, in

---

[235] Müller, CA; Schmitt, K; Barber, ALA; Huber L (2015): Dogs can discriminate emotional expressions of human faces

welcher Stimmung der Springer aus dem Wasser steigt und wie er sich beim nächsten Mal verhält. Sie wähnen denjenigen, der zum schnelleren Springen verholfen hat, als geschickter und seine Methode als wirkungsvoller als denjenigen, der seinen Schützling unter Umständen sogar die Leiter vom Sprungturm wieder herunterklettern ließ. Dabei kommt es nicht darauf an, wann gesprungen wird, sondern wie gesprungen wird.

So wie Ihnen auf dem 10-Meter-Brett in den beiden Szenarien, ergeht es dem Hund in belastenden Situationen. Möchten Sie, dass der Mensch, der Sie kaltherzig ohne Rücksicht auf Ihre Befindlichkeiten schubst, Ihr Bindungspartner ist? Würden Sie solch einen Menschen überhaupt als fürsorglichen Bindungspartner wahrnehmen? Fürsorge bedeutet mehr, als nur Nahrung zu geben. Ihr Hund braucht Ihre Unterstützung. Das Für-ihn-da-sein führt zu einer Verbundenheit, zu einem Band der Gemeinsamkeit. Das Gefühl, nicht allein zu sein, dass man jemandem vertrauen kann, tröstet und hilft über Belastungen hinweg. Durch Ihren Beistand erfährt Ihr Hund eine wichtige Stütze und Schutz, gewinnt Vertrauen, er kann wachsen und lernt, über seinen eigenen Schatten zu springen.

Achten Sie im Training darauf, ob Ihr Hund, um von A nach B zu kommen, im übertragenen Sinne geschubst wird oder ob er, von Ihnen einfühlsam unterstützt, selbstständig springt.
Je öfter der Hund die Erfahrung macht, mit dem Beistand seines Menschen Herausforderungen bewältigen zu können, umso mehr kommt seine Neugierde ins Spiel. Diese zu stillen ist belohnend.[236] So entsteht irgendwann ein Perpetuum mobile: Der Hund traut sich etwas zu, seine Neugierde wird gestillt und damit sein Mut belohnt, sodass er sich bereitwilliger auch der nächsten Herausforderung stellt.

Mein Ziel ist, dass der Hund Fähigkeiten erwirbt, Belastungen zu bewältigen, indem er mit der einfühlsamen Unterstützung seines Menschen einen funktionellen Umgang mit ihnen lernt.

Wir bleiben beim Bild des Sprungbretts. Kann Ihr Hund sich, nachdem er auf dem Brett mehrmals von der Absprungstelle zurückgewichen ist, auch nach mehreren Trainingseinheiten nicht zum Sprung überwinden, sollten Sie darauf achten, welche

---

[236] Blum, D (2002): Die Entdeckung der Mutterliebe – die legendären Affenexperimente des Harry Harlow

Motivieren Sie Ihren Hund durch Ihr Vorbild, Zuversicht, gute Laune und gerne auch mit Leckerchen, sich der Herausforderung zu stellen.

hinderlichen emotionalen Hinweise Sie ihm unter Umständen geben. Haben Sie ihm die Belastung schmackhaft gemacht? Was drückt Ihr Blick aus? Wie verhalten Sie sich? Wenn Sie ängstlich in den Abgrund schauen oder sich zitternd am Geländer festklammern, dann wird Angst vorgelebt und die des Hundes vergrößert.

Zeigen Sie gute Laune und schauen Sie wohlgemut und freudig zur Belastung, achten Sie auf Ihre Atmung und auf Ihre Körperhaltung.[237]
Motivieren Sie Ihren Hund mit aufmunternden Worten und auch gerne mit Leckerli, sich dem belastenden Reiz zu nähern. Bieten Sie ihm die Leckerli in einer Entfernung an, die er mit moderater Überwindung bewältigen kann. Würden sie ihm von vorneherein zu dicht an der Absprungstelle nach dem Motto angeboten werden: „Du bekommst deine Belohnung nur, wenn du den Sprung über den eigenen Schatten schaffst!“, würde der Hund nach einem erfolgten Schritt nicht das Gefühl haben „Ich kann es ja doch!“, welches ihm den Weg zum endgültigen Absprung erleichtert. Ihr Hund würde stattdessen in einem „Ich kann es nicht.“ stecken bleiben und auf weitere Schritte verzichten.

[237] *Das Rollenspiel »Ich freue mich über den Reiz«* in Kapitel „Trainingsaufbau · Lenken des sozialen Referenzierens (LSR)“

Der Hund darf immer wieder auf Abstand zur belastenden Situation gehen, was ihm zunehmend Sicherheit für „den Sprung“ gibt.

Gehen Sie mit Ihrem Hund immer wieder auf Abstand zum Absprung, damit er Zuversicht tanken kann und gut gelaunt mit Ihnen an seiner Seite einen erneuten Anlauf wagt. Dieses Hingehen zum Abgrund, sich also der Belastung zu nähern und dann wieder in den sicheren Abstand zu gehen, um tief durchzuatmen und einen erneuten Anlauf zu wagen, wiederholen Sie einige Male. Das Zurückgehen gibt Ihrem Hund die nötige Sicherheit, dass es einen Notausstieg gibt. Diese Gewissheit erleichtert es ihm, sich der Herausforderung des Sprunges zu stellen. Das Zurückgehen verstärkt zudem das Gefühl, dass er nicht springen **muss,** sondern dass er springen **kann.**

Es sollte kein starres Schema geben, wie lange Ihr Hund bei der Absprungstelle stehen bleibt und in den Abgrund blickt, bevor er wieder in den sicheren Abstand geht. Gehen Sie beispielsweise bereits nach einem kurzen Blick, das heißt nach einer kürzeren Konfrontation mit der Belastung mit Ihrem Hund wieder in den sicheren Bereich, bevor er dies von sich aus schutzsuchend machen würde. Dies kann sich sogar sehr förderlich auf den „Sprung“ Ihres Hundes auswirken: Seine Erwartungshaltung, dass er jetzt von Ihnen gezwungen wird, obwohl er bei Weitem noch nicht dazu bereit ist, wird wohltuend enttäuscht.

Unter Umständen pendelt Ihr Hund trotz weiterer Trainingseinheiten, obwohl Sie alles bedacht haben, weiterhin zwischen Absprungstelle und sicherer Zone hin und her und kann sich einfach nicht zum Sprung durchringen. Dies wäre jedoch für eine Weiterentwicklung wichtig, da es irgendwann gilt, sich den belastenden Momenten aktiv immer mehr zu stellen. Hierdurch wird erfahren, dass die angstauslösende Situation doch nicht so gefährlich ist wie gedacht.

Bauen Sie gezielt vertraute Objekte in die Situation ein, sei es ein Kuscheltier, das der Hund liebt oder was auch immer ihm ein gutes Gefühl vermittelt. Bei einer meiner Hündinnen war es ein Maulkorb. War dieser dabei, selbst wenn sie ihn nicht trug, sondern er an meinem Hosenbund befestigt war, war dies das Signal für sie, dass alles in Ordnung ist. Für sie symbolisierte der Maulkorb, dass sie nur gewinnen kann, da sie Belastungen überwindet und gebührend gefeiert wird. Solche Glücksbringer[238] mindern die Erregung. Sinnvoll kann es auch sein, mit gutem Beispiel voranzugehen und selbst zu springen.

Manchmal fehlt dem Hund trotz dieser Hilfen jedoch das letzte Quäntchen Motivation für den Sprung und es bedarf der Überzeugungskraft seines Menschen. Auf keinen Fall sollte diese Überzeugungskraft als Überzeugungsgewalt missverstanden werden. Hier ist die Feinfühligkeit des Menschen gefragt, dem Hund ab einem bestimmten Punkt des Zögerns und hin und her Pendelns zu seinem Glück zu verhelfen. Man lässt ihm nicht mehr die Möglichkeit des Zurückweichens, man bleibt freundlich, aber bestimmt stehen, und hilft ihm mittels eigener Körperausrichtung, Gestik und Mimik.[239] Immer vorausgesetzt, Sie können gewährleisten, dass keine reale Bedrohung vorliegt und Ihrem Hund nicht wirklich etwas passiert. Springen Sie mit ihm gemeinsam!

FALLGESCHICHTE

🐾 DALAI

Kangal, Rüde

Dalai, der bei seinem Vorbesitzer außerordentlich schlechte Erfahrungen mit anderen Hunden gemacht hatte, verhielt sich aus diesem Grund unbekannten Hunden gegenüber sehr abwehrend. Nach seiner Überzeugung waren andere Hunde gefährlich und

---

[238] Band 4 der Reihe ICH HALTE DICH

[239] *Mit gutem Beispiel voran* in Kapitel „Trainingsaufbau · Lenken des sozialen Referenzierens (LSR)"

Angriff die beste Verteidigung. Wenn ich diese Hunde jedoch begrüßte und einen direkten Kontakt zu ihnen herstellte, dann schien er ganz erstaunt, dass es zu keinem Disput kam und ich unversehrt blieb. Dies erleichterte ihm das Kennenlernen fremder Hunde immer sehr und er wurde von Mal zu Mal offener für neue Begegnungen.

Wann der beste Zeitpunkt gekommen ist, Ihren Hund liebevoll und achtsam zu seinem Glück zu verhelfen, kann ich Ihnen nicht sagen. Sie müssen ihn selbst erspüren. Ich mache ihn unter anderem daran aus, wie gut der Hund sich Richtung Belastung bewegen kann, wie groß seine Anspannung am Rand des „Absprungs“ ist. Wie schnell zuckt er nah der „Absprungstelle“ bei Auftreten kleinerer Störungen, beispielsweise einem unerwarteten, nicht bedrohlichen Geräusch zusammen. Ich verhelfe ihm erst dann zu seinem Glück, wenn ich sicher bin, dass die Intensität der Belastung derart ist, dass er sie dank der geleisteten Vorarbeit bewältigen kann.

Auf einem Flug zu einem meiner Seminare im Ausland wurde mir die Notwendigkeit des Beistands deutlich vor Augen geführt; und auch, dass bei Mensch und Hund zweierlei Maß angelegt wird. Die Passagiere befanden sich alle in der Maschine und ich freute mich schon über den leeren Platz an meiner Seite. Zu früh gefreut. Ein Steward kam auf mich zu und fragte, ob ich bereit wäre, meinen Platz mit einem Pärchen zu tauschen, das getrennte Sitze gebucht hatte. Ich gab schweren Herzens meinen Sitzplatz auf und tauschte ihn gegen einen mit einem direkten Nachbarn. Das Pärchen begegnete mir Hand in Hand und bedankte sich. Mir war klar, dass sie nebeneinandersitzen mussten, weil einer von ihnen Beistand brauchte und ein Händchenhalten benötigte. Wie leicht hätte ich doch ihre Bitte abschlagen können mit dem Hinweis, dass ich Hundetrainerin und -Verhaltensberaterin sei und in diesen Kreisen von einigen die Meinung vertreten würde, Beistand würde Angst vergrößern. Ich würde somit ein gutes Werk tun, wenn das Pärchen getrennt sitzt und der von Flugangst Gepeinigte den Flug allein durchleiden muss. Ich möchte doch nicht schuld daran sein, dass er seine Angst nie verliert! Mich hätten alle für verrückt erklärt. Beim Hund aber soll es der Weisheit letzter Schluss sein, ihn in einer für ihn bedrohlichen Situation alleine zu lassen?

Wie wichtig es ist zu wissen, dass man die belastende Situation selbstständig auflösen kann, vergleichbar mit dem Notausstieg über die Leiter zum 10-Meter-Brett, wird durch die Findigkeit eines mir bekannten Zahnarztes deutlich. Bei vielen Menschen löst die Tatsache, auf dem Behandlungsstuhl eines Zahnarztes zu sitzen, ein beklemmendes Gefühl aus, auch wenn die Betäubungsspritze den zu behandelnden Zahn unempfindlich gemacht hat. Das Geräusch des Bohrers und das Gefühl, diesem machtlos ausgeliefert zu sein, lässt bei vielen den Angstschweiß rinnen. Dieser einfühlsame Zahnarzt schafft es jedoch, dass sich die Menschen vertrauensvoll in seine Behandlung begeben. Seine Wunderwaffe ist der Ausschaltknopf für den Bohrer. Diesen gibt er den Patienten in die Hand und ihnen damit die Möglichkeit, jederzeit aktiv in die Behandlung einzugreifen und sich so der Belastung zu entziehen. Während der ersten Minuten ist an eine Behandlung kaum zu denken, da der Bohrer kaum nach seinem Erklingen immer sofort vom Patienten ausgeschaltet wird. Zunehmend gewinnen sie jedoch Vertrauen und die Gewissheit, dass sie die Behandlung steuern können und ihr nicht machtlos ausgeliefert sind. Diese Sicherheit, ähnlich wie die sichtbare Leiter am 10-Meter-Brett, fördert die Bereitschaft, sich der Belastung zu stellen.

Licking and grooming

Diesen bei Ratten verwendeten Begriff verwende ich als Überbegriff für die Handlungen am Hund, die für ein fürsorgliches Verhalten des Menschen stehen.

Fürsorge zeigt man, wenn man den Hund umsorgt. Dazu gehört auch die liebevolle und achtsame Kontrolle und gegebenenfalls Reinigung von Augen und Ohren. Das wird sicher viele verwundern, deren Hunde Probleme bereiten, wenn bei ihnen aus medizinischen Gründen eine Augen- oder Ohrenpflege notwendig ist. Ihr Meideverhalten, wenn nicht sogar Abwehrverhalten, zeigt, dass diese Pflegeaktion einem sicheren Bindungsaufbau zur Zeit eher abträglich ist; erst recht, wenn sie schmerzhaft ist.

Auch von mir lässt sich nicht jeder Hund sofort die Augen und Ohren reinigen. Ist mir der Hund unbekannt und hat er zudem schlechte Erfahrungen bei der Augen- und Ohrenpflege gemacht, so wird er diese Behandlung zunächst nicht erlauben. Ein Hund, der sich grundsätzlich noch nicht so gut anfassen lässt, wird diese intime Pflege erst recht nicht tolerieren; schon gar nicht, wenn die Ohren oder Augen auch noch schmerzen. Hier gilt der umgekehrte Weg: je sicherer die Bindung, desto eher lässt der Hund die Augen- und Ohrenpflege (oder andere notwendige Pflegetätigkeiten) zu.

Werden bei einem Hund ohne schlechte Erfahrungen grundsätzlich feinfühlig und bedacht die Augen und Ohren gereinigt, so nimmt er dies so wahr, wie es gemeint ist: fürsorglich.

Es gibt oftmals Probleme, wenn sich erst dann der Augen- und Ohrenpflege gewidmet wird, wenn eine Behandlung notwendig geworden ist und diese schmerzt oder zumindest unangenehm ist. Beobachtet man zusammenlebende Hunde oder auch Hunde, die zeitweilige Freundschaften geschlossen haben, wie beispielsweise während eines Pensionsaufenthaltes, kann man sehen, wie einige zu regelrechten „Pflegeschwestern" werden: hingebungsvoll werden die Augen und Ohren ausgeschleckt. Unter ihnen gibt es jedoch auch welche, die zu pflichteifrig sind und deren Pflege nervt. Genauso sollten auch Sie es nicht übertreiben.

Gerade bei älteren Hunden kann man sehen, wie sehr sie es genießen, umsorgt zu werden. Fühlt man sich nicht mehr so fit, sondern ist sich seiner Gebrechlichkeit bewusst — und meiner Erfahrungen nach sind das viele ältere Hunde — so ist es wohltuend zu erfahren, dass man einfühlsam unterstützt wird. Meinen gebrechlichen Hunden bringe ich, je nachdem wie fit sie sich fühlen, das Essen sogar an ihr Bett

Sich gegenseitig „lausen“. Dies dient weniger der körperlichen Pflege, als vielmehr der psychischen.

und bin weit davon entfernt, mich deswegen als Diener meines Hundes zu sehen, sondern vielmehr als Fürsorgender. Selbst wenn man sich über seinen Hund geärgert hat, sollte dies die Fürsorge nicht beeinträchtigen. Über solchen Befindlichkeiten sollte man stehen, denn nicht der Hund ist das Problem, sondern sein Verhalten ist noch problematisch.

Schutz, Geborgenheit und Fürsorge dürfen nicht den menschlichen Launen unterworfen sein. Der Mensch sollte durch Verlässlichkeit und Beständigkeit gewinnen.

H.A.L.T. — BINDUNG DURCH VERLÄSSLICHKEIT UND BESTÄNDIGKEIT

Seien Sie für Ihren Hund wie ein beschützender Baum. Vermitteln Sie Ausgeglichenheit und lassen Sie Ihren Hund seine innere Mitte finden.[240] Bei aller Standfestigkeit und

[240] Band 4 der Reihe ICH HALTE DICH

Beständigkeit darf man jedoch nicht zu starr sein, eine gewisse Flexibilität sollte man sich bewahren. Die Ausgeglichenheit und Ruhe, die der schützende Baum ausdrückt, stehen im krassen Gegensatz zu den oft gewaltvollen Ausbrüchen des Menschen, mit denen er ein auffälliges Verhalten des Hundes zu korrigieren gedenkt. In der Regel explodiert der Mensch, weil die vorliegende Situation, beziehungsweise das Verhalten des Hundes, das Fass zum Überlaufen bringt. Sein Ausbruch ist somit für den Hund nicht vorhersehbar — ein denkbar ungünstiges Vorbild. Je unbeständiger und je weniger verlässlich der Mensch sich als Bindungspartner präsentiert, desto weniger nimmt der Hund die Bindung als sicher wahr. Sein Bindungsverhalten ist ständig aktiviert, da er unentwegt ausloten muss, in welcher Verfassung und Laune sein Mensch gerade ist. Der Hund kann nicht mehr offen für die Erkundung seiner Umwelt und für die Auseinandersetzung mit ihr sein. Dies ist ein weiterer Minuspunkt für Hundetraining, das die Aufmerksamkeit des Hundes durch soziale Verunsicherung erhöhen will.

Es ist gefährlich, ein aggressives Verhalten des Hundes effektheischend und wie eine Urgewalt regelrecht niederwalzen zu wollen. Leider ist dies jedoch oft noch genau das, was man als Patentlösung in den Medien sieht. Es werden Filme und Fotos präsentiert, in denen sich jemand in einer lauernden Angriffshaltung vor den Hund in Positur wirft, als gelte es, Betonplatten mit den bloßen Handkanten zu zerschmettern. Dabei geht es um etwas ganz anderes als um kalten, leblosen Beton: es geht um ein fühlendes Wesen, um den Hund. Es sollte auch nicht um ein Zerschmettern gehen. Vielmehr sollte es darum gehen, die Ursache für das Verhalten herauszufinden und den Hund, der in der Regel aus Unsicherheit nach dem Motto: „Angriff ist die beste Verteidigung!" aggressiv reagiert, in sein inneres Gleichgewicht zu bringen.

Das Letzte, was der Hund benötigt, ist ein Kampf. Was er benötigt ist Verständnis, Sicherheit, Zuverlässigkeit, Beständigkeit. Er braucht Sie!

Verlässlichkeit und Beständigkeit können Sie auf verschiedenen Wegen vermitteln:

- Rituale einführen, um über Gewohnheiten Zusammenhänge begreifbar und dadurch Situationen vorhersehbar zu machen.
- Trennungen einfühlsam gestalten.[241]

---

[241] Wie das vonstatten gehen kann, ist im gleichnamigen Kapitel beschrieben

- Präsenz zeigen.[242]

- Ein Nein zu Ja-Sagern! Das Ziel, sozialen Stress zu verringern, wird nicht erreicht, indem der Hund ausschließlich Befürwortung erfährt. Ein Hund wird keine bessere Bindung aufbauen, weil der Mensch zu all seinen Aktionen ja sagt. Ein Nein kann ihm sehr wohl auch einen wohltuenden Rahmen geben und ihm beibringen, mit Frust umzugehen, solange die Grenzen des Möglichen dabei freundlich und fair aufgezeigt werden. Die eigene Position zu vertreten heißt nicht, gleich die Axt zu schwingen. Der Ton macht die Musik.

- Das Nein sollte jedoch nicht als ein Exklusivrecht des Menschen angesehen werden. Auch der Hund profitiert davon, wenn er nein sagen darf, denn dadurch erfährt auch er, dass Grenzen eingehalten werden.[243]

- Lassen Sie Ihren Hund spüren, dass Sie ihn lieben und wertschätzen. Es geht um die Entwicklung des Bewusstseins, dass Sie ihn nicht im Stich lassen werden, dass Sie verlässlich für ihn da sind: „Ich halte dich, ich halte dich auch aus!" Dies gilt auch für die Momente, in denen er sich Ihnen gegenüber unter Umständen ablehnend verhält. Für ihn da zu sein heißt nicht, dass Sie sein Fehlverhalten gut finden. Indem Sie trotzdem für ihn da sind, vermitteln Sie ihm, dass es nur sein Verhalten ist, das Sie ablehnen, nicht aber ihn als Persönlichkeit.

- 24/7-Bereitschaft: Natürlich sollen Sie nicht 24 Stunden an 7 Tagen in der Woche um Ihren Hund herumschwirren; es sollte kein Überengagement à la Helikopter- und Curling-Eltern geben. Unter der 24/7-Bereitschaft verstehe ich eine Aufmerksamkeit, welche das Trainingsgeschehen in den Alltag transportiert. Man muss sich bewusst sein, dass der Hund jederzeit lernt und nicht nur dann, wenn man im Training ist. Es reicht nicht, im Training mit guten Vorsätzen zu glänzen und dort auf Schmerz- und Angstreize zu verzichten. Entscheidend ist auch das 24/7-Verhalten im Alltag. Besteht der Mensch in der Zeit, die der Hund braucht, indem er sich nicht aufdrängt, sondern zuverlässig und beständig bleibt und sich sicher in

---

[242] In Band 3 dieser Buchreihe werden die Trainingselemente aus der Reihe „Achtsames Führen nach Cordt" zur Steigerung der Präsenz und damit zur Führungskompetenz detailliert vorgestellt

[243] *Tabuzonen achten* in Kapitel „H.A.L.T – Bindung durch Nähe"

seinem Tun, als berechenbar und vertrauenswürdig erweist, dann wird der Hund sich ihm öffnen. Unter Umständen fängt man ganz klein an und übt sich zunächst in der Demonstration von freundlicher Beständigkeit und Präsenz im **Sit-in.**[244]

Erwarten Sie nicht, dass Ihr Hund Ihre guten Absichten sofort erfasst. Ich gebe als Daumenwert für den Zeitraum, wann ein Tierschutzhund in seinem neuen Zuhause angekommen ist, gerne ein Jahr an. Ein Jahr, in dem er oftmals zum ersten Mal Verlässlichkeit und Beständigkeit sowie Achtung, Wertschätzung und Förderung seiner Persönlichkeit erfährt. Vereinzelt hatte ich Hunde in meiner Familie, die noch länger brauchten, aber auch welche, bei denen die Integration bedeutend schneller verlief.

H.A.L.T. — BINDUNG DURCH ACHTUNG, WERTSCHÄTZUNG UND FÖRDERUNG

Wie beglückend ist das Gefühl, wenn man aufgrund seiner Persönlichkeit Wertschätzung erfährt und nicht nur dann, wenn man bestimmte Forderungen erfüllt oder Wunschvorstellungen entspricht. Das ist nicht nur beim Menschen so, auch beim Hund lässt sich dies beobachten. So sein zu dürfen, wie man wirklich ist und entsprechend seiner Neigungen, Talente und Möglichkeiten gefördert zu werden, ermöglicht eine Persönlichkeitsentfaltung. Vorausgesetzt, der Mensch ist empfänglich für die Signale seines Hundes und kann diese deuten.

Die Präsenz des Menschen sollte sich nicht nur auf das Körperliche beschränken, auch die mentale Präsenz ist entscheidend. Dies zeigt das Experiment einer Mutter eindrucksvoll.[245] Sie guckte ihren beiden Kindern still beim Spielen zu und zählte, wie oft sie zu ihr blickten. Es waren 28 Blicke! Hätte sie sich währenddessen mit etwas anderem beschäftigt, so hätte sie nicht nur diese rückversichernden Blicke verpasst, sondern auch ihren Kindern vermittelt, dass ihr etwas anderes wichtiger ist als sie.

---

[244] *Sit-in* in Kapitel „H.A.L.T – Bindung durch Nähe"

[245] Amerikanerin Brandie Wood aus dem US-Bundesstaat Kalifornien; Facebook-Beitrag vom 02.11.2015

Meiner Erfahrung nach gibt es dieses Wertigkeitsempfinden auch beim Hund. Dies zeigt, wie wichtig es ist, mental für ihn präsent zu sein und seine Signale und Befindlichkeiten feinfühlig wahrzunehmen. Machen Sie das Experiment nach und sehen Sie still seinem Treiben im Haus oder Garten zu. Registrieren Sie, wie oft er Sie anschaut und antworten Sie mit einem Augengruß und einem Lächeln. Schreiben Sie Zeitspanne und Anzahl der erhaltenen Rückblicke auf und wiederholen Sie diese Übung regelmäßig. Sie werden sehen, dass die Rückblicke zunehmen, da das Zusammengehörigkeitsgefühl stärker wird. Ihr Hund erfährt, dass Sie für ihn da sind.

Es wird häufig erwartet, dass der Hund in jedem Moment mental bei seinem Menschen und aufmerksam ist. Ist der Mensch jedoch unaufmerksam und werden die Blicke des Hundes nicht erwidert, so nehmen sie ab. Auf keinen Fall darf dies nun zum Anlass genommen werden, sich dem Hund übermotiviert aufzudrängen und ihn überzubehüten.[246]

---

[246] Kapitel „Das Überengagement des Menschen"

Den Hund achten

Die Aufmerksamkeit, die dem Hund zuteil wird, das wertfreie Beobachten seiner Verhaltensweisen etc. führt dazu, dass man seine Individualität, seine speziellen Bedürfnisse und seine ihm eigene Entwicklungsgeschwindigkeit überhaupt erst erkennen und ihm dann auch zugestehen kann.

Auf keinen Fall sollte die Aufmerksamkeit allein dazu dienen, die aktuellen Befindlichkeiten des Hundes als unpassend wahrzunehmen, um sie dann nach eigenem Gutdünken und Willkür zu ändern. Wer dem Hund keine Selbstbestimmungsmöglichkeit lässt, der ignoriert seine Persönlichkeit und behindert seine Persönlichkeitsentwicklung. Der Hund sollte nicht unter Aufgabe seiner selbst in eine andere Identität hineingezwungen werden. Anstatt ihm Gefühle überzustülpen, die nicht seine sind, sollte ihm zugestanden werden, mit Unterstützung an den Anforderungen zu wachsen und zu lernen, sich selbst zu regulieren. Ich erlebe immer wieder, dass der Hund ohne sein Zutun in Emotionen manipuliert wird, die seiner Entwicklung weit voraus sind, da er sich selbst in der vorliegenden Situation noch nicht entsprechend regulieren kann.

Jedes Lebewesen ist mit seinen Besonderheiten für seine Individualität zu achten. In meinen Augen verbietet es sich, über Kommandos, beziehungsweise Signale oder sonstige Manipulationen den Hund ohne jeglichen Entscheidungsspielraum in die Emotion und Handlung zu transferieren, die aus der Sicht seines Menschen in der jeweiligen Situation gerade passend und genehm ist.[247] Natürlich sollte der Hund auf Signale wie vorgesehen reagieren. Sind diese konsequent fair und verständlich aufgebaut worden, dann gibt es keinen Auslegungsspielraum bezüglich ihrer Bedeutung. Aber der Gehorsam darf nicht so weit gehen, dass der Hund alles wie fremdgesteuert ohne einen Funken Entscheidungsspielraum umgehend ausführt. Ich freue mich über einen Hund, der noch so weit er selbst ist, dass er weiß, wann es sinnvoller ist, einem Signal nicht nachzukommen. Oder möchten Sie einen Hund, der beispielsweise aufgrund Ihres Abrufsignals blind über die Straße läuft und sich und andere dadurch in Gefahr bringt? Hunde sollen mitdenken dürfen und das auch

---

[247] *Der Unterschied zwischen authentischem und diktiertem Verhalten* in Kapitel „Trainingsaufbau · Lenken des sozialen Referenzierens (LSR)"

Nie sollte der Hund ein Kommando so mechanisch ausführen, dass er sich oder andere dabei in Gefahr bringt. Auch beim Abrufen sollte er Straßen beachten (dürfen).

wissen! Selbstverständlich gibt es auch für den Entscheidungsspielraum Grenzen: dem Wild nachzujagen, obwohl dem Hund das Signal für den Rückruf gegeben worden ist, gehört definitiv nicht in den Bereich des Entscheidungsspielraums. Der Entscheidungsspielraum dient dazu, Gefahren zu vermeiden. Er dient nicht dazu, Gefahren heraufzubeschwören.

In den 80-er Jahren sah ich die Verfilmung des Science Fiction Romans *The Time Machine* von H.G. Wells von 1895. Bei der Reise weit in die Zukunft findet der Zeitreisende eine Welt vor, die von den Morlocks und den Elois bewohnt wird. Die Morlocks sind primitive Kreaturen, die unter der Erde leben. Die oberirdisch lebenden Elois sind friedfertige, naive Menschen, die von den Morlocks beherrscht und wie Vieh behandelt werden. Durch Sirenengeheul werden sie in die Unterwelt befohlen, wo sie ein grauenvolles Ende finden und den Morlocks als Fraß dienen. Die Szene, in der die Sirene ertönt und alle Elois wie fremdgesteuert ohne den Funken einer Entscheidungsfreiheit sogar in ihr Verderben gehen, hat mich bereits damals erschüttert und nachhaltig beeindruckt. Mir wurde bewusst, wie weit eine Manipulation gehen kann, aber nicht gehen darf! Besorgt sehe ich Umgangsformen mit dem Hund, die mich an die Fremdbestimmung der Elois erinnern.

Ich liebe Hunde, die mitdenken und die wissen, dass sie das auch dürfen. Daher gilt: Bei einem konsequent fair und verständlich aufgebauten Signal gibt es keinen Auslegungsspielraum, sehr wohl aber einen Entscheidungsspielraum.

Die Achtung vor dem Hund zeigt sich darin, dass ich gerne mit ihm zusammen bin, ich Freude an gemeinsamen Aktionen habe und ich mich für ihn und für das, was ihn bewegt, interessiere. Das schafft Gemeinsamkeit. Das kann eine spannende Begebenheit sein, die man gut gelaunt gemeinsam beobachtet. Das kann ein Aufeinander-Warten sein auf einem Spaziergang wie bei der **Entwicklung des achtsamen Miteinanders.**[248] Über dieses achtsame Gehen erfolgt wesentlich schneller ein Bindungsaufbau, als über ein reines Parallellaufen oder über einen gemeinsamen Spaziergang ohne gegenseitiges Warten und damit ohne gegenseitige Rücksichtnahme. Zudem erfolgt über das achtsame Miteinander eine Stressreduktion, da die liebevolle Achtsamkeit den sozialen Stress lindert, der als gewichtiger Stressor gilt.[249]

Der Mensch sollte Achtung vor den Vorlieben und Talenten seines Hundes haben und sich ehrlich für ihn interessieren. Ich vergleiche dies gerne damit, dass man auch mal mit seinem Partner ins Kino geht, um sich gemeinsam einen Film anzuschauen, den man nicht wirklich mag, dem anderen dann aber auch nicht mit mürrischem Gesicht den Spaß verdirbt. Es überwiegt das gute Gefühl, dem anderen eine Freude zu machen und gemeinsam etwas zu unternehmen. Auch hier wirkt sich das ehrliche Interesse am anderen und für das, was ihn bewegt, wohltuend auf die Bindung aus.
Wird der Hund geachtet, dann hört man ihm auch zu. Kommunikationsregeln wie Ausredenlassen und Zuhören sollten nicht nur im menschlichen Miteinander Anwendung finden. Wird dem Hund aufmerksam zugehört, dann findet man schnell heraus, wo seine Talente liegen und genau diese gilt es zu nutzen. Es geht um die Bewältigung seines Lebens, und er sollte nicht in etwas hineingezwängt werden, was ihm aufgrund seiner Neigungen zuwiderläuft und was ihn seine Neigungen nicht im Ansatz ausleben lässt. Aus diesem Grund ist ein Blick in den Rassestandard (bei Mixen in den der beteiligten Rassen) wichtig und oftmals sehr aufschlussreich,

Ich lass' für dich das Licht an,
obwohl's mir zu hell ist.
Ich schaue mir Bands an,
die ich nicht mag.
Ich geh' mit dir in die
schlimmsten Schnulzen –
Ist mir alles egal,
Hauptsache du bist da!
Revolverheld, 2013

---

[248] *Entwicklung des achtsamen Miteinanders* in Kapitel „H.A.L.T. – Bindung durch Nähe"

[249] Hüther, G (2001): Die neurobiologische Verankerung von Erfahrungen und ihre Auswirkungen auf das spätere Verhalten

wobei die individuellen Ausprägungen nicht außer Acht gelassen werden dürfen. Man sollte immer mit einem rassetypischen Verhalten arbeiten und nicht dagegen. Bitte achten Sie dabei auch unbedingt darauf, sich nicht von Vorurteilen gegenüber einer Rasse leiten zu lassen. So ist eine Herde, die er bewachen soll, so ziemlich das Letzte, was ein Herdenschutzhund (HSH) zu seinem Glück braucht. Auch er will im Haus bei seiner menschlichen Familie leben; ausgegrenzt draußen zu leben wirkt sich auch bei ihm negativ auf die Mensch-Hund-Bindung und natürlich auf sein Wohlbefinden aus. Eine übersteigerte Ressourcenverteidigung ist die Folge.

Den Hund wertschätzen

Kommt die Wertschätzung für den Hund unabhängig von einer als Leistung wahrgenommenen Handlung aus tiefster Überzeugung und ist sie nicht nur eine Eintagsfliege je nach Laune des Menschen, so erlebe ich, wie sich die Hunde darüber freuen und aufblühen. Schätzen Sie Ihren Hund, wie er wirklich ist, und nicht erst, wenn er Ihre Forderungen erfüllt.

Der Hund sollte sich seines Menschen jederzeit sicher sein und sich in Gänze angenommen und wertgeschätzt fühlen; auch in den Momenten, in denen er unerwünschte Verhaltensweisen zeigt. Genau dies vermittelt beispielsweise das **Sit-in**[250] als Führelement aus der Reihe *Achtsames Führen nach Cordt* mit der Aussage: „Egal was du tust, ich finde dich trotzdem gut und bin für dich da!" Das heißt nicht, dass man das in dem Moment gerade gezeigte Verhalten ebenfalls gut findet; dieses tritt zunächst in den Hintergrund. Vorrangig gilt, dass der Hund sich von seinem Bindungspartner bedingungslos angenommen und wertgeschätzt fühlt.

Wie wichtig dies ist, wird am Beispiel eines unsicher-ambivalent gebundenen Hundes klar, der auf der einen Seite unsicher und unselbstständig ist und zum Klammern neigt, seinem Bindungspartner auf der anderen Seite aber auch feindselig gegenübertritt.[251] Es ist verständlich, dass dies den Menschen zunächst befremdet. Keinesfalls sollte man als Reaktion darauf Ablehnung gegenüber dem Hund zeigen und

[250] *Sit-in* in Kapitel „H.A.L.T. – Bindung durch Nähe"

[251] *Bindungsmuster – auf den Hund gekommen* in Kapitel „Bindung beim Hund"

Jeder Hund ist in seiner Einzigartigkeit zu sehen, auf die eingegangen werden sollte.

ihm aggressiv entgegentreten, sondern man sollte versuchen, ihm durch ein vorausschauendes Management und gemeinsame Unternehmungen Erfolgserlebnisse und ein Wir-Gefühl zu verschaffen.

Den Hund fördern

Das Wachsen an Herausforderungen ist ein wichtiger Prozess, der je nach Hund unterschiedlich viel Zeit in Anspruch nimmt. Jeder Hund ist anders, zudem gibt es keine Erfolgsgarantie, mit welchem spezifischen Trainingselement und in welchem Zeitraum der Hund sich in einer festgelegten Weise verhalten wird. Er wird nicht nur von seinem Menschen beeinflusst, sondern das gesamte Umfeld und seine Persönlichkeit tragen zur Ausprägung von Verhaltensweisen bei. Er sollte nicht aus Ungeduld und der Einfachheit halber entmündigt und zur Marionette degradiert werden und er ist auch nicht wie Ton beliebig formbar. Es ist die Aufgabe des Menschen, erwünschte Strategien vorzuleben und abzuwägen, welchen Situationen er seinen Hund aussetzt und wie viel Unterstützung er ihm dabei gibt. So wird dem Hund ein Rahmen gegeben, der ihm Orientierung gibt und in dem er sich zum aktuellen Zeitpunkt sicher bewegen kann. Zudem gibt es nicht „das eine“ Trainingselement, das greifen kann. Die Entwicklung eines Verhaltens ist zu komplex, als dass ein pauschales Wundermittel die Lösung sein kann. Es ist die Vielzahl an aufeinander abgestimmten Trainingselementen wie im ICH HALTE DICH-Trainingskonzept, die wie die Zahnräder eines präzisen Uhrwerks perfekt ineinandergreifen und für nachhaltigen Erfolg sorgen.

Über den liebevollen Beistand wird Stress als kontrollierbar erfahren. Dies ist anschaulich in „Vertrauen geben für den Sprung über den eigenen Schatten“ beschrieben. Der Hund kann Erfahrungen sammeln, Erfolge, aber auch Misserfolge verbuchen und so lernen, Situationen zunehmend mit immer weniger Händchenhalten selbstständig zu lösen.

Die Anerkennung einer Leistung baut den Hund zwar auf, kann sich aber auch negativ auf die Verhaltensentwicklung auswirken. Es lohnt sich somit, auch beim Lob genau hinzuschauen. Um möglichst effektiv und effizient zu belohnen, sollte bedacht werden, wie und wofür belohnt wird. So kann eine externe Belohnung, wie über Leckerli, für eine selbstbelohnenden Handlung den inneren Anreiz zur Ausübung verringern, wie sich in einer Studie[252] herausstellte. In dieser Studie wurden Kinder für Aktionen belohnt, die sie von sich aus gerne ausübten. Die Tätigkeit an sich hatte schon einen belohnenden Charakter für sie. Wurden sie nun zusätzlich extern dafür belohnt, verloren sie bei ausbleibender Belohnung zunehmend das Interesse.[253] Das bedeutet nun auf keinen Fall, dass Sie die Leistung Ihres Hundes nicht deutlich für ihn erkennbar wertschätzen sollten. Es geht um das Wie. Ehrliche Anerkennung, erkennbar in Mimik und Tonfall ist unverzichtbar.

Nicht nur, dass eine externe Belohnung einen inneren Antrieb zur Ausführung einer Handlung zunichtemachen kann, die Art der Belohnung kann sich positiv oder negativ auch auf ein von außen angeordnetes Verhalten auswirken. Die Belohnungsart stellt die Weichen, in welches Verhalten aus dem natürlichen Repertoire die belohnte Handlung abdriftet, was als *Instinctive drift* bezeichnet wird.[254]

---

[252] Deci, EL (1971): Effects of externally mediated rewards on intrinsic motivation

[253] *Intrinsische und extrinsische Motivation* in Kapitel „Trainingsaufbau · Lenken des sozialen Referenzierens (LSR)“

[254] *Instinctive drift* in Kapitel „Trainingsaufbau · Lenken des sozialen Referenzierens (LSR)“

H.A.L.T. — BINDUNG DURCH VERTRAUEN

Im täglichen Leben, in der Gesellschaft, unter Freunden, in der Familie — immer ist man auf Vertrauen angewiesen. Dies zeigt, wie wichtig die sichere Bindung ist, die im besten Fall von bedingungslosem Vertrauen geprägt ist. Hiermit kommt den Bezugspersonen eine herausragende Bedeutung zu; missbrauchen sie dieses Vertrauen, dann wird man in den Grundfesten erschüttert.

Die vielfältigen Erfahrungen mit Trainingshunden, Tierschutzhunden und auch mit Hunden in meiner Betreuung im Hundehotel bestärken mich in meiner Überzeugung, dass der Hund den guten Willen einer neuen Bezugsperson bei Vorliegen eines stabilen Urvertrauens wesentlich besser erkennen kann. Er ist ihr gegenüber offener, als dies bei einem Hund mit mangelndem Urvertrauen der Fall ist. Hat der Hund ein stabiles Umfeld, konnte er ein unerschütterliches Urvertrauen entwickeln und ist seine Vorerfahrung mit Beständigkeit und Verlässlichkeit seiner Bezugspersonen (weitere nichtmenschliche Lebewesen eingeschlossen) positiv, dann wird ihn eine Trennung weniger stark belasten. Selbst ein kurzzeitig gewaltvoller Umgang

hinterlässt weniger schnell einen bleibenden Schaden, da die fatalen Auswirkungen besser abgepuffert werden. Der Hund kann zwar bei einer Trennung von seiner Bindungsperson im gewaltvollen Umfeld im Schock zusammenbrechen und sich ungehalten präsentieren[255], ist aber erstaunlich schnell bereit, wieder das Gute im Menschen zu erkennen.

Durch Vertrauen entsteht innige Verbundenheit zwischen Hund und Mensch.

Bei einem Hund mit mangelndem Selbst- und Urvertrauen gestaltet sich dies langwieriger. Ein Hund, der bisher nur Beziehungen zu wenig empathischen, aber dafür gewaltbereiten und unberechenbaren Bezugspersonen hatte, kann mit Geduld und Zeit in einem verständnisvollen neuen Zuhause Vertrauen in eine beschützende Bindung gewinnen. Bei solch einem Hund sollten Trennungen und der Aufbau neuer Beziehungen grundsätzlich umso einfühlsamer und durchdachter gestaltet werden. Ihm sollte ermöglicht werden, sich seinen neuen Menschen aus der aktuell vorhandenen Sicherheit heraus zu öffnen.

H.A.L.T. — BINDUNG DURCH SPIEGELN VON VERHALTENSWEISEN

Zwei Menschen, die derselben Meinung sind oder die schon länger zusammenleben und sich einander verbunden fühlen, ähneln sich zunehmend. Sie gleichen sich hinsichtlich Körperhaltung, Mimik, Gestik und bestimmter Verhaltensweisen an. Man kann beobachten, dass sie gleichzeitig das Gleiche tun wie beispielsweise im Gespräch die Beine in der gleichen Art und Weise zu verschränken. Dieses automatische Angleichen sich nahestehender Menschen ist als „Spiegeln" bekannt und wird auch als „Rapport" (frz. Beziehung, Verbindung) bezeichnet. Was unbewusst passiert, kann man gezielt einsetzen, um Gemeinsamkeitsempfinden und den Aufbau einer Bindung zum Hund zu fördern. Der Mensch spiegelt den Hund *(Pacing)*, wodurch eine angenehme Atmosphäre erzeugt wird, in der Vertrauen wachsen und

---

[255] *Das Tierheim als Wegbereiter in die sichere Bindung* (Fallgeschichte Fenja) in Kapitel „Bindungsarbeit im Tierschutz"

Einigkeit auf Schritt und Tritt

in der der Kontakt zum Menschen positiv bewertet werden kann. Das Misstrauen des Hundes nimmt ab, er interpretiert Aktionen des Gegenübers weniger als ein Schlag gegen sich und fühlt sich zunehmend angenommen. Lebt der Mensch nun Verhaltensweisen vor *(Leading)*, nimmt das unbewusste, zeitnahe Nachahmen des Hundes zu, wodurch er sich bereitwilliger führen lässt.

Die bewusste aber auch unbewusste Verhaltensangleichung führt zu einer Stimmungsübertragung. Über dieses allelomimetische Verhalten werden die soziale Annäherung und das Vertrautwerden erleichtert, der Hund öffnet sich dem Menschen bereitwilliger, was dem Bindungsaufbau zuträglich ist. Eine Untersuchung an der Ohio State University[256] bestätigt dies in Beziehungen zwischen Menschen. Meiner Erfahrung nach ist dies auf Hunde übertragbar. Unschwer zu erkennen ist das bei der **Entwicklung des achtsamen Miteinanders.**

Das Nachahmen von Verhaltensweisen desjenigen Hundes, mit dem man eine gute Bindung eingehen möchte, der jedoch bisher ungute Bindungserfahrungen gemacht

[256] Lakin, JL; Chartrand, TL (2003): Using nonconscious behavioral mimicry to create affiliation and rapport

hat und sich einem neuen Bindungspartner somit nur zögerlich öffnet, sollte nie überhastet geschehen. Wird versucht, möglichst synchron Verhaltensweisen und jede noch so kleine Bewegung detailgetreu nachzuahmen, wirkt es übertrieben und gekünstelt und wird schnell als ein Nachäffen aufgefasst. Dies ist nicht bindungsfördernd, sondern vielmehr abstoßend. Es gilt nicht, genau in dem Augenblick, in dem der Hund ein Verhalten zeigt, dieses im Bruchteil von Sekunden zu imitieren.

Neben der Geschwindigkeit, in der der andere gespiegelt wird, kommt es auch auf die Verhaltensweise an sich an. Ist eine hundliche Verhaltensweise im natürlichen Verhaltensrepertoire des Menschen nicht vorhanden, dann verzichte ich lieber auf eine Verhaltensangleichung, da das Spiegeln nicht authentisch wirkt, sondern unnatürlich. Dies lässt insbesondere Hunde mit schlechten Erfahrungen häufig misstrauisch werden. Bein- und Armhaltungen, bestimmte Bewegungsabläufe (wie sich strecken, sich kratzen), in bestimmte Richtungen schauen, bestimmte Objekte ansehen, sich mit bestimmten Dingen beschäftigen sowie Atmung hinsichtlich Frequenz und Rhythmik angleichen – all dies lässt sich gut nachahmen, ohne den Hund anstarren zu müssen. Sie müssen auch nicht immer die gesamte Bewegung nachahmen, es reicht zunächst auch aus, wenn Sie Ansätze spiegeln, beispielsweise eine Kopfbewegung in die Richtung, in die der Hund seinen Körper orientiert hat. Dies bietet sich erst recht zu Beginn des Bindungsaufbaus bei sehr misstrauischen Hunden an, die alle Bewegungen des Menschen argwöhnisch beäugen und als Angriff werten, den abzuwehren sie sich genötigt sehen.

Auch das Spiegeln der Gefühlswelt des Hundes kann sinnvoll sein.[257] Hierüber wird signalisiert, dass man nicht nur gerne etwas gemeinsam unternimmt, sondern dass man sich in seine Gedankenwelt hineinversetzen kann, auch wenn man eigentlich anders empfindet. Diese Mentalisierung[258] wird von Fonagy bezeichnend *Having Mind in Mind* genannt und ist das Kernstück der Spiegelung.

Hat ein Hund Sorge, sollte der Mensch diese Sorge nicht in vollem Umfang übernehmen, ihm aber sehr wohl über Verhalten und Mimik klar machen, dass man seinen inneren Konflikt wahrgenommen hat. Ähnlich, wie wenn man die Enttäuschung eines Freundes erkennt, sie mimisch übernimmt und mit einem bedauernden „Oh." Mitgefühl und Verbundenheit zeigt.

Bei der Mentalisierung sollte es aber nicht bleiben. Der Mensch sollte sich bemühen, dem Hund die Sorge zu nehmen, indem er ihm Schutz gibt. Er hat nicht nur vorbildhaft eine Verhaltensstrategie zu zeigen, die zur Lösung der Situation beiträgt, er hat auch aufzuzeigen, wie die Situation aus seiner Sicht in förderlicher Art und Weise emotional zu bewerten ist.[259]

KORRIGIERENDE BINDUNGSERFAHRUNGEN

Beim Schreiben dieses Kapitels beschlich mich die Befürchtung, dass es dazu führen könnte, Tierschutzhunde generell als schwierig, zeitaufwendig und verhaltensauffällig anzusehen. Dies ist mitnichten so! Ich kenne unzählige Tierschutzhunde, die ein furchtbares Leben hinter sich haben und sich trotzdem offen auf neue Menschen

---

[257] *Geteiltes Leid ist halbes Leid* in Kapitel „Das Engagement des Menschen"

[258] Allen, JG; Fonagy, P; Bateman, AW (2011): Mentalisieren in der Psychotherapeutischen Praxis

[259] Kapitel „Trainingsaufbau · Lenken des sozialen Referenzierens (LSR)"

und Hunde einlassen. Sie gliedern sich problemlos in den Alltag ein und sind eine wahre Bereicherung. Dies zeigt nur, welch grundguten Schatz sie in sich tragen und wie grandios ihre Veranlagung ist. Wer dem Trugschluss aufsitzt und denkt, dass nur die Übernahme eines Hundes im Welpenalter – bestenfalls vom Züchter – vor schlechten Bindungserfahrungen und einem späteren schwierigen Hund schützt, der irrt. Meine mannigfachen Erfahrungen als Hundeverhaltensberaterin zeigen, dass nicht ein Tierschutzhund per se auffällig ist. In meine Verhaltensberatung kommen genauso viele Hunde mit extrem belastenden und auch gefährlichen Verhaltensweisen, die von Welpenbeinen an bei ihren Besitzern leben. In meiner Tierschutzarbeit erlebe ich unzählige geglückte Adoptionen der wundervollsten Wesen, ihre Erfahrungen haben nicht zwangsläufig zu negativ auffälligem Verhalten geführt. Wir haben erwachsene Hunde aus äußerst schlechten Haltungsbedingungen an Familien mit Kindern und anderen Tieren vermittelt. Wir haben aber auch Hunde nur an explizit ausgesuchte Familien vermitteln können, da an ihre Adoption besondere Bedingungen zu knüpfen waren. Jedes Tier teilt mit, was es braucht – es kommt darauf an, genau hinzuhören.

Die folgende Fallgeschichte stellt das Ausmaß der Verhaltensbesonderheiten eines nicht sicher gebundenen Hundes vor, um die Notwendigkeit korrigierender Bindungserfahrungen zu betonen. Nur wenn die wahren Beweggründe für sein auffälliges Verhalten erkannt werden, kann über die positive Beeinflussung seines Bindungsmusters fair und kompetent trainiert werden. Leider werden solche Hunde sehr oft verkannt und infolgedessen spitzen sich die Probleme mit ihnen immer mehr zu. Allerdings sollte nun nicht jede Verhaltensbesonderheit als Indiz dafür gesehen werden, dass eine problematische Mensch-Hund-Beziehung vorliegt. Genauso gut kann der Grund in einer Erkrankung liegen, der es durch eine gewissenhafte Anamnese auf die Spur zu kommen gilt.[260]

Das Bindungsmuster ist so entscheidend für den Umgang des Hundes mit der Umwelt, dass die herausragende Bedeutung einer positiven Bindungsgestaltung und von korrigierenden Bindungserfahrungen nicht stark genug herausgestellt werden kann.

[260] Kapitel „Anamnese“ in Band 1 der Reihe ICH HALTE DICH

FALLGESCHICHTE

CECIL

Schäferhund-Mix, Rüde

Cecil kenne ich nicht persönlich. Er wurde mir in einer E-Mail als ressourcensichernd und kontrollierend beschrieben. Er würde sich als „König“ fühlen, würde Kuscheln nur zu einer bestimmten Uhrzeit zulassen, unberechenbar zwacken und auch beißen. Bereits beim ersten Lesen der E-Mail fielen mir etliche Geschehnisse im Umgang mit Cecil auf, die seiner ungünstigen Verhaltensentwicklung Vorschub geleistet haben könnten. Der E-Mail nach hatte Cecil für die erste Nacht in seinem neuen Zuhause eine Box als Rückzugsort. Es wurde nicht beschrieben, ob er im Vorfeld an diese gewöhnt worden war, ob sie offen war oder ob er ohne Vorbereitung darin eingesperrt wurde. Boxen als Rückzugsorte geben durch ihre räumliche Begrenzung Orientierung und Halt. Sie können somit sehr hilfreich sein, vorausgesetzt der Hund empfindet die Box nicht als einen Ort des Weggesperrtseins, sondern als einen Ort der Sicherheit, den er gerne aufsucht.

Bereits vor seiner Adoption war Cecil im Tierheim für seine Ressourcenverteidigung bekannt. Um dieser entgegenzuwirken, wurde nach dem Umzug in sein neues Zuhause leider empfohlen, nicht immer dieselben Wege zu gehen, damit er diese nicht als sein Revier ansieht. Doch um innere Ausgeglichenheit zu erlangen, fehlten Cecil Beständigkeit, Sicherheit und vorhersehbare Situationen, die er auch über bekannte Spazierwege hätte gewinnen können. Sinnvoll wäre gewesen, sich zunächst nur auf vereinzelte Spazierwege zu beschränken und dann allmählich neue einzubeziehen. Der Zusammenhang zwischen einer Ressourcenverteidigung und der inneren Ausgeglichenheit des Hundes wird umfassend in Band 4 dieser Buchreihe erläutert.

Zwei Wochen nach Cecils Einzug wurde mit einer Hundetrainerin in seinem Zuhause trainiert, um ihm „Grenzen aufzuzeigen“. Wie dies vonstattenging wurde nicht näher beschrieben. Dennoch schrillten bei mir aufgrund diverser Erfahrungen die Alarmglocken, denn in der Regel geht der Trainer bei einem „Grenzen aufzeigen“ im häuslichen Bereich gewaltsam mit dem Hund um. Das Zuhause des Hundes wird von einem Fremden betreten, der sich auch noch anmaßt, den Hund massiv körperlich zu bedrängen. Aus der Sicht des Hundes wird der letzte (halbwegs) sichere Zufluchtsort von einem nicht Vertrauten betreten, der sich selbstherrlich, unberechenbar, unfair und oftmals gewaltvoll verhält. Zu diesem Überfall kommt noch die Erfahrung hinzu, dass sein Besitzer ihn nicht beschützt, sondern seiner Pein seelenruhig zuschaut. Durch die Aktivierung des Bindungsverhaltens erfolgt dann eine paradoxe Reaktion des Hundes, die als Anhänglichkeit fehlgedeutet wird. Sollte sich bis dahin ein zartes Pflänzchen Vertrauen zu seinem Menschen entwickelt haben, so wird es durch eine solche Aktion in den Boden gestampft und kann sich nur mit weitaus größerem Aufwand wieder davon erholen.

Auffällig war für mich, wie sehr sich Cecil an Rituale zu klammern schien. Für mich ein Indiz dafür, wie sehr er Beständigkeit und Vorhersehbarkeit benötigte. Dies ging sogar so weit, dass er tatsächlich nur in einem bestimmten Zeitfenster ein Kuscheln zuließ. Im Gegensatz zu Flakes Fallgeschichte[261] hat dies meiner Erfahrung nach nichts mit einem erhöhten Anspruchsdenken zu tun. „Er ließ sich knuddeln.", schrieb der Besitzer. Damit wird klar, dass Cecil nicht von sich aus diese Nähe suchte, sondern diesen Kontakt über sich ergehen ließ. Auch wenn ein Bindungsaufbau unter anderem über Nähe erfolgt, hat diese dem aktuellen Wunsch nach Nähe angepasst zu sein. Es ist hierbei weniger der Wunsch des Fürsorgepflichtigen von Bedeutung, als vielmehr der des Fürsorgebedürftigen.

Cecils Unsicherheit ist unter anderem daran zu erkennen, dass er in den ersten Wochen Angst hatte, im Dunkeln das Haus zu verlassen und dass er alles attackierte, was sich schneller bewegte (Autos, Räder, Jogger etc.). Dies macht kein Hund, der sich in seinem inneren Gleichgewicht befindet. Bekam Cecil eine klare und umsetzbare Aufgabe in den für ihn schwierigen Situationen, kam es selten zu Problemen. Dies zeigt, wie froh er über Verhaltensalternativen war und dass er eine Anleitung benötigte. Dass Cecil sich nicht bürsten oder abtrocknen lassen wollte, kann einerseits an schlechten Erfahrungen liegen oder daran, dass ihm das Zulassen von Nähe noch schwerfiel.

Regelmäßig wurde Cecil von einem Physiotherapeuten behandelt, da er starke Verspannungen und Schmerzen hatte. Ob er mit Schmerzmitteln behandelt worden war, wurde nicht mitgeteilt. Auch wenn ich Physiotherapie für eine großartige Unterstützung bei Problemen im Bewegungsapparat halte, wäre es in Cecils Fall besser ge-

---

[261] Kapitel „Von Helikopter-Eltern und Curling-Eltern"

Je gestresster der Hund ist, umso gereizter reagiert er auf abrupte oder schnelle Bewegungen.

wesen, auf die manuellen Therapien (zunächst) zu verzichten und einen gezielten Muskelaufbau und Bewegungstraining über Gerätearbeit und Linderung über eine Wärme- oder Kältebehandlung zu erreichen. In den physiotherapeutischen Sitzungen, die nur mit Maulkorb möglich waren, wurde wiederholt sein Wunsch nach Distanz missachtet. Des Weiteren bewahrte sein Besitzer ihn aus seiner Sicht ein weiteres Mal nicht vor fremden Zugriffen, sodass der Aufbau einer sicheren Bindung auch durch solch gut gemeinte Aktionen zunichtegemacht werden kann.

Nach Aussage des Besitzers fand Cecil Besuch „total stressig", er musste angebunden werden, da „er die Situation nicht mehr unter Kontrolle hatte". Dabei hatte nicht Cecil die Situation unter Kontrolle zu haben, sondern es wäre die Aufgabe des Besitzers gewesen, die Situation zu steuern. Anstatt Cecil, der mit Besuch offensichtlich noch überfordert war, immer wieder mit diesem zu konfrontieren, hätte sein Mensch ihm einen ruhigen Rückzugsort in einer Entfernung anbieten sollen, in der er sich wohlfühlt und aus der er sich an die Anwesenheit von Besuch gewöhnen kann. Dies hätte unterstützt werden können durch die gezielte Erzeugung einer guten Assoziation, was seine Erwartungshaltung verändert hätte.[262] Stattdessen wurde Cecil in der ihn stark überfordernden Situation angebunden, sodass er sich dem Reiz nicht entziehen konnte und zudem auch noch keinen Beistand durch seinen Menschen erfuhr. Die Gefahr, dass ein Hund in einer solchen Ausweglosigkeit in die erlernte Hilflosigkeit abgleitet, ist groß. Damit der Hund belastende Situationen als kontrollierbaren Stress erfahren und sogar davon profitieren kann, sollten sie entsprechend **Vertrauen geben für den Sprung über den eigenen Schatten**[263] gestaltet werden.

Es wundert mich nicht, dass Cecil aufgrund dieser Erfahrungen und unter dem hohen Stresslevel zunehmend Besuch im Haus, aber auch seinen Besitzer zwackte und dabei seine Zähne zunehmend stärker einsetzte. Doch nach Auffassung des Besitzers gab es hierfür keinen Grund, denn der Besuch „sah oder fasste ihn nicht an". Darum ging es jedoch auch nicht mehr. Der Besuch war inzwischen so negativ belegt, dass seine pure Anwesenheit aufgrund der Erschöpfung der Impulskontrolle des Hundes einen Übergriff in Gang setzte.

Trotz dieser Vorfälle hat sich die Besitzerin mit Cecil nachmittags auf einer Decke zum Schlafen hingelegt. Bei einem Hund, der mit Nähe offensichtlich noch überfordert ist (was Cecil hinreichend zu erkennen gegeben hatte), kann ein enges Kuscheln zu einer Abwehrreaktion führen. In ihm als sozialem Lebewesen prallen der Wunsch nach Nähe und die noch in ihm wohnende Angst vor Nähe aufeinander. Aus diesem inneren Konflikt heraus kann es — ebenso, wie bei einem Hund, der ein unsicher-ambivalentes Bindungsmuster aufweist — zu einem scheinbar unberechenbaren Übergriff kommen.[264] Für mich ist es nur allzu verständlich (was nicht heißt, dass ich es gutheiße), dass es zu einem Beißvorfall kam, ohne dass die Besitzerin Cecil berührt hat. Allein das Nebeneinanderliegen war in dem Moment schon ein Zuviel an Nähe. Die Besitzerin schrieb noch, dass er sich verhielt, als würde er sie nicht erkennen und dass sie nicht wusste, ob er aus dem Schlaf aufgeschreckt aus Angst gebissen habe. Auch wenn diese Gegebenheit sicherlich schockierend für die

---

[262] Kapitel „Der Reiz als Erfolgsauslöser"

[263] *Vertrauen geben für den Sprung über den eigenen Schatten* in Kapitel „H.A.L.T – Bindung durch Schutz, Geborgenheit und Fürsorge"

[264] *Bindungsmuster – auf den Hund gekommen* in Kapitel „Bindung beim Hund"

Besitzerin war, ist es unfair, allein den Hund dafür verantwortlich zu machen und ihn ins Tierheim zurückzuschicken.

Aufgrund der Summe der Erfahrungen mit Cecil ließen sich die Besitzer zu der Aussage hinreißen: „In der Art und Weise, wie wir uns das Zusammenleben mit Cecil vorgestellt haben, kam es für Cecil immer wieder zu Situationen, die er nicht versteht und in denen er dann denkt, er müsse die Kontrolle übernehmen und durch Beißen die Sache regeln." Dabei hätten die Besitzer als Fürsorgepflichtige die Situationen und den Umgang mit Cecil so gestalten müssen, dass er Sicherheit erfahren, die Situationen verstehen und meistern sowie Zuversicht gewinnen kann. Hierüber kann er seine Bindungspartner als vertrauenswürdig wahrnehmen.

Die Besitzer beendeten die E-Mail mit den Worten, dass sie die Verantwortung für Cecil nicht mehr übernehmen könnten. Mir stellt sich die Frage, ob sie jemals für Cecil Verantwortung übernommen haben. Das klingt zunächst vielleicht hart, aber lässt man die menschlichen Befindlichkeiten und verletzten Eitelkeiten einmal außer Acht — aus meinen Aufzählungen sollte klar geworden sein, dass Cecil sich von seinen Menschen immer dann im Stich gelassen gefühlt haben muss, wenn er sie am nötigsten brauchte.

Welche Zukunft hat der Hund? Zurück im Tierheim sollten ihm über Rituale viele Stützpfeiler geschaffen werden, sodass seine Ressourcenverteidigung wieder abnehmen kann. Ich wünsche Cecil von Herzen, dass er nicht noch das Pech hat, an einen Trainer zu geraten, der der Auffassung ist, dass Cecil besonders dominant sei und man ihm erst einmal seinen Rang klarmachen und ihm Privilegien entziehen müsse. Wie falsch diese Einschätzung, wie unpassend das so häufig folgende Training mit Ressourcen verteidigenden Hunden ist, und was an ihre Stelle zu treten hat, wird detailliert in Band 4 dieser Buchreihe aufgezeigt. Es wäre nicht das erste Mal, dass ich von Ratschlägen höre wie: „Der kommt erst einmal für einige Tage in den Keller, um wieder zur Besinnung zu kommen. Aufmerksamkeit, Futter und Wasser hat er sich erst einmal zu verdienen!" Welch unfassbar lebensverachtende Einstellung, die dem Hund und dem wahren Grund seines Verhaltens nicht im Geringsten gerecht wird.

Mit Einfühlungsvermögen, Beistand, Sicherheit und Geduld ist das Vertrauen des Hundes zu gewinnen, sodass korrigierende Bindungserfahrungen ihre Wirkung entfalten können.

SICHERE BINDUNG — DIE BESTE ERZIEHUNG

Und täglich grüßen die ersten Bindungserfahrungen

In Analogie zu der Komödie „Und täglich grüßt das Murmeltier", in der einer der Akteure in einer Zeitschleife festsitzt und denselben Tag mit immer denselben Abläufen durchlebt, führen die ersten Bindungserfahrungen zu einem inneren „Arbeitsmodell Bindung" und so zu einer immer gleichen Bindungsstrategie in nachfolgenden Bindungen.

Auch wenn die ersten Bindungserfahrungen sehr prägend sind und als regelrechte Kopiervorlage für weitere Bindungen dienen, so heißt dies allerdings nicht, dass man sich mit einem vorliegenden, nicht optimalen Bindungsmuster abfinden muss; zumal man zeitgleich zu mehreren Partnern unterschiedliche Bindungsmuster entwickeln kann, die darüber hinaus situationsgebunden sein können.[265] Das Bindungsmuster ist veränderbar. Es gilt, Vertrauen aufzubauen und korrigierende Bindungserfahrungen bereitzustellen. Ziel ist, das vorhandene ungünstige Bindungsmuster durch die sichere Bindung zu ersetzen, die dann in späteren Beziehungen als Kopiervorlage dient.

Es ist verständlich, dass der Hund bei Vorliegen eines ungünstigen Bindungsstils einem neuen Betreuer unterstellt, dass er sich ihm gegenüber wie erwartet „negativ" verhält. Verhält sich der neue Betreuer anders als erwartet, kann dies den Hund irritieren und auffällig, wenn nicht sogar abwehrend, reagieren lassen. Altbekanntes — auch wenn es schädlich ist — gibt Sicherheit. Dementsprechend können die korrigierenden Bindungserfahrungen den Hund zunächst verunsichern, passen sie doch so gar nicht in sein Bild. Es zeigt sich immer wieder: Diejenigen, die Hilfe am nötigsten haben, sind am wenigsten in der Lage, Hilfsangebote anzunehmen und Hilfe zu nutzen. Um hier korrigierende Bindungserfahrungen bereitstellen zu können, ist zunächst der Zusammenhang zwischen dem Verhalten und dem vorliegenden inneren „Arbeitsmodell Bindung" zu erkennen und Verständnis für das Verhalten des Hundes aufzubringen. Dies fordert vom Betreuer ein gesundes Selbstbewusstsein, das

---

[265] *Erst eins, dann zwei, dann drei, dann vier – alle die gehören zu mir!* in Kapitel „Bindung – das Band, das zusammenhält"

Wahrnehmen seiner Vorbildfunktion, eine Absage an das Herrschaftsdenken und die Gelassenheit, sich nicht provoziert zu fühlen.

Negative Bindungserfahrungen können selbst dann vorliegen, wenn der Hund von klein auf bei seinem Menschen lebte, dieser aber Trainingsphilosophien und Ratschlägen aufgesessen war, die den Hund in der Entwicklung des Bindungsmusters negativ beeinflussten. Dazu gehören beispielweise prophylaktisches Unterwerfen, Demütigung, Unberechenbarkeit, Schmerzanwendung, Lieblosigkeit, Zurückweisung, sozialer Ausschluss, fehlender Beistand und Schutz sowie abrupte, unvorhersehbare Trennungen. Diese negativen Erfahrungen vereiteln nicht nur den Aufbau einer sicheren Bindung, sondern sie werden vom Organismus zudem als Misshandlungen gewertet, was sich bleibend nachteilig auf das Stressregulationssystem auswirken kann. Veränderungen im Immunsystem und in der Psyche können die Folgen sein.[266]

HUMANS FIRST! ERST DER MENSCH, DANN DER HUND

In Analogie zu „ladies first" fordere ich hier „humans first". So sehr ich es sonst ablehne, stets den Menschen in den Vordergrund zu stellen, ist dies jedoch bei der Bereitstellung von korrigierenden Bindungserfahrungen ein Muss. Nur wenn der Mensch sich ändert, kann sich auch das Verhalten des Hundes ändern. Nicht nur das Bindungsmuster des Hundes ist nämlich von Interesse, sondern auch das des Menschen. Korrigierende Bindungserfahrungen bereitzustellen bedeutet auch Selbstreflexion und Arbeit an sich selbst, da das eigene Bindungsmuster die Bindung zum Hund beeinflusst. Es bedeutet aber auch Durchhaltevermögen, um trotz Schwierigkeiten Beständigkeit zu zeigen.

Interessant ist zu beobachten, wie schnell sich die Einstellung des Menschen im Verhalten des Hundes und in der Ausbildung eines geänderten Bindungsmusters widerspiegeln kann. So berichten mir Menschen, die sich als Pflegestelle für Tierschutzhunde zur Verfügung stellten, dass ab dem Moment, in dem sie sich entschlossen

---

266 Kapitel „Die Vergangenheit hinterlässt ihre Spuren" in Band 1 der Reihe ICH HALTE DICH

Der Mensch sollte sich selbst den Spiegel vorhalten und gegebenenfalls die eigenen Scherben kleben, um den Boden für die sichere Bindung mit dem Hund zu bereiten.

hatten, den Hund für immer zu behalten, dieser noch einmal einen Entwicklungsschritt gemacht habe und sich ihnen mehr öffnete. Sie berichten, dass er sich veränderte, als ob er gespürt habe, dass er nun voll angenommen ist, er für immer bleiben darf und keine weiteren endgültigen Trennungen bevorstehen. Das – oft unbewusst – geänderte Verhalten der Menschen, die ihn nun emotional anders annehmen, stellt positive Bindungserfahrungen bereit und beeinflusst entsprechend das Bindungsmuster. Von der gleichen positiven Entwicklung berichten mir Hundebesitzer, die sich mit dem Gedanken trugen, ihren Hund wegen Verhaltensbesonderheiten abzugeben. Ab dem Moment, in dem sie sich dazu entschlossen hatten, den Hund doch zu behalten, weil wir ihnen Möglichkeiten der fairen und nachhaltigen Verhaltensbeeinflussung aufzeigten, war eine Veränderung im alltäglichen Umgang mit ihm erkennbar. Ich bin der Überzeugung, dass sich dabei nicht nur der Hund änderte, sondern vor allem erst einmal der Mensch. Es werden aus Sicht des Menschen sicherlich nur Kleinigkeiten und scheinbare Nebensächlichkeiten sein, die aber dem Hund signalisieren, dass er nun voll und ganz dazugehört. Der Mensch hat wieder

Hoffnung, seine Einstellung zum Hund hat sich geändert. Das wiederum wirkt sich günstig auf das Verhalten des Hundes aus, und hinterlässt als Rückkopplung beim Menschen einen positiven Eindruck. Es bewahrheitet sich immer wieder: Wenn sich das Verhalten des Hundes ändern soll, dann muss sich zuerst der Mensch ändern. Dies zeigt, dass es sich immer lohnt, die eigene emotionale Beziehung zum Hund zu überdenken. Ab dem Moment, in dem man mit dem Hund in Kontakt tritt, sollte man sich über die Auswirkungen seines eigenen Tuns bewusst sein.

„Humans first" – wenn sich das Verhalten des Hundes ändern soll, dann muss sich zuerst der Mensch ändern.

Die Grundlagen für den Aufbau einer sicheren Bindung wurden in den vorangegangenen Kapiteln vorgestellt. Im Folgenden werden Verhaltensbesonderheiten des Hundes je nach Betreuungsstätte und Betreuungsphase beleuchtet sowie Empfehlungen für den Umgang mit ihm gegeben. Der Aufbau der sicheren Bindung ist ein zentrales Thema, da es maßgeblich von der Qualität der Bindung abhängt, wie sich der Hund im Alltag verhält. Somit gilt:

Die sichere Bindung ist die beste Erziehung.

Diese Aussage ist eine Spezifizierung der in Band 1 dieser Buchreihe, Kapitel „Gibt es die richtige Erziehung?" getroffenen Aussage: „Eine vertrauensvolle Beziehung ist die beste Basis für eine Erziehung."

BINDUNGSARBEIT IM TIERSCHUTZ

In diesem Kapitel zeige ich auf, wie es möglich ist auch in einem Tierheim, das per se nicht die optimalen Voraussetzungen für eine individuelle Betreuung hat, einen positiven Einfluss auf ein ungünstiges Bindungsmuster auszuüben. Es kommt auf die Bereitschaft der Betreuer an, ihren Fürsorge- und Schutzauftrag mit Leib und Seele zu erfüllen.

Für mich gibt es im Schutz von Lebewesen keine Grenzen, weder hinsichtlich der Art des Verhaltens noch hinsichtlich des Herkunftslandes. Ein aggressiver Hund hat das gleiche Recht, fürsorglich umsorgt zu werden wie ein umgänglicher und angepasster Hund. Auf seine Bedürfnisse muss eingegangen werden, er muss kompetent und frei von Schmerz und Angst trainiert werden. Auch das Herkunftsland darf nicht dazu führen, einem Lebewesen Schutz zu verwehren. Entsprechend empfinde ich die Hilfe für Auslandshunde als einen selbstverständlichen Beitrag zum Tierschutz.

Wie überall im alltäglichen Geschehen gilt auch im Tierschutz: Wo Licht ist, ist auch Schatten. Unter vielen empathischen und am Wohl der Hunde ehrlich interessierten Tierschützern tummeln sich auch Personen, die diese Hilfsbereitschaft nur vorgeben. Sie treten ihren Fürsorgeauftrag und das Gefühlsleben der Hunde mit Füßen, wenn sie Hunde, die sie zu Adoptionszwecken aus dem Ausland nach Deutschland gebracht haben, wieder zurückverfrachten, wenn diese sich als problematisch erweisen. Den Hunden wird weder das Verständnis für Verhaltensweisen entgegengebracht, die durch ungünstige Bindungserfahrungen hervorgerufen werden, noch wird ihnen die Zeit für die Entwicklung eines zuträglicheren Bindungsmusters gegeben. Anstatt mit den Hunden einfühlsam umzugehen und ihr Bindungsmuster in die gewünschte Richtung zu lenken, wird ihnen unrechtmäßige Ressourcenverteidigung, Undankbarkeit, mangelnde Bereitschaft zum Bindungsaufbau und sogar Bösartigkeit unterstellt. Können Sie sich vorstellen, wie massiv diese Hunde seelisch leiden, wenn sie aus einer Umgebung herausgerissen werden, in der sie sich – oft zum ersten Mal in ihrem Leben – in Sicherheit wähnten und sich einer Bindung vorsichtig zu öffnen begannen? Sie sind wieder vergessen, sie sind wieder im alten Elend mit den widrigsten Haltungsbedingungen. Das ist seelische Folter! Es darf nicht nur um die Aufrechterhaltung von Körperfunktionen gehen. Der entscheidende Punkt ist doch, wie es um die Psyche dieser Hunde bestellt ist.

Eine ähnliche Verkümmerung der Seele findet statt, wenn der Hund als bindungsuntauglich abgestempelt einsam zur Bewachung eines Geländes abgeschoben wird und Sozialkontakte nur auf kurze Begegnungen bei der Grundversorgung mit Nahrung beschränkt werden.[267] Lediglich Körperfunktionen zu erhalten ist zu wenig, es geht um Lebensqualität und die bestmögliche Vorbereitung auf einen neuen Lebensabschnitt, damit der Weg in eine neue Familie geebnet wird.

---

[267] Eine solch lebensverachtende Haltung habe ich bereits bei *Den Körper und die Seele streicheln* in Kapitel „H.A.L.T. – Bindung durch Nähe“ angeprangert

Ob groß oder klein, jeder will geliebt sein. Ob abwehrend oder offen, niemand sollte umsonst auf Liebe hoffen.

Auch wenn der Hund im Tierheim keine eigene Familie im herkömmlichen Sinne hat, so hat das Tierheim sehr wohl die Funktion eines Zuhauses zu erfüllen. Dieses Übergangs-Zuhause für eine mehr oder weniger lange Zeit hat das Gefühl von Vertrauen, Wärme und Geborgenheit zu vermitteln. Alle Personen, die sich um den Hund kümmern, haben ihre Fürsorgepflicht zu erfüllen, den Schützling zu umsorgen und auf seine elementaren und auch individuellen Bedürfnisse einzugehen. Diese Ersatzfamilie sollte sich ihrer Bedeutsamkeit bewusst sein, da sie es ist, in deren Händen das körperliche und seelische Wohl, die Entwicklung des Hundes und damit sein weiteres Schicksal liegt.

Es gilt sich bewusst zu machen, was die Tierheim-Situation grundsätzlich für den Hund bedeutet und wann sie Probleme bereiten kann. So ist zwischen einem Hund, der aufgrund einer Notsituation aus einem behüteten Zuhause gerissen wird und einem Hund, der aus einer tierschutzwidrigen Haltung ins Tierheim kommt zu unterscheiden. Das Tierheim sollte als Wegbereiter für die Entwicklung eines sicheren Bindungsmusters dienen und die durch eine Vermittlung stattfindenden Trennungen und den Aufbau von neuen Beziehungen einfühlsam begleiten.

DER HUND AUS EINEM BEHÜTETEN ZUHAUSE

Für den Hund aus einem behüteten Zuhause kann das Tierheim zunächst ein regelrechter Schock sein. Der Lärm stresst ihn und er vermisst die Nähe zu seinen Bindungspartnern, von denen er plötzlich und oft unter erschütternden Umständen getrennt wurde. Seine elementaren Bedürfnisse können nicht mehr in dem Maße erfüllt werden, wie es im fürsorglichen Zuhause der Fall war. Ein schockierender Ausnahmezustand für den Hund.

FALLGESCHICHTE

PRINZ

Wolfspitz, Rüde

Durch eine E-Mail wurde ich auf den Fall von Prinz aufmerksam. Leider sind das aus der E-Mail herauszulesende Unverständnis und die Gewaltbereitschaft der "Trainer" gegenüber Schutzbedürftigen kein Einzelfall.

Originaltext der E-Mail:

Vor ca. 4 Wochen ist ein Eurasier-Mix zu uns ins Tierheim gekommen. Er gehörte einer alten Dame, die nun häuslicher Pflege bedarf. Prinz hat seine Beschützeraufgabe sehr ernst genommen und einen vom Pflegepersonal angegriffen und gebissen.
Das Tierheim hat nun durch eine ehrenamtliche Mitarbeiterin eine Hundetrainerin empfohlen bekommen. Die Trainerin hat sich den Hund angesehen und ist der Meinung gewesen, dass sie ihn wieder hinbekommt. Da Prinz jeden Menschen angegriffen hat (Anmerkung: Anschließend gab es ausdrücklich die Aussage, dass Prinz das Tierheim-Personal nur angesprungen, aber nicht gebissen habe.), wurde ihm unter Narkose ein Maulkorb angelegt. Zusätzlich wurde er durch eine lange Kette im Zwinger gesichert, um ihn am Zaunelement fixieren zu können; um ihm dann eine Leine für die Spaziergänge anzulegen.
Gestern war ich nun dabei, als die Hundetrainerin kam, um mit ihm zu arbeiten. Was ich da gesehen habe, war echt schlimm und es würde mich nicht wundern, wenn Prinz mit den Menschen nichts mehr zu tun haben will. Der Maulkorb, den er aufhatte, war zu groß und hat für ein entzündetes Auge gesorgt. Dieser sollte nun durch eine Maulschlaufe ersetzt werden. Prinz wurde in eine Ecke gedrückt, mittels Würgehalsband senkrecht gestellt und von 3 bis 4 Leuten fixiert. Die ganze Aktion verlief ohne Erfolg

etwa 30 Minuten. Prinz hatte dann weder Maulkorb noch Maulschlaufe um. Es wurde dann erstmal nach einem Band gesucht, um einen provisorischen Maulkorb umzubinden. Auch ohne Erfolg. Prinz sollte dann wieder in den Zwinger, wenn möglich mit Maulkorb. Eine Helferin der Trainerin hat ihn dann mittels der langen Kette am Zaun hochkant fixiert. Die Helferin hat dann wohl die Kette irgendwie verhakt und Prinz hing im Würgehalsband und hat sich so selbst stranguliert. Als man endlich die Kette los hatte, fiel er in sich zusammen und musste wiederbelebt werden.
Nach diesem Vorfall stellte die Trainerin fest, dass sie eigentlich keine Chance mehr für ihn sieht. Die einzige Möglichkeit wäre, die alte Dame ins Tierheim zu holen und zu schauen, ob sie noch mit Prinz zurechtkäme. Außerdem wollte man dann nächste Woche einen Wesenstest mit ihm machen. Wenn er diesen nicht besteht, muss er eingeschläfert werden.
Kannst du uns und vor allem Prinz hier helfen? Oder kennst du jemanden, den wir hier um Hilfe bitten könnten? Der arme Kerl braucht nun vor allem Ruhe und die Erkenntnis, dass nicht alle Menschen ihm Gewalt antun.

Wie wird sich ein Hund fühlen, der aus einem liebevollen Zuhause gerissen wird und nun einsam in einem Zwinger sitzt? Prinz, der „Eurasier-Mix“ war ein Wolfspitz, bei dem rassetypisch eine Sicherung seines Geländes zu erwarten ist. Im Rassestandard ist zu lesen: „Sein Misstrauen Fremden gegenüber und sein fehlender Jagdtrieb prädestinieren ihn zum idealen Wächter für Haus und Hof.“ Trotzdem wird sich gewundert, dass dieses rassetypische Verhalten unter den für Prinz unhaltbaren Zuständen stärker hervortritt?[268] Anstatt Prinz und seine Stressreaktion zu verstehen und den Fürsorgeauftrag zu erfüllen, wurde ausschließlich nach der Herrschaftsausrichtung vorgegangen, in der das einzige Augenmerk darauf gerichtet ist, jeglichen Konflikt als Kampf wahrzunehmen, aus dem der Mensch als Sieger hervorzugehen hat — egal um welchen Preis.

Prinz hat um sein Leben gekämpft. Wie kann man ein traumatisiertes Tier bloß noch mehr ängstigen und damit seine schlimmsten Befürchtungen bestätigen? Anstatt ihm diese zu nehmen, wird er weiter drangsaliert, im Zwinger zusätzlich an einer

---

[268] Der Zusammenhang zwischen Ressourcenverteidigung und der inneren Ausgeglichenheit des Hundes wird in Band 4 dieser Buchreihe umfassend erläutert

Angekommen! Prinz in seinem neuen Zuhause – glücklich mit vier weiteren Hunden.

Kette fixiert und Tag und Nacht mit Maulkorb[269] geknebelt. Dies alles wurde schöngeredet, selbst die Wiederbelebung: Diese sei keine gewesen, Prinz hätte lediglich einen Kreislaufkollaps erlitten. Die Hundetrainerin würde in einer Tierarztpraxis arbeiten und dort käme dies bei maximalem Stress häufiger vor. Wenn dies in dieser Tierarztpraxis tatsächlich der Fall sein sollte, dann sollte sie dringend ihren Umgang mit Hunden überdenken! Mein Programm DOG FRIENDLY DOC richtet sich gezielt an Tierärzte, -kliniken und Praxisteams und bietet einen wertvollen Leitfaden sowie konkrete Verhaltensempfehlungen, wie der Stress für den Hund in der Tierarztpraxis gelindert und seine Kooperationsbereitschaft erhöht werden kann.[270]

Für Prinz gab es ein Happy-End, aber nicht in diesem Tierheim und nicht mit dieser Hundetrainerin. Er kam durch mein Zutun in das Tierheim einer Freundin, die ihm das völlig normale Verhalten eines Wolfspitzes bescheinigte. In ihrem Tierheim

[269] Ich befürworte den Einsatz eines angenehm sitzenden Maulkorbes unter der Voraussetzung, dass mit dem Hund weder gewaltsam umgegangen, noch seine Gesundheit aufs Spiel gesetzt wird

[270] Detaillierte Informationen unter www.dogfriendlydoc.de

herrschen jedoch Empathie und Verständnis und nicht diese Gefühlskälte, der Prinz zuvor ausgesetzt war. Prinz geht es nun bestens. Er wurde vermittelt und lebt glücklich zusammen mit vier weiteren Hunden in einer Familie.

Die Fallgeschichte von Prinz dient auch als mahnendes Beispiel. Wie viele solcher missverstandenen Hunde durchleiden diese Qualen einer psychischen und physischen Folter? Dass Prinz aus dieser Folter mit Todesangst weder ein Trauma zurückbehalten hat, noch eine abnormal-repetitive Verhaltensweise (ARV)[271] entwickelte, zeigt nur, wie stabil sein Urvertrauen sein muss, wie gut er offensichtlich von seiner vorherigen Halterin umsorgt worden war und wie viel Vertrauen und Liebe sie ihm mit auf den Weg gegeben hat.

DER HUND AUS SCHLECHTER HALTUNG

Ein Hund, der aus schlechter Haltung mit negativen Bindungserfahrungen wie Vernachlässigung, Misshandlung, Demütigung und Zurückweisung ins Tierheim kommt, kann dort regelrecht aufblühen. Selbst wenn seine elementaren Bedürfnisse nicht in dem Maße erfüllt werden, wie es grundsätzlich der Fall sein sollte, bedeutet die Verbesserung in der Erfüllung des Bedürfnisses nach Sicherheit und sozialer Eingliederung einen deutlichen Gewinn für den Hund, verglichen mit den Zuständen, denen er zuvor ausgesetzt war. Dies sollte jedoch nicht als Ausrede dafür herhalten, sich nicht stetig darum zu bemühen, alle elementaren Bedürfnisse zu erfüllen. Nur weil es noch etwas Schlechteres als das Vorliegende gibt, ist das Vorliegende nicht automatisch gut und Endstation im Bestreben nach Weiterentwicklung.

DAS TIERHEIM ALS WEGBEREITER IN DIE SICHERE BINDUNG

Nicht immer besteht die Bereitschaft, mit dem Hund eine emotionale Beziehung auf Zeit einzugehen. Hierfür habe ich zwei Gründe ausmachen können. Zum einen den Gedanken, dem Hund die Trennung nicht zu erschweren und ihm bei einer Adop-

[271] *Abnormal-repetitive Verhaltensweisen (ARV), Zwangsstörungen und Stereotypien* in Band 1 der Reihe ICH HALTE DICH

tion ein Einlassen auf seine(n) neuen Menschen zu erleichtern. Dies ist jedoch falsch gedacht. Die Zeit im Tierheim sollte für korrigierende, positive Bindungserfahrungen genutzt werden. Zum anderen möchte der Mensch seine eigene Trauer bei einer Trennung so gering wie möglich halten. Dies darf jedoch kein Grund für eine mangelnde Bindungsbereitschaft sein.

Es gibt aber auch Betreuer, die intensive Gefühle in den Beziehungsaufbau investieren und beim Gedanken an eine Trennung so sehr leiden, dass sie jede Vermittlung vereiteln. Vergessen wird hierbei, dass doch das Ziel sein sollte, für seinen Schützling das perfekte Zuhause zu finden. Lieben heißt loslassen können. Jedoch sollte man auch erkennen, wenn der Hund seine jetzige Betreuungsstelle tatsächlich nicht verlassen möchte. Hunde, die zuvor so viel Elend erlebt haben, dass bei ihnen der Vertrauensaufbau überaus langwierig und deren Psyche grundsätzlich labil ist, nehmen eine Weitervermittlung (zunächst) nicht als Verbesserung wahr. Es gibt vereinzelt Hunde, die dadurch in ein tiefes Loch fallen. Solchen Hunden sollte ermöglicht werden, sich in der Betreuungsstätte erst einmal zu festigen, bevor sie durch einen erneuten Bindungsabbruch erschüttert werden. Dennoch gilt auch für diese Hunde: Ein Lebewesen entwickelt sich stetig weiter. Es ist also der passende Zeitpunkt für eine Vermittlung zu finden, sodass auch sie schließlich davon profitieren können.

Oft wird mir die Frage gestellt, ob es nicht besser wäre, die Anzahl der Bindungspersonen des Hundes im Tierheim gering zu halten oder sogar den Kontakt auf das Notwendigste zu beschränken. Aber warum sollte man gute Bindungserfahrungen begrenzen? Bei Kindern ist bekannt, dass ein Netz von drei bis vier Bindungspersonen eine starke Sicherheitsbasis darstellt. Dies sehe ich auch bei Hunden. Folglich sollten auch sie von der gleichen Mindestanzahl an verantwortungsbewussten Bindungspersonen umsorgt werden, die am Ziel der sicheren Bindung arbeiten.
Je mehr positive Erfahrungen der Hund mit Menschen macht, desto leichter wird ihm der Bindungsaufbau zu seiner neuen Familie fallen. In Tierheimen erleben gerade Langzeitinsassen bedingt durch die Fluktuation von Ehrenamtlichen und Betreuungspersonal häufiger Trennungen und damit Bindungsabbrüche. Je mehr positive Bindungen sie zu verschiedenen Bindungspartnern eingehen, desto besser können Trennungen abgepuffert werden. Aber auch für schneller vermittelbare Hunde ist die emotionale Beziehung zu Tierpflegern, Gassigehern, Paten und zu weiteren Personen, die in die Betreuung involviert sind, wichtig und fördert ihre Entwicklung.

Es freut jeden, wenn er sich mit mehr als einem herzlich verbunden fühlt.

Je nachdem, wie intensiv und beständig sich um den Hund gekümmert wird, bauen sich zu unterschiedlichen Betreuern auch unterschiedlich starke Bindungen auf, die sich auch in ihrem Bindungsmuster und demzufolge im Verhalten gegenüber ihren Bindungspartnern unterscheiden können. Diese Tatsache wird bei Kindern beschrieben[272] und ich sehe diesbezüglich Parallelen in der Mensch-Hund-Bindung. Selbstverständlich beschränken sich die Bindungen des Hundes nicht nur auf den Menschen, sondern er geht auch Bindungen zu anderen Hunden ein. Unter Umständen haben diese zunächst noch einen höheren Stellenwert als die Bindung zum Menschen. In diesem Fall gibt sein tierischer Freund dem Hund als primärer Bindungspartner den Halt, den er braucht, um sich in seinem Beisein leichter auf eine fremde Umgebung einlassen zu können. „Nicht ohne meinen Kumpel!“, heißt es also unter Umständen in der ersten Zeit, um eine Weiterentwicklung zu erreichen. Aber nicht nur der unterstützte Hund profitiert davon. Ich habe den Eindruck ge-

[272] Grossmann, K; Grossmann, KE (2012): Bindungen – das Gefüge psychischer Sicherheit

wonnen, dass es den Kumpel regelrecht mit Stolz erfüllt, eine so wichtige Aufgabe zu haben, was ihn ebenfalls wachsen lässt. Vorausgesetzt, auch er wird achtsam und fürsorglich behandelt und sein Einsatz wertgeschätzt. Er dient als Vorbild für die Kontaktaufnahme mit Menschen oder anderen Lebewesen sowie für die emotionale Bewertung von Situationen und Personen.

FALLGESCHICHTE

WINFRED

Herdenschutzhund-Mix, Rüde

Winfred war ein sehr ängstlicher Hund. In meiner Obhut endlich in Sicherheit, traute er sich die ersten Wochen nicht, sein Zimmer zu verlassen. Seine Erfahrungen mit der „bösen Welt“ hatten ihn so nachhaltig negativ beeindruckt, dass er die Begrenzungen seines Zimmers als sicheren Rückzugsort überaus wohltuend fand. Mit meinem Beistand konnte er nach und nach wieder zu sich finden.
Als Winfred begriffen hatte, dass er in meinem Hundehotel in Sicherheit ist, kam ein neuer Schützling in meine Obhut: Vitali, ein ebenfalls sehr ängstlicher 14-jähriger Schäferhund-Mix, schwerhörig und mit Sehproblemen. Ihn vergesellschaftete ich mit Winfred. Anstatt dass sich die Angst der beiden potenzierte, weil keiner sich wirklich sicher fühlte, bekam Vitali mit Winfred einen „starken Beschützer“ an seine Seite und gewann hierdurch Zuversicht für die Eingewöhnung und fürs Leben. Der Aspekt „Geteiltes Leid ist halbes Leid.“[273] wirkte sich positiv auf beide aus. Zudem ging Winfred in seiner Rolle als großer Bruder auf, wuchs über sich hinaus und sprang für Vitali über seinen eigenen Schatten. Er stellte seinen Fürsorgeauftrag über seine Angst und begab sich für Vitali in Situationen, denen er sonst ausgewichen wäre. Die Erfahrung, dass diese dann doch nicht so schlimm waren, wie er ursprünglich angenommen hatte, gab ihm Zuversicht für die nächsten Herausforderungen. Damit aus der Angst eines Hundes in zuvor belastenden Situationen kontrollierbar erfahrener Stress wird, sind unbedingt das sichere Umfeld und der liebevolle Beistand seiner menschlichen Bindungspartner wichtig.[274]

---

[273] *Geteiltes Leid ist halbes Leid* in Kapitel „Das Engagement des Menschen“

[274] *Vertrauen geben für den Sprung über den eigenen Schatten* in Kapitel „H.A.L.T – Bindung durch Schutz, Geborgenheit und Fürsorge“

Winfred und Vitali – eine Freundschaft von beiderseitigem Nutzen. Vitali, links hinter Winfred liegend, kann mit dessen Schutz die Nähe eines Menschen besser ertragen.

Um den Hund in seiner Entwicklung und im Aufbau einer sicheren Bindung zu unterstützen, sollten die in die Betreuung des Hundes involvierten Personen gewissenhaft ausgewählt werden. Gesucht sind emotional sichere Menschen. Menschen, die dem Hund gegenüber gewaltvoll und unfair sind und sich nicht an Absprachen halten, sind fehl am Platz.

Mir wird häufig die Frage gestellt, wie intensiv eine Bindung zu einem zu vermittelnden Hund sein sollte. Sollte man nur spazieren gehen oder mehr mit ihm unternehmen oder sogar schmusen? Meine Antwort lautet: Beschränkt euch nicht! Die Fürsorge, die der Hund erfährt, wenn er umsorgt wird und auf seine Befindlichkeiten eingegangen wird, ist die beste Nahrung für seine Seele und hat einen positiven Einfluss auf sein Bindungsmuster. Jedoch sollte der Betreuer den Hund nicht absichtlich emotional an sich ketten, weil es dem Ego schmeichelt, wenn man der alleinige Fixstern für den Hund ist. Das Vertrauen des Hundes sollte dazu genutzt werden, dass er sich der Umwelt und neuen Bezugspersonen öffnen kann.

Von den Momenten mit einfühlsamen Menschen zehrt jeder Tierheimhund.

Fehlt in einem Tierheim grundsätzlich das Verständnis für bindungsbeeinträchtigte Hunde und herrscht ein grober, verständnisloser Umgang mit ihnen, so kann der einzelne Gassigeher doch noch einiges für sie tun. Anstatt sich aus Unmut über die Praktiken des Tierheimes von den Hunden zu distanzieren und dem Tierheim den Rücken zu kehren, sollte für die Hunde zumindest in der gemeinsamen Zeit die Sonne aufgehen. Von diesen Momenten zehren sie und die Bindung zu diesem einen Menschen gibt ihnen im Alltag Halt und Sicherheit, sodass sie neue Lebensqualität gewinnen. Die Bezugsperson bringt Licht in den wenig freudvollen Alltag und erleichtert die Bindungsarbeit bei einem Vermittlungsgeschehen. Gibt jedoch dieser Gassigeher wegen kleineren oder auch größeren Schwierigkeiten auf, erleben die Hunde eine (weitere) folgenschwere Trennung und verlieren ihren einzigen Halt.

Damit der Alltag im Tierheim oder auf der Pflegestelle (einfachheitshalber spreche ich im Weiteren von „Tierheim“) einen positiven Einfluss auf die Hunde und auf ihr Bindungsmuster hat und ihnen zu neuen, positiven Bindungserfahrungen verhelfen kann, sind einige Regeln zu beachten:

- Bindungsarbeit entsprechend der H.A.L.T.-Methode nach Cordt.
- Die Schützlinge sollten im Tierheim-Alltag über Rituale Beständigkeit erfahren. Diese dienen dem Hund als Orientierungshilfen, der Alltag wird vorhersehbar. Dies gilt für alltägliche Abläufe wie Reinigungsarbeiten, Fütterungszeiten, Ruhezeiten etc. Jedoch sollte dabei eine gewisse Flexibilität erhalten bleiben. „Mittagessen Punkt 12" ist ein schlechtes Ritual, denn wenn das Mittagessen aus verschiedenen Gründen erst um 12:30 Uhr verteilt wird, kann bei besonders sensiblen und wenig frusttoleranten Hunden Unmut aufkommen und dieser zu einem Übergriff führen. Rituale sind unausgesprochene Gesetze in Form von Absprachen, die selbstverständlich für den Umgang aller Betreuer mit dem Hund gelten. Sie sollten sich darauf einigen, welche Signale verwendet werden, was der Hund darf oder auch nicht. Herrscht hierüber Einigkeit, hat der Hund eine verlässliche Linie und muss sich nicht immer wieder auf verunsichernde und unnötig stressende Veränderungen einstellen.
- Der Verlust von Bezugspersonen durch eine Trennung, ohne dass er durch andere Bindungspartner aufgefangen wird, ist zu vermeiden. So sehe ich es kritisch, wenn ein Hund von Pflegestelle zu Pflegestelle weitergereicht wird und nirgends richtig ankommen kann. Wie soll seine Psyche zur Ruhe kommen, wenn er ruhelos auf Wanderschaft ist? Der Hund hat Sehnsucht nach Bindung (auch wenn er diese Sehnsucht nicht immer offensichtlich zeigt) und baut erste zarte Bande auf, die er dann wieder kappen muss. Bei der nächsten Pflegestelle baut er sie wieder auf und dann wieder ab, weil er sich schon wieder nach kurzer Zeit trennen muss. Zeigt der Hund hierdurch bedingte Verhaltensauffälligkeiten und wird unbequem, entsteht ein Teufelskreis, in dem er als lästig wahrgenommen weitergereicht wird. Auch wenn die Pflegestelle ehrenamtlich arbeitet, muss sie sich genauso wie das Tierheim ihrer Verantwortung bewusst sein und darf nicht als „Schönwetter-Pflegestelle" die Einstellung vertreten, dass ein Platz nur so lange angeboten wird, wie es bequem ist. Verantwortungsbewusste und einfühlsame Pflegestellen leisten hervorragende Arbeit und können dem Hund besser das Gefühl eines Zuhauses vermitteln, als es ein Tierheim kann. Durch die besondere Nähe und der in der Regel geringeren Anzahl von Betreuern ist bei der Adoption in die neue Familie besonders achtsam vorzugehen, um einen Schock durch eine abrupte Trennung zu vermeiden.

Ein Verlust von Bezugspersonen und vertrautem Umfeld kann auch auftreten, wenn Hunde zwischen Tierheimen getauscht werden in der Hoffnung, im neuen Umfeld passende Interessenten zu finden. Ich spreche mich deutlich dagegen aus, denn die Lebensbedingungen in der neuen Betreuungsstätte sollten sich für den Hund deutlich verbessern. Bei einem Tausch bedeutet dies somit, dass es dem einen Hund nun besser geht, der andere jedoch eine Verschlechterung erfährt — und dies zusätzlich zu Bindungsabbruch und Zurücklassen von allem Vertrauten.

Die neuen Betreuer müssen Verständnis dafür haben, dass Beziehungen und Verbindungen des Hundes für ihn in der Regel ohne Vorbereitung gekappt worden sind, was sich zunächst in auffälligem Verhalten äußern kann. Anstatt ihn hierfür zu maßregeln, ist einfühlsam auf seine Bedürfnisse einzugehen.

Zu selten wird sich in die Tiere eingefühlt oder ihnen ein Seelenleben zugesprochen. Um den Tierrechtler Helmut F. Kaplan zu zitieren: *Dennoch gibt es noch immer Menschen, die uninformiert oder unbelehrbar an der alten praktischen Primitivpsychologie festhalten, wonach wir über tierliches Seelenleben nichts wissen können — und Tiere daher so behandeln dürfen, als hätten sie keines.*[275]

- Vertrautes schafft ein Gefühl von Geborgenheit. Wenn der Hund noch keinen Halt im Menschen finden kann, ist es wichtig, ihm Halt über eine vertraute Umgebung und Hundefreunde zu geben. Je unsicherer ein Hund ist, je mehr er aus seiner inneren Mitte gerissen ist, desto stärker schützt er seine Ressourcen.[276] Um der Verteidigung seines Geheges entgegenzuwirken, ist es ein denkbar schlechter Weg, ihn fast täglich in ein neues Gehege zu setzen. Dies verunsichert ihn nur umso mehr, da ihm jetzt auch noch der letzte Halt durch eine vertraute Umgebung genommen wird. Mit diesem Verlust geht auch oft die Trennung von Gehegekameraden einher, mit denen er freundschaftlich verbunden war.

- Gewalt und unfairer Umgang sollten sich grundsätzlich verbieten und erst recht in einem Tierheim, das sich als Tierschutz-Institution das Wohl und die Rechte des Tieres auf die Fahne geschrieben hat. Allerdings zeigt die Erfahrung, dass dies

---

[275] Kaplan, HF: Wissen wir, was Tiere fühlen?

[276] Band 4 der Reihe ICH HALTE DICH

Wer einen aggressiven Ausbruch des Hundes vorsätzlich provoziert, nimmt seinen Fürsorgeauftrag nicht wahr.

nicht immer so ist. So wird der Hund unter dem Vorwand, man müsse für eine Vermittlung wissen, wann er aggressiv reagiere, so lange provoziert, bis er sich tatsächlich ungehalten präsentiert. Wer einen aggressiven Ausbruch bewusst herbeiführt, weil er nur auf diese Weise merkt, wann es für den Hund zu viel ist, der sollte Nachhilfe im Lesen seines Ausdrucksverhaltens nehmen. Ein Hund zeigt vor einem ungehaltenen und lauten Ausbruch, wann es ihm zu viel wird. Für den fehlenden Hundesachverstand darf nicht der Hund büßen müssen!

Bei einer vorsätzlichen Provokation lernt der Hund:
1) Die dich umgebenden Menschen sind unberechenbar und aggressiv.
2) Die vom Menschen vorgelebte Strategie zur Lösung einer schwierigen Situation ist Aggression.
3) Wenn du dich abwehrend verhältst, hast du die Gefahr gebannt.

Solche Erfahrungen sind einem guten Bindungsaufbau abträglich und erschweren den generellen Umgang mit dem Hund. Dies wird noch gesteigert, wenn der Hund für Workshops missbraucht wird, in denen man ihn ebenfalls vorsätzlich provoziert, um an seinem aggressiven Verhalten Techniken zu demonstrieren, die ihn wieder „klein kriegen". Kein Wunder, dass diese Menschen dem Hund unberechenbar und zum sicheren Anleiten ungeeignet erscheinen.

Gewalt bedeutet nicht immer nur körperliche Gewalt, sondern auch psychische Gewalt. Diese muss noch nicht einmal bewusst eingesetzt werden, sondern selbst unbedachte Verhaltensweisen des Menschen können vom psychisch nicht gefestigten Hund als eine solche wahrgenommen werden. Wenn ein Hund sein Zimmer oder seinen Zwinger verwüstet hat, er sich drinnen gelöst hat und die Reinigung seines Bereichs zusätzliche Arbeit verursacht, sollte man seinen Ärger darüber nicht den Hund spüren lassen. Er wird das Zimmer sicherlich nicht derart zugerichtet haben, um den Betreuer absichtlich zu ärgern. Wie nimmt der Hund den Betreuer wahr, wenn der erste Kontakt des Tages dergestalt ist, dass der Mensch seine Verärgerung lauthals kundtut? Aber auch, wenn der Mensch sich verbal zurücknimmt, kann der Hund an den Bewegungen und an der wütenden oder genervten Mimik sehr genau ablesen, was im Menschen vorgeht.[277]

Launisches, unfreundliches Verhalten und unberechenbare Emotionswechsel verunsichern den Hund und wirken sich nachteilig auf die Bindung aus. Zudem lebt der Mensch Unberechenbarkeit und Übellaunigkeit vor, woran sich der Hund früher oder später ein Beispiel nehmen wird. Deshalb sollten die Betreuer sich ihrer Vorbildfunktion bewusst sein, sich kontrollieren und gezielt gute Emotionen und sozialtaugliche Strategien vorleben.[278]

Oftmals wähnen sich die im Umgang mit dem Hund befindlichen Personen gewaltfrei, weil sie keine direkte Gewalt anwenden, indem sie ihm unmittelbar Schmerzen zufügen oder Ängsten aussetzen. Mit der Einstellung, dass der Hund sich selbst den Schmerz zugefügt hat und sie damit frei von Anklage sind, lassen sie sich perfide Konstrukte einfallen. Ist bei einem Hund davon auszugehen, dass er in einer bestimmten Situation in die Leine springen wird, wickeln sie ihm diese derart um den Bauch oder um andere empfindsame Körperregionen, dass sie sich schmerzhaft zuzieht, wenn der Hund in die Leine rennt. Den selbstgefälligen Gesichtsausdruck des Menschen nimmt der Hund wahr. Solch eine Trainingsmethode ist bösartig, gehässig und ausgesprochen wenig fürsorglich. Leider fallen selbst Tierschützer im Bestreben, für ihren Schützling das Beste zu tun immer wieder auf solche „Trainings-

[277] Müller, CA; Schmitt, K; Barber, ALA; Huber, L (2015): Dogs can discriminate emotional expressions of human faces

[278] Kapitel „Lenken des sozialen Referenzierens (LSR)“

„Bleib' weg!" – Ist die Hauptbindungsperson anwesend, toleriert der Hund unter Umständen keine Annäherung von weniger bedeutsamen Bezugspersonen.

methoden" herein. Aus Hilflosigkeit und weil sie dem Trainer vertrauen und denken, dass dieser wissen sollte, was richtig ist, springen sie sogar über ihren Schatten und wenden Methoden an, bei denen ihr Herz laut aufschreit. Wenden Sie sich bitte von solchen Trainern ab und starten Sie neu. Es ist nie zu spät umzudenken!

- Um Gründe für auffälliges Verhalten zu finden, sollte zuerst die Beziehung zwischen Hund und Mensch auf den Prüfstand gestellt werden, ohne deswegen den Menschen vorab als Universalschuldigen an den Pranger zu stellen. Die Bindung hat einen so weitreichenden Einfluss auf das Verhalten und den Umgang des Hundes mit seiner Umwelt, dass die Bindungsqualität eine der ersten Untersuchungs- und Therapieschwerpunkte sein sollte. Bevor man sich um eine Beeinflussung des Verhaltens des Hundes bemüht, sollte man sich die Folgen eines ungünstigen Bindungsmusters vor Augen führen und positive Bindungserfahrungen bereitstellen. Selbstverständlich kann ein problematisches Verhalten auch andere Ursachen haben. Die positive Bindungsarbeit hilft aber so oder so bei der Bewältigung von Verhaltensauffälligkeiten.

- Es ist auf den richtigen Umgang mit Nähe und Distanz zu achten. Hierzu möchte ich auf das Kapitel „H.A.L.T. – Bindung durch Nähe“ verweisen. Es ist dem Hund Zeit zu geben, um für Nähe zu verschiedenen Menschen bereit zu sein. Unter Umständen hängt er sich eng an eine Betreuungsperson und lässt weitere nicht widerspruchslos zu. Diese eine Betreuungsperson wird zur wichtigsten sozialen Ressource, die es zu sichern und zu verteidigen gilt. Oft ist es diejenige, die den Hund aus einer misslichen Lage gerettet hat, beispielsweise bei einer Abholung aus einer tierschutzwidrigen Haltung oder diejenige, die sich in den ersten Tagen besonders um ihn bemüht hat. Diese Person hat es häufig leichter.

  Die Nähe, die der Hund neu hinzukommenden Betreuungspersonen erlaubt, ist abhängig von einigen Faktoren, beispielsweise aktuellem Erregungslevel und der Anwesenheit schützenswerter Ressourcen. Ist die Hauptbezugsperson anwesend, darf unter Umständen die neu einzugewöhnende, weniger etablierte Betreuungsperson den Hund nicht mehr anfassen, obwohl dies in Abwesenheit der Hauptbezugsperson bereits möglich ist.

- Gemeinsame Aktivitäten zeigen, dass man an seinem Gegenüber interessiert ist. Dabei sollte man, wie bei **Entwicklung des achtsamen Miteinanders** beschrieben, sowohl seine Interessen teilen, als auch an ihm selbst interessiert sein, ohne sich ihm aufzudrängen. Sogar eine nur kurze zur Verfügung stehende Zeit kann enorm aufgewertet werden, wenn man sich dem Hund emotional zuwendet und nicht nur körperlich anwesend ist. Diese kurzen gemeinsamen Momente können dem Hund viel geben, selbst wenn das sonstige Umfeld ihm gegenüber gleichgültig ist oder ihm sogar Unverständnis entgegenbringt.

FALLGESCHICHTE

ISMAEL

Lakenois-Mix, Rüde

Ismael zeigte sich nach der Aufnahme in meine Obhut als recht wählerisch in Bezug auf seine Betreuungspersonen. Ich war die erste Person, die ihn in seinem neuen Leben begrüßte und sich auch in Folge um ihn bemühte, woraufhin er mir deutlich zu verstehen gab: „Du bist meine neue Mama!“ Dies erleichterte mir den Umgang mit ihm, während die anderen Betreuer um seine Gunst regelrecht buhlen mussten und er sie nach einigen Tagen Abwesenheit nicht mehr akzeptierte. Die Wirkung der guten Bindungserfahrungen und das beständige, freundliche Bindungsangebot aller Betreuer verfehlten nicht ihre Wirkung und Ismael wurde zunehmend zugänglicher und offener für neue Bindungen.

FALLGESCHICHTE

🐾 BERNSTEIN

Kangal-Mix, Rüde

Bei Bernstein verhielt es sich ähnlich. Jedoch war nun nicht ich die Favoritin, ich hatte zunächst einige Mühe, bei ihm zu punkten. Bernstein war von dem vorherigen ausländischen Tierheim als mit anderen Hunden verträglich beschrieben worden, Informationen über sein Verhalten gegenüber Menschen fehlten. Auch wenn die dortigen Haltungsbedingungen einiges zu wünschen übrig ließen, war es doch für ihn ein Zuhause nach dem grausigen Leben zuvor. Ich übernahm ihn und schon bei seiner Ankunft zeigte er sich aus Unsicherheit und Überforderung „knurrig“. Mit etlichen Leckerli, Zeit und guten Worten schaffte ich es, ihn anzuleinen und ihn in seinen Auslauf zu bringen, in dem bereits mein Mann wartete, der sich ab diesem Moment um ihn kümmerte. Leider war es mir aus verschiedenen Gründen nicht möglich, mich die folgenden Tage ebenfalls um Bernstein zu bemühen. Nach einigen Tagen hatte ich endlich wieder Zeit und ließ Bernstein in Abwesenheit meines Mannes aus seinem Zimmer in seinen Freilauf, wobei kein offensichtlicher Unmut zu erkennen war. Als Bernstein zwei Tage später mit meinem Mann zusammen bereits in seinem Freilauf war und ich an den Zaun trat, wurde ich von Bernstein sofort heftig attackiert. Ich blieb stehen und mein Mann holte ihn vom Zaun weg, sodass sein Vorstoß nicht mit meinem Weggehen belohnt wurde. In den Folgetagen war auffällig zu sehen: in Abwesenheit meines Mannes konnte ich Bernstein aus seinem Zimmer heraus, zu mir in den Auslauf lassen, ich durfte aber nicht zu ihm in seinen Bereich gehen **(Prinzip von Geben & Nehmen[279])**. Das durfte nur mein Mann.

Ließ ich Bernstein aus seinem Zimmer zu mir in den Auslauf, wenn mein Mann dabei war, lief Bernstein schnell zu ihm und fixierte mich. Meine Annäherung an meinen

---

[279] Band 4 der Reihe ICH HALTE DICH

Mann quittierte er mit Unmut. Oft wird so ein Verhalten vorschnell mit einer möglichen Unsicherheit der Bezugsperson erklärt. Ein möglicher Zusammenhang dergestalt wäre gegeben, wenn die Unsicherheit in der Mimik und im Verhalten der Bezugsperson zu erkennen gewesen wäre. Da sich der Hund hinsichtlich der Strategie zur Lösung einer Situation und hinsichtlich der emotionalen Bewertung einer Situation am Vorbild seines Menschen orientiert[280], kann eine vorgelebte Unsicherheit einen Hund tatsächlich reagieren lassen. Bernsteins Reaktion war jedoch in keiner Weise diesem Umstand geschuldet: Mein Mann war im gesamten Auftreten sicher. Dass Bernstein in Abwesenheit meines Mannes mir gegenüber aufgeschlossener war, zeigt nur, wie sehr er sich nach einem Bindungspartner sehnte. Auch wenn er mich weniger gut kannte, agierte er ganz nach dem Motto: „Besser die als gar keiner!" Kam mein Mann hinzu, dann war er als primärer Bindungspartner eine zu verteidigende soziale Ressource.

Als mein Mann mich im Scherz anrempelte, war Bernstein sofort zur Stelle, um mich nach seinem Vorbild aus dem Gehege zu vertreiben. Es ist hier völlig falsch, dem Hund wie so oft Größenwahn, Dominanz, Unberechenbarkeit und sogar Undankbarkeit zu unterstellen. Bernstein machte, wie so viele in der Bindung noch unsichere Hunde, die Nähe zu mir als neu zu integrierende Betreuungsperson davon abhängig, ob seine Hauptbezugsperson verfügbar ist. Um mich als seine Betreuungsperson attraktiv zu machen, ließ ich Bernstein in Abwesenheit meines Mannes die nächste Zeit immer aus dem Zimmer, gab ihm einige begehrte Leckerli und blieb einige Minuten bei ihm. Erst dann kam mein Mann hinzu, wobei er das **LSR**[281] anwendete. Bei der Anzahl an Leckerli achtete ich darauf, dass ich außer den verabreichten keine Weiteren bei mir trug; Bernsteins Appetit hätte ihn sonst länger und näher bei mir gehalten, als es ihm (und mir) zum aktuellen Zeitpunkt gut getan hätte. Bernstein sprang besonders in der ersten Zeit häufig an mir hoch, überdrehte, kasperte herum. Dies war weniger eine Spiellaune als ein *Fiddle about*[282], das Überspielen seiner Unsicherheit, um mit der für ihn schwierigen Situation besser klarzukommen. Vereinzelt ging ich kurz darauf ein und rubbelte ihn auch mal spielerisch ab, sodass von ihm hierüber zunehmend Nähe angenommen und akzeptiert werden konnte.

[280, 281] Kapitel „Lenken des sozialen Referenzierens (LSR)"

[282] Band 4 der Reihe ICH HALTE DICH

Bernstein war innerlich zerrissen von seinem Wunsch nach Bindung und der Angst vor Nähe.

Mein Verständnis für sein Verhalten, die investierte Zeit und meine Vorgehensweise zahlten sich aus: Nach wenigen Tagen konnte ich Bernstein kraulen, sein Blick hatte sich deutlich gebessert. An seinen Zaun ging ich trotzdem noch nicht, das tolerierte Bernstein erst nach einiger Zeit. Solange ich das **Prinzip von Geben & Nehmen** einhielt, hatte ich nichts zu befürchten. Wenn auch die Bindung noch nicht sicher war, wir waren auf dem richtigen Weg.

Wie sich bald herausstellte, gab es einen weiteren guten Grund, warum Bernstein so sehr aus seinem inneren Gleichgewicht war und entsprechend verstärkt Ressourcen verteidigte – er litt unter Zahnschmerzen. Seine Zähne waren in einem solch schlechten Zustand, dass ihm zwei Canini (Eckzähne) gezogen werden mussten.

Interessant ist auch die weitere Entwicklung von Bernstein. Nach einiger Zeit im Quarantänebereich, betreut von meinem Mann und mir, wurde er im Hauptbereich meines Hundehotels untergebracht und dort auch von meinem Team betreut. Aus organisatorischen Gründen wurde er von der Hündin getrennt, mit der er sich das

Quarantänezimmer geteilt hatte. Die Trennung von meinem Mann, mir, seiner Zimmergenossin und vom gewohnten Umfeld warf ihn so sehr im Verhalten zurück, dass er meinen Mann und mich nach nur wenigen Tagen Abwesenheit attackierte. Auch den Betreuern gegenüber verhielt er sich so unberechenbar, dass ich vorsorglich über ein MRT abklären ließ, ob es Veränderungen im Gehirn gibt. Nachdem die Tierärzte Entwarnung gegeben hatten, begann ich mit einer gezielten Bindungsgestaltung. Ich begann den Spaziergang mit **Entwicklung des achtsamen Miteinanders.** Nach etwa einhundert Metern fing Bernstein an, sich an meine Seite zu schieben und sich gegen mich zu drücken. Er zeigte eine Vielzahl von Beschwichtigungssignalen, seine Augen brachten seine Unsicherheit zum Ausdruck — er sehnte sich nach Halt.

Bereits nach drei Trainingseinheiten war mir klar, dass ich auf Bernsteins Untersuchung mittels MRT getrost hätte verzichten können. Es war zu offensichtlich, dass das vorliegende Bindungsmuster der Grund für sein Verhalten war und dass er nach Liebe und Beständigkeit lechzte. Bernstein hat es geschafft, mich tief in meinem Herzen zu berühren. Die Liebe, die ich ihm entgegenbringe, ist eine entscheidende Zutat, um eine Stabilisierung seiner Psyche und damit seines Verhaltens zu erreichen.[283]

Bernstein reagiert äußerst empfindsam auf Trennungen und ist unsicher-ambivalent in neuen Beziehungen. Dies erschwert den Umgang mit ihm und ist leider auch nicht ganz ungefährlich. Es gilt über Managementmaßnahmen, Geduld und vorausschauende, wohl überlegte Aktionen die emotionale Beziehung zu ihm auf sichere Beine zu stellen. Mich bewegt das Wissen um die vielen falsch verstandenen „Bernsteins“, deren Schrei nach Liebe mit Unverständnis und Gewalt erstickt wird. Bernstein ist wie ein Edelstein, der noch keine Fassung hat und deshalb von Unwissenden nicht als Schmuckstück erkannt wird.

Bevor Bernstein vermittelt werden kann, muss er durch viele gute Bindungserfahrungen so viel Stabilität und Halt gewinnen, dass sein problematisches Verhalten in der neuen Familie nicht oder nur in abgeschwächtem Maße auftritt. Vorsorglich sind seine neuen Menschen diesbezüglich mit Wissen zu versorgen.

---

[283] *Grundnahrungsmittel Liebe* in Kapitel „Bindung – das Band, das zusammenhält“

FALLGESCHICHTE

MARTHA

Cane de Pastore Maremmano-Abruzzese-Mix, Hündin

Martha stammt ursprünglich aus Italien, dort wurde sie als lustig, freundlich und verspielt bezeichnet. Ein deutsches Tierheim übernahm sie und Martha zeigte sich in der ersten Zeit wie beschrieben, bis sie aus vermittlungstechnischen Gründen provoziert wurde, um zu sehen, wohin man sie vermitteln könnte. Workshops, in denen sie auch vorsätzlich provoziert wurde, taten ihr Übriges: Martha wurde fremden Personen gegenüber zusehends misstrauisch. Ihre beiden Gassigeher, die sich ihr gegenüber jederzeit gewaltfrei, fair und fürsorglich zeigten, waren die einzige Stütze in ihrem Leben. Der sonstige Umgang mit ihr lief einem sicheren Bindungsaufbau zuwider; sie wurde als lästig empfunden, was man sie spüren ließ. Martha war einige Male unüberlegt nicht unterwiesenen Interessenten mitgegeben worden, wodurch sich ihr abwehrendes Verhalten von Mal zu Mal steigerte.

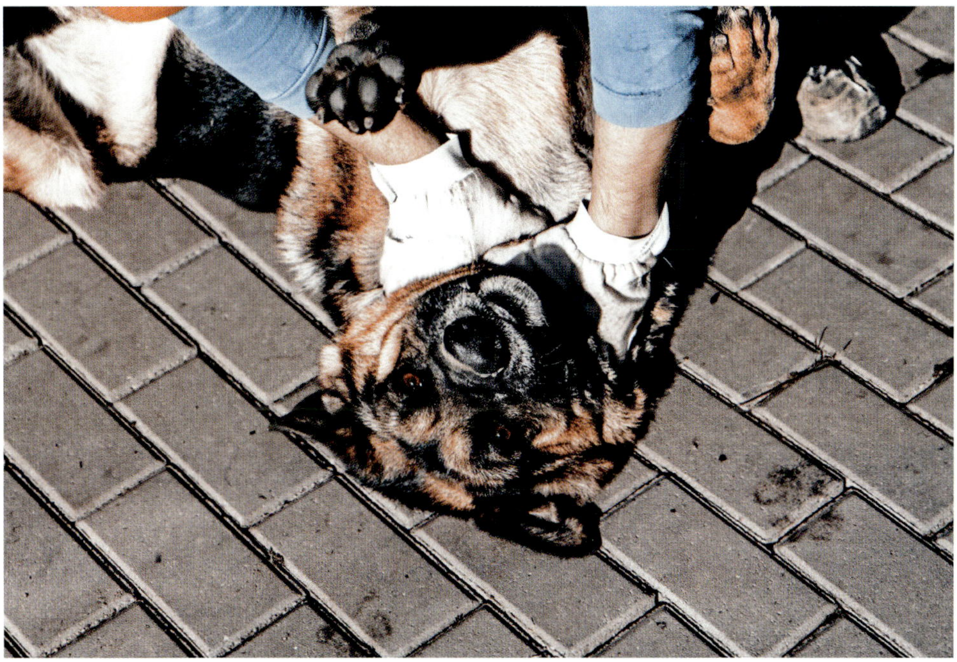

Wer immer wieder durch Bindungspartner Gewalt erfährt, ist in Folgebindungen unsicher.

Als ich Martha übernahm, war deutlich zu erkennen, dass sie gelernt hatte, Menschen durch abwehrendes Verhalten abzuschrecken, um sie sich so vom Leibe zu halten. Sie hatte zudem ihre einzige Stütze verloren: ihre beiden beständigen, langjährigen Gassigeher. Es wunderte mich nicht, dass sie sich folglich auch bei uns zunächst misstrauisch und abwehrend präsentierte. Nach ihren Erlebnissen kann man ihr dies nicht zum Vorwurf machen. Um irgendetwas Vertrautes aufrechtzuerhalten, halten solche Hunde oftmals umso vehementer an alten Gewohnheiten und damit auch an unerwünschten Verhaltensweisen fest. Hier ist es wichtig, liebevolle Beständigkeit und Interesse an einer guten emotionalen Beziehung zu demonstrieren.

FALLGESCHICHTE

MATEO

Mastín-Español-Mix, Rüde

Mateo wuchs in schlechten Verhältnissen auf. Er kam mit 4 Monaten in seine Familie und erlebte viel Gewalt: Sein Besitzer war drogen- und alkoholabhängig, schlug seine Frau, trat und warf Gegenstände nach Mateo. Als er seinem Besitzer sechs Monate alleine ausgeliefert war, war er anschließend noch unsicherer. Es wundert nicht, dass er sehr wenig Stress verträgt und gehemmt im Bindungsaufbau ist, zumal auch ständig andere Personen mit ihm spazieren gingen.

Nachdem Mateo im Tierheim abgegeben worden war, verhielt er sich seinen neuen Betreuern gegenüber aggressiv. Es war kein Herankommen an ihn, obwohl die vorherige Besitzerin betonte, dass er bei Fremden zwar „nach vorne gegangen“ wäre, aber dass es nie nach einer wirklichen Beißabsicht ausgesehen hätte. Im Tierheim nahm sich eine Ehrenamtliche Zeit für ihn. Sie hockte sich zu ihm[284] und redete ihm freundlich zu. Mateo schöpfte Vertrauen, sie wurde für ihn zur Hauptbezugsperson. Sie war für ihn das erste Licht nach langer Zeit, sodass er sich umso stärker an sie band und einem Bindungsaufbau mit weiteren Personen zunächst skeptisch gegenüberstand.

An die Betreuer geht der Appell, sich nicht durch das abwehrende Verhalten ins Bockshorn jagen zu lassen, sondern sich Zeit zu nehmen, um über die verschiedenen vorgestellten Möglichkeiten des Bindungsaufbaus entsprechend meiner H.A.L.T.-

---

[284] *Sit-in* in Kapitel „H.A.L.T. – Bindung durch Nähe“

Methode Mateo von ihrer Bindungsarbeit zu überzeugen. Hierbei gilt es nicht nur, das Sicherheitsbedürfnis des Hundes zu erfüllen, sondern auch das des Menschen, sodass die ersten Schritte durch einen Zaun gesichert erfolgen können. Dies alles benötigt selbstverständlich Zeit — ein so wichtiges Gut bei der Beeinflussung von ungünstigen Bindungsmustern. Würde man Mateo vorschnell unterstellen, dass er kein Interesse an einer Bindung habe und man würde deshalb die Bemühungen um ihn einstellen, dann würde man ihn sozial verhungern lassen.

Erschreckend finde ich, was eine Hundetrainerin zur Korrektur seines abwehrenden Verhaltens empfahl: er solle mittels Wasserflasche gezielt beschossen werden. Wie einfältig! Als ob man ein Verhalten, das seinen Grund im Mangel an Sicherheit und verlässlichen Bindungspartnern hat, auf diese Weise positiv beeinflussen könnte. In stressigen Momenten sucht Mateo verzweifelt Beistand bei seiner Bezugsperson, richtet sich zu ihr auf, umarmt sie regelrecht hilfesuchend. Die Diagnose der Hundetrainerin: sein Verhalten sei respektlos und sofort zu unterbinden. Zum Glück hörte die Bezugsperson auf ihr Bauchgefühl und sah in Mateo das, was er wirklich ist: eine hilfs- und schutzbedürftige Seele, die mit viel Liebe, Beständigkeit, Fürsorge und Weitsicht an die Hand genommen werden muss, da sie von alleine nie den richtigen Weg finden kann.

FALLGESCHICHTE

🐾 FENJA

Schäferhund-Mix, Hündin

Fenja kommt aus einer ungarischen Tötungsstation, die nach Gewalt, Hoffnungslosigkeit und Tod riecht. Sie hatte sich in ihrer Holzkiste verkrochen und verhielt sich aggressiv sowohl gegenüber den Wärtern, als auch gegenüber den Tierschützern. Die Tierschützer vor Ort, die versuchten, zumindest einigen Hunden ein neues Leben zu geben, zweifelten, ob die Hündin sich jemals anfassen lassen würde oder ob es für sie nicht besser wäre, sie einzuschläfern. Sie entschieden sich für das Leben, rechneten jedoch damit, dass Monate, wenn nicht sogar Jahre vergehen würden, bis Fenja ein Anfassen zuließe. Eine Freundin übernahm sie und es war ihr bereits nach einem Tag möglich, sie zu berühren. Neben der besonderen Wirkung meiner Freundin auf Tiere, ihrem herausragenden Hundesachverstand, ihrem Einfühlungsvermögen und ihrer Liebe, war es die Hündin selbst, die dieses Wunder möglich machte. Fenja muss

zuvor einmal sozial sicher gewesen sein und eine gute, sichere Bindung zu Menschen gehabt haben, bevor sie durch einen Schock (Trennung, plötzlich grausame Haltungsbedingungen, die im krassen Gegensatz zu einem gewohnten, behüteten Zuhause stehen) zusammengebrochen war. Indem einfühlsam auf sie eingegangen und ihr Verständnis entgegengebracht wurde, sie Liebe und Sicherheit erfuhr, konnte sie diesen Schock überwinden.[285]

FALLGESCHICHTE

NAMENLOS

Herdenschutzhund, Rüde

Täglich erreichen mich unzählige Anfragen mit der Bitte um Übernahme von Herdenschutzhunden. Es belastet mich, dass ich nicht jeden in meine Obhut nehmen kann. Dies umso mehr, wenn offensichtlich ist, dass der Hund von den derzeitigen Betreuern völlig missverstanden wird und er demzufolge kaum eine Chance hat, sein passendes Zuhause zu finden.

In einer E-Mail wurde ich um Hilfe für einen Herdenschutzhund-Rüden gebeten, der völlig ausgemergelt in Rumänien auf der Straße gefunden worden war. Er ließ sich

---

[285] *Hunger nach Liebe und sozialer Einbindung* in Kapitel „Bindung – das Band, das zusammenhält"

von der Finderin einfangen und in ein rumänisches Tierheim bringen. Dort allein im Zwinger würde er die Tierpfleger (alle männlich) anknurren und angeblich attackierte er einen Mann, der ihn füttern wollte. Sofort wurde gemutmaßt, dass er ein typischer Frauenhund wäre und Männer hassen würde. Als Möglichkeiten im Fall einer Vermittlung standen laut der Schreiberin zur Auswahl: lebenslang allein im Zwinger oder als Wachhund auf einem rumänischen Hof — gleichbedeutend mit Kettenhaltung. Welch traurige Alternativen. Seine elementaren Bedürfnisse nach guten Sozialkontakten und der Aufbau einer sicheren Bindung werden in keiner von beiden erfüllt.

Ich versetzte mich gedanklich in den Hund und konnte ihn nur allzu gut verstehen. In welcher inneren Unruhe musste er sein und wie haltlos musste er sich fühlen. Dass er aufgrund seiner Erlebnisse und seines körperlichen Zustands seinen Zwinger als territoriale Ressource verteidigte, ist verständlich. Die Ressourcenverteidigung kann man durch Beachtung des **Prinzips von Geben & Nehmen** abmildern — wer nähert sich wem. Es ist immer einfacher, wenn die Annäherung vom Hund erfolgen kann, anstatt dass die vermeintliche Bedrohung zu ihm kommt.[286]

Als ich um weitere Infos bat, teilte man mir mit, dass der Hund bereits testweise in Rumänien als Wachhund vermittelt worden sei. Die E-Mail schloss mit den Worten, dass man hoffe, dass er ohne Kette leben darf, es ihm gut gehe und er dort glücklich sei. Was mich ebenfalls tief betroffen machte, war die Aussage: „So ein Hund gehört nicht auf eine deutsche Couch. Das wäre falsche Tierliebe.“ Sicherlich wird es nicht an der Couch liegen, ob der Hund glücklich wird. Was aber für sein Glück ein absolutes Muss ist, sind gute Sozialkontakte, die sich nicht nur auf kurze Momente beschränken dürfen. Gerade das soziale Aufgefangen-Werden wird erfahrungsgemäß

[286] Band 4 der Reihe ICH HALTE DICH

So leben zu müssen, wird keinem Hund gerecht, egal welcher Rasse und welcher Vorgeschichte.

bei der beschriebenen Unterbringung nicht gegeben sein. Wer die „deutsche Couch" als falsche Tierliebe beschreibt, versucht seine Handlung, bei der er schon spürt, dass sie nicht richtig ist, zu rechtfertigen. Die Vermittlung in eine solche Haltung kann ich mir nur damit erklären, dass die Tierschützer im Ausland extrem hilflos sind und ihnen Möglichkeiten fehlen, die ihnen mehr Spielraum erlauben. Vielleicht haben sie gedacht, dass die Haltung an der Kette das geringere Übel wäre im Vergleich zur Einzelhaft im Zwinger. Ein ehrliches Eingestehen dieser Hilfslosigkeit und des eingeschränkten Handlungsspielraumes wäre fairer, als diese Haltung schönzureden und damit die „deutsche Couch" als nicht erstrebenswertes Ziel schlecht zu reden. Dies ist ein potenzieller, sehr gefährlicher Selbstläufer: Leider gibt es immer noch zu viele Menschen, die tatsächlich denken, dass bestimmte Hunderassen, wie beispielsweise Herdenschutzhunde, nichts im Haus mit der Familie verloren hätten, sondern ihr Glück weggesperrt in der Außenhaltung liegen würde. Was für eine gefährliche und lebensverachtende Einstellung. Das Glück finden sie im Aufgefangensein in einer verständnisvollen und liebevollen Familie.

BINDUNGSGESTALTUG IM VERMITTLUNGSGESCHEHEN

Verkauft und verraten – das Entführungsopfer

Mein Trainingsgelände befindet sich auf einer kleinen Anhöhe und während ich mich dort mit einem Hund ausruhte, sah ich auf der Landstraße am Fuß der Anhöhe einen kleinen Viehtransporter. Ich lebe seit 2006 vegan und es bewegt mich schmerzlich, Tiertransporte zu sehen und zu wissen, was diesen Tieren bevorsteht. Auf einmal hatte ich nicht nur ihre in der Regel furchtbare und brutale Behandlung und das bestialische und schmerzvolle Abschlachten im Schlachthof vor Augen. Ich spürte schon fast körperlich die Angst der Lebewesen, die im Transporter waren und die in eine für sie nicht vorhersehbare Zukunft fuhren. Sie mussten sich wie Entführungsopfer fühlen: aus einem vertrauten, wenn auch nicht schönen, Umfeld herausgerissen, in einen Transporter geschmissen, grob behandelt und letztendlich qualvoll ermordet.

Während ich über das Elend und das Leid dieser sogenannten Nutztiere nachsann[287], schoss mir durch den Kopf, dass sich viele Hunde sicherlich ebenfalls wie Entführungsopfer fühlen müssen. Bei einer eiligen Vermittlung werden sie abrupt aus ihrem vertrauten Umfeld herausgerissen, sie wissen weder, wohin die Reise geht, noch können sie die neuen Menschen einschätzen. Wird dann am Ziel noch grob mit ihnen umgegangen, weil erwartet wird, dass der Hund sich umgehend und komplikationsfrei ins Leben der fremden Menschen integriert, erfährt das Drama seine Fortsetzung. Häufig erwartet die neue Familie dann auch noch, dass der Hund keine Ansprüche stellt und ahndet jeden noch so kleinen Fehltritt sofort aufs Schärfste. Jedes scheinbare Aufmucken wird im Keim erstickt, damit der Hund auf keinen Fall „Höhenflüge" bekommt, er könnte sich ja „über den Menschen stellen". Somit machen sie ihm sofort rigoros klar, wo in ihren Augen sein Platz ist — ganz weit unten.

Solche Umgangsformen und eine solche Erwartungshaltung sind leider keine Seltenheit, ich werde im Rahmen meines Tierschutzengagements und meiner Verhal-

---

[287] Der Anhang „Die Kuh, die lacht?" beschäftigt sich mit dem Bindungsgeschehen Kuh-Kalb

Das Gefühlsleben aller sozial organisierten Lebewesen ist auffallend ähnlich.

tensberatung regelmäßig damit konfrontiert. Ich bin jedoch zuversichtlich, dass sich daran etwas ändert und setze alles daran. Danke, dass auch Sie mit dem Lesen dieses Buches dazu beitragen.

Die Vermittlung eines Hundes ist weniger ein Kaufgeschehen als eine Adoption, die gewissenhaft und einfühlsam vonstattengehen sollte, um ein dauerhaftes Zuhause bei einer seinen Bedürfnissen entsprechenden Familie zu finden. Der Hund muss als vollwertiges Mitglied des Sozialverbandes die Fürsorge des Menschen erfahren.

BEGLEITET EIN NEUES LEBEN BEGINNEN

Eine Vermittlung, beziehungsweise der Wechsel vom Tierschutz in eine neue Familie kann umso angenehmer und dabei auch erfolgreich verlaufen, je mehr positive Bindungserfahrungen der Hund machen konnte. Trennungen belasten ihn dann weniger und er ist offen für seine Umgebung und für neue Bindungen. Nun gibt es jedoch nicht wenige Hunde, bei denen mehr Zeit für den Aufbau der ersten Bande eingeplant werden muss und bei denen bedeutend mehr Vorarbeit, Voraussicht – und Nachsicht – nötig sind. Deshalb sind diese Schützlinge aber nicht weniger liebenswert und die aufgewendete Zeit ist eine lohnende Investition.

Die Betreuer müssen offen für die Entwicklung solcher Hunde sein und erkennen, wann sie aufgeschlossener gegenüber neuen Menschen geworden sind. So können kritische Hunde mit der Zeit immer zugänglicher werden, was ihre Vermittlung und die Eingewöhnung im neue Zuhause erleichtert. Bei Hunden, die vormals ein unsicher-ambivalentes Bindungsmuster[288] aufwiesen, sollten die neuen Menschen auf die eventuell entstehenden Besonderheiten im Verhalten beim Bindungsaufbau hingewiesen werden. Wie diesem besonderen Verhalten zu begegnen ist, um eine sichere Bindung aufzubauen, wird im Kapitel „Die H.A.L.T.-Methode nach Cordt" aufgezeigt.

Unabhängig davon, ob der Hund Trennungen gut verkraften kann und offen für den Aufbau neuer Bindungen ist, sollte bei jedem Interessenten gewissenhaft überprüft werden, ob der favorisierte Hund zu ihm und seinem Lebensumfeld passt. Die Befragung der Interessenten dient einzig und allein dem Zweck herauszufinden, ob Hund und Mensch zueinander passen und eine beiderseits beglückende Beziehung eingehen können. Je mehr ehrliche Informationen vorliegen, desto besser lässt sich abwägen, ob die Vermittlung eine erfolgreiche Adoption auf Lebenszeit sein kann. Es geht nicht allein darum, ob der Hund zum aktuellen Wissensstand des Menschen passt. Viel wichtiger ist in meinen Augen die Bereitschaft des Menschen, sich für seinen Hund weiterzuentwickeln, gegebenenfalls alte Einstellungen komplett über Bord zu werfen und „Hund neu zu denken". Lernen hört nie auf, das gilt für den Hund, aber auch für den Menschen!

Wird dieses Interview versäumt und der Hund dem Interessenten frei nach dem Motto: „Die werden sich schon irgendwie arrangieren." mitgegeben, ist dies dem Hund und auch den neuen Besitzern gegenüber unfair. Vielleicht arrangieren sie sich tatsächlich oder aber der Hund wird — mit einer weiteren negativen Bindungs- und Trennungserfahrung — wieder zurückgegeben.

Eine Vermittlung auf Probe ist ebenfalls nicht ratsam. „Nehmen Sie den Hund mit, Sie können ihn ja zurückbringen, wenn es nicht passt.", ist ein Ausspruch, der es einem noch unschlüssigen Interessenten leichter machen soll, sich für einen bestimmten Hund zu entscheiden. Dies führt jedoch dazu, dass sich im Vorfeld nicht genug Gedanken gemacht werden, ob ein Hund überhaupt Platz im Leben des Inte-

[288] Kapitel „Bindung beim Hund"

ressenten hat und ob genau dieser Hund in dieses Leben passt. Diese Fragen aber sind unbedingt vorab zu klären, um ihm die größtmögliche Chance auf ein passendes neues Zuhause zu geben. Genauso wie der Hund darunter leidet, als Wanderpokal von Pflegestelle zu Pflegestelle weitergereicht zu werden, genauso leidet er auch unter solchen Testwochen, die durch wiederholte Trennungen gekennzeichnet sind. Neben Aggression kann, neben anderen Ängsten, auch die Entwicklung einer Trennungsangst eine mögliche Folge sein.

Um dem Hund die Trennung von seinen Betreuern und den Bindungsaufbau zu seinen neuen Menschen zu erleichtern, arrangiere ich einige Treffen unter unserer Aufsicht. Vereinzelt gebe ich den Hund danach für einige Stunden über Tag mit. „Geschlafen wird Zuhause!" ist die Devise, solange der Hund noch nicht adoptiert ist. Diese Kurzeit-Besuche machen den Hund mit der neuen Umgebung und den neuen Menschen vertraut, verarbeiten kann er die vielen neuen Eindrücke dann im gewohnten, sicheren Umfeld. Dieser allmähliche Übergang ist mein bevorzugtes Vorgehen bei einer Vermittlung, das jedoch aufgrund eines entfernten Wohnorts des Interessenten nicht immer praktiziert werden kann. Bei solchen Interessenten findet, wie bei allen anderen auch, vor dem ersten Treffen ein Interview mittels eines schriftlichen Fragebogens und eines Telefonates statt. Bei einem vielversprechenden Ergebnis wird die Vorkontrolle bei ihm zuhause durchgeführt (bspw. auch mittels Smartphone oder Laptop). Erst dann besucht der Interessent uns und bleibt für mindestens zwei Tage, an denen er und der favorisierte Hund bei verschiedenen Zusammenkünften die Gelegenheit bekommen, sich gegenseitig zu beschnuppern und die ersten Bande zu knüpfen.

Die Kontaktaufnahme mit dem Interessenten ist vergleichbar mit dem Bindungsaufbau zu neuen Betreuern im Tierheim. Je nach Argwohn des Hundes gegenüber fremden Menschen empfiehlt es sich, zunächst in dem Abstand miteinander spazieren zu gehen, in dem der Hund noch nicht übergriffig wird. Hierbei bietet sich die **Entwicklung des achtsamen Miteinanders** als guter erster Schritt an, auch wenn der Hund zunächst noch vom vertrauten Betreuer geführt und auf Abstand zum noch nicht vertrauten Interessenten gehalten wird. Ein Freilauf auf neutralem Gelände, bei dem der Hund unter Umständen als Vorsichtsmaßnahme einen Maulkorb trägt, kann ein weiterer lohnenswerter Zwischenschritt sein, bevor der Interessent die Leine übernimmt und unter Aufsicht des Betreuers das achtsame Miteinander festigt. Der Betreuer zieht sich nach und nach zurück, sobald am Verhalten des Hundes erkennbar

„Widdewiddewitt – ich hab' ein Haus, 'nen Waschbär und ein Pferd..."
Zu jeder Besonderheit in der neuen Familie lässt sich ein passender Schützling finden.

ist, dass er sich dem neuen Menschen öffnet. Der Zeitpunkt für eine Adoption richtet sich nach der Erfahrung und vor allen Dingen der Feinfühligkeit und geduldigen Einstellung des Interessenten sowie nach den Möglichkeiten einer eventuell notwendigen räumlichen Trennung für ein Management in der ersten Zeit im neuen Zuhause.

Der Betreuer sollte seinem Schützling sein neues verständnisvolles und fürsorgliches Zuhause von Herzen gönnen, auch wenn es dem Ego schmeichelt, für ihn sein Ein und Alles zu sein. Mit gutem Gewissen sollte der Betreuer dem Hund, nach sorgfältiger Abklärung, ob die neue Familie zum Hund passt, die Möglichkeit geben, sich von ihm zu lösen. Wer dabei vor Seelenschmerz vergeht und sich theatralisch von seinem Liebling verabschiedet, der verunsichert den Hund. Der kann diesen emotionalen Ausnahmezustand seiner Bindungsperson nicht verstehen und dieses Geschehen wird für ihn zu einem emotional außerordentlich beeindruckenden und damit einprägsamen Ereignis. Genau dies verknüpft er mit der Trennung von seiner Bindungsperson und mit dem Bindungsaufbau zu seinen neuen Menschen — keine gelungene Ausgangssituation für den Absprung in ein neues Leben. Als Folge können Probleme beim Bindungsaufbau und generell bei Trennungen entstehen.

Spaziergänge gemäß der „Entwicklung des achtsamen Miteinanders " mit dem neuen Menschen und dem neuen Hundekumpel erleichtern den Bindungsaufbau.

Die Eingewöhnung im neuen Zuhause wird erleichtert, wenn ein Geruchsgegenstand mitgegeben wird, der dem Hund ein gutes Gefühl gibt, da er für etwas Vertrautes, für die gewohnte Umgebung, steht. Ein Handtuch reicht oftmals völlig aus. Ebenso erinnert das vertraute Futter an Zuhause, selbst wenn Sie es nur in der ersten Woche zur Eingewöhnung geben. Dies ist gefühlsmäßig ähnlich dem, was Sie empfinden, wenn Sie in der Fremde auf einmal das Essen serviert bekommen, das Ihre Oma Ihnen immer gekocht hat. Sie fühlen sich sofort zurückversetzt in diese heimelige Situation und die liebevolle Fürsorge. Vorausgesetzt, dieses Essen wird mit einer liebevollen Geste vergleichbar mit dem **Brot-Teilen**[289] angeboten.

Geht der Hund stabile Bindungen mit Hunden ein, ist dem Menschen gegenüber aber ausgesprochen zögerlich, kann ein bereits in der Familie lebender Hund ein wunderbarer Türöffner zu ihm sein, wenn nicht sogar eine Vermittlung erst ermöglichen. Der neue Hundefreund gibt dem Neuankömmling den benötigten Beistand, um die erste, besonders belastende Zeit meistern zu können.

[289] *Brot-Teilen* in Kapitel „H.A.L.T. – Bindung durch Schutz, Geborgenheit und Fürsorge"

FALLGESCHICHTE

THALEIA

Kuvasz, Hündin

Thaleia war zum Zeitpunkt der Aufnahme eine sehr unsichere Hündin, in meiner Obhut erholte sie sich zunehmend von ihren vorherigen Qualen. Sie lebte in meinem Hundehotel mit einigen Hundefreunden zusammen, zu denen sie ein sehr gutes Verhältnis hatte. Generell war sie gegenüber neuen Bindungen zu Hunden offener als zu Menschen. Thaleia hatte endlich wieder Lebensqualität und genoss das Leben. Eine nette Familie interessierte sich dann für sie und besuchte sie einige Male, bevor Thaleia dann schließlich zu ihnen zog. Wie freute ich mich für Thaleia! Das sah Thaleia jedoch ganz anders. So sehr sich ihre neue Familie auch bemühte, Thaleia verkroch sich im Garten und stellte die Nahrungsaufnahme ein. Ihrer Ansicht nach war sie aus dem Paradies geworfen worden. Auch wenn die erste Zeit nach der Adoption für Hunde schwierig sein kann, muss doch erkannt werden, wann die Grenze des Zumutbaren erreicht ist. Als Thaleia auch das Trinken einstellte, wurde sie schweren Herzens zurückgebracht. Kaum war Thaleia auf meinem Hof, gingen Kopf und Rute hoch und sie strahlte zu ihren Hundefreunden hin, die sich im Auslauf befanden. Endlich wieder mit ihnen vereint, schien alle Schwermut wie weggeblasen und sie trank und fraß wieder normal. Dass sie sich in ihrem potenziellen Zuhause nicht wohlfühlte, lag nicht an den Interessenten. Diese waren herzensgut und wirklich sehr um Thaleia bemüht. Es lag allein daran, dass Thaleia noch nicht so weit gefestigt war, sich in kurzer Zeit neuen Menschen öffnen und mit ihnen eine Bindung eingehen zu können, was ihr den Wechsel ihrer Umgebung und die Trennung von uns als etablierten Bindungspersonen erleichtert hätte. Für mich war klar, dass bei einer zukünftigen Vermittlung nur eine Familie mit Hund in Frage käme, um über die Bindung mit diesem die Trennung von ihrem gewohnten Umfeld zu erleichtern. Fündig wurde ich im Kundenkreis meiner Hundeschule. Die Familie hatte bereits einen Herdenschutzhund, wohnte eine Stunde von uns entfernt und nahm sich die Zeit, Thaleia mit ihrem Rüden zunächst stundenweise auf unserem Gelände zusammenzulassen. Als erkennbar war, dass eine Bindung zwischen den Hunden bestand, nahmen sie Thaleia für eine Stunde zu sich nach Hause. Der nächste Aufenthalt dauerte zwei Stunden, der nächste drei und dann war klar: Thaleia kann umziehen. Ich war sehr froh und bin dankbar für so verständige Interessenten. Thaleia lebte dort glücklich und geliebt bis an ihr Lebensende.

FALLGESCHICHTE

🐾 ZITA

Kaukasischer Owtscharka-Podhalaner-Mix, Hündin

Bei Zita zeigte sich, wie bei der zuvor beschriebenen Thaleia deutlich, wie sehr sich die investierte Zeit und eine allmähliche Eingewöhnung im neue Zuhause auszahlen. Diese Fallgeschichte ist bereits in meinem ersten Buch *Hundereich*[290] beschrieben. Darin sind Empfehlungen für den Umgang mit herausfordernden Situationen zu finden, die sich bei Hundebegegnungen und bei meinen unzähligen Integrationen im jahrelangen Zusammenleben mit einer Hundegruppe von oft mehr als zehn Mitgliedern in wechselnder Zusammensetzung bewährt haben.

Zita kam aus einem polnischen Tierheim, in dem mehr als hundert Hunde von nur einer Person betreut wurden. Es ist nachvollziehbar, dass Zita nicht die menschliche Zuwendung bekam, die sie benötigte. Durch den Druck der unkontrollierten, großen Hundegruppe hatte sie zudem gelernt, ihren Wünschen durch körperliche Aktionen Nachdruck zu verleihen. Zita war im Umgang mit anderen Hunden nicht ganz einfach, sie war sehr fordernd und in ihrer Sehnsucht nach menschlicher Zuwendung neigte sie dazu, andere Hunde regelrecht aus der Bahn zu kegeln, was ihr aufgrund ihrer Größe und ihrem Temperament nicht schwerfiel.

Es meldete sich ein vielversprechender Interessent mit einem Pyrenäenberghund-Rüden, der eine Stunde entfernt von uns wohnte. Der Interessent kam Zita einige Male besuchen, der Rüde war jedoch aus verschiedenen Gründen nicht dabei. Das erste Treffen mit diesem fand dann unter meiner Aufsicht auf seinem eigenen Gelände statt, was – wie vom Besitzer vorhergesagt – für den Rüden auch kein Problem darstellte. Zita und er schienen sich sofort bestens zu verstehen. Der Besitzer war hellauf begeistert und drängte mich, Zita doch jetzt schon bei ihm zu lassen. Ich achtete leider nicht auf mein Bauchgefühl und ließ Zita bei ihm. Im ersten Telefonat am nächsten Morgen hörte ich noch Lobeshymnen sowie den Vorwurf, dass ich zu Unrecht schwarzgemalt hätte und meine Sorgen vollkommen unbegründet gewesen wären. Nur eine Stunde später klang es bereits ganz anders. Fassungslos

---

[290] Cordt, M: Hundereich – Hundebegegnungen und Vergesellschaftung · Mit einem klaren Plan und friedvoll zum Erfolg

und schockiert wurde ich gebeten, dieses Ungetüm sofort abzuholen. Zita hätte den körperlich überlegenen Pyrenäenberghund regelrecht durch die Luft gewirbelt und die Hunde würden sich nicht mehr vertragen. Ich fuhr sofort los, bat jedoch den Besitzer, ihr noch eine Chance zu geben. Zita sollte sich in den nächsten Tagen bei mir wieder sammeln und zu sich finden, um sie dann nach meinen Vorgaben erfolgreich integrieren zu können. Obwohl der Interessent sich nicht vorstellen konnte, dass Zita seinen Rüden jemals wieder akzeptieren würde, willigte er ein. So kam es, dass ich mich eine Woche später wieder auf den Weg machte und mit Zita und dem Pyrenäenberghund-Rüden eine Stunde auf seinem Gelände verbrachte. Es war nichts mehr von dem Unmut der Woche zuvor zu spüren und alles schien harmonisch. Dieses Mal ließ ich mich nicht von diesem tollen Eindruck blenden, sondern nahm Zita wieder mit in ihr gewohntes Umfeld. In einem Abstand von fünf bis sieben Tagen fanden weitere Treffen statt, die immer länger dauerten und in denen ich mich zunehmend zurückzog und nicht immer anwesend war. Irgendwann war der Zeitpunkt gekommen, zu dem offensichtlich war, dass Zitas Zuhause nicht mehr bei mir war – Zita war in ihrer neuen Familie zu Hause und ich konnte sie guten Gewissens dort lassen.

Auch wenn diese Adoption aufwendig war, so relativieren sich Zeit und Mühen, wenn man sie auf die Jahre umrechnet, die Zita glücklich und harmonisch in dieser Familie lebte. Es gibt selbstverständlich aber auch eine bedeutend größere Anzahl an Adoptionen, die weniger Aufwand benötigen und unspektakulär verlaufen.

FALLGESCHICHTE

AISLINN

Kangal-Mix, Hündin

Aislinn habe ich in einem sehr schlechten Zustand übernommen. Sie war sehr schwach, ausgemergelt, rang mit dem Leben und war nahezu blind. Es verwunderte nicht, dass sie nach den erlittenen Misshandlungen sehr unsicher war. Es galt, diesem anrührenden Wesen wieder Lebensqualität zu geben. Auch wenn es zeitweise fraglich war, ob sie überlebt, hatte ich doch die Vision, dass sie wieder lernt, ihr Leben zu genießen. Was lag näher, ihr den Namen Aislinn zu geben, der auch „Vision“ bedeutet. Die Zeit des Aufpäppelns, des Umsorgens und auch Aislinns eingeschränktes Sehvermögen brachten es mit sich, dass sie sich meinem Mann und mir sehr eng anschloss. Aislinn liebte den innigen Kontakt zu uns, begann zu spielen und freute sich auf die Spaziergänge. Sie drückte sich dabei immer vertrauensvoll in dem

Immer wieder kam Aislinn zum Beistand-Tanken zu meinem Mann (li.) und mir, um sich dann wieder gestärkt mit den neuen Menschen (re.) beschäftigen zu können.

Wissen an uns, dass wir sie schon richtig führen würden und nicht im Stich ließen. Nach nur wenigen Monaten in unserer Obhut fand sich in unserer Nähe eine nette, einfühlsame Familie, die bereits Erfahrung mit einer blinden Kangal-Hündin hatte. Die ersten Treffen fanden bei uns und damit auf Aislinns gewohntem Gelände statt. Das bekannte Gebiet und unser Beisein schufen die idealen Voraussetzungen dafür, dass sie sich den neuen Menschen öffnen konnte. Sie kam immer wieder zum Beistand-Tanken zu meinem Mann und mir, um sich gestärkt mit den neuen Menschen beschäftigen zu können. Um Aislinn den Einzug in ihr neues Zuhause und die Trennung von uns zu erleichtern, brachte mein Mann sie zu ihrer neuen Familie. Aufgrund ihres eingeschränkten Sehvermögens war es umso wichtiger, über dieses Händchenhalten das Erkunden des neuen Zuhauses zu erleichtern. Der Erfolg sprach für sich: Aislinn lebte sich schnell ein. Sie fühlte sich sofort wohl, schloss Freundschaft mit der kleinen Tochter, der Familienkatze und allen Hunden der Nachbarschaft. Selbst ein gemeinsamer Urlaub drei Monate nach der Adoption meisterte sie bravourös. So schrieb ihre neue „Mama“: *Mit viel Liebe und Geduld hat sie es geschafft und wir bekommen alle Liebe, die wir ihr entgegenbringen, von ihr zurück. Wir sind überglücklich, Aislinn zu haben. Danke!*

BINDUNGSARBEIT IN DER NEUEN FAMILIE

Es könnte so schön sein wie im Märchen: Ein Hund, der eine neue Familie sucht, findet diese und alle leben glücklich und zufrieden bis an ihr Lebensende. Und wenn sie nicht gestorben sind, dann leben sie noch heute...

Leider sieht die Realität nicht immer so aus, denn die Erwartungen der neuen Familie an den Hund und das, was er zu leisten vermag, können stark voneinander abweichen. Die neue Familie darf nicht erwarten, dass ab dem Moment der Adoption alles eitel Sonnenschein ist und der Hund die guten Absichten der Familie sofort erfasst und sich dankbar zeigt. Ja, es gibt Hunde, die das neue Zuhause sehr schnell und sichtlich erkennbar zu schätzen wissen, die guten Absichten ihrer neuen Menschen erkennen und sich sofort perfekt in den Haushalt eingliedern. Man darf dies aber nicht als selbstverständlich hinnehmen und seinem neu übernommenen Hund Vorwürfe machen, wenn er nicht diesem Bild entspricht. Vielmehr ist Verständnis dafür aufzubringen, wenn er sich zunächst unpassend verhält. Woher soll er denn wissen,

Das Leben auf der Straße ist nicht frei und schön, sondern ein täglicher Kampf ums nackte Überleben.

was in der für ihn neuen Situation das Richtige ist? Dafür braucht er jemanden, der den Überblick hat und ihm geduldig den Weg weist. Er braucht Sie!

Ich bin immer wieder gerührt und erstaunt über die Anpassungsfähigkeit und soziale Kompetenz der Hunde, die sich unter liebe- und verständnisvoller Anleitung auf das Wagnis „neues Leben" einlassen. Hierfür sollte ihnen Respekt gezollt werden.

Ein Hund, der vor der Aufnahme in ein verantwortungsbewusstes Tierheim ein Leben im Zwinger, in einem überfüllten Gehege oder als Streuner verbringen musste, wird kaum Sicherheit und wenige schöne Momente erlebt haben. Stattdessen war jeder Tag für ihn ein Kampf ums körperliche und seelische Überleben. Das Tierheim hat die Funktion eines vorübergehenden Zuhauses und sollte den Hund auf sein neues Leben vorbereiten. Genauso wie das endgültige Zuhause kann auch das Tierheim die Erfahrungen des Hundes nicht löschen, ihm kann aber sehr wohl beigebracht werden, mit diesen Erfahrungen umzugehen. Man sollte bei einer Adoption folglich nicht erwarten, dass der Hund sich mit Überschreiten der Türschwelle sofort harmonisch in die für ihn ungewohnten Abläufe und den Alltag seiner neuen Familie einfügt.

Bei einer Adoption wird der Hund aus seinem gewohnten Umfeld gerissen und verliert in der Regel alle Bindungspartner. Hält man sich vor Augen, dass der psychosoziale Stress als wichtigster und häufigster Stressor anzusehen ist[291], so wird klar, welchen Belastungen der Hund ausgesetzt ist. Seine neuen Menschen sollten alles daransetzen, für den Hund zu einer beständigen, liebevollen und fürsorglichen Größe zu werden. Wer auf eine erste arglose Grenzüberschreitung regelrecht lauert, um sie exakt in dem Moment ihres Auftretens mit unerwarteter Vehemenz und Härte zu ahnden mit dem Ziel, das unerwünschte Verhalten für alle Zeiten zu bannen, der wirkt auf den Hund unberechenbar, gewaltvoll und unfair. Dies sind schlechte Voraussetzungen für einen guten Start ins gemeinsame Leben.

Unter Stress kommen nicht nur alte Verhaltensweisen wieder zum Vorschein[292], auch das rassetypische Verhalten tritt stärker hervor.[293] So nimmt der Retriever unter Stress vermehrt Dinge ins Maul, der Hütehund steckt im Hütemodus fest, der Jagdhund ist jagdfreudiger und der Ressourcensicherer sichert und verteidigt schneller. Dies kann für die neue Familie eine Belastung sein. Besonderes Konfliktpotenzial besteht, wenn der Hund sich zunächst stark an eine einzige Person bindet und diese sogar von allen anderen Familienmitgliedern abschirmt und verteidigt, was in der sogenannten beginnenden Bindungsphase[294] in mehr oder weniger stark ausgeprägter Form beobachtet werden kann. Wenn der Hund nun aus Sorge, dass er sich für alle Zeiten auf diese eine Person einschießen und keine andere mehr akzeptieren könnte, vorschnell wieder ins Tierheim abgegeben wird, wird dieses Verhalten durch die erneute Abgabe genährt, was dem Hund den Aufbau von Folgebindungen erschwert.

Eine unsicher-ambivalente Bindung[295] kann dazu führen, dass ein Konflikt eskaliert und sich der Hund unter Umständen zunächst gegen seine neuen Menschen richtet. Schnell wird ihm hier Unberechenbarkeit, mangelnde Bindungsfähigkeit und sogar

---

[291] Hüther, G (2001): Die neurobiologische Verankerung von Erfahrungen und ihre Auswirkungen auf das spätere Verhalten

[292] Kapitel „Hokuspokus! Auf wundersame Weise taucht ein vermeintlich gelöschtes Verhalten wieder auf“ in Band 1 der Reihe ICH HALTE DICH

[293] Band 4 der Reihe ICH HALTE DICH

[294] Kapitel „Entwicklungsphasen der Bindung“

[295] Kapitel „Bindung beim Hund“

Bösartigkeit unterstellt. Es liegt mir am Herzen, dass Verständnis für sein Verhalten aufgebracht, dass über Managementmaßnahmen Vorsorge getroffen und dass gewissenhaft Bindungsarbeit betrieben wird, um darüber den Weg aus der unsicher-ambivalenten Bindung in die sichere Bindung zu ebnen.

FALLGESCHICHTE

🐾 ARAGON

Kangal, Rüde

Aragons Fallgeschichte findet sich schon im Kapitel „Richtig verstanden führt zu richtig gebunden".[296] Wegen seiner auffälligen Verhaltensänderung im Zuge der Adoption halte ich es für notwendig, seine Geschichte auch an dieser Stelle zu erwähnen.

Aragon, der sich vor der Adoption gegenüber Menschen ausgesprochen freundlich zeigte, präsentierte sich ab dem Moment der Übernahme abwehrbereit. Nichts war mehr von seiner Menschenfreundlichkeit zu sehen. Wer in diesem Verhalten Dominanz sieht und dass der Hund sich als „Alpha" über den Menschen stellt, liegt falsch. Aragons Verhalten entsprang allein dem Umstand, dass er noch keine stabile Bindung eingegangen war, er zuvor viele Trennungen durchleiden musste und sein so heiß ersehntes Zuhause verständlicherweise auf keinen Fall wieder verlieren wollte. Demzufolge wurde jede fremde Person als eine potenzielle Bedrohung seines neuen Zuhauses wahrgenommen. Je mehr er sich seiner Menschen und auch seines Zuhauses sicher war, desto zugänglicher wurde er auch wieder gegenüber fremden Menschen.

FALLGESCHICHTE

🐾 BOBO

Cão da Serra da Estrela-Mix, Rüde:

Bobo wuchs bei einer Alkoholikerin auf, die ihn und seine Mutter regelmäßig verprügelte und letztlich im Stich ließ. Die beiden vernachlässigten Hunde wurden von Tierschützern gefunden, die Bobos Mutter recht bald vermittelten und ihn alleine auf dem Grundstück zurückließen. Es ist nachvollziehbar, dass er psychisch furchtbar gelitten haben muss. Zum Glück fand sich eine Nachbarin, die ihn immer mal

---

[296] Kapitel „Bindung beim Hund"

wieder versorgte. Als Bobo in meine Obhut kam, war er sehr ängstlich und rechnete jederzeit mit Schlägen und gewaltsamen Übergriffen. Mit der Zeit gewann er durch unsere beständige Freundlichkeit und Fürsorge immer mehr an Sicherheit. Er lernte weitere Betreuer kennen und konnte so seinen Erfahrungsschatz an guten Bindungen ausweiten. Gegenüber seinen Bezugspersonen zeigte er sich aufgeschlossen, verschmust und albern. Jedoch war vieles von seinen Clownskünsten dem *Fiddle about*[297] zuzuschreiben, er überspielte seine Unsicherheit.
Bei uns ging Bobo nie in eine Verteidigungsposition. Neuen Menschen gegenüber zeigte er sich unsicher, aber nicht abwehrend. Dass er auf seinem eigenen Gelände ungern fremde Hunde kennenlernte, ist nichts Ungewöhnliches, aber selbst dabei zeigte er sich bei uns ausgesprochen moderat.

Es fand sich eine Familie, die Bobo adoptieren wollte. Die ersten Treffen unter meiner Anleitung und mit meinem Beistand verliefen sehr gut. Sowohl die Frau, als auch der Mann konnten Bobo bereits beim zweiten Treffen anfassen. Nach einigen weiteren Treffen fuhr ich ihn in sein neues Zuhause, um ihm die Eingewöhnung zu erleichtern. Wie bei jeder Vermittlung ließ ich auch ihm einen bekannten Geruchsgegenstand und sein gewohntes Futter zurück, um etwas Vertrautes ins neue Umfeld einzubringen und den Umzug so erträglicher zu gestalten. Die ersten Meldungen aus dem Zuhause alarmierten mich: Bobo schien sofort eine sehr enge Beziehung zu der Frau aufzubauen und klebte regelrecht an ihr. Sie beschrieb ihn als ihren Seelenhund und überschüttete ihn mit Emotionen. Die ersten Tage durfte der Mann Bobo noch berühren, später ließ er es aber nicht mehr zu. Je zutraulicher Bobo gegenüber der Frau wurde, desto eingeschüchterter zeigte er sich gegenüber dem Mann. Von Tag zu Tag spitzte sich die Situation zu. Bobo wollte nicht von ihm angefasst werden, doch der Mann ließ trotz meiner Ratschläge nicht davon ab, direkten Kontakt zu fordern. Anstatt gelassen die Zeit für sich arbeiten zu lassen, zeigte er sich Bobo gegenüber aufdringlich und nicht empfänglich für dessen Wunsch nach Distanz. Da es der Frau schmeichelte, dass Bobo so sehr an ihr hing, fiel es ihr schwer, ihre überbordenden Emotionen zu kontrollieren. Dieses Dilemma „aufdringlicher Mann“ und „emotional überbordende Frau“ stresste Bobo zunehmend, sodass seine Ressourcenverteidigung erwartungsgemäß zunahm und er den Mann anknurrte.

---

[297] Band 4 der Reihe ICH HALTE DICH

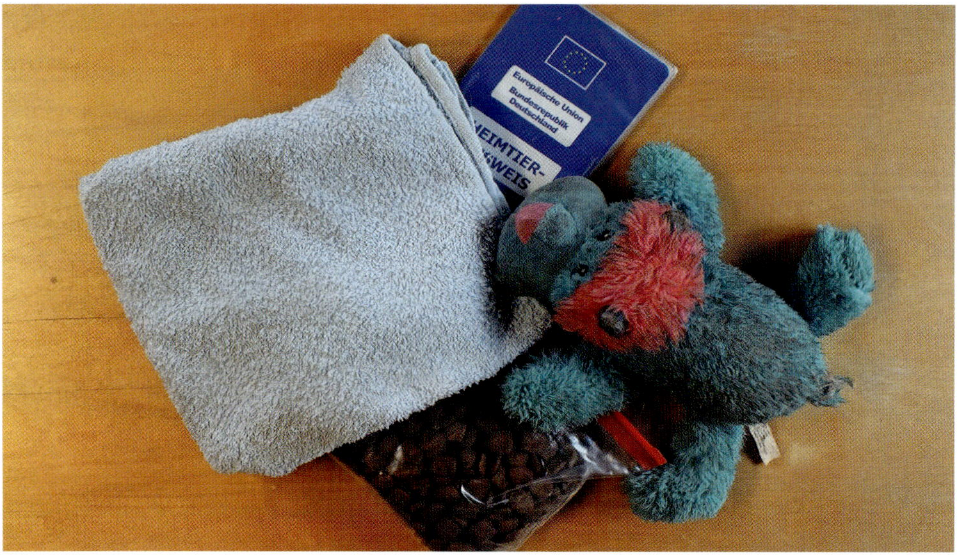

Care-Paket für die ersten Tage im neuen Zuhause: ein Geruchsgegenstand, das Lieblingskuscheltier, gewohntes Futter und natürlich der Impfausweis gehören zur Grundausstattung.

Dies war für mich eine logische Folge. Zum einen war Bobo komplett aus seinem inneren Gleichgewicht geraten, was einer Ressourcenverteidigung bei jedem Hund Vorschub leistet.[298] Zum anderen ist aufgrund Bobos Rasse (portugiesischer Herdenschutzhund) die Ressourcensicherung eine rassetypische Verhaltensweise, die unter Stress grundsätzlich verstärkt hervortritt. Das war zu viel für den Mann – der Hund musste weg. Bobo war sichtlich begeistert als er wieder in meinem Hundehotel war, in seinem vertrauten und Stabilität vermittelnden Umfeld.

Dabei hätte die Adoption erfolgreich verlaufen können. Hierzu wäre es wichtig gewesen, Bobo Zeit zu geben und feinfühlig auf seine Bedürfnisse einzugehen. Als unsicherer Hund benötigte er umso mehr Sicherheit durch Beständigkeit und Gelassenheit. Unvorhersehbare, überbordende emotionale Ausbrüche jeglicher Art und der nicht adäquate Umgang mit seinem Wunsch nach Nähe zur Frau und Dis-

[298] Band 4 der Reihe ICH HALTE DICH

tanz zum Mann trieben Bobo weiter aus seinem psychischen Gleichgewicht. Diese Schilderung darf nun auf keinen Fall dergestalt missverstanden werden, dass man möglichst emotionslos mit dem neuen Hund umgehen sollte. Der Hund muss sich unbedingt von Herzen angenommen und wertgeschätzt fühlen. Was ihn jedoch aus der Bahn werfen kann, sind emotionale Achterbahnfahrten und überbordende Emotionen, die Ausgeglichenheit und Beständigkeit vermissen lassen. Dem Hund Schutz zu geben und für ihn da zu sein ist wichtig, ihn emotional an sich zu ketten ist der falsche Weg. Geht der Hund auf Distanz, weil er noch Zeit benötigt, um den Menschen als vertrauenswürdig wahrzunehmen, sollte man dies tolerieren, aber jederzeit für eine Kontaktaufnahme bereit sein. Die menschliche Gekränktheit sollte nicht im Vordergrund stehen. Wer die beleidigte Leberwurst spielt und nach dem Motto: „Gestern wolltest du keinen Kontakt, heute will ich nicht!" schmollend den Kontakt ablehnt, wenn der Hund anfängt, sich dem Menschen zu öffnen, füllt die Funktion des schutzpflichtigen Bindungspartners nicht gut aus.

Um Hunden die Eingewöhnung im neuen Zuhause zu erleichtern, Konflikte zu bewältigen und eine stabile, sichere Bindung aufzubauen, möchte ich Ihnen die folgenden Regeln an die Hand geben. Sie sind als Ergänzung zu den Empfehlungen zu sehen, die in den vorangegangenen Kapiteln aufgeführt sind.

STRUKTUR UND HALT GEBEN DURCH REGELN UND GRENZEN

Wie Regeln und Grenzen fair gesetzt werden können, wird in Band 5 dieser Buchreihe beschrieben. An dieser Stelle möchte ich jedoch kurz auf einige häufig nicht beachtete Punkte bei der Adoption eines Hundes eingehen. Ein Hund, der sich nicht in seinem inneren Gleichgewicht befindet und dem es an innerer Struktur mangelt, benötigt umso dringender eine äußere Struktur. Diese kann ihm mit Hilfe von Ritualen, sinnvollen Hausregeln, einem fairen und berechenbaren Umgang und räumlichen, optisch erkennbaren Begrenzungen gegeben werden. Da es in der ersten Zeit der Integration sehr viel Konfliktpotenzial gibt, halte ich es nicht für ratsam, einem Hund — insbesondere, wenn er in Konflikten schnell ungehalten reagiert — sofort das gesamte Haus zur Verfügung zu stellen. Es ist sinnvoller, ihm zunächst nur einen abgetrennten, optisch begrenzten Bereich zuzuteilen. Diese Begrenzung tut Hund und Mensch gleichermaßen gut. Eine Begrenzung des Zimmers oder des Aufenthaltsbereichs durch eine nur imaginäre Grenze, die vom Menschen oft mit verbalem Nachdruck verteidigt wird, ist dagegen nicht zu empfehlen.

Eine solche optische Begrenzung, beispielsweise durch ein Kindergitter, gibt dem Hund eine räumliche Orientierung. Der Hund kann in diesem Bereich zur Ruhe kommen, sodass man mit verringertem Eskalationsrisiko für einen immer längeren Zeitraum mit ihm zusammen sein kann. Dieses Separieren hat nichts mit einem Ausschließen aus der Gemeinschaft zu tun und soll auch keinesfalls diesen Charakter haben. Ein Zimmer mit Kindergitter oder auch mit einer türfüllenden Vergitterung vermittelt dem Hund eine beruhigende Nähe zu seinen neuen Menschen, ohne dafür seinen Rückzugsort aufgeben zu müssen. Vereinzelt gibt es auch Hunde, für die ein solcher „VIP-Bereich" sichtbar Stress bedeutet. Selbstverständlich ist in diesen Fällen darauf zu verzichten, genau wie bei Welpen und anderen entspannteren Hunden. Es gibt nicht für jeden Hund den ultimativen pauschalen Tipp. Sie sollten sich anhand der genannten Empfehlungen und des neu gewonnenen Hintergrundwissens in Ihren Hund hineinfühlen und sich dann für den Weg entscheiden, der Ihnen für Sie und Ihren Hund am besten geeignet erscheint, um langfristig glücklich zusammenzuleben.

Die wohltuende Wirkung eines Bereiches, der dem Hund vorbehalten und frei von Konflikten ist, bezeichne ich als „Platzkarten-Effekt". Kennen Sie das Gefühl, einer Veranstaltung in einer fremden Umgebung beizuwohnen und niemanden zu kennen? Sie wissen nicht so richtig, wie der Ablauf ist und wo Sie sich am besten aufhalten sollten. Wie wohltuend ist es, wenn Ihnen entweder jemand beisteht und Sie freundlich zu dem Ihnen vorbehaltenen Platz führt oder Sie von selbst auf einmal einen Stuhl finden, der mit Ihrem Namen gekennzeichnet ist. Das ist Ihr Bereich, er ist für Sie reserviert. Hier können Sie sich häuslich niederlassen, ohne einen Konflikt mit anderen erwarten zu müssen.

Platzkarten-Effekt:
Die wohltuende Wirkung eines dem Hund vorbehaltenen Bereiches, der frei von Konflikten ist.

Der Platzkarten-Effekt ist auch der Grund, warum sich die Decke des Hundes wohltuend auf seine Eingewöhnung in unbekannte Örtlichkeiten auswirkt. Sie ist nicht

Das vertraute Körbchen lässt den Aufenthalt im Seminar erträglicher werden.

nur seine Platzkarte, zusätzlich erleichtert der vertraute Geruch das Einlassen auf die neue Umgebung. Bleibt es nicht bei der Decke, sondern hat die Platzkarte zudem auch noch einen Rand wie beispielsweise ein Körbchen, so wird die Forderung „Ein Nest hat einen Rand.“ erfüllt und dem Hund so noch mehr Sicherheit gegeben. Die vertrauten Liegestätten sind ein Synonym für die Platzkarte: „Hier ist mein Platz, hier darf ich sein, hier komme ich zur Ruhe.“

GEWOHNHEITEN UND VERTRAUTES SCHAFFEN

Wie würden Sie sich fühlen, wenn Sie nach einer anstrengenden Geschäftsreise ausgelaugt nach Hause kommen und nichts steht mehr da, wo es vorher war? Man möchte in seiner vertrauten Umgebung zur Ruhe kommen und Kraft schöpfen. Stattdessen erfordern die umgestalteten Räume die letzte Kraft, um sich zurechtzufinden und sich wieder Wohlfühlbereiche zu schaffen. Genauso geht es dem Hund. Verzichten Sie

In vertrauter Umgebung kann man die Seele baumeln lassen und Kraft schöpfen.

daher in der ersten Zeit auf eine Renovierung und Umgestaltung der Räume. Ihr Hund soll sein neues Zuhause als einen Ort empfinden, der ihm durch Vertrautheit ein Gefühl von Geborgenheit und Zuverlässigkeit vermittelt. Den gleichen Effekt haben bekannte Spaziergehrouten. So ist es unter Umständen angebracht, je nach innerer Unruhe des Hundes, sich auf einige wenige zu beschränken. Der Hund kennt die Wege, sie geben ihm durch die Vertrautheit Sicherheit und mindern seinen Stress.

WIEDERKEHRENDE ABLÄUFE SCHAFFEN — EIN HOCH AUF DEN ARBEITSALLTAG

Wiederkehrende Abläufe, die vorhersehbar sind, haben einen beruhigenden Einfluss auf den Hund. Ich finde es daher nur bedingt sinnvoll, sich für die Adoption eines Hundes Urlaub zu nehmen. Im Urlaub hat man zwar mehr Zeit für den Hund, die Abläufe sind dafür aber weniger beständig, sodass der Hund weniger Orientierungsmöglichkeiten hat. Zudem gewöhnt er sich unter Umständen an eine nicht all-

täglich lange Anwesenheit seiner Menschen. Daher ist meiner Erfahrung nach ein verlängertes Wochenende in der Regel ausreichend.
Ausnahmen bestätigen die Regel. So gibt es auch Adoptionen, bei denen Urlaub angebracht ist, sodass die Menschen den Kopf frei haben, um sich in die Integration einbringen zu können. Dabei ist darauf zu achten, dem neuen Hund zu vermitteln, dass eine 24-Stunden-Betreuung nicht an der Tagesordnung ist.

TRENNUNGSSCHMERZ BEGEGNEN

Ein Hund, der einem wiederholten Wechsel der Bezugspersonen und damit vielen Trennungen ausgesetzt war, kann sich unter Umständen stark an seinen Menschen klammern und seine Abwesenheit umso schmerzhafter und belastender wahrnehmen; er zeigt Trennungsangst. Je stabiler die Bindung ist, je sicherer der Hund sich in ihr fühlt, desto schneller wird der Trennungsschmerz der Vergangenheit angehören. Dieser Entwicklungsprozess braucht seine Zeit. Im Kapitel „Trennungen einfühlsam gestalten" werden weitere beachtenswerte Punkte aufgeführt.

Neben schlechten Bindungserfahrungen und einer nicht sicheren Bindung gibt es weitere Gründe, die zur Entstehung von Trennungsangst führen können. Diese werden jedoch nicht in diesem Buch thematisiert.

MANAGEMENT ALS ESKALATIONSPROPHYLAXE

Bei einem Hund, der schnell übergriffig wird, empfiehlt es sich, ihm während der ersten Zeit eine Hausleine anzulegen, sodass er im Haus ohne eine Unterschreitung seiner Individualdistanz durch den Menschen leichter zu Ortswechseln bewegt werden kann. Mit Hilfe einer Hausleine sind auch bestimmte Maßnahmen risikoärmer umzusetzen, wie beispielsweise den Hund aus einer Türöffnung zu bewegen, wenn ihr Durchschreiten durch den Menschen für den Hund noch einen Konflikt bedeutet. Den Hund stattdessen mit Gewalt (ob körperlich oder stimmlich) zu einem Ortswechsel zu bewegen, ist unklug, da der Mensch ein Verhalten vorlebt, das der Hund nicht übernehmen sollte: mit Gewalt ans Ziel kommen zu wollen.

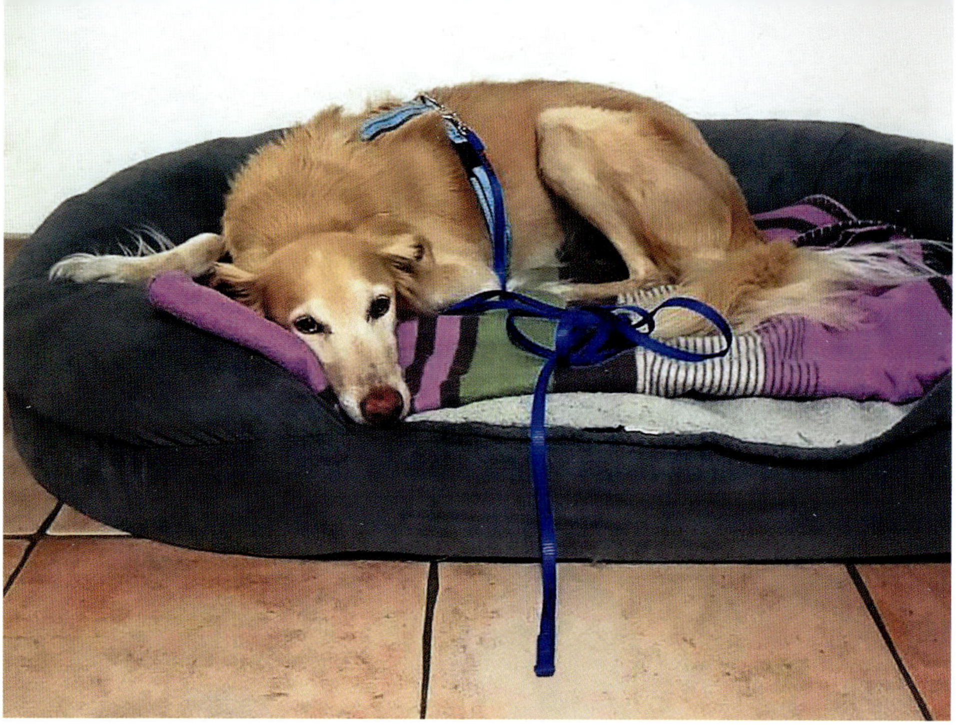

Die Hausleine eignet sich grundsätzlich bei Hunden, die sich nicht gerne anfassen lassen.

Ist das Verhältnis zum neuen Hund noch nicht von Vertrauen geprägt oder wehrt er sich noch gegen bestimmte Handlungen (Entfernen einer Zecke, Abtrocknen etc.), kann auch ein Maulkorb gute Dienste leisten. Er verhilft zu einem sicheren Auftreten des Menschen und die Beziehung wird durch einen möglichen Biss nicht belastet. Im Idealfall wurde der Hund vorab positiv an den Maulkorb gewöhnt. Damit durch die Maulkorb-Aktion die Beziehung auch aus Hundesicht nicht belastet wird, sollte trotz Sicherung achtsam mit ihm umgegangen und ihm nicht das Gefühl eines Ausgeliefertseins vermittelt werden. Parallel sollte weiterhin an seinem Vertrauen und an einer Neubewertung dieser Handlungen gearbeitet werden.

BINDUNGSARBEIT IN EXTERNER BETREUUNG

Die Betreuer in Hundepension und Hundehotel sowie Tagessitter können die Funktion von vorübergehenden nachrangigen Bindungspersonen übernehmen. Ihr Bestreben sollte sein, eine gesunde Beziehung aufzubauen, um ihrem Schützling die Trennung von seinem Menschen zu erleichtern. Neben der vorgestellten *H.A.L.T.*-

Methode nach Cordt sollten bestimmte Rahmenbedingungen gegeben sein, damit die externe Unterbringung den Hund so wenig wie möglich belastet.

Als Hundehalter habe ich nicht nur dafür Sorge zu tragen, dass der Hund bei mir Nähe, Sicherheit und Verständnis erfährt. Auch die externe Betreuung sollte sich diesbezüglich auszeichnen. Wird dem Hund jedoch in der externen Betreuung vermittelt, dass er lästig oder unbequem ist, kann dies für ihn einen ähnlich schockierenden Ausnahmezustand bedeuten wie die Abgabe in ein Tierheim mit Zwingeratmosphäre und wenig Sozialkontakt. Egal welche Verhaltensbesonderheiten der Hund auch haben mag, er sollte ein willkommener Gast sein und die Betreuer sollten alles daransetzen, ihm den Aufenthalt so angenehm wie möglich zu machen.

Die Eingewöhnung wird dem Hund enorm erleichtert und seine Bereitschaft, sich den Pensionsbetreuern anzuschließen, wird erhöht, wenn vor der Abgabe in die neue Umgebung mindestens ein Besuch dort stattgefunden hat. Aus diesem Grund ist ein Besichtigungstermin in meinem Hundehotel verpflichtend, bei dem der Hund die für ihn noch fremde Umgebung im Beisein seines Menschen erkunden kann. Wir nehmen uns ausreichend Zeit für alle Fragen und können einen Eindruck vom Hund gewinnen, sodass ihm während seines Aufenthalts der passende Zimmerpartner zur Seite gesellt werden kann. Unverträgliche Hunde werden in Einzelzimmern untergebracht. Nach dem Kurzbesuch geht der Hund wieder mit seinem Menschen nach Hause. So wird verhindert, dass er am neuen Ort sofort eine Trennung erfährt und diesen emotional negativ abspeichert. Zur leichteren Eingewöhnung während der Betreuungszeit sind wie bei einer Adoption Gegenstände, Gerüche und dergleichen hilfreich, die dem Hund ein Gefühl von Vertrautheit vermitteln. So bitten wir die Besitzer, dem Hund einen vertrauten Geruchsgegenstand mitzugeben. Dies kann beispielsweise ein getragenes T-Shirt sein oder ein altes Handtuch. Kurz, etwas, was ein Gefühl von Daheim vermittelt und wie ein Glückbringer[299] fungieren kann. Rituale und Gewohnheiten wie die Einhaltung der Fütterungszeiten oder der Gute-Nacht-Keks tragen ebenfalls dazu bei, dass der Hund sich besser einlebt.

Für die Betreuer in der externen Betreuung gilt dasselbe, wie bereits in den vorangegangenen Kapiteln zur Bindungsarbeit dargelegt. Die Betreuungspersonen tragen

[299] Band 4 der Reihe ICH HALTE DICH

Nicht nur zu den betreuenden Menschen werden Bindungen aufgebaut; auch neue Hunde-Freunde erleichtern die Trennung von Zuhause.

eine große Verantwortung und sollten den Hunden den Aufenthalt so angenehm wie möglich machen. Bereits bei der Begrüßung sollte ihnen das Gefühl vermittelt werden, willkommen zu sein. Aus diesem Grund vereinbaren wir in meinem Hundehotel immer eine feste Uhrzeit für die Ankunft. So ist gewährleistet, dass wir den Hunden die Zeit widmen können, die sie benötigen.

Dass man dem Hund grundsätzlich nicht mit Gewalt begegnet, habe ich schon oft betont. Ebenso wenig sollte man sich ihm aufdrängen — erst recht nicht bei einem vorsichtigen oder misstrauischen Hund — und in den ersten Begegnungen auf erzwungene Nähe verzichten wie sie beispielsweise beim Bürsten des Fells, Putzen der Zähne oder Pflege der Ohren und Augen notwendig wäre.

Keinesfalls ist es die Aufgabe der Betreuer, die Bindung zum Halter zu ersetzen oder mit ihr zu konkurrieren. Jeder Hund ist mit seinen Besonderheiten wahrzunehmen und es ist zu verstehen, warum er sich unter Umständen zunächst ablehnend, aufdringlich und ressourcenverteidigend verhält oder sogar unsauber ist. Die Trennung von seinem Menschen belastet ihn umso mehr, je weniger Bindungspartner er hat und je weniger er an Trennungen gewöhnt wurde.

Die Trennung kann für den Hund deutlich erleichtert werden, wenn darauf geachtet wird, dass der Hund sich von seinem Menschen entfernt— nicht umgekehrt. Im nächsten Kapitel „Trennungen einfühlsam gestalten“ wird hierauf detailliert eingegangen.

TRENNUNGEN EINFÜHLSAM GESTALTEN

Nur von etwas, mit dem man sich verbunden fühlt, kann man getrennt werden. So wohltuend die Bindung ist, so kann sie auch eine Kehrseite haben: Trennungsangst. An der Trennungsangst ist erkennbar, ob eine Bindung oder lediglich eine Beziehung, wie beispielsweise eine freundschaftliche Spielbeziehung unterbrochen wurde. Wird letztere unterbrochen, so kann man traurig und sogar frustriert sein, weil der Spaß vorbei ist, sie löst aber keinen Trennungsschmerz aus.

Trennungsangst kann als natürliches Schutzsystem verstanden werden, das den Schutzbedürftigen daran hindert, sich vor lauter Neugierde an der Umwelt in Gefahr zu begeben. Die Rückversicherung bei seinen Schutzpflichtigen kann lebensrettend sein. Entsprechend aktivieren Trennungen das Bindungsverhalten[300], sodass sie einfühlsam gestaltet werden sollten. Erst recht gilt dies bei Hunden, die fremden Menschen gegenüber zurückhaltend und misstrauisch sind oder die noch keinen Halt in einer sicheren Bindung finden. Bei ihnen ist mehr Zeit für die Bindungsgestaltung einzuplanen und die Trennung von der Bezugsperson umso achtsamer zu vollziehen.

Die Trennung von einer Bezugsperson löst nicht immer den gleichen Schmerz aus. Je nach Hierarchie der Bindungspersonen und wer die Trennung verursacht, entsteht unterschiedliches Trennungsleid. Wie bereits dargelegt[301], gibt es verschiedene Bindungspersonen mit unterschiedlichen Bindungsqualitäten. So ist eine Trennung von einer nachrangigen Bindungsperson weniger schmerzend, wenn der Schützling dabei von einer höherrangigen Bindungsperson umsorgt wird. Je schutzbedürftiger man sich fühlt, destso wichtiger wird die Anwesenheit der primären Bindungsperson.

Trennung — jung erfahren

Ein Lebewesen ist dann besonders schutzbedürftig, wenn es krank ist, wenn es Belastungen ausgesetzt ist, mit denen es nicht umgehen kann, wenn es unkontrollierbaren Stress erfährt und wenn es seine Gefühle nicht selbstständig regulieren kann.

---

[300] *Bindungsverhalten und Erkundungsverhalten* in Kapitel „Bindung – das Band, das zusammenhält“

[301] *Erst eins, dann zwei, dann drei, dann vier – alle die gehören zu mir!* in Kapitel „Bindung – das Band, das zusammenhält“

Je jünger ein Lebewesen ist, desto mehr ist es auf den Schutz seiner Bindungsperson angewiesen. Erfährt es keinen Schutz, keinen Beistand und kein feinfühliges Eingehen auf seine Bedürfnisse, kann dies unter Umständen ein traumatisches Erlebnis sein, was sich später in Form einer Posttraumatischen Belastungsstörung negativ auf sein Verhalten auswirken kann.

Wie sich beim Aufwachsen erlebte Trennungen grundsätzlich auf das Erkundungsverhalten und auf das Bindungsverhalten auswirken, wird in einer Dissertation dokumentiert.[302] Für diese wurden Nagetiere in einem Alter von 8 bis 21 Tagen jeweils eine Stunde täglich von ihren Müttern getrennt. Als Folge verhielten sie sich während ihrer Pubertät (um den 45. Tag) rastlos und achteten weniger auf die Kontaktlaute ihrer Mütter. Ihr Erkundungsverhalten hatte sich stärker ausgebildet, dafür war das Bindungsverhalten weniger stark ausgeprägt.

Dies zeigt, dass es grundsätzlich anzuraten ist, einem Welpen und Junghund nur wenige, sorgsam gestaltete Trennungen zuzumuten.[303] Aus diesem Grund nehme ich in meinem Hundehotel keine Hunde auf, die jünger als acht Monate sind, es sei denn, ein ihm nahestehender Hund ist bei seinem Aufenthalt als Stütze und Bindungspart-

---

[302] Seidel, K (2007): Einfluss emotionaler Deprivation auf die neurochemische und strukturelle Entwicklung limbischer Strukturen und auf das emotionale Verhalten bei Nagern (Octodon degus)

[303] Kapitel „Trennungen erleichtern“

ner dabei. Ebenso finde ich es ungeschickt, den Hund in den ersten drei Monaten nach einer Adoption in eine externe Betreuung zu geben — Tagessitter und Notfälle ausgenommen. Je nach Hund und seinen bisherigen Bindungserfahrungen sollten Sie unter Umständen dem Hund noch mehr Zeit zugestehen, bevor er eine längere Trennung von Ihnen erfährt.

Einen Hund im Alter von zehn Jahren zum ersten Mal in eine externe Betreuung zu geben, wenn er zuvor noch nie von seinen Bezugspersonen getrennt war, ist ebenfalls nicht ratsam. Es gilt, vorausschauend zu agieren und einen Hund langsam an externe Betreuungen zu gewöhnen. Die Trennungen sind einfühlsam zu gestalten, sodass er Sicherheit gewinnen kann im Bewusstsein um die Wiederkehr seiner Menschen.

Trennung — schmerzvoll wahrgenommen

Der durch die Trennung entstehende emotionale Schmerz ist nah verwandt mit dem körperlichen Schmerz.[304] Beide werden vom gleichen Rezeptor im Gehirn gesteuert, sodass über den Trennungsschmerz nicht leichtfertig hinweggegangen werden darf. Häufig wird sich nur darüber Gedanken gemacht, wie man das störende „Gejaule und Gebelle" abstellen und wie man einer Zerstörung des Mobiliars Einhalt gebieten kann. Die Tipps, von denen ich oft höre, zeigen, wie wenig dabei an die „innere Einrichtung" des Hundes gedacht wird. Die Empfehlungen reichen vom Einsperren in eine Box, der Verwendung von Pfotenschuhen (um keine unschönen Kratzer an der Tür zu hinterlassen) bis hin zur Nutzung eines engen Maulkorbes — teilweise sogar in Kombination. Die Wohnungseinrichtung nimmt nun zwar keinen Schaden mehr, die Psyche des Hundes dafür aber umso mehr.

Ein Hund kann selbst dann leiden, wenn er bei einer Trennung keine auffälligen Reaktionen wie beispielsweise Trauer, Angst oder einen verzweifelten Versuch, zu seiner Bindungsperson zu kommen, zeigt. Bei Kindern, die so eine Pseudounabhängigkeit als Stress-Kompensationsstrategie zeigen, konnten als Indikator ihres akuten Stresses erhöhte Cortisolwerte gemessen werden.[305] Bei still leidenden Hunden löst

---

[304] Moles, A; Kieffer, BL; D'Amato, FR (2004): Deficit in attachment behavior in mice lacking the μ-Opioid Receptor Gene

[305] *Unsicher-vermeidend gebunden* in Kapitel „Bindung beim Kind"

eine unvermittelte oder länger andauernde Trennung oder sogar der Verlust der Bindungsperson genauso wie bei den auffällig leidenden Hunden die gleichen körperlichen Reaktionen und Stresssymptome aus. Untersuchungen an Tieren und vereinzelt auch an Kindern zeigen, dass diese „in den Bereichen Essen, Schlafen, Unruhe und Immunschwäche"[306] zu finden sind.

Eine Trennung muss nicht immer nur körperlich sein. Es wird oft unterschätzt, wie wichtig die emotionale Anwesenheit des Bindungspartners ist. Ist der Hund regelrecht unsichtbar für den Menschen, ignoriert dieser ihn über einen längeren Zeitraum – beabsichtigt oder unbeabsichtigt – führt dies ebenfalls zu einem Trennungsempfinden. Nicht wahrgenommen zu werden ist äußerst schmerzhaft für ein sozial organisiertes Lebewesen.

Trennung erleichtern

Sieht man sich die „Fremde Situation" als Testverfahren zur Bestimmung des Bindungsmusters des Kindes an[307], fällt auf, dass die Bezugsperson sich in den Trennungssituationen vom Schützling entfernt. Meine vielfältigen Erfahrungen zeigen, dass eine Trennung als weniger belastend wahrgenommen wird, wenn der Schützling sich von seiner Bezugsperson entfernt. Es ist ein bedeutender Unterschied für ihn, ob er machtlos verlassen wird und sich in eine passive Rolle gedrängt fühlt oder ob ihm bei der Trennung noch ein gewisser Entscheidungsspielraum gegeben ist. Im ersten Fall tritt das Gefühl eines Verlusts auf, was im zweiten Fall aufgrund der durch den Entscheidungsspielraum vorhandenen Verhaltensoptionen weniger stark ausgeprägt ist, sodass weniger stark dagegen angekämpft wird.[308] Diesem Umstand trägt meine **AKKKA-Konsequenz**[309] mit ihren Abstufungen Rechnung. Um einen Hund in seiner Bindungsangst nicht nachhaltig zu erschüttern, ist sie dem jeweiligen Individuum mit seinem Bindungsmuster anzupassen und so kurz wie möglich zu halten.

---

[306] Spangler, G; Grossmann, KE; Schieche, M (2002): Psychobiologische Grundlagen der Organisation des Bindungsverhaltens im Kleinkindalter

[307] Kapitel „Bindung beim Kind"

[308] *Gewinn- und Verlustrechnung* in Kapitel „Trainingsaufbau Lenken des sozialen Referenzierens (LSR)"

[309] Die von mir entwickelte *AKKKA-Konsequenz* wird in Band 5 der Reihe ICH HALTE DICH beschrieben

Eine weitere mögliche Erklärung dafür, dass es einen Unterschied macht, ob der Schützling verlassen wird oder er sich selbst entfernt, liegt darin, dass das Verlassenwerden mit einem verschlossenen sicheren Hafen verglichen werden kann, wodurch das Bindungsverhalten aktiviert wird. Im Gegensatz dazu hat das Entfernen des Hundes von der sicheren Basis Bindungspartner einen explorativen Charakter. Auch bei dieser Betrachtungsweise macht sich die Gewinn- und Verlustrechnung[310] bemerkbar und bei einer solch gestalteten Trennung arrangiert sich ein Hund bedeutend leichter mit dieser, sodass der externe Aufenthalt besser startet.

Um eine notwendige Trennung, ob nun die Unterbringung in einer externen Betreuung oder auch stationär in einer Tierklinik, zu erleichtern, entfernt sich also im Idealfall der Hund von seinem Menschen, während dieser entspannt stehen bleibt und nicht von sich aus auf Distanz geht. Eilt nun aber der Besitzer beim Abschied zu seinem Auto und fährt unter den Augen seines Hundes weg, wird die Eingewöhnung in die externe Betreuung und das Sich-Einlassen auf das Betreuungspersonal erschwert.

Über die Leine fällt es dem Hund leichter, sich auf den neuen Menschen einzulassen, vorausgesetzt, dieser nutzt die Leine wie ein fürsorgliches Händchenhalten[311] und nicht wie ein Machtinstrument. Auch angeleint gibt es jedoch Hunde, die sich weigern, ihre Bezugsperson zu verlassen und mit einem anderen Menschen mitzugehen. Auf keinen Fall darf sich dieser Mensch dann in Frage gestellt fühlen und den Hund mit Härte, unerbittlichem Zwang und sogar Schmerzanwendung mit sich reißen. In diesem Fall würde das Bedürfnis des Hundes nach Sicherheit respektlos und wenig fürsorglich missachtet und ihm die Trennung erschwert werden. Eine Trennung von seinen Bindungspartnern ist nur dann in Ordnung und vertretbar, wenn die emotionale Versorgung weiterhin zuverlässig gewährleistet ist.

Bei solchen Hunden, die dem externen Betreuungspersonal noch nicht einfach mitgegeben werden können, weil sie sich sperren oder sogar abwehrend reagieren, handhabe ich es in meinem Hundehotel so, dass der Hundehalter selbst den Hund in sein Zimmer bringt, dort vertraute Geruchsgegenstände hinterlässt und sich dann ohne Aufhebens in gewohnter, möglichst unaufgeregter Manier vom Hund verabschiedet.

---

[310] *Gewinn- und Verlustrechnung* in Kapitel „Trainingsaufbau Lenken des sozialen Referenzierens (LSR)"

[311] *Phone-home – die Leine als Verbindungskabel* in Kapitel „H.A.L.T. – Bindung durch Nähe"

Liebevoll von der betreuenden Person an die Hand genommen, geht es mitsamt Urlaubsgepäck in die Pension.

Als Trennung kann auch der Abschied eines Tierschutzhundes von seinem vertrauten Gassigeher verstanden werden, der ihn nach dem Spaziergang dem Tierpfleger übergibt, damit dieser ihn in sein Gehege zurückbringt. Es sollte zur festen Gewohnheit in Tierheimen werden, dass der Gassigeher nach dem Spaziergang und der Übergabe des Hundes noch so lange wartet, bis der Tierpfleger mit dem Hund außer Sichtweite ist. Den Hund dem Tierpfleger in die Hand zu drücken, sich abrupt umzudrehen und ohne einen Blick zurück wegzugehen, würde uns Menschen in vergleichbarer Situation unhöflich und wenig sozial vorkommen. Besonders sensible Wesen beschleicht sofort die Befürchtung, einen Fehler gemacht zu haben und sie fühlen sich durch den abrupten Kontaktabbruch missachtet. Nicht anders ergeht es dem Hund.

Alltägliche Trennungen wie das Weggehen zur Arbeit, zum Einkaufen oder zum Arzt, während der Hund in seiner gewohnten Umgebung verbleibt, aktivieren nur bei den Hunden das Bindungsverhalten in auffälliger Form, die noch nicht in der sicheren Bindung Halt finden und demzufolge unter Trennungsschmerz leiden oder die durch ein negatives Erlebnis beim Alleinsein nachhaltig verunsichert wurden.

Es gilt, dem Hund zu vermitteln, dass eine Trennung kein Verlassenwerden bedeutet. So können Trennungen grundsätzlich erleichtert werden, unter anderem durch Abschiedsrituale, die dem Hund die Gewissheit der Wiederkehr ihrer Menschen geben.

Hilfreich kann zudem ein Kuschelobjekt als Symbolträger für die Bezugsperson sein, das in eine externe Betreuung mitgenommen wird. Um das Kuschelobjekt als Symbolträger zu etablieren, wird es immer dann eingesetzt, wenn sich die Bezugsperson liebevoll um den Hund kümmert und wenn der Hund mit Spaß an Herausforderungen herangeht und diese auch bewältigt. Hierdurch wird das Kuschelobjekt zu einem Glücksbringer[312], der ihm Zuversicht gibt und hilft, sein inneres Gleichgewicht wieder herzustellen. Das kuschelige Material trägt durch seine Textur ebenfalls dazu bei, ein Geborgenheitsgefühl zu erzeugen; so wie Linus bei den *Peanuts* mit seiner Schmusedecke unterwegs ist, weil er ohne sie nicht sein kann. Es gibt aber auch nicht wenige Hunde, die ohne das besondere Zutun ihres Menschen einem Stofftier besonders zugetan sind und ihm eine ganz besondere Bedeutung beimessen. Diesem wertvollen Kuscheltier können „geheime Kräfte" zugesprochen werden: Mutmacher in jeder Situation, erst recht, wenn sein Mensch nicht dabei ist.
Kuschelig und wie ein schützendes Nest sollte auch die Schlafstätte und damit der Rückzugsort gestaltet sein. Begrenzungen über einen weichen Wulst erfüllen die Forderung: „Ein Nest hat einen Rand.".

Um dem Hund Trennungen zu erleichtern und ihn an eine Betreuung durch fremde Personen zu gewöhnen, sollte er bereits in jungen Jahren an sorgsam initiierte Trennungen von seiner Hauptbezugsperson gewöhnt werden. Wie bei kleinen Kindern kann sich der Hund im Beisein seines Menschen neuen Personen öffnen und positive Erfahrungen sammeln. Sein rückversichernder Blick zeigt seinem Menschen, wie viel Beistand er noch braucht und wann ihn eine Trennung nicht mehr nachhaltig beeindruckt. Auch hier zeigt sich, dass sich die sorgsame Einarbeitung mehrerer Bindungspartner auszahlt, da der Hund von diesem positiven Bindungs-Erfahrungsschatz profitiert und sich so bereitwilliger neuen Betreuungspersonen anschließt. Gewissenhaft gestaltet, lernt der Hund hierbei nicht nur, anderen zu vertrauen, sondern nebenbei werden auch seine Selbstständigkeit und Reife gefördert. Dies ist nun auf keinen Fall so zu verstehen, dass der Hund wöchentlich Trennungen durchleben sollte und jedes Mal von fremden Personen in einer fremden Umgebung betreut wird. Alles sollte wohldosiert sein. Der Hund braucht zwischenzeitlich Erholungsphasen, um die Erlebnisse zu verarbeiten und innerlich wieder zur Ruhe zu finden.

---

[312] Band 4 der Reihe ICH HALTE DICH

Beobachten Sie genau, wie oft sich Ihr Schützling in neuen Situationen noch bei Ihnen rückversichert.

Trennung als Chillout

Durch eine Trennung fühlt man sich vom Sozialverband ausgeschlossen, die Bindungsperson scheint unerreichbar. Dieser Zustand kann einem Hund psychisch überaus zusetzen und Trennungsschmerz verursachen.

Richten Sie Ihrem Hund eine Chillout-Zone ein, die nicht Einsamkeit und Ausgestoßensein vermittelt. In diesem Bereich sind direkte Sozialkontakte zwar auch nicht – oder nur eingeschränkt – möglich, aber durch die Gestaltung dieser Zone fühlt sich der Hund nicht allein gelassen, sondern kann Beruhigung und Erholung finden. Die Chillout-Zone wird nur dann als eine solche empfunden, wenn sie nicht als bestrafender Raum zum Ausgrenzen genutzt wird, sondern für den Hund eine gewohnte und behagliche Umgebung ist, in der zudem keine aufregenden Reize auf ihn einwirken. Behaglichkeit, die ein Gefühl von Geborgenheit vermittelt, kann unter anderem durch eine angenehme Temperatur und kuschelige Oberflächen der Liegeplätze geschaffen werden.[313]

[313] *Geborgenheit vermitteln* in Kapitel „H.A.L.T. – Bindung durch Schutz, Geborgenheit und Fürsorge"

Wie sehr sich eine Trennung als psychosozialer Konflikt, der als größter Stressor überhaupt anzusehen ist[314], auf das Verhalten auswirkt und wie ein regelrechter Teufelskreis in Gang gesetzt werden kann, wird eindrucksvoll in der folgenden Fallgeschichte beschrieben.

FALLGESCHICHTE

TUGBA

Kangal, Rüde

Tugba fristete, wie so viele Kangals, von Welpenbeinen an ein trostloses Dasein als Wachhund auf einem einsamen Gelände. Diese Haltungsform befriedigt die elementaren Bedürfnisse bei Weitem nicht und ist als Misshandlung anzusehen. Negative Folgen für den Organismus, beispielsweise Probleme bei der Regulation von Stress und Gefühlen sowie Probleme im Sozialverhalten sind abzusehen.[315] Diese lebensverachtende Haltungsform ist leider das Los vieler Hunde, insbesondere von Herdenschutzhunden, bei denen geflissentlich vergessen wird, dass auch sie auf gute Sozialkontakte und Bindungspartner angewiesen sind. Tugba bekam zum Glück nicht „lebenslänglich“, sondern wurde mit zehn Monaten einem Tierheim übereignet. Dort war es jedoch nur begrenzt möglich, ihm förderliche Sozialkontakte und korrigierende Bindungserfahrungen bereitzustellen, sodass er mit 1,5 Jahren in meine Obhut kam. In der ersten Zeit war es nicht einfach, ihn mit anderen Hunden zu vergesellschaften. Tugba war für sein Alter recht groß, kraftstrotzend, zudem sehr schnell übererregt und dabei ausgesprochen grob. Schnell nahm er es dem anderen übel, wenn etwas nicht nach seinen Vorstellungen lief. Die ersten Begegnungen konnten nur mit drei stabilen, sozial sicheren Hunden unter der Aufsicht meines Mannes und mir stattfinden. Die Dauer der Begegnungen war auf weniger als eine Minute zu beschränken, da Tugba so schnell und vehement derart ungehalten reagierte, dass wir mit meinem Trainingselement **Handbremse**[316] eingreifen mussten, um die anderen Hunde vor ihm zu schützen. Von Mal zu Mal konnte Tugba in län-

[314] Hüther, G (2001): Die neurobiologische Verankerung von Erfahrungen und ihre Auswirkungen auf das spätere Verhalten

[315] Kapitel „Die Vergangenheit hinterlässt ihre Spuren“ in Band 1 der Reihe ICH HALTE DICH

[316] Auf die *Handbremse* wird in Band 5 der Reihe ICH HALTE DICH detailliert eingegangen

geren Kontakten die Nerven behalten. Unsere Regulierung war so lange gefordert, wie die anderen Hunde mit Tugba noch überfordert waren. Es galt, bei ihnen die ungünstige Lernerfahrung: „Es lohnt sich nicht, um Einhalt zu bitten, sich heftig zur Wehr zu setzen ist die bessere Strategie!" zu verhindern. Je öfter Tugba es schaffte, seine neuen Kumpel auch mal in Ruhe zu lassen, desto weniger mussten wir regulierend eingreifen. Tugba befand sich nun auf einem Ausbildungsstand, in dem die anderen Hunde mit ihm zurechtkamen, ohne grobe Signale anwenden zu müssen, um ihn sich vom Leib zu halten.

Man sollte die Hunde sorgsam beobachten, um zu entscheiden, wann man seinen Schutzauftrag zu erfüllen hat und wann man sich als Mensch zurücknehmen und die Hunde selbstständig agieren lassen kann. Wie Curling-Eltern[317] jegliche Belastung vom Hund fernzuhalten, ist nicht ratsam; ihm werden sonst lehrreiche Erfahrungen vorenthalten.

Unsere Arbeit über Monate hinweg zahlte sich aus und Tugba wurde im Sozialverhalten immer sicherer. Da er aufgrund seiner mangelnden Stressresistenz und seiner Persönlichkeit trotzdem kein leicht zu führender Hund war, war die Chance ausgesprochen gering, für ihn ein passendes Zuhause mit fördernden Sozialkontakten zu finden. So beschlossen mein Mann und ich, ihn als eigenen Hund zu übernehmen und in unsere Hausgruppe zu integrieren, in der zu dieser Zeit bereits neun Herdenschutzhunde und vier weitere Hunde anderer Rassen lebten. Die erste Zeit war für alle Beteiligten sehr anstrengend. So sehr sich Tugba über das Leben im Haus freute, so neu, aufregend und damit stressend war es auch und die Gesamtsituation fachte sein überbordendes Verhalten und seine Ressourcenverteidigung an. Wir mussten die ersten Wochen immer ein Auge und ein Ohr auf ihn haben, um die Gruppe mit Tugba nicht zu überfordern und um ihm Geleithilfe für eine gute Entwicklung zu geben.

Wir wollten es unseren etablierten Hunden und unserer Wohnungseinrichtung nicht zumuten, Tugba während unserer Abwesenheit allein ausgesetzt zu sein. Schäden wären absehbar gewesen. Somit separierten wir Tugba, da Sommer war und angenehme Temperaturen herrschten, dreimal täglich in unserem Hof, wenn wir uns

---

[317] Kapitel „Von Helikopter-Eltern und Curling-Eltern"

um spezielle Schützlinge im Hundehotel kümmerten. Er wurde draußen gefüttert und blieb so lange dort, bis wir ihn etwa 1,5 Stunden später wieder zu den anderen Hunden ließen.

Auch wenn sich dieser Ablauf dreimal täglich wiederholte und somit für Tugba vorhersehbar war, verstand er dennoch nicht, warum er als einziger draußen zu bleiben hatte. Er kam sich ausgeschlossen vor. Wenn wir ihn anschließend wieder mit der großen Gruppe zusammenführten, verhielt er sich noch grober als sonst. Dies war für alle nervenaufreibend und belastend, sodass wir jedes Mal deeskalierend eingreifen mussten. Wir spürten zwar, dass Tugba sich draußen in den 1,5 Stunden verlassen fühlte, aber uns war auch klar, dass wir ihn mit seiner unkontrollierten Art nicht ohne Aufsicht mit den anderen Hunden im Haus lassen konnten. Besondere Sorge bereitete uns die Frage, wie wir dies in der kommenden kalten und nassen Jahreszeit handhaben sollten. Uns fiel keine zufriedenstellende Lösung für den Aufenthalt im Hof ein, sodass wir schließlich einen Bereich in unserem Haus einrichteten, in dem Tugba durch eine Wand von den anderen getrennt war. Diese war nicht deckenhoch, sodass er die Hunde zwar nicht sehen, aber hören konnte. Seine Veränderung nach nur wenigen Tagen war selbst für uns unglaublich.

Tugba wurde im Alltag zusehends ruhiger, seine Rangeleien mit den anderen Hunden waren weniger energiegeladen und kürzer, der generelle Umgang mit ihm war leichter. Es ging so weit, dass er, wenn wir ihm nach unserer 1,5-stündigen Abwesenheit den Zugang zu den anderen wieder freigaben, nicht sofort aufstand, sondern sich erst ausgiebig von uns beschmusen ließ, bevor er die anderen Hunde ruhig begrüßte. Tugba kam zusehends innerlich zur Ruhe, da der Hauptstressor beseitigt war: statt Isolierung gab es Chillout. Er fühlte sich nicht mehr dreimal am Tag ausgeschlossen, sondern dazugehörig.

Dies zeigt eindrucksvoll, wie sich Hunde grob, übererregt und ungehalten präsentieren können, wenn ihnen Sozialkontakte vorenthalten werden und häufige Trennungen stattfinden. Da ihnen aufgrund ihres Verhaltens der Sozialkontakt nicht ohne Weiteres gegeben werden kann, sind Trennungen unvermeidlich – ein Teufelskreis, den es zu durchbrechen gilt. Um an der eigentlichen Schraube für das Verhalten zu drehen, sind zum einen die bereits vorhandenen Sozialkontakte gewissenhaft hinsichtlich ihrer Qualität zu überprüfen. Herrschen Gewalt, Unverständnis, ein unfairer Umgang, aber auch Ungeduld und gibt es ungünstige Vorbilder, kann dies den Hund innerlich nicht zur Ruhe bringen. Im Gegenteil, es treibt ihn immer mehr aus seinem inneren Gleichgewicht. Zum anderen sind sorgsam inszenierte Begegnungen zu ermöglichen und das Gefühl des Ausgeschlossenseins über „Geborgenheits-Träger"[318] sowie über den **Platzkarten-Effekt**[319] so weit wie möglich zu verringern. In allen Sozialkontakten gilt es, dem Hund das Gefühl eines Aufgefangenseins zu vermitteln, um den psychosozialen Konflikt so klein wie möglich zu halten. Jeglichen Trennungen ist der Charakter eines Weggesperrtseins zu nehmen und sie sind möglichst in ein Chillout zu verwandeln.

---

[318] *Geborgenheit vermitteln* in Kapitel „H.A.L.T. – Bindung durch Schutz, Geborgenheit und Fürsorge"

[319] *Platzkarten-Effekt* in Kapitel „Bindungsarbeit in der neuen Familie"

Wie siehst du das?

LENKEN DES SOZIALEN REFERENZIERENS (LSR)

ICH HALTE DICH

Wie siehst du das?

Soziales Referenzieren

Die Orientierung von Kleinkindern an ihren Bezugspersonen, um von ihnen zu erfahren, wie ein Lebewesen, eine Situation oder ein Objekt emotional zu bewerten ist, wird als soziales Referenzieren bezeichnet. Es werden emotionale Signale gesucht, die sich auf diesen bestimmten Reiz beziehen. Damit gewährleistet ist, dass es sich um denselben Reiz handelt, erfolgt die Abstimmung über referentielle Hinweise, beispielsweise über die Blickrichtung.

Die Verständigung über Blicke, das Rückversichern bei der Bezugsperson und das emotionale Abstimmen kann auch beim Hund beobachtet werden. Über die Blickrichtung des Menschen und seine Stimmung erhält der Hund wichtige Informationen zur eigenen emotionalen Bewertung. Zeigt der Hundehalter eine positive Emotion beim Anblick eines Reizes und äußert er sich positiv, so fällt es dem Hund leichter, sich diesem Objekt anzunähern und sich mit ihm zu beschäftigen. Ist die emotionale Bewertung des Objektes durch den Hundehalter jedoch negativ, dann benötigt der Hund hierzu mehr Zeit.

Auch der Einfluss einer fremden Person auf das soziale Referenzieren wurde untersucht.[320] Es stellte sich heraus, dass die Beziehung des Hundes zu der Person, die Hinweise zur emotionalen Bewertung gibt, das Ausmaß der Orientierung an dieser Bewertung und damit das Verhalten des Hundes beeinflusst. Dies zeigt, wie wichtig eine gute Bindung ist und auch, wie wichtig es ist, dass der Mensch die Befindlichkeiten seines Hundes beim Anblick eines Reizes einzuschätzen weiß. Nur so kann

[320] Merola, I; Prato-Previde, E; Marshall-Pescini, S (2012): Dogs' social referencing towards owners and strangers

er ihm eine hilfreiche und stabilisierende Emotion und eine der Allgemeinheit zuträglichere Bewältigungsstrategie vorleben.

Neben Körperspannung, Atmung, Körperhaltung, Gestik und dem für den Hund wahrnehmbaren Hormoncocktail des Menschen, kommt der menschlichen Mimik eine besondere Bedeutung zu. Dass Hunde menschliche Emotionen am Gesichtsausdruck erkennen können, wurde in einer Studie[321] bestätigt. Diese konnte nachweisen, dass Hunde zwischen fröhlichen und zornigen Gesichtsausdrücken unterscheiden können, selbst wenn sie nur die Augenpartie oder die Mundpartie sehen können; vorausgesetzt, sie hatten diese Emotionen bereits beim Menschen gelernt. Aufschlussreich ist jedoch eine weitere Erkenntnis: Es fiel den Hunden schwerer, zornige Menschengesichter an einem Touchscreen anzustupsen, als fröhliche. Nachvollziehbar, denn auch wir bleiben bei zornigen Menschen eher auf Abstand, da sozio-negatives Verhalten eine distanzvergrößernde Wirkung hat. Dieser Zusammenhang erweist sich als problematisch für den Hund. Wenn der Mensch als sichere Basis in einer belastenden Situation sozio-negatives Verhalten zeigt, wird dem Hund erschwert, die beruhigende Nähe zum Menschen herzustellen, selbst wenn dessen abstoßendes Verhalten nicht gegen ihn gerichtet ist.

---

[321] Müller, CA; Schmitt, K; Barber, ALA; Huber, L (2015): Dogs can discriminate emotional expressions of human faces

Achten Sie auf Ihre Mimik. Wählen Sie einen Gesichtsausdruck, der zu einer positiven emotionalen Bewertung der Situation beiträgt.

Nimmt der Mensch einen Reiz wahr, der seinen Hund erfahrungsgemäß zu einem ungehaltenen Ausbruch (sei es ängstlich oder übergriffig) animiert, lassen sich folgende Reaktionen beim Menschen beobachten:

- Aufgerissene und angstvolle Augen, angespannte Körperhaltung, entsprechende Hormonausschüttung, stockende und gepresste Stimme, flache und stoßweise Atmung, Kürzernehmen der Leine, Flucht. Auf diese Weise vermittelt der Mensch, dass er den Reiz als gefährlich empfindet. Auch wenn das Flüchten fürs Umfeld in der Regel ungefährlicher ist als ein Angriff, wird der Hund aus dem Vorbild seines Menschen nicht lernen, diesem Reiz positive Gefühle entgegenzubringen. Ich spreche mich nicht grundsätzlich gegen ein Flüchten aus. Statt sich einer Situation zu stellen, obwohl offensichtlich ist, dass man mit dieser noch überfordert ist, kann der kontrollierte Rückzug tatsächlich das Mittel der Wahl sein. So können sich unliebsame Verhaltensweisen nicht festigen. Ein kopfloses Flüchten ist jedoch weniger geeignet; erst recht, wenn dies zum Schema wird. Flüchten ist keine dauerhafte Lösung des Problems, sondern kann das Problem über das soziale Referenzieren sogar verstärken. Das Ziel sollte sein, mit Reizen immer besser umzugehen. Dazu gehört eine bewusste mentale Auseinandersetzung mit diesen und eine Reizneubewertung.

- Eine abgemilderte Version der Flucht sieht man, wenn Hundebesitzer ihrem Hund über ein beschwichtigendes und leider häufig übertrieben ausgeführtes Bogenlaufen helfen wollen. Dies wird bei Hunden selbst dann praktiziert, wenn sie offensichtlich (noch) kein Problem mit dem Objekt oder der Situation haben. Der Mensch sieht den Reiz und leitet einen Bogen ein, wobei sich seine Sorge oft in seiner Mimik offenbart oder sich seine Konzentration in einem scheinbar grimmigen Gesichtsausdruck widerspiegelt. Verständlich, dass der Hund hieraus schlussfolgert, dass der Mensch mit diesem Reiz ein Problem hat. Somit schubst der Mensch den Hund, obwohl er etwas Gutes für ihn tun wollte, unbedacht in eine negative emotionale Bewertung. Ein Bogenlaufen kann dann wertvolle Dienste leisten, wenn der Hund mit der Distanz zum Reiz tatsächlich noch überfordert ist und wenn der Mensch dabei auf seine Mimik achtet, um dem Hund so eine positive emotionale Bewertung zu vermitteln. Bei Hunden, die bei Überforderung zum Übergriff neigen, ist eine **Achsenverschiebung** dem Bogenlaufen vorzuziehen. Diese ist ein Führelement aus der Reihe *Achtsames Führen nach Cordt*.[322]

- Der Mensch zeigt alle oben genannten Anzeichen von Furcht mit Ausnahme der Flucht und versucht, die Situation durchzustehen, indem er seinen Hund in der **Bärenumarmung**[323] hält. Auch hierbei wird der Hund die Situation über das soziale Referenzieren als furchterregend empfinden. Die Bärenumarmung verliert ihre stabilisierende Wirkung von „Ich gebe dir Halt und einen Rahmen." und verkommt zu einem ängstlichen Am-Hund-Festklammern. Die Bärenumarmung kann nur dann ihr eigentliches Ziel erreichen, wenn die Befürchtung des Menschen nur ansatzweise erkennbar ist, um dem Hund zu verstehen zu geben, dass man seine Sorgen ernstnimmt[324]. Hilfreich ist, wenn der Mensch seine Sorge überspielt und dem Hund so eine Strategie vorlebt, die das Umfeld nicht beeinträchtigt. Auf dieses vorbildliche Verhalten wird im letzten Punkt dieser Aufzählung näher eingegangen.

- Der Mensch trägt seine Furcht nicht nach außen, wählt jedoch als Strategie zur Lösung der für ihn schwierigen Situation „den Weg nach vorne". Macht er seinem Un-

---

[322] Den Führelementen der Reihe „Achtsames Führen nach Cordt" ist Band 3 dieser Buchreihe gewidmet

[323] Band 3 der Reihe ICH HALTE DICH

[324] Kapitel „Geteiltes Leid ist halbes Leid"

Bei einem entspannten Hund hat ein so erschrockener, angstvoller Blick zum Reiz keine negativen Konsequenzen, wenn er sich nicht wiederholt.

mut über den Reiz und die schwierige Situation ungehalten Luft, wird auch diese Emotion und Lösungsstrategie vom Hund erfasst. Zudem erhält er keinerlei Unterstützung hinsichtlich der Erzeugung einer guten Assoziation, sodass er den Reiz als gefährlich wahrnimmt und die Strategie „aktive Abwehr" ihre Bestätigung erfährt. Des Weiteren fällt es dem Hund schwer, zur eigenen Beruhigung Nähe zu seinem aufgebrachten Menschen herzustellen.

- Den Halter beschleicht bezüglich der Situation ein großes Unbehagen, doch er zeigt beim Anblick des Reizes keine negativen Emotionen, sondern er begegnet ihm kontrolliert, wohlwollend und die Situation überspielend. Das Vorleben der Strategie *Fiddle about*[325] setze ich gezielt ein, wenn sich Mensch oder Hund ihrer Anspannung Luft machen müssen und vermieden werden soll, dass sie sich in ei-

[325] Band 4 der Reihe ICH HALTE DICH

nem aggressiven Ausbruch entlädt. Der Hund orientiert sich am „fiddelnden" Vorbild, was einen wichtigen Schritt hin zur erwünschten Assoziation „dieser Reiz = gutes Gefühl" darstellt. Dies ist auch dann der Fall, wenn der Hund aufgrund seiner Erfahrungen zunächst weder „mitfiddelt", noch wie sein Mensch ruhig und besonnen auf den Reiz reagiert. Beständigkeit zahlt sich aus, früher oder später wird auch er — unterstützt von weiteren Trainingselementen — immer weniger schnell aggressiv reagieren, sondern zunehmend die vorgelebte Strategie und Emotion seines Menschen übernehmen.

Die nachahmenswerte Lösungsstrategie lautet: „Auch wenn du dich angesichts des Reizes nicht wohlfühlst, kann du dich trotzdem halten und musst deiner Überforderung nicht ungehalten Luft machen." Das umsichtige Führen des Menschen und das achtsame Anleiten und Eingehen auf die Befindlichkeiten des Hundes fördern seine Bereitschaft, sich an seinem Menschen zu orientieren und seine Strategie zu übernehmen.

Ist ein Lebewesen oder eine Situation noch völlig unbekannt und gibt es daher noch keine emotionale Verknüpfung, so ist das soziale Referenzieren umso bedeutsamer, denn es setzt die erste und damit einprägsamste emotionale Bewertung gemäß „Es gibt keine zweite Chance für den ersten Eindruck."[326] Wer auf seine nach außen getragene Emotion, seine Stimme, Atmung, Gesichtsausdruck, Körperspannung sowie auf Körperorientierung und Schwerpunktverlagerung achtet und dies kontrolliert einsetzt, kann hierdurch sich selbst und seinem Hund viel Arbeit und Leid ersparen. Er legt den Grundstein für eine gute oder ungute emotionale Bewertung des Reizes mit den sich daraus entwickelnden Verhaltensweisen seines Hundes.

Das soziale Referenzieren als Auslöser von Ängsten und Unsicherheiten gegenüber bestimmten Reizen ist nicht nur negativ zu sehen, sondern auch als eine wichtige Überlebenshilfe. Durch die Reaktionen von (Bezugs-)Partnern Kenntnis über die umgebenden Gefahren zu erlangen, ist effizienter und weniger riskant, als Gefahrensituationen selbst zu erfahren und bestehen zu müssen.

Doch nicht zu jedem beliebigen Objekt entwickelt sich über das soziale Referenzieren eine Angst. Ganz offensichtlich existiert ein evolutionäres Erbe, Furcht vor

---

[326] *Konkurrierende Verknüpfungen vermeiden* in Kapitel „Der Reiz als Erfolgsauslöser"

Vermitteln Sie Ihrem Hund gute Laune!

angstrelevanten Situationen und Lebewesen, beispielsweise vor Höhen und vor Feuer, über das soziale Referenzieren zu erlernen. So kann der Entwicklung von sozialen Ängsten allein durch das soziale Referenzieren Vorschub geleistet werden.[327] Zeigt eine (Bezugs-)Person eine furchtsame und abwehrende Haltung gegenüber einem angstrelevanten Reiz, wird dies von Persönlichkeiten mit einem eher ängstlichen Naturell einprägsamer und einschneidender wahrgenommen. Sie sind für angstbesetzte Informationen noch empfänglicher als es grundsätzlich der Fall ist.

Negative Ereignisse und Informationen werden generell nicht nur vorrangig vor positiven wahrgenommen, sondern sie prägen sich auch wesentlich besser und nachhaltiger ein.[328] Somit haben sie einen größeren Einfluss auf die Aufmerksamkeit und

[327] Cook, M; Mineka, S (1998): Observational conditioning of fear to fear-relevant versus fear-irrelevant stimuli in rhesus monkeys

[328] Vaish, A; Grossmann, T; Woodward, A (2008): Not all emotions are created equal: the negativity bias in social-emotional development

die Entscheidungsfindung, was evolutionär bedingt sinnvoll ist. Dieses Phänomen ist als *Negativitätsbias*[329] bekannt. Das macht das Risiko eines fehlgeleiteten Lernens durch soziales Referenzieren deutlich, und zeigt auch, dass der Mensch sich seiner Funktion als Vorbild jederzeit — nicht nur in gezielten Trainingseinheiten — bewusst sein muss. Es geht darum, Ängste zu nehmen, anstatt sie zu schüren und durch ein gutes Beispiel beim Hund eine Verhaltensänderung herbeizuführen. Hierbei verbieten sich Unbeherrschtheit und Gewalt als erzieherisches Element.

Auf keinen Fall darf dem Hund durch das soziale Referenzieren eine Überwertung von neuen, noch unbekannten Reizen antrainiert werden.

Bei Erstbegegnungen sollte also nicht übers Ziel hinausgeschossen werden und dem Hund so eine erhöhte Aufmerksamkeit zum Reiz antrainiert werden. Hat der Hund noch keine negative Verknüpfung, muss mit dem „Lenken des sozialen Referenzierens" auch nicht dagegen gearbeitet werden.

Es geht bei der Neureiz-Bewertung darum, eine negative Bewertung zu vermeiden und den Reiz stattdessen positiv zu belegen. Der Hund kann angesichts des Reizes entspannt, beziehungsweise freudig gestimmt sein. Es geht nicht darum, die Erregung des Hundes so weit zu steigern, dass er denkt, der Reiz sei extrem bedeutsam und Anlass für Partylaune. Von einer Party zur nächsten zu hüpfen, tut niemandem gut.

Geben Sie daher keine erhöhte Aufmerksamkeit in den Neureiz. Er ist einfach da. Er stört nicht. Er ist angenehm, aber nicht so besonders, dass dafür der rote Teppich ausgerollt werden muss und es Leckerli wie aus der Konfetti-Kanone regnet. In der Regel reicht es vollkommen aus, dem Reiz gegenüber wohlgesonnen zu sein, den Hund beim Rückversichern freundlich anzulächeln und eventuell ein paar bestätigende Worte an den Hund zu richten.

Besonders wichtig ist diese „positive Belanglosigkeit" bei Welpen, für die noch die ganze Welt neu ist.

---

[329] Kapitel „Das Negativitätsgefälle" in Band 1 der Reihe ICH HALTE DICH

TRAININGSAUFBAU: LENKEN DES SOZIALEN REFERENZIERENS

Dieses Trainingselement wird im Folgenden mit **LSR** abgekürzt.

Den Hund in einer befremdlichen Situation zu unterstützen, ist auf verschiedene Weise möglich. Sei es über die Leine, über Nähe und einen direkten Kontakt vergleichbar mit einem Händchenhalten[330], sei es über das Kontakthalten mittels Stimme, über das soziale Referenzieren oder durch ein vorbildhaftes Benehmen. Je nachdem wie belastend die Situation für den Hund ist und wie viel Halt er benötigt, können alle Hilfen in Kombination zum Einsatz kommen; im LSR werden sie gezielt zusammengefügt. Neben der Vermittlung eines guten Gefühls bei Wahrnehmung bestimmter Reize wird die Kommunikation des Hundes mit seinem Menschen gefördert und der gefürchtete Tunnelblick vermieden. Der Halter wird geschult, seiner Funktion als Bindungspartner und Vorbild gerecht zu werden. Er lernt, auf die Wahrnehmung und Verhaltensweisen seines Hundes zu achten sowie förderungswürdiges Alternativverhalten zu erkennen, um es entsprechend ausbauen zu können.

[330] *Phone-home – die Leine als Verbindungskabel* in Kapitel „H.A.L.T. – Bindung durch Nähe“

Angesichts eines belastenden Reizes liegt beim LSR das primäre Ziel im Aufbau des Alternativverhaltens „Hingucken zum Reiz und selbstständiges Weggucken mit Hinwendung zum Sozialpartner“, wobei sich der Hund an der emotionalen Bewertung des Menschen orientiert (Fördern des Rückversicherns). Sekundär wird eine gute Assoziation zum Reiz erzeugt, wenn der Hund sich auf diesen konzentriert.

Dies ist die umgekehrte Prioritätensetzung zu „Der Reiz als Erfolgsauslöser“ (siehe gleichnamiges Kapitel), bei dem das Erzeugen einer guten Assoziation beim Anschauen des Reizes im Fokus des Trainings steht. Sekundär wird das Rückversichern gefördert.

Lenken des sozialen Referenzierens (LSR)
- primäres Ziel: Fördern des Rückversicherns
- erwünschte Nebenwirkung: Erzeugen einer guten Assoziation

Der Reiz als Erfolgsauslöser
- primäres Ziel: Erzeugen einer guten Assoziation
- erwünschte Nebenwirkung: Fördern des Rückversicherns

Hat der Hund noch nicht genug Vertrauen zum Menschen, um ihm in die Augen gucken zu können und kann der Mensch noch keinen Augenkontakt herstellen, ohne einen Angriff zu riskieren, dann ist das LSR selbstverständlich noch nicht möglich. Es sind in diesem Fall zunächst andere Übungen voranzustellen, wie in Kapitel „Mensch-Hund-Bindung gestalten“ aufgeführt.

Auch im Hundetraining und bei der Verhaltensbeeinflussung gilt: „Vor den Erfolg haben die Götter den Schweiß gesetzt.“, sodass vor dem eigentlichen Lenken des sozialen Referenzierens noch einige Vorarbeit zu leisten ist.

ENTFERNUNGSTRAINING

Zunächst nehmen Sie mit Ihrem Hund eine Distanz zum das unerwünschte Verhalten auslösenden Reiz ein, bei der Ihr Hund sich noch nicht ungehalten präsentiert. Spielen Sie ein wenig mit der Entfernung, beobachten Sie Ihren Hund dabei genau, nehmen Sie seine angebotenen Verhaltensweisen wahr und loben Sie diejenigen, die Ihnen passend erscheinen. Spüren Sie sich in Ihren Hund hinein. Wie verändert sich seine Anspannung bei unterschiedlichen Distanzen zum Reiz? Wie verändern sich sein Blick und seine Blickrichtung? Wie fühlt er sich? Wie aufgeregt ist er? Zeigt er Spielansätze und damit eine förderungswürdige Strategie in Richtung *Fiddle about*[331], dem Überspielen der Situation? Wie sehr sucht er Ihren Kontakt, sei es über einen Blick oder über körperliche Nähe?

Während Sie Ihren Hund beobachten, dürfen Sie dabei den Reiz nicht aus den Augen verlieren. Nähert dieser sich Ihnen an oder vergrößert er die Distanz oder bewegt er sich in gleichbleibender Entfernung parallel zu Ihnen? Ist der Reiz ein anderes Lebewesen, so ist auch entscheidend, ob seine Körperfront Ihrem Hund zugewandt ist, ob er Ihren Hund ansieht oder sogar fixiert. Dies stellt eine besondere Herausforderung dar, die die notwendige Distanz für das Noch-gehalten-Sein Ihres Hundes beeinflusst. Verhält sich das „reizende" Lebewesen unbeteiligt und desinteressiert, wird eine geringere Distanz ausreichen, als wenn es Ihren Hund über Blicke und Ausrichtung provoziert — selbst wenn dies nicht seine Absicht ist.[332]

Sie bleiben mit Ihrem Hund bevorzugt parallel zum Reiz gemächlich in Bewegung. Bei diesem scheinbar ereignislosen parallelen Schlendern passiert bereits Bedeutsames hinsichtlich der Reiz-Bewertung Ihres Hundes. Es werden die Weichen für ein Alternativverhalten gestellt[333] und eine entspanntere Grundhaltung zum Reiz etabliert. Es ist bedauerlich, dass solch ein unspektakuläres Gehen im Alltag so wenig genutzt und geschätzt wird.

Dieses bedächtige Gehen im Entfernungstraining ergibt sich bei meinen Trainingsklienten automatisch, wenn sie vom Parkplatz aus an meinem Hundehotel vorbei zu dem auf einer kleinen Anhöhe liegenden Trainingsgelände gehen. Die Bedeutsamkeit des bedächtigen Gehens wird von ihnen so lange nicht erkannt, bis sie in das LSR eingewiesen worden sind. Frage ich sie in der ersten Trainingsstunde, ob sie während des Hochgehens etwas zu ihrem Hund sagten, den sie zuvor als aggressiv gegenüber anderen Hunden vorgestellt hatten, der aber trotzdem ohne auffälliges Verhalten an den im Freilauf meines Hundehotels befindlichen Hunden mit mehr oder minder großem Abstand vorbeiging, lautet die Antwort meist: „Nein, wieso? Er

---

[331] Band 4 der Reihe ICH HALTE DICH

[332] Kapitel „Was guckst du?!" in Band 1 der Reihe ICH HALTE DICH

[333] Kapitel „Aufbau von Alternativverhalten" in Band 1 der Reihe ICH HALTE DICH

Oft wird dem Menschen erst in ausreichender Entfernung zum Reiz bewusst, welche Sorgen den Hund antreiben.

Sorgenvoller Blick und ein Züngeln. Der Mensch hat hier nur deshalb kein Problem, weil der Hund (noch) nicht reagiert.

In ausreichender Entfernung zum Reiz kann der Hund ein Alternativverhalten zeigen: er schaut immer wieder gezielt weg.

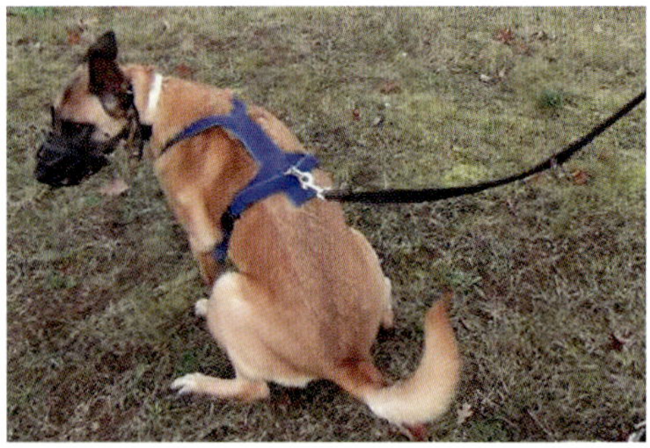

Auch wenn der Hund sich auf Distanz nicht ungehalten präsentiert, drückt der Stress auf die Blase.

Von wegen: „Er hat doch nichts gemacht.", der Hund leistet gerade eine Menge! Registrieren Sie, wenn Ihr Hund selbstständig vom belastenden Reiz weg oder sogar zu Ihnen schaut, um sich bei Ihnen rückzuversichern — und loben Sie ihn dafür.

hat doch nichts gemacht!". Diese Antwort ist symptomatisch für den vorherrschenden Fokus, der nur auf die negativen, unerwünschten Verhaltensweisen gerichtet ist — was sich auf den bereits erwähnten *Negativitätsbias* zurückführen lässt. Richten Sie Ihr Augenmerk daher besonders auf das „was er kann", das heißt, was Ihr Hund anbietet und leisten kann, statt auf das „was er nicht kann", das heißt, auf sein Scheitern in schwierigen Situationen. Geben Sie ihm das Gefühl, ein neues Verhalten gewonnen zu haben, statt etwas Gewohntes aufgeben zu müssen.[334] Ihr Hund bietet im „was er kann" viele Verhaltensweisen an, die als Vorlage für ein Alternativverhalten dienen können.

Wer das Gute belohnt und ausbaut, wird seltener auf Schlechtes reagieren müssen, weil es immer weniger auftritt.

Ihr Hund erfasst jeden Moment und passt sein Verhalten der Reaktion des Umfeldes an. Deshalb gilt für Sie eine 24/7-Bereitschaft[335], um die Lernerfahrungen Ihres Hundes steuern zu können.

Ein Klient fragte mich nach einem aus seiner Sicht mental schweißtreibenden Training, bei dem er sich nonstop auf seinen Hund einlassen und konzentrieren musste, fast atemlos und ein wenig entsetzt, ob er denn jederzeit so sehr auf seinen Hund achten müsse? Meine Antwort: Wenn sich der Hund in einer konfliktträchtigen Situation befindet, die er noch nicht im Sinne seines Besitzers händeln kann, dann braucht er die Unterstützung seines Menschen. Ist dies zu anstrengend oder gar lästig, dann ist darauf zu achten, diese prekäre Situation nur so lange dauern zu lassen, wie man selbst in der Lage ist, sich auf den Hund zu konzentrieren, um ihm den benötigten Halt geben zu können. Auch der Mensch steht im Fokus des Trainings und es ist wichtig, die Situation auch für ihn einschätzbar und erträglich zu gestalten. Dies kann bedeuten, dass man sich solchen Situationen weniger oft oder weniger lange stellt, ihnen ihre Brisanz nimmt, indem die Distanz zum Reiz vergrößert wird oder dass sich der Mensch mental schult.[336] Fühlt man sich selbst überfordert oder ist man für seinen Hund nicht präsent, dann fällt es schwer, dessen Befindlich-

---

[334] *Selbst ist der Hund* in Kapitel „Trainingsaufbau · Lenken des sozialen Referenzierens"

[335] Kapitel „H.A.L.T. – Bindung durch Verlässlichkeit und Beständigkeit"

[336] Details unter: www.mirjamcordt.com/mindset

keiten zu erfassen. Wird versäumt, dem Hund beizustehen, darf man es ihm nicht übelnehmen, wenn er sich aus Sicht des Menschen „daneben benimmt“. Es ist nicht fair, wenn sich der Mensch Ausrutscher und Pausen leisten darf, der Hund sich aber jederzeit unter Kontrolle zu halten hat.

Während sich der Hund im Entfernungstraining parallel zum Reiz bewegt, macht er sich ein Bild von ihm, auch wenn er ihn nicht betont anschaut. Er geht einer Konfrontation umso offensichtlicher aus dem Weg, je weniger er seine Körperfront zum Reiz ausrichtet und je weniger er die Distanz zu ihm verringert. In diesem sicheren Abstand kann er die Erfahrung machen, dass der Reiz doch nicht so schlimm ist, wie es zunächst den Anschein hatte. Von dessen Ungefährlichkeit wird er umso mehr überzeugt, je positiver Sie auf den Reiz reagieren: Schauen Sie zum Reiz hin, lächeln Sie und zeigen Sie sich guter Dinge, ohne dabei Ihre Körperfront frontal zum Reiz auszurichten. Ein Ausrichten frontal oder auch nur leicht hin zum Reiz kann dagegen bei einem ängstlichen Hund unter Umständen durchaus hilfreich sein – vorausgesetzt es besteht nicht die Gefahr, dass er aus der Angst heraus einen Übergriff startet.

Wendet sich Ihr Hund ebenfalls dem Reiz zu (ob mit oder ohne Ausrichtung seiner Körperfront zu ihm) und schaut ihn an, reden Sie freundlich mit Ihrem Hund und verschaffen ihm damit ein gutes Gefühl. Exakt in dem Moment, in dem er ohne Ihr Kommando wieder vom Reiz wegsieht, sich Ihnen möglicherweise sogar direkt zuwendet, sollten Sie ihn loben. Er hat von sich aus das Verhalten gezeigt, das später noch gezielter gelenkt und gefördert wird.

Widerstehen Sie der Versuchung, zu schnell eine zu geringe Distanz zu wählen. Oftmals wird dem Trugschluss: „Auf diese Entfernung hat mein Hund noch kein Problem mit dem Reiz.“ aufgesessen, weil der Hund noch nicht ungehalten reagiert. Innerlich wird er sehr wohl bereits in Aufruhr sein, was sich aber aufgrund der noch erträglichen Distanz noch nicht nach außen entlädt. In dieser Entfernung hat einzig der Mensch noch kein Problem, weil sein Hund noch nicht offensichtlich reagiert, ihn also noch nicht in Handlungsnot bringt.

Die in diesem Entfernungstraining genutzte Distanz bezeichne ich noch als Komfortzone. In ihr zeigt sich der Hund ohne besonderen Beistand des Menschen gehalten, auch wenn er innerlich bewegt ist.

HINGUCKEN-WEGGUCKEN

Das vom Hund im Entfernungstraining bereits angebotene Alternativverhalten „Hingucken zum Reiz und selbstständiges Weggucken mit Hinwendung zum Sozialpartner“ – von mir auch salopp Hingucken-Weggucken genannt – wird weiter ausgebaut. Ordnen Sie sich im äußeren Bereich der Komfortzone an: Ihr Hund ist noch nicht so sehr im Reiz versunken, dass er Sie ausgeblendet hat, sondern er ist in der Lage, sowohl den Reiz als auch Sie wahrzunehmen. Sie sind zum Reiz hin orientiert, sodass eine leichte Körperöffnung und damit Kontakt zum Hund bestehen bleibt. Auf keinen Fall sollte eine frontale Ausrichtung zum Reiz erfolgen. Sie halten Ihren Hund an Ihrer Seite, bevorzugt mit seinem Schulterblatt auf Ihrer Beinhöhe, was ich als SaB-Position bezeichne. Hierbei wird nicht verlangt, dass der Hund an Ihrem Bein klebt. Ich begrüße es jedoch, wenn er den Körperkontakt sucht und reagiere darauf mit anerkennenden, freundlichen Worten.

Er kann nicht vor Sie, also näher zum Reiz gelangen, doch er kann ein wenig zurückweichen, was ebenfalls als Alternativverhalten geschätzt ist. Durch diese Positionie-

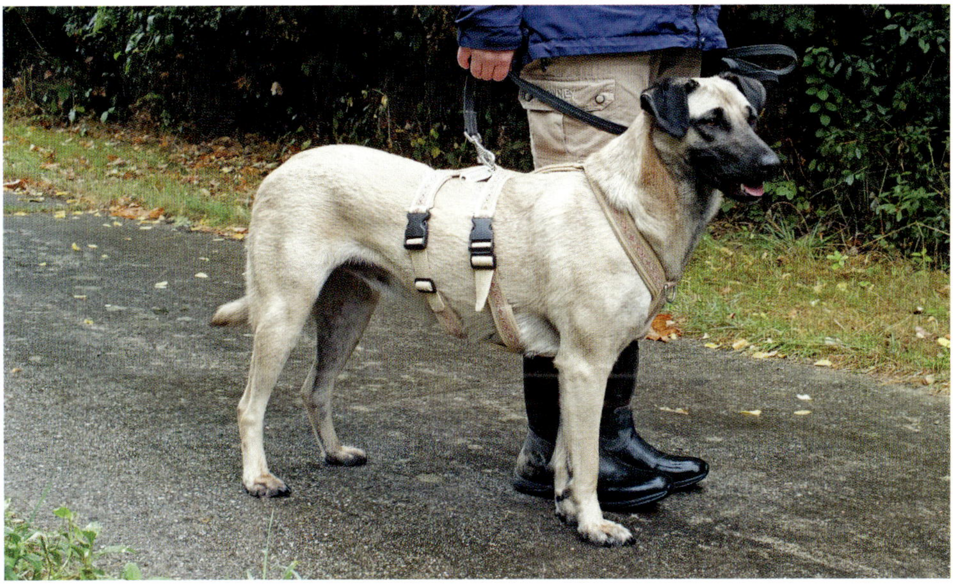

SaB-Position: **S**chulterblatt des Hundes **a**uf **B**einhöhe des Menschen

rung wird Ihrem Hund vermittelt, dass nicht er in einer schwierigen Situation an vorderster Front für Ordnung zu sorgen hat, sondern dass vielmehr Sie an seiner Seite — gegebenenfalls sogar vor ihm — stehen und damit Schutz bieten. Dies wirkt sich wohltuend auf sein Erregungslevel aus. Befindet sich der Hund neben seinem Menschen, dann fällt es ihm leichter, sich von dem Reiz ab- und seinem Menschen zuzuwenden, da er dazu seine Blickrichtung nur um 90° ändern muss. Er kann dabei den Reiz im Auge behalten, was sehr vielen Hunden wichtig ist, um sich besser auf sein Tun und damit auf seine „Gefährlichkeit“ einstellen zu können. Diese Positionierung wird zunehmend aufgehoben, wenn der Hund die Spielregeln von Hingucken-Weggucken verstanden und damit einen Lösungsansatz für die Bewältigung einer schwierigen Situation gefunden hat.

Ihr Hund darf sich angesichts des belastenden Reizes an Sie drücken und/ oder seine Pfote auf Ihren Fuß stellen.

Bitte machen Sie es nicht an einer eingezogenen Rute oder an einem In-sich-selbst-Hineinkriechen fest, ob Ihr Hund in Sorge ist. Viele ungehaltene Hunde entsprechen nicht diesem Bild, da sie ihre Sorge und Überforderung in einen Übergriff verpacken getreu dem Motto: „Angriff ist die beste Verteidigung!“

Sie fördern das angestrebte, bevorzugte Alternativverhalten Hingucken-Weggucken, indem Sie es vorleben: Ihr Blick schweift zwischen dem Reiz und Ihrem Hund hin und her, ohne dabei den Anschein zu erwecken, man würde einem Pingpongspiel beiwohnen. Achten Sie auch auf Ihre Körperspannung und -haltung sowie auf Ihre Mimik. Wie immer ist die Gesamtheit der begleitenden Umstände wichtig: nicht allein das Hingucken zum Reiz und anschließende Gucken zum Anderen ist ausschlaggebend, denn solch eine Handlungsabfolge kann auch bei einer Ressourcensicherung beobachtet werden.[337] Entscheidend ist, in welchem Zusammenhang dies stattfindet

[337] Band 4 der Reihe ICH HALTE DICH

Lassen Sie Ihren Blick zwischen dem Reiz und Ihrem Hund hin und her schweifen. Wie groß Ihre Kopfbewegung dabei ist, kommt darauf an, wie sehr Sie Ihren Hund animieren müssen, zum Reiz zu schauen.

und wie Sie auftreten. Strahlen Sie eine offene, positive Einstellung aus und leben Sie keinen lauernden, misstrauischen Blick vor. Es können die besten Trainingselemente zu einer Karikatur verkommen, wenn maßlos übertrieben wird oder nicht passende Verhaltensweisen kombiniert werden. Es liegt in der Natur der Sache, dass das Hingucken-Weggucken eine Übung ist, die ein Gegenüber braucht. Sie funktioniert nur gemeinsam und wirkt damit gegen ein Einsamkeitsempfinden. Als Folge werden soziale Fähigkeiten häufiger eingesetzt, was sich nicht nur positiv auf das Bindungsgeflecht Mensch-Hund auswirkt, sondern generell aufs Sozialverhalten gegenüber anderen Lebewesen.[338] Je mehr Spaß Ihr Hund bei dieser Übung hat, umso optimistischer können Sie an die Konfrontation mit schwierigen Situationen herangehen.

Solange der Hund das neue, wegweisende Verhalten noch nicht verinnerlicht hat, ist es ratsam, ihn in konfliktträchtigen Situationen noch nicht allein zu lassen. Er wür-

[338] Cacioppo, JT; Patrick, W (2011): Einsamkeit

de zu schnell in alte Lösungsmuster zurückfallen, die sich aus seiner Sicht bewährt haben, die aber untauglich fürs Umfeld und für ein harmonisches Miteinander sind.

Sie und Ihr Hund stehen also Seite an Seite in der SaB-Position und betrachten den Reiz. Auf welcher Seite Ihr Hund steht ist unerheblich, es sei denn, dass Ihr Körper blockend zwischen Reiz und Hund positioniert werden sollte. Dies kann nötig sein, wenn sich Ihr Hund bereits außerhalb der Komfortzone befindet.[339]

Um Ihren Hund in der SaB-Position zu halten, gibt es einige Verhaltensempfehlungen:

- Balancieren Sie Ihren Hund über achtsame und sanfte(!) Leinenimpulse aus, von mir als Paraden[340] bezeichnet und verhindern Sie so, dass er sich Richtung Reiz bewegt.

- Nehmen Sie eine Gewichtsverlagerung Ihres Hundes wahr.
  Auch wenn Ihr Hund sich nicht von Ihrer Seite wegbewegt, so sollten Sie eine mögliche Gewichtsverlagerung registrieren. Geht die Verlagerung in Richtung Reiz, so müssen Sie Ihren Hund von einem möglichen Vorstoß Richtung Reiz abhalten, indem Sie begütigend auf ihn einwirken, ihn möglicherweise blocken, unter Umständen sogar die Distanz zum Reiz vergrößern. Legt Ihr Hund seinen Schwerpunkt nicht wie zum Sprung bereit Richtung Reiz, sondern verlagert ihn von ihm weg — ohne deswegen die gesamte Situation und die SaB-Position verlassen zu müssen — so ist dies als förderungswürdiges Alternativverhalten und Strategie zu loben.

- Maßregeln Sie Ihren Hund nicht über einen Leinenruck.
  Ein Leinenruck ist unangenehm und einschüchternd. In der Regel ist er schmerzhaft, insbesondere dann, wenn er übers Halsband ausgeübt wird. Die über einen strafenden — aber auch über einen unbedachten — Ruck erzeugten Emotionen sind nicht geeignet, den Anblick des Reizes positiv zu verknüpfen, sondern sie verstärken die aktuelle Wahrnehmung des Reizes als etwas Unangenehmes. Dies ist selbst dann der Fall, wenn der Ruck über ein Brustgeschirr erfolgt und nicht bewusst eine andere Wahrnehmung antrainiert wurde.[341] Verzichten Sie auch aus gesundheitlichen Gründen auf den bestrafenden Leinenruck über das Halsband.

---

[339] *Raus aus der Komfortzone* in Kapitel „Trainingsaufbau Lenken des sozialen Referenzierens (LSR)“

[340] Band 3 der Reihe ICH HALTE DICH

[341] „Der Rettungsanker“ in Band 3 der Reihe ICH HALTE DICH

Viele Situationen sind für Ihren Hund ein wahrer Balanceakt. Helfen Sie ihm, sein Gleichgewicht zu finden.

- Rempeln Sie Ihren Hund nicht unsanft an und kneifen Sie ihm nicht ins Ohr oder in andere Körperteile, wenn er sich von Ihnen wegbewegt oder ungehalten auf den Reiz reagiert. Diese Maßregelungen sind aus demselben Grund ungeeignet wie der zuvor erwähnte bestrafende Leinenruck. Beim Anblick des Reizes – und nicht nur dann – sollten schmerzhafte oder ängstigende Aktionen unterlassen werden, da sie die negative Verknüpfung weiter festigen. Wenn der Hund davon eingeschüchtert das unerwünschte Verhalten kurzfristig unterlässt, brodelt es in ihm doch nur noch vehementer. Früher oder später entlädt es sich umso stärker und unvermittelt.

- Weisen Sie Ihren Hund nicht ungehalten oder hektisch zurecht.
  Über eine angespannte und aufgebrachte Stimme wird das Erregungslevel des Hundes negativ beeinflusst.[342] Reagiert der Mensch zudem explosiv wie aus dem Nichts, dann wird dies vom Hund als unberechenbar und damit als nicht vertrauenswürdig empfunden. Überdies ist ein herrischer Tonfall für den Hund sozio-negativ und hat damit eine abstoßende Wirkung, sodass der missgestimmte Mensch nicht als sichere Basis empfunden werden kann. Des Weiteren passen ein hektischer Tonfall und eine herrische Stimme nicht zu einem souveränen Menschen, der den Überblick hat und den Hund durch belastende Situationen führen kann.

[342] Band 3 der Reihe ICH HALTE DICH

- Geben Sie Ihrem Hund kein Fuß-, Sitz-, Platz-, oder Steh-Kommando, das ihn in eine Ruheposition zwingt. Wenn er von sich aus eine dieser Positionen einnimmt, ist dies jedoch in Ordnung.
  Selbst wenn Sie das Kommando positiv gestimmt aussprechen, ist zu bedenken, welche Stimmung der Hund mit dem Signal verknüpft: Wie wurde es aufgebaut und welche Methoden kamen hierbei zum Einsatz? Wurde es gewaltvoll, herrisch, unfair und verständnislos aufgebaut, so ist diese Stimmung unweigerlich mit diesem Kommando verknüpft, auch wenn Sie es jetzt säuseln. Denn ob man eine Emotion gezielt über die klassische Konditionierung mit einem Reiz verknüpfen möchte oder nicht, eine Reiz-Emotion-Verknüpfung findet auch dann statt, wenn man sein Hauptaugenmerk auf die instrumentelle oder operante Konditionierung legt. Man kann diese parallel stattfindende Konditionierung von Emotionen nicht abstellen und damit greift sie auch dann, wenn es aus der Sicht des Menschen gerade unpassend ist. Dies ist unter anderem ein Grund, warum ich die Signale (sogenannter Grundgehorsam, aber auch Alltagssignale) unserer Tierschutzhunde nach ihrer Aufnahme in meine Obhut mit anderen Worten und Sichtzeichen neu aufbaue. Aber

Wie soll der Hund Spaß an einem Training entwickeln, wenn es würgt und kneift?

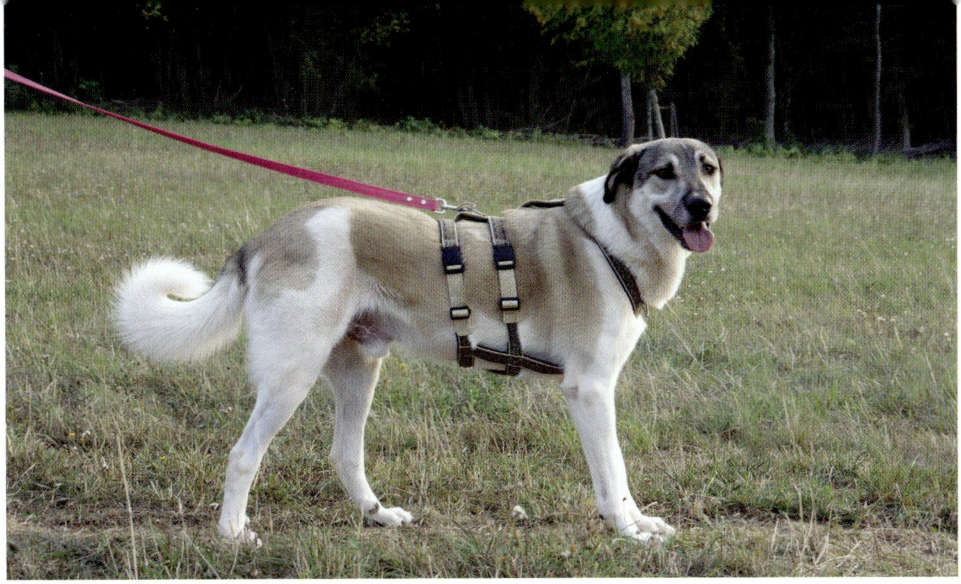

Ein optimal sitzendes Brustgeschirr (hier ein 3-Bein-Geschirr mit doppeltem Brustgurt und sog. „Windhund-V“) dient dem Wohlbefinden und der Gesundheit Ihres Hundes.

auch wenn das Signal über ein faires und respektvolles Training so aufgebaut wurde, dass es den Hund nicht in eine ungute Emotion manövriert, sollten Sie dennoch darauf verzichten. Denn wenn Sie Ihren Hund mit dem Kommando so an Ihrer Seite halten, dass er sich nicht im Alleingang nach vorne bewegt, wird er durch das Kommando gebunden auch nicht nach hinten ausweichen dürfen. Dabei ist es doch gerade wichtig, ein Ausweichen zu registrieren, denn es ist als zweckmäßiges Alternativverhalten zu werten, wenn die bisherige Strategie des Hundes ein Vorstoß gegen den Reiz war. Das Ausweichen ist als ein förderungswürdiger Strategiewechsel innerhalb der sogenannten „4F“ [343] – weg vom *Fight* (Kämpfen), hin zum *Flight* (Flüchten) – zu sehen, wobei das *Flight* in Form des Ausweichens nicht als ein „feiges“ Flüchten anzusehen ist. Vielmehr sollte es als eine Strategie gesehen werden, um Ärger aus dem Weg zu gehen, anstatt einen ungehaltenen Angriff zu starten. Jedoch sehe ich im Ausweichen nur zu Beginn des Trainings eine gute Strategie. Beim LSR lege ich einen anderen Fokus. Ich möchte neben dem emotionalen Abgleich mit der Vertrauensperson erreichen, dass der Hund nicht einfach nur den Konflikt meidet, sondern dass er Fähigkeiten erwirbt, ihn zu bewältigen. Mit der Unterstützung seines Halters lernt er einen funktionellen Umgang mit dem Reiz und

[343] Band 4 der Reihe ICH HALTE DICH

Falls der Hund zunächst noch nicht ausschließlich über die Leine in der gewünschten Position gehalten werden kann, blocken Sie ihn mit Ihrer Hand oder greifen Sie direkt ins Brustgeschirr. So gesichert lässt es sich ebenfalls zum Rückversichern kommen.

baut die Aversion gegen ihn ab. Ein ähnliches Vorgehen findet sich bei **Vertrauen geben für den Sprung über den eigenen Schatten.**[344] Um Missverständnissen vorzubeugen: Mir ist grundsätzlich lieber, der Hund geht auf Distanz, anstatt zu explodieren. Hier geht es jedoch darum, dass er sich aktiv weiterentwickelt.[345]

- Schließen Sie nicht von gutem Gehorsam auf gutes Sozialverhalten. Beim LSR verzichte ich nicht nur auf Ruhekommandos wie »Sitz!«, »Steh!« oder »Platz!«. Ich verzichte auch auf ein Kommando zum Einnehmen der SaB-Position. Das Trainingsziel lautet: Der Hund lernt, mit dem Reiz klarzukommen und verhält sich angepasst – nicht nur auf ein Signal hin. Ein korrektes Befolgen eines Kommandos würde ein gutes Sozialverhalten vortäuschen, das ohne Kommando möglicherweise nicht vorhanden ist. Zur näheren Erläuterung verweise ich auf das folgende Kapitel „Der Unterschied zwischen authentischem und diktiertem Verhalten".
- Auch wenn Sie Ihrem Hund kein Kommando geben, so denkt er möglicherweise durch die Gestaltung der Situation, dass er an Ihrer Seite in einer Fuß-Position gebunden ist. Oftmals wird bei der Fuß-Position auch der stete Blick des Hundes zum Menschen erwartet. Doch wenn er das tut, kann er nicht den Reiz anschauen und lernen, mit ihm klarzukommen. Fasst der Hund die Anordnung an der linken Seite seines Menschen grundsätzlich als Fuß-Signal auf, dann möchte ich ihn auf der

[344] *Vertrauen geben für den Sprung über den eigenen Schatten* in Kapitel „H.A.L.T. – Bindung durch Schutz, Geborgenheit und Fürsorge"

[345] *Raus aus der Komfortzone* in Kapitel „Trainingsaufbau Lenken des sozialen Referenzierens (LSR)"

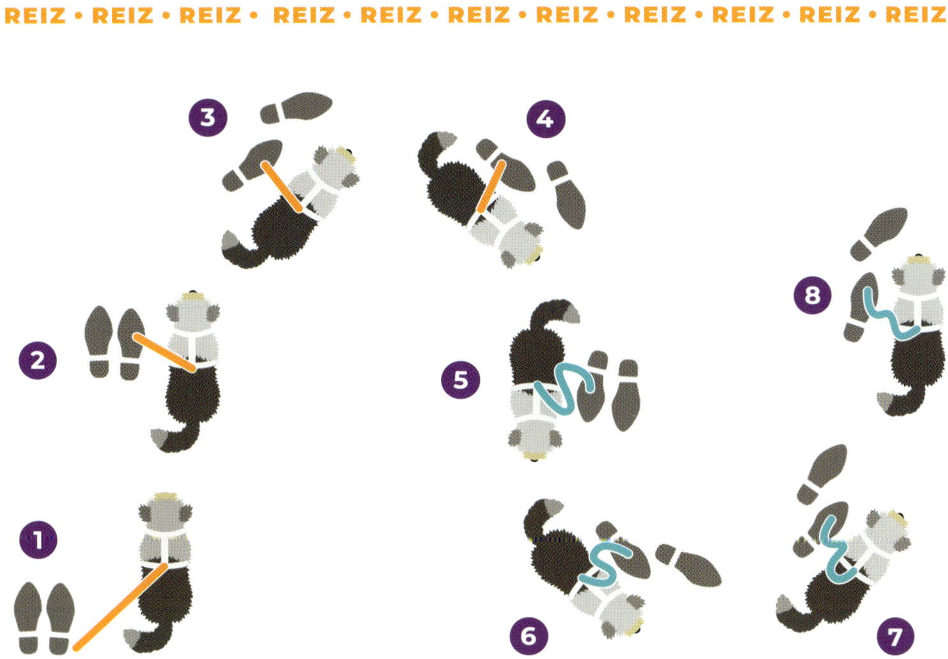

Schritt für Schritt, die Distanz vergrößernd, zurück in die SaB-Position

rechten Seite positioniert sehen, damit er sich in keinem Kommando wähnt. Damit auch beim Menschen nicht das Bild einer klassischen Fuß-Position aufkommt, bezeichne ich die Position „Schulterblatt des Hundes auf Beinhöhe des Menschen“ bewusst nicht als Fuß-Position, sondern als SaB-Position.

- Lassen Sie sich nicht von nebensächlichen Übungen ablenken.
  Oft wird das Bestreben des Hundes, die SaB-Position zu verlassen, nicht rechtzeitig einfühlsam unterbunden; beispielsweise wird dem Hund ein paar Schritte Richtung Reiz gefolgt. Entweder bleibt der Mensch an der Stelle stehen, an der der Hund letztlich stoppt oder es wird wieder gemeinsam zum eigentlichen Ausgangspunkt zurückgegangen. Bei einer weiteren Variante, die oft beobachtet werden kann, wird dem Hund Raum über die Leine gegeben und er dann wieder in die gewünschte Position gerufen oder gelockt. Das primäre Ziel sollte jedoch das LSR sein und nicht, den Hund in die SaB-Position zu korrigieren. Bleibt der Mensch nicht wie ein Fels in der Brandung an der von ihm für sinnvoll erachteten Stelle und läuft stattdessen den Aktionen des Hundes hinterher, erweckt er den Eindruck, er sei unschlüssig,

wie er die Situation meistern soll. Er fungiert damit nicht mehr als Stütze und Wegweiser.[346] Auf keinen Fall sollte „Der Fels in der Brandung" wie ein bockiges Kind wirken „Nein, ich verlasse meinen Platz nicht! Menno!", sondern Sie ruhen in sich.

Können Sie Ihren Hund (noch) nicht durch achtsame Paraden ausbalancieren **(1)** (siehe Abbildung Seite 319), empfiehlt es sich, einen Schritt mit ihm mitzugehen **(2),** ihn dann einzudrehen **(3, 4),** sodass er aktiv geblockt wird. Ein Blocken verhindert nicht nur, dass der Hund übergriffig wird, sondern es vermittelt ihm auch Schutz. Entscheidend hierbei ist Ihre Intention, die für den Hund spürbar ist und einen unterschätzt großen Anteil am Erfolg dieses Trainingselementes hat. Beim Eindrehen bringen Sie sich zwischen Reiz und Hund und machen dabei eine 180°-Wendung. Ihr Hund läuft somit auf der inneren Kreisbahn. Würden Sie ihm bei dieser 180°-Wendung mehr Raum geben, sodass er auf der äußeren Kreisbahn läuft, befände er sich ungeschützt vor dem Reiz. Nach dem Eindrehen gehen Sie einige Schritte auf Distanz zum Reiz **(5),** um sich dann wieder dem Reiz zuzuwenden. Hierfür ist wieder eine 180°-Wendung nötig, bei der Sie den Hund nun auf der äußeren Kreisbahn laufen lassen **(6, 7),** sodass er nach erfolgter Wendung automatisch ein wenig hinter Ihnen positioniert, ausbalanciert zum Stehen kommt **(8).** Setzen Sie nun die eigentliche Übung fort. Wägen Sie sorgsam ab, ob eine größere Distanz zum Reiz förderlich wäre.

Sie können das Hingucken-Weggucken statt mit bereits negativ assoziierten Lebewesen oder Objekten auch mit positiv belegten Reizen einüben. Dies empfiehlt sich, wenn die emotionale Belastung für den Hund oder den Menschen noch zu groß ist. Für beide gilt, dass sie sich in ihrer Komfortzone erst einmal mit den Spielregeln des LSR vertraut machen sollten, bevor die Brisanz der Reize zunehmen kann.

Die Trainingselemente Entfernungstraining und Hingucken-Weggucken haben mir seit 1996, von Anbeginn meiner Mehrhundehalter-Laufbahn an, beim Integrieren neuer Gruppenmitglieder oder bei der Verbesserung ihres Sozialverhaltens hervorragende Dienste geleistet. Aus diesem Grund finden sie sich auch in meinem bereits 2006 erschienenen Buch *Hundereich*.[347]

---

[346] *Der Fels in der Brandung* in Kapitel „Trainingsaufbau Lenken des sozialen Referenzierens (LSR)"

[347] Cordt, M: Hundereich – Hundebegegnungen und Vergesellschaftung · Mit einem klaren Plan und friedvoll zum Erfolg

DER UNTERSCHIED ZWISCHEN AUTHENTISCHEM UND DIKTIERTEM VERHALTEN

Sowohl die Handlungsabfolge von Hingucken-Weggucken, als auch die SaB-Position könnten über ein entsprechendes Signal erhalten werden. Auch könnte der Hund mittels eines klassisch konditionierten Signals, beispielsweise einem Geräusch, gezielt in die vom Menschen gewünschte Emotion gebracht werden. Ich verzichte beim LSR jedoch bewusst auf derartige Signale (bis auf einen Belohnungsmarker, um den Hund mit den Spielregeln der Übung vertraut zu machen), damit der Hund diese nicht rein mechanisch befolgt, sondern sein eigener Antrieb hinter seinem Tun steht.

FALLGESCHICHTE

🐾 HARVEY

Labrador-Mix, Rüde

Ich befand mich mit einer Klientin und ihrem Hund in meiner Trainingshalle. Als wir diese verlassen wollten und die Tür nach draußen halb geöffnet war, versuchte Harvey sich an mir vorbeizuquetschen. Ich bremste ihn aus, indem ich mein Bein ausstellte. Er verharrte, sodass ich durch die Tür gehen konnte, dann folgte er mir. Die Besitzerin zeigte sich erstaunt, vermutete sie doch zunächst, dass ich dem „Alpha-Wahn" verfallen wäre, der besagt, dass der Mensch als „Alpha" immer zuerst durch die Tür geht. Dies wies ich umgehend weit von mir, denn von der Einstellung „der Mensch als Alpha", als Herrscher über den Hund, halte ich ausgesprochen wenig.[348] Jedoch gibt es für mich durchaus Situationen, in denen es mir wichtig ist, dass ich vor dem Hund die Tür durchquere. Sicherlich nicht, um einen ranghohen Status zu betonen, sondern um eventuelle Gefahren vorzeitig erkennen und präventiv auf meinen Hund einwirken zu können. Aber auch zum Trainieren der Impulskontrolle eignet es sich.

In diesem Fall lag jedoch eine andere Sachlage vor: Harvey hatte mich angerempelt, um nach draußen zu gelangen. Er hätte gerne vor mir durch die Tür laufen

---

[348] Band 3 der Reihe ICH HALTE DICH

können oder auch hinter mir oder, wenn genügend Platz gewesen wäre, auch gerne neben mir. Meine Klientin fragte mich daraufhin, warum ich ihm dann nicht ein Warte-Kommando gegeben hätte. Doch was hätte das Signal bewirkt? Der Hund hätte die erwünschte, diktierte Handlung ausgeführt, aber sie wäre nicht seine gewesen. Er hätte gewartet, allein weil er das Signal befolgt und nicht, weil er verstanden hat, mich nicht anzurempeln. Mir hingegen ist wichtig, dass seine Zurückhaltung von ihm angeboten wird, sie authentisch ist und dass er den Sinn dahinter versteht. In einem achtsamen Miteinander schickt es sich nicht, den anderen aus dem Weg zu kegeln. Wenn ein Hund den Menschen von Angst getrieben anrempelt, habe ich selbstverständlich Nachsicht. Die habe ich auch, wenn der Hund sehr aufgeregt ist und sich vor lauter Stresshormonen ohnehin grober präsentiert.

Ein Warte-Signal hätte für mich nur dann einen Sinn gehabt, wenn ich mir in diesem Moment den Vortritt hätte sichern wollen oder wenn ich gezielt an der Impulskontrolle gearbeitet hätte.

„Gut erzogen“ bedeutet noch lange nicht, dass der Hund auch höflich ist. Wie oft gaukeln Kommandos nur ein gutes Verhalten vor, dessen Sinn sich für den Hund aber noch nicht erschlossen hat und er damit immer auf das entsprechende Signal angewiesen ist. Wie viel leichter wird doch der Umgang mit ihm, wenn er das gewünschte Verhalten verinnerlicht hat und nicht einfach nur auf Kommando abspult, sondern die Situation selbst das Verhalten zum Vorschein bringt.

Eine Handlung kann unterschiedliche Absichten verfolgen und durch verschiedene Gründe initiiert sein. Nur weil der Hund auf ein Signal hin das Gewünschte zeigt und gut erzogen wirkt, bedeutet dies nicht, dass er das Verhalten auch von sich aus gezeigt hätte.
In der Verhaltensbeeinflussung, in der es um die emotionale Bewertung von Reizen und Situationen sowie um das Verständnis geht, wie mit ihnen umzugehen ist, sollte das Augenmerk darauf gerichtet sein, dass der Hund den Sinn seiner Handlung versteht. So ist gewährleistet, dass das Verhalten authentisch und damit nachhaltig ist, statt rein mechanisch, da diktiert und auf Signale angewiesen. Es sollte nicht darum gehen, effektheischend mit Hilfe von Tricks und Manipulationen — genauso wenig wie über schmerzhafte und beängstigende Aktionen — innerhalb

kürzester Zeit am weitesten zu kommen. Dem Hund die Zeit zu geben, die er für seine Entwicklung benötigt, bedeutet nicht, vor sich hin zu trödeln. Aus diesem Grund heißt es bei mir auch: Raus aus der Komfortzone (siehe gleichnamiges Kapitel). Der Mensch gibt eine Hilfestellung, indem er Strategien vorlebt, indem er der Erregung einen neuen Namen gibt[349] und indem er sich bei der emotionalen Bewertung der Situation unter Kontrolle hat.[350] Die Verhaltenssynchronisation und das Verständnis des Hundes werden umso besser erfolgen, je besser die Beziehung ist.[351]

Das Gras wächst nicht schneller, wenn man daran zieht.
(afrikanisches Sprichwort)

SELBST IST DER HUND

Selbstbestimmt Alternativverhalten entwickeln

Ziel des Trainings ist, dass der Hund Zusammenhänge begreift und schwierige Situationen zunehmend meistern kann, beziehungsweise dass die Brisanz ehemals schwieriger Situationen abnimmt. Nur dann kann er angemessen auf Situationen und sich plötzlich verändernde Umstände reagieren, auch ohne dass der Mensch zu ihrer Bewältigung ein Signal gibt.

Bringt man in solchen Momenten den Körper des Hundes über Signale in eine bestimmte Position oder Emotion, damit der Hund sich schneller wunschgemäß verhält, dann sieht dies auf den ersten Blick erfolgversprechend aus. Entscheidend ist jedoch, ob seine Einstellung, sein Geist auch schon so weit ist wie sein Tun uns weismachen soll. Wird der Hund rein fremdbestimmt, dann werden seine Persönlichkeit und die Zeit für seine Entwicklung missachtet. Erste Veränderungen im Verhalten sind zwar oftmals schnell zu sehen, jedoch bleibt das Ziel „selbstständiges Lösen von schwierigen Situationen“ in weiter Ferne, das Training stagniert ab einem gewissen Punkt.

---

[349] Kapitel „Assoziationen“

[350] *Das Rollenspiel »Ich freue mich über den Reiz«* in Kapitel „Trainingsaufbau Lenken des sozialen Referenzierens (LSR)“

[351] Kapitel „H.A.L.T. – Bindung durch Spiegeln von Verhaltensweisen“

Signale können durchaus Sinn machen; man sollte sich allerdings nicht allein auf sie beschränken.

Es hat sich gezeigt, dass Kinder zunehmend aufhörten, ihre eigenen Ideen zu verfolgen, wenn sie zu häufig fremdbestimmt und daran gewöhnt waren, Anregungen zu bekommen.[352] Dieser Zusammenhang lässt sich meiner Erfahrung nach auch bei Hunden beobachten. Das Diktieren von Verhaltensweisen bremst ihre Kreativität im Auftun von Alternativverhalten. Um ihre Entwicklung und damit ihre Alltagstauglichkeit voranzutreiben, sollte die Lernsituation in der Verhaltensbeeinflussung einfühlsam so gestaltet werden, dass der Hund von sich aus auf die richtige Lösung kommt, die dann unter Stress viel besser abrufbar ist. Je geborgener der Hund sich fühlt, desto selbstständiger kann er neue Verhaltensweisen entwickeln. Der Blickkontakt zu seiner Bindungsperson sichert ihn ab, anerkennende Worte bestätigen ihn.

[352] Aly, M (2013): Mein Baby entdeckt sich und die Welt. Kindliche Entwicklung achtsam begleiten nach Emmi Pickler

Vorschläge sind auch Schläge

Im Rahmen einer Ausbildereignungsprüfung wurde einer Bekannten geraten, ihren zukünftigen Schützlingen nicht alles vorzusagen. Sinnvoller sei es, sie die Lösung selbst erarbeiten zu lassen, sodass sie Erfolge (und auch Misserfolge) haben, um daraus nachhaltiger zu lernen. Bittet der Hund den Menschen um Hilfestellung, so sollte sie ihm selbstverständlich gegeben werden. Hier ist das richtige Maß auf den jeweiligen Hund und die individuelle Situation abzustimmen. Hierzu passt hervorragend die nebenstehende Erkenntnis. Diese Tatsache hat jeder von uns schon erlebt: Prägt sich doch beispielsweise eine Reisestrecke wesentlich besser ein, wenn man sie sich zuvor auf der Landkarte angeschaut und man sich Gedanken um den Ablauf der Strecke gemacht hat. Unter Umständen verfährt man sich zunächst, man ist jedoch durchweg gedanklich dabei. Fährt man dagegen mit Navigationsgerät und kommt dadurch unter Umstände sogar schneller ans Ziel, kann man diese Strecke ohne Hilfe von außen jedoch anschließend nicht problemlos wieder abfahren.

Erzähle mir – und ich vergesse es.
Zeige mir – und ich erinnere mich.
Lass' es mich tun – und ich verstehe.
Konfuzius, Philosph
553 – 473 v. Chr.

Diktiert man dem Hund in einer schwierigen Situation ein Verhalten mittels Signal auf, befolgt er dies zwar, aber der eigentliche Sinn bleibt ihm verborgen. Entwickelt er es jedoch selbst, dann ist er durch den Entwicklungsprozess von vorneherein davon überzeugt. Zudem hat es einen Situationsbezug, da es in einer Stresssituation entwickelt wurde, die hierdurch für den Hund kontrollierbar geworden ist.[353, 354]

Meine Forderung, Hunde in der Verhaltensbeeinflussung nicht zu dressieren, sondern zu zivilisieren, deckt sich mit meiner in Kapitel „H.A.L.T. – Bindung durch Achtung, Wertschätzung und Förderung“ getätigten Aussage: „Ich liebe Hunde, die mitdenken und die wissen, dass sie das auch dürfen. Daher gilt bei mir: Bei einem konsequent fair und verständlich aufgebauten Signal gibt es keinen Auslegungsspielraum, sehr wohl aber einen Entscheidungsspielraum.“

---

[353] Kapitel „Aufbau von Alternativverhalten“ in Band 1 der Reihe ICH HALTE DICH

[354] *Vertrauen geben für den Sprung über den eigenen Schatten* in Kapitel „H.A.L.T. – Bindung durch Schutz, Geborgenheit und Fürsorge“

Gewinn- und Verlustrechnung

Ein neues Verhalten selbst zu entwickeln, hat einen entscheidenden Vorteil: man hat das Gefühl, etwas gewonnen zu haben. Man ist mit Begeisterung bei der Sache und bereit, mehr zu leisten und damit seine Grenzen zu überwinden. Wird man dagegen in ein neues Verhalten gedrängt oder wird das alte Verhalten mittels Angst- und Schmerzreizen bestraft, so überwiegt das Gefühl, etwas aufgeben zu müssen. Folglich regt sich Widerstand. *Eine grundlegende psychologische Regel lautet, dass die Verlierer immer härter kämpfen als die Gewinner. Diejenigen, die Verluste erwarten — ganz egal, ob es dabei um Macht, Status, Positionen oder Bequemlichkeit geht — bekämpfen die Veränderungen heftiger als die Gewinner.*[355] Diese Regel, die dem **Prinzip von Geben & Nehmen**[356] zugrunde liegt, trägt entscheidend dazu bei, wie sich der Hund bei einer Ressourcensicherung verhält.

Zudem wird eine Trennung des Hundes von seinen Sozialpartnern erleichtert, wenn man darauf achtet, dass der Hund sie so wenig wie möglich als Verlust empfindet.[357]

INTRINSISCHE UND EXTRINSISCHE MOTIVATION

Wird die Handlungsabfolge Hingucken-Weggucken über ein Signal diktiert, dann erfolgt sie nicht aus einem inneren Antrieb heraus. Aufschlussreich ist eine Untersuchung[358], die aufzeigt, dass man sich wohler fühlt mit einem Verhalten, das man sich selbst erarbeitet hat. Sie widerlegt die allgemeine Erwartung, dass Tätigkeiten, die Probanden von sich aus gerne ausführen, das heißt die intrinsisch motiviert sind, durch äußere Anreize, das heißt durch eine extrinsische Motivation, noch häufiger gezeigt werden. Die Verwunderung war groß, als die Häufigkeit jedoch zurückging. Dies zeigt, dass intrinsische und extrinsische Motive in Konkurrenz zueinander ste-

---

[355] Zitat aus „Gewohnheitstiere. Im Gespräch mit Daniel Kahnemann“

[356] Band 4 der Reihe ICH HALTE DICH

[357] Kapitel „Trennungen einfühlsam gestalten“

[358] Deci, EL (1971): Effects of externally mediated rewards on intrinsic motivation

Das Rückversichern sollte jederzeit wahrgenommen und geschätzt werden.

hen und dass für den Wohlfühlfaktor einer Handlung der Grad der Selbstbestimmtheit nicht zu unterschätzen ist. Dies ist gerade beim Anblick eines ehemals unangenehmen Reizes ein beachtenswerter Punkt.

Werden der Blick zum Besitzer und auch die SaB-Position vom Hund nur auf ein Signal hin ausgeführt, erkennt der dahinter den Sinn „Leckerli oder etwas Angenehmes bekommen". Ist jedoch der eigentliche Sinn hinter dem Anordnen neben seinem Menschen und hinter dem Hingucken-Weggucken verständlich, so belohnt die Übung an sich den Hund schon, da sie das Zusammengehörigkeitsgefühl anspricht, Stress nimmt und zu mehr Wohlbefinden verhilft. Warum ich trotzdem beim Aufbau dieses Trainingselementes ungern auf Leckerli verzichte, ist dem Umstand geschuldet, dass das Leckerli wunderbar die gewünschte Orientierung zum Menschen betont. Zudem bekommt der Hundehalter über die Art, wie der Hund das Leckerli nimmt, einen zusätzlichen Hinweis, wie belastend die Situation für den Hund ist. Es sollte bei der Gabe von Leckerli jedoch nie auf die soziale Komponente wie Stimme, Lächeln, aufrichtiges Lob und Zuwendung des Menschen verzichtet werden. Es heißt nicht „entweder Leckerli oder Lob", sondern „Leckerli und dabei immer auch Lob".

Fair aufgebaute Signale können Mensch und Hund Sicherheit geben.

Das Rückversichern als natürliche Handlung erfolgt aus einem inneren Antrieb heraus. Es muss nur wieder reaktiviert werden, indem der Mensch sich seiner Aufgabe als fürsorgender Bindungspartner bewusst ist und den Hund achtsam anleitet. Das natürliche Rückversichern wird somit wieder mit Leben gefüllt und Mensch und Hund werden immer mehr zu einer Einheit. Dies ist mit der Grund, warum die Hunde die LSR-Übung so gut annehmen. Vorausgesetzt, man gibt ihnen die Zeit und die Gelegenheit, selber zum sozialen Rückversichern zurückzufinden, anstatt ihnen die Handlungsabfolge über ein Signal aufzudrücken.

Den Unterschied zwischen authentischem und diktiertem Verhalten kann man gut bei Kindern beobachten, von denen verlangt wird, sich bei jemandem zu entschuldigen. Die Handlung des Entschuldigens wird zwar ausgeführt, aber sie ist nicht authentisch.

Wie immer gibt es auch hier kein Pauschalrezept, sondern Empfehlungen und Wegweiser. Es kann in der Verhaltensbeeinflussung sehr wohl auch Situationen geben, in denen es Sinn macht, den Hund über Signale zu bestimmten Handlungen zu bewegen. Beispielweise könnte der Hund durch eine geforderte ruhige Grundposition unter Umständen besser zur Ruhe kommen. Bei den Führelementen aus der Reihe *Achtsames Führen nach Cordt* gilt Ähnliches: Es geht hierbei gezielt darum, dass sich der Hund durch schwierige Situationen führen lässt und sie nicht in seinem Sinne löst, da sein derzeitiger Lösungsweg der Allgemeinheit nicht zuträglich ist. Dies alles sind jedoch Hilfen, die abhängig von seiner Entwicklung und erlangten Fähigkeiten zunehmend abgebaut werden sollten.

Aber auch Signale, beziehungsweise Kommandos für einen „guten Gehorsam" — und damit verbunden für mehr Freiheiten — sind sinnvoll. Signale können dem Hund zudem allein durch die Ausübung ein gutes Gefühl verschaffen, vorausgesetzt, sie wurden mit Freude, fair und geschickt aufgebaut.

DIE LSR-SPIELREGELN

Der Fels in der Brandung

Sie bleiben mit Überzeugung in dem Abstand zum Reiz stehen, der sich in diesem Übungsmoment als tauglich erweist. Sie befinden sich im Gleichgewicht und sind sich Ihrer Körperhaltung bewusst. Sie strahlen Ruhe aus, wirken angenehm und beruhigend wie ein Fels in der Brandung, egal welcher Sturm auch toben mag. Bleiben Sie besonnen und lassen Sie sich nicht zu unbeherrschten Aktionen hinreißen, egal wie aufgewühlt Sie sind. Sie behalten einen kühlen Kopf, wozu auch eine ruhige Atmung gehört. Ihr Hund passt sich Ihrer Atemfrequenz an und erfährt so eine weitere Beruhigung. Ihr Hund spürt, dass er Halt bei Ihnen findet, dass er seine Erregung in Ihrem Schutz abbauen kann und gelangt damit zu einer positiveren Wahrnehmung des Reizes. Schutz zu erfahren hat einen stark belohnenden Charakter, entsprechend häufiger wird Ihr Hund Ihre Nähe aufsuchen. Er kann sich fallen lassen, weil er weiß, dass Sie ihn auffangen.
Sie geben Ihrem Hund in schwierigen Situationen Richtung und Tempo vor, wie auch bei **Via Contemplativa,** einem Führelement aus der Reihe *Achtsames Führen nach Cordt*[359], näher beschrieben ist. Sie kennen den Weg und helfen ihm damit in der emotionalen Bewertung und Bewältigung der Situation und somit letztlich in die angemessenen Verhaltensweisen.

Sind Sie dagegen selbst nicht mehr sicher in Ihrem Tun, zweifeln Sie an Ihrem Weg und zögern Sie bei Ihren Schritten, so erfasst Ihr Hund Ihre Unentschlossenheit und verliert den dringend erforderlichen Halt und die Unterstützung durch Sie. Etwas

[359] Band 3 der Reihe ICH HALTE DICH

anderes ist es, wenn Sie überlegt und kontrolliert mit dem Hund aus der Situation gehen, sei es als gezielt belohnendes Element oder weil Sie erkennen, dass es sinnvoller wäre, die Konfrontation mit dem Reiz zu beenden. In diesem Fall drückt sich Ihre Entschlossenheit in Ihrem Auftreten aus und das Vorgehen ist durch Ihre gezeigte Feinfühligkeit und das sichere Auftreten bindungsfördernd.

AUFGEWÜHLT UND DOCH KONTROLLIERT

Ihr Hund nimmt selbstverständlich wahr, wenn eine Situation auch Sie belastet. Daraus ergibt sich der häufige Vorwurf, dem ungehaltenen Verhalten des Hundes Vorschub zu leisten. Dies kann jedoch nicht pauschal behauptet werden. Auch wenn der Mensch sich verstellt, nimmt der Hund jede Stresshormonausschüttung doch über seine feinen Sinne wahr. Da dem Menschen oft nicht bewusst ist, wie schnell sich belastende Momente im Organismus bemerkbar machen und was vom Organismus bereits als Belastung wahrgenommen wird, arbeite ich gerne mit einem Pulsmesser. Der Mensch wird mit einem Pulsmesser ausgestattet und bewegt sich mit seinem Hund in angenehmer Atmosphäre auf meinem Trainingsgelände. Hierdurch bekommen wir einen Ausgangswert seines Pulses. Taucht nun ein Reiz auf, von dem der Mensch weiß, dass er seinen Hund derart belastet, dass er übergriffig reagiert, schnellt der Puls des Menschen nach oben, auch wenn der Hund noch gar nicht reagiert hat. Allein die Aussicht, dass der Hund gleich reagieren könnte, lässt ein mulmiges Gefühl beim Menschen entstehen, das sich sofort in der Pulsfrequenz niederschlägt. Bereits die simple Frage „Sollen wir die Hunde im Freilauf zusammenlassen?“ kann aufgrund der Vorstellung einer solchen Situation den Stresshormonspiegel und den Puls nach oben schnellen lassen — auch wenn weder der andere Hund zu sehen ist, noch davon auszugehen ist, dass dies in die Tat umgesetzt werden soll. So schoss beispielsweise der Puls einer Klientin in einer Konfrontation mit einem anderen angeleinten Hund nach meiner Frage nach Freilauf sofort von 92 auf 115 Schläge pro Minute.

Dass der Hund Ihre Anspannung wahrnimmt, muss nicht zu seinem Schaden sein. Es kann sogar von Vorteil sein, vorausgesetzt, Sie können sich trotzdem kontrollieren und sich deeskalierend verhalten. Sie geben mit „Egal wie aufgewühlt man ist,

Ein Pulsmesser eignet sich gut zur Kontrolle der eigenen psychischen Belastung angesichts eines Reizes.

man kann sich immer noch halten und zurücknehmen." ein perfektes Vorbild. Würden Sie sich nur kontrolliert verhalten können, wenn Sie ohnehin nicht aufgeregt sind, ist das für Ihren Hund keine nachahmenswerte Leistung. Das kann er auch.

DAS ROLLENSPIEL „ICH FREUE MICH ÜBER DEN REIZ"

Sie halten Ihren Hund in der belastenden Situation in der SaB-Position und schauen währenddessen wohlgemut zum Reiz. Freuen Sie sich! Der Reiz ist die ideale Gelegenheit zum Trainieren. Sie werden nun vielleicht einwenden, dass Ihnen mulmig wird und Ihr Herz regelrecht in die Hose rutscht, weil Sie bereits erlebt haben, wie Ihr Hund auf diesen Reiz reagiert. Dass Sie durch Ihre gemeinsamen Erfahrungen ebenso nachhaltig beeindruckt sind wie Ihr Hund, ist verständlich. Genauso wenig

Auch wenn Ihre gute Laune zunächst nur eine Maske ist, das Rollenspiel lohnt sich — Sie werden immer mehr eins mit Ihrer Rolle.

wie Ihr Hund können Sie auf einen Fingerschnipp hin die Ausschüttung Ihrer Stresshormone in den Griff bekommen, doch Sie können Ihre Strategie angesichts des Reizes ändern. Überspielen Sie Ihre Unsicherheit, wählen Sie die Strategie *Fiddle about*. Sie geben Ihrem Hund damit ein Vorbild, wie diese schwierige Situation zu nehmen ist und wie sie erfolgreich gemeistert werden kann.
Ihr schauspielerisches Talent ist gefragt, Sie sind in einem Rollenspiel. Spiel bedeutet Spaß, gehen Sie also nicht verbissen an dieses Rollenspiel heran. Fragen Sie sich vorab: „Wie würde es sich anfühlen, wenn ich mich über den Reiz freuen würde?". Spielen Sie diesen Gedanken auch durch, wenn Sie sich (noch) nicht auf den Reiz freuen. Je häufiger Sie sich dies im Geiste vorstellen, desto mehr werden sich Ihre Gefühle angesichts des Reizes verändern. Ihre Angst nimmt zunehmend ab, sodass Sie Ihrem Hund in belastenden Momenten mehr Sicherheit geben und ihn besser führen können.

Je angespannter und unsicherer man ist, desto mehr beißt man die Zähne zusammen, die Atmung ist flacher und schneller, die Stimme ist gepresster und höher, die Schultern und Arme werden hoch- und angezogen. Im Rollenspiel »Ich freue mich über den Reiz« ist genau das Gegenteil gefordert: eine ruhige, tiefe Atmung, lockere Kaumuskulatur und ruhige, tiefere Stimmlage, tiefgetragene Schultern und Hände. Ich beschreibe dies immer so: „Alles folgt der Schwerkraft; bis auf die Mundwinkel, die zeigen nach oben." Auch wenn Ihr Lächeln zunächst noch gespielt ist, es wirkt sich, wenn auch verzögert, auf Ihre Einstellung aus. Sollte Ihnen regelrecht schwindelig werden vor Anspannung, können Sie mit gezielter Atmung dagegen arbeiten. Atmen Sie mehrmals mit einem „fffff" geräuschvoll aus, bis alle Luft aus Ihrem Brustkorb ist. Ihr Hund gleicht sich Ihrer Atemfrequenz an und kann so ebenfalls seine Anspannung verringern. Halten Sie Schultern und Arme bewusst tief. Sollten diese auf einmal ein Eigenleben entwickeln und nach oben wandern, hilft es oft, einen Daumen in der Hosentasche oder Gürtelschlaufe zu verankern. Dies zahlt sich erst recht aus, wenn Sie den Hund an der Leine haben. Die Leine kann hierdurch nicht immer höher genommen werden, was dem Hund sonst eine zusätzliche Spannungserhöhung bescheren würde.

Sollten Sie außerstande sein, Ihre Stimme und sich selbst unter Kontrolle zu halten, verändern Sie die Entfernung zum Reiz und üben Sie in einer Distanz, bei der auch Sie sich noch kontrollieren, einen klaren Gedanken fassen und Ihren Hund stützen können. Das wirkt überlegt und ist kein „Armutszeugnis". Überlegen Sie, wie Sie sich zu mehr Wohlbefinden verhelfen können. Auch auf Sie wirken sich Wärme und ein Kuschelmoment[360] positiv aus. Achten Sie auf angenehme und kuschelige Kleidung, achten Sie auf ein angenehmes, weiches Leinenmaterial. Tun Sie sich etwas Gutes, sodass Sie Gutes weitergeben können.[361] Stimmen Sie sich bereits ohne Reiz auf die Situation ein. Gehen Sie die Situation immer wieder im Geiste durch und sehen Sie dabei vor Ihrem inneren Auge schon den guten Ausgang: Ihr Hund kann dank Ihrer wohltuenden Anleitung angesichts des Reizes eine immer positivere Erwartungshaltung gewinnen, sie beide sind ein tolles, aufeinander eingespieltes Team. Sie werden sehen, dass sich zunehmend eine freudvollere Wahrnehmung des Reizes etabliert und Sie diesem immer erwartungsfroher begegnen können. Lächeln Sie, Ihrem Hund hilft das bei der emotionalen Bewertung. Mit der gedachten Frage: „Wie würde es sich anfühlen, wenn ich mich über den Reiz freuen würde?", sollte Ihnen ein Lä-

---

[360] Kapitel „H.A.L.T. – Bindung durch Schutz, Geborgenheit und Fürsorge"

[361] Kapitel „Der Samaritereffekt"

cheln leichter fallen, auch wenn Sie noch nicht ganz davon überzeugt sind. Selbst ein zunächst noch verkrampftes Lächeln hilft Ihnen, da die Lachmuskeln dem Gehirn signalisieren, dass es Ihnen gut geht, auch wenn dies (noch) nicht der Fall ist. Dem Gehirn ist das egal und es produziert Glückshormone, wodurch Ihre Sorgen geringer werden, und Sie wieder einen Zugang zu klaren Gedanken bekommen können.[362] Wenn Sie sich angewöhnen, sich in der belastenden Begegnung jedes Mal in das Rollenspiel zu begeben, wird die positive Einstellung zur Gewohnheit. Irgendwann ist es dann auch kein Rollenspiel mehr und Ihr Lächeln ist nicht mehr gespielt, sondern es entspringt Ihrer inneren Einstellung. Wie sehr Ihre Gedanken sich auf Ihre Gefühlswelt, die Bewältigung von herausfordernden Situationen und damit auf die Erreichung Ihrer Ziele auswirken und wie Sie dies zu Ihren Gunsten nutzen können, ist Bestandteil meines Mindset-Programms zur Persönlichkeitsentwicklung.[363]

Genauso wie sich Ihr Lächeln auf Ihren Gemütszustand auswirkt, beeinflusst auch Ihre Stimme Ihre Gefühlslage. In einem Experiment[364] konnten Probanden beim Vorlesen ihre eigene Stimme über Kopfhörer hören. Dabei wurde ihre Stimme technisch subtil manipuliert. Es zeigte sich, dass die so modulierte emotionale Stimmfärbung sich entsprechend auf den Gemütszustand der Probanden auswirkte.

Diese Erkenntnis können Sie sich mit Ihrem Hund zunutze machen. Wenn Sie in schwierigen Situationen die Strategie *Fiddle about* wählen, das heißt die Situation überspielen, zahlt sich dies gleich mehrfach aus. Zum einen wirkt sich Ihre „fiddelnde“ Stimme auf Ihre eigene Gefühlswelt aus und macht die Situation dadurch für Sie erträglicher. Zum anderen profitiert Ihr Hund gleich doppelt von Ihrem *Fiddle about*. Nicht nur wird ihm durch seinen Bindungspartner eine zuträgliche Strategie vorgelebt, sondern er kann auch von Ihrer Stimme auf Ihre Emotion schließen[365], wodurch der Erregung ein neuer Name gegeben und das LSR unterstützt wird.[366]

---

[362] Birkenbihl, VF (2006): Pragmatische Esoterik. Der kleine Weg zum großen Selbst

[363] Details unter: www.mirjamcordt.com/mindset

[364] Aucouturier, J-J; Johansson, P; Hall, L; Segnini, R; Mercadié, L; Watanabe, K (2016): Covert digital manipulation of vocal emotion alter speakers' emotional states in a congruent direction

[365] Andics, A; Gácsi, M; Farago, T; Kis, A; Miklósi, À (2014): Voice-sensitive regions in the dog and human brain are revealed by comparative fMRI

[366] Kapitel: „Der Erregung einen neuen Namen geben“

Denkt man die Erkenntnisse dieser Studie weiter, dann wird klar, dass man mit einer bösen, verärgerten Stimmlage nicht nur den Hund bestraft — und dies zudem in Momenten, in denen er zur Verhaltensbeeinflussung Verständnis und Beistand, aber nicht Strafe benötigt. Der Mensch selbst schadet sich auch, denn wer sich nach außen mimisch wie stimmlich schlecht gelaunt gibt, für den kann die Sonne nicht scheinen. Tun Sie sich etwas Gutes und greifen Sie zur „rosaroten Brille“. Ihre Wahrnehmung entscheidet nicht nur über Ihr eigenes Glück!

Unsere freundlichen Gedanken führen, auch wenn sie sich beim Hund zunächst noch nicht als ein positiver Effekt bemerkbar machen, zumindest bei uns Menschen zu einer besseren Stimmung. Diese überträgt sich früher oder später auf den Hund. Wer gut drauf ist, nimmt auch eher positive Geschehnisse in seiner Umgebung wahr. Da sind wir nicht anders als unsere Hunde. Allein schon die Stimmung beim Beobachten einer Handlung beeinflusst das Ergebnis. Ein Grund mehr, warum es so wichtig ist, auch den Hundebesitzer in einen fröhlichen und zuversichtlichen Gemütszustand zu bringen.

Ein engagierter Klient meiner Verhaltensberatung berichtete mir begeistert, dass das Erkennen des Könnens seines Hundes auch bei ihm Wunder bewirke. Statt sich bereits in Erwartung von Schwierigkeiten auf den Spaziergang zu begeben und entsprechend schlecht gelaunt nach Hause zu kommen, um dann deprimiert von all den schauderhaften Begegnungen zu berichten, erzähle er nun begeistert seiner Frau, wozu sein Hund schon in der Lage sei. Die Spaziergänge machten wieder Spaß, weil der Fokus des Menschen sich verlagert hatte. Das genervte und verständnislose „der blöde, aggressive Köter" wich einer empathischen, verständnisvollen Unterstützung auf dem gemeinsamen Weg; es wurde ersetzt durch „meine wundervolle, tapfere Hündin".

Wie bereits beschrieben setze ich bei meinem Training gerne einen Pulsmesser ein.[367] So wird dem Menschen zum einen bewusst, wie bereits scheinbar kleine Reize sich auf den eigenen Organismus auswirken. Dies fördert das Verständnis für das Verhalten des Hundes in vergleichbaren Situationen, der sich diesen Auswirkungen ebenfalls nicht entziehen kann. Zum anderen lässt sich so dokumentieren, welchen Fortschritt der Mensch im Rollenspiel macht und wie belastend er die Situation noch erlebt. Je leichter ihm die Begegnungen fallen, desto weniger steigt der Puls.

NIE MEHR: „DAS SCHAFFT ER NIE!"

Nicht nur Ihre Einstellung gegenüber dem Reiz ist entscheidend und wirkt sich bedeutend auf das Verhalten Ihres Hundes aus. Auch Ihre Einstellung Ihrem Hund und seinen Fähigkeiten gegenüber schafft den Boden, auf dem er weiter wachsen kann oder auf dem er verkümmert. Der Ausspruch „Das schafft er nie!" sollte nie wieder über Ihre Lippen kommen. Es liegt an Ihnen, die Begegnungen so zu gestalten und Ihrem Hund so beizustehen, dass er es schaffen kann. Auch die Einstellung, dass Ihr Hund „dumm" sei, legt ihnen beiden schwere Steine in den Weg.

Über einen Hund die Behauptung aufzustellen „Das schafft er nie!" entspringt eher der Erkenntnis der eigenen Grenzen als derer des Hundes. Das Phänomen, dass die Einstellung desjenigen, der einem anderen etwas beibringen möchte, sich eklatant auf den Lernerfolg auswirkt, ist auch als Rosenthal-Effekt bzw. Versuchsleiterartefakt bekannt. Wird der Schüler als intelligent erachtet, so sind seine Leistungen bes-

---

[367] *Aufgewühlt und doch kontrolliert* in Kapitel „Trainingsaufbau Lenken des sozialen Referenzierens (LSR)"

ser, da der Lehrer ein mögliches Scheitern nicht in einer mangelnden Intelligenz des Schülers sieht, sondern in der Art der Informationsweitergabe durch ihn selbst. Ist der Schüler jedoch von vornherein als dumm verschrien, dann werden mangelnde Leistungen nicht mit einer unzulänglich Lehrleistung in Verbindung gebracht, sondern es wird sich auf dem vermeintlichen Unvermögen des Schülers ausgeruht. Je besser die Rahmenbedingungen sind, je besser Sie sich mental auf die schwierige Situation und Eventualitäten eingestellt haben und auch Ihr Unterbewusstsein weiß, was zu tun ist, desto effizienter ist das Training, und umso schneller stellen sich Erfolge ein.

Wer klug ist, wird im Gespräch weniger an das denken, worüber er spricht, als an den, mit dem er spricht.
Arthur Schopenhauer

OFFEN SEIN FÜR NEUES

Selbst wenn Ihr Hund dank Ihrer einfühlsamen Anleitung die Rückversicherung als Alternativverhalten zu seiner bisherigen Strategie *Fight* (wieder-)entdeckt hat, so heißt dies nicht, dass er nie wieder in einer ähnlichen Situation zum *Fight* greifen wird. Besonders zu Beginn, wenn das alte Verhalten noch zu sehr Gewohnheit ist, kann es sein, dass er unter Stress wieder in dieses hineinrutscht. Altbekanntes gibt Sicherheit, auch wenn es einen nicht wirklich nach vorne bringt, sondern einer positiven Entwicklung im Weg steht. Zudem haben sich untaugliche Muster und Gewohnheiten etabliert und ins Unterbewusstsein geschlichen. Sie tauchen immer dann wieder auf, wenn es besonders stressig wird.[368] Das Gleiche gilt für Sie!

Nach Kahnemann wird unser Verhalten von zwei verschiedenen Systemen gesteuert.[369] System 1 funktioniert gewohnheitsmäßig ohne willentliche Steuerung. Es verknüpft einen bestimmten Reiz in der Umgebung mit einer automatisch ausgelösten Handlung, was wenig Gehirnkapazität beansprucht. Gegen Gewohnheiten zu arbeiten – nicht umsonst heißt es „gegen Gewohnheiten kämpfen“ – ist anstrengend. Veränderungen

---

[368] Kapitel „Hokuspokus! Auf wundersame Weise taucht ein vermeintlich gelöschtes Verhalten wieder auf“ in Band 1 der Reihe ICH HALTE DICH

[369] Kahnemann, D (2012): Schnelles Denken, langsames Denken

Neugierde – ein wundervoller Motivator, sich Neuem zu stellen.

herbeizuführen ist Aufgabe von System 2, das mehr geistige Ressourcen beansprucht. Je müder man mental ist, umso weniger Kapazitäten hat man für dieses System frei und das energiesparende System 1 gewinnt die Oberhand. Das ist der Grund, warum man alte Fehler immer wieder macht, obwohl man es eigentlich besser weiß. Da geht es dem Hund nicht anders als uns. Kahnemann nimmt an, dass das System 2, worunter er auch komplexe Berechnungen, hypothetisches und abstraktes Denken fasst, nur dem Menschen vorbehalten ist. Meiner Ansicht nach ist System 2 aufgrund des Zusammenwirkens mit dem Menschen sehr wohl auf den Hund übertragbar, sodass ich Teile des *Dualen Systems* von Kahnemann[370] auch für den Hund übernehme.

Werden Veränderungen angestrebt, so ist es zum einen notwendig, ein Stoppsignal vor Gewohnheiten zu setzen, das heißt über Managementmaßnahmen zu vermeiden, dass man sie unbedacht immer wieder ausführt. Zum anderen muss bewusst ein Anreiz zum Erlernen eines neuen Verhaltens geschaffen werden.

Ihr Hund ist offener für Neues und die Brisanz eines furchteinflößenden Reizes nimmt umso mehr ab, wenn er in einer vertrauten Umgebung präsentiert wird, und

[370] Kahnemann, D (2012): Schnelles Denken, langsames Denken

je mehr vertraute, wohltuende Reize vorhanden sind. Diese dienen als „Übergangsobjekte“, von mir auch als Glücksbringer und Talisman bezeichnet[371] und haben eine erregungsmindernde Wirkung.[372] In besonderem Maße hilft es Ihrem Hund, wenn Sie an seiner Seite sind und ihm als sichere Basis Sicherheit für die Bewältigung schwieriger Situationen bieten. Schon allein Ihre Anwesenheit wirkt sich positiv nicht nur auf sein Erkundungs- und Spielverhalten, sondern auch auf seine Problemlösungskompetenz aus.[373]

DER FILMRISS

Als Filmriss bezeichne ich gerne den Moment, in dem sich ein Reiz auffällig anders präsentiert oder das Umfeld komplett anders reagiert, als der Hund es gewohnt ist. Endet der „Film“ abrupt und schließen sich nicht die „drehbuchmäßigen“ Sequenzen an, fühlt sich der Hund plötzlich wie in einem anderen „Film“ und ist häufig merklich verblüfft. Geht mit der neuen Sequenz dann auch noch eine unerwartete Belohnung einher, stellt dies aufgrund des Überraschungseffektes ein nachhaltig freudiges Erlebnis dar, was sich wiederum positiv auf die emotionale Bewertung des Reizes auswirkt. Der Hund muss bei diesem Filmriss seine gewohnte Spur, das System 1, verlassen, wird aufmerksam und aktiv im Finden anderer Lösungsansätze. Veränderungen stehen an, der Hund befindet sich in System 2.

Es sind nicht immer nur die dem Menschen bekannten Reize, die für den Hund schwierig sind. Je nach Tagesverfassung können auch vom Menschen als unbedeutend eingestufte Reize den Hund reagieren lassen. Hat der Hund das Rückversichern als sein Alternativverhalten (wieder-)entdeckt, orientiert er sich im richtigen Moment an seinem Menschen, ohne hierzu erst ein Signal von ihm zu erwarten, was der Mensch selbstverständlich registrieren und entsprechend darauf reagieren sollte. Diese selbstständige, fragende Orientierung des Hundes ist ein weiterer Grund,

---

[371] Band 4 der Reihe ICH HALTE DICH

[372] Bischof-Köhler, D (2014): Zusammenhänge zwischen Bindung, Erkundung und Autonomie

[373] Horn, L; Huber, L; Range, F (2013): The importance of secure base effect for domestic dogs – Evidence from a manipulative problem-solving task

warum das Hingucken-Weggucken nicht auf Signal gesetzt werden sollte. Wurde mit dem Hund bisher grob umgegangen, wenn er ungehalten und abwehrend auf einen Reiz reagiert, kann ihm Folgendes besonders zu Beginn der Übungen wie ein Filmriss erscheinen und die neue Wahrnehmung zusätzlich begünstigen:

- der Mensch reagiert nicht ungehalten, sondern freundlich und besonnen;
- der Hund wird nicht mental allein gelassen und ignoriert;
- der Hund erfährt keine Schmerz- oder Angstreize;
- der Hund wird nicht gezwungen, vom Reiz wegzuschauen, sondern wohlgelaunt animiert, diesen freundlich anzuschauen;
- der Hund wird nicht hektisch vom Reiz weggezerrt;
- der Hund wird nicht harsch in die Unterordnung befohlen;
- der Hund bekommt Schutz von seinem Menschen;
- der Hund spürt Verständnis für seine Situation, für seine Überforderung.

BEZIEHUNG BEEINFLUSST ERZIEHUNG

Was gehört zu einer perfekten Lehrstunde? Wie lange dauert überhaupt eine Lehrstunde? Was in einem Schüler-Lehrer-Gefüge die zeitlich begrenzte Unterrichtsstunde ist, ist im Hund-Besitzer-Gefüge eine 24/7-Lernsituation – jede Minute zählt. Eine Dissertation zur Unterrichtsforschung[374] brachte an den Tag, dass die Beziehung zur Lehrperson sowie ihr Verhalten entscheidend für die Zufriedenheit mit einer Lerneinheit sind. Die Lehrer-Schüler-Beziehung zeichnet sich durch bestimmte Merkmale aus. Diejenigen aus oben genannter Dissertation, die sich auf die Mensch-Hund-Beziehung übertragen lassen, führe ich im Folgenden als Zitat auf und übersetze sie für das Zusammenleben mit dem Hund.

Der Unterricht findet in einer lockeren, aber konzentrierten Atmosphäre statt.
Haben Sie Spaß am Training! Wenn Sie einen miesepetrigen Eindruck machen, werden Sie Ihren Hund schwerlich begeistern können. Der Erfolg ist zudem umso größer,

---

[374] Schreder, G (2004): Lehren und Lernen aus Sicht der Schülerinnen und Schüler im Politik-Unterricht der gymnasialen Oberstufe. Ein Beitrag zur lernorientierten, fachdidaktischen und qualitativen Unterrichtsforschung

je gewissenhafter Sie eine Übung ausführen, auch wenn es nur wenige Male sind. Es bringt nichts, eine Übung schludrig, aber möglichst häufig durchzuexerzieren.

Der Lehrer vermittelt den Eindruck von hoher fachlicher Kompetenz.
Hier gilt der Spruch: „Man sollte für den Notfall gewappnet sein, um gelassen das Beste zu erwarten".[375] Spielen Sie die Situationen im Geiste durch, um sich über verschiedene Verhaltensoptionen und Ihre Fähigkeiten sowie die Ihres Hundes klar zu werden. Begeben Sie sich nur in Situationen, die Sie händeln können und glänzen Sie mit achtsamer Führung.[376] Wovon ich eindringlich abrate ist, sich Worst-Case-Szenarien auszumalen und emotional darin stecken zu bleiben. Es geht um die ehrliche Einschätzung, was Sie und Ihr Hund aktuell zu leisten vermögen. Es geht aber auch darum, dass die Situationen, die einem aktuell noch Angstschweiß auf die Stirn treiben, in Zukunft kompetent und mit einem guten Gefühl gemeistert werden können.

Der Lehrer geht humorvoll mit den Schülern um.
Spaß hat noch keinem geschadet. Überspielen Sie die Situation, wenn Ihnen aufgrund leidvoller Erfahrungen nicht zum Lachen zumute ist. Dieses *Fiddle about* ist eine nachahmenswerte Strategie für Ihren Hund.

---

[375] Kapitel „H.A.L.T. – Bindung durch Schutz, Geborgenheit und Fürsorge"

[376] Band 3 der Reihe ICH HALTE DICH

Der Lehrer ist in seinem Verhalten so konsequent, dass er von seinen Schülern leicht einzuschätzen ist. Diese wissen genau, woran sie bei ihm sind.
Nur wenn Sie sich durchweg berechenbar und fair verhalten, kann Ihr Hund Sie als kompetent und vertrauenswürdig wahrnehmen.

Der Lehrer bringt jedem Schüler Anerkennung und Wertschätzung entgegen. Die Schüler haben das Gefühl, bei ihm nicht auf die Schülerrolle reduziert zu sein, sondern als Persönlichkeit respektiert zu werden.
Der Wichtigkeit von Anerkennung und Wertschätzung gilt ein eigenes Kapitel.[377] Als Persönlichkeit erkannt zu werden, ist ein Bedürfnis, das gestillt werden sollte.[378]

Der Lehrer gesteht den Schülern einen relativ großen Spielraum an Verhaltensmöglichkeiten zu, ohne manche Verhaltensweisen gleich als von ihm unerwünscht zu sanktionieren, gleichzeitig zieht er klare Grenzen und lässt keinen Zweifel an seinen eigenen Positionen.
Mein Credo lautete immer schon, dem Hund das Gefühl zu geben, selbst auf die Idee zur Lösung eines Problems gekommen zu sein. Geben Sie feinfühlig und unaufdringlich Hilfestellung, wenn sie wirklich benötigt wird oder der Hund Sie um Unterstützung bittet. Drängt sich der Mensch dem Hund auf und diktiert ihm jeden noch so kleinen Schritt, hat das die in Kapitel „Der Unterschied zwischen authentischem und diktiertem Verhalten" aufgezeigten Konsequenzen.

ALLES IM BLICK

Sie sollten weder den Reiz noch Ihren Hund aus den Augen verlieren. Dazu gehört, dass Sie Ihren Blick vom Reiz lösen können und diesen nicht anstarren wie ein Kaninchen die Schlange. Auch Ihren Hund sollten Sie nicht mit Ihrem Blick hypnotisieren. Schauen Sie ihn wohlgesonnen und ermutigend an, beziehungsweise behalten Sie ihn aus den Augenwinkeln heraus im Blick, während Sie zum Reiz schauen. Sobald er ebenfalls zum Reiz schaut, sprechen Sie freundlich mit ihm.

---

[377] Kapitel „H.A.L.T. – Bindung durch Achtung, Wertschätzung und Förderung"

[378] Band 4 der Reihe ICH HALTE DICH

Wer orientiert sich nun an wessen Blick?

Das Angucken des Reizes ist erwünscht, da man nur das einschätzen kann, wovon man sich ein Bild machen kann. Da Ihr Hund bei der Konzentration auf den Reiz Ihre freundliche Stimme wahrnimmt, wird der Reiz positiver assoziiert. Da Sie, während Sie auf den Reiz schauen eine gute Stimmung verbreiten, wird Ihr Hund gezielt in eine positive emotionale Bewertung gelenkt. Das soziale Lernen bewirkt, dass er nach dem Kontakt mit Ihnen Ihrem Blick zum Reiz folgt und dann wieder den Kontakt zu Ihnen herstellt, um sich rückzuversichern. Dies wurde in einem Experiment[379] bestätigt: Werden Hunde angesprochen, und wird ein Augenkontakt mit ihnen hergestellt, so folgen sie der Blickrichtung, genauso wie es kleine Kinder tun. Dies zeigt, wie bedeutsam der Augenkontakt ist, und dass mit zunehmender Vertrautheit und Bindung das soziale Referenzieren immer besser greifen kann.

Helfen Sie Ihrem Hund und ermöglichen Sie ihm, Ihre Augen zu sehen. Auch wenn Sie es gewohnt sind, eine Schirmmütze oder eine Sonnenbrille zu tragen, so sollten Sie auf diese verzichten, wenn eine Situation für Ihren Hund schwierig ist. Die Augen der Bezugsperson zu sehen ist wichtig. Aus diesem Grund verzweifelten die Affen in den Harlow-Versuchen[380] regelrecht, wenn ihre „gute“ Kuschelbezug-Mutter keine

[379] Téglas, E; Gergely, A; Kupán, K; Miklósi, A; Topál, J (2012): Dogs' gaze following is tuned to human communicative signals

[380] Kapitel „Grundnahrungsmittel Liebe“

Augen hatte. Ihnen genügten selbst künstliche, tote Augen. Hauptsache, es waren Augen. „Mütter haben Augen."[381]

Was beim vertrauten Hund als Wohltat empfunden wird, wird von einem weniger bekannten und misstrauischen Hund unter Umständen nicht akzeptiert. Er wähnt in Ihrem Augenkontakt einen potenziellen Übergriff[382] Auf keinen Fall darf dies nun zum Anlass genommen werden, grundsätzlich keinem Hund mehr in die Augen zu schauen, man würde ihn um die vielfältigen positiven Auswirkungen des Augenkontakts bringen. Empfehlungen dürfen nie unreflektiert von einer Situation auf eine andere übertragen werden.

Über den Augengruß stellen Sie den liebevollen Blickkontakt zu Ihrem Hund her, wodurch bei ihm und bei Ihnen das Bindungshormon Oxytocin freigesetzt wird, was einen erneuten Blickkontakt fördert, die soziale Beziehung festigt und als positive Rückkopplungsschleife bezeichnet wird.[383] Interessanterweise scheint dies im Laufe der Domestikation des Hundes entstanden zu sein, denn bei Wölfen, selbst wenn sie von den Menschen aufgezogen worden waren und mit ihnen vertraut waren, konnte dieser hormonelle Bindungsverstärker nicht nachgewiesen werden. Das Oxytocin verlängert nicht nur den Augenkontakt, sondern es führt zudem dazu, dass aus der Mimik des Gegenübers dessen Gefühlszustand besser abgelesen werden kann und man sich besser in ihn hineinfühlen kann.[384] Das ist nachvollziehbar, erfassen wir doch bei unseren Lieben viel eher, wie es ihnen geht als bei Fremden. Lassen Sie sich daher nicht verunsichern, wenn Sie Befindlichkeiten Ihres Hundes spüren, für die andere Menschen blind sind.

Sie sind derjenige, der Ihren Hund am besten verstehen und seine Befindlichkeiten erspüren kann.

Selbst wenn Ihr Hund nicht zu Ihnen schaut oder Ihnen direkt in die Augen blickt, erfasst er doch Ihr Mienenspiel, Ihre Stimmung und Ihr Verhalten. Der direkte Au-

---

[381] Zitat Harlow, aus: Blum, D (2002): Die Entdeckung der Mutterliebe – die legendären Affenexperimente des Harry Harlow

[382] Kapitel „Was guckst Du?!" in Band 1 der Reihe ICH HALTE DICH

[383] Kikusui, T et. al. (2015): Oxytocin-gaze positive loop and the coevolution of human-dog bonds

[384] Domes, G et. al. (2007): Oxytocin improves "mind reading"

Erlauben Sie Ihrem Hund auch während der Übung mal „sein Hirn zu lüften“ und sich kurzzeitig etwas ganz anderes anzuschauen als den Reiz oder Sie.

genkontakt sollte nicht verbissen angestrebt werden. Ich weiß es zu schätzen und fördere es, wenn ein Hund mich klar und freundlich oder auch hilfesuchend direkt anschaut. Ich habe jedoch auch Verständnis, wenn dieser Augenkontakt zu Beginn des Trainings oder während der Bindungsgestaltung noch zu intensiv für den Hund ist oder er nur einen Bruchteil von Sekunden andauern kann. Dies ist möglicherweise der Fall, wenn man sich gerade erst kennenlernt oder auch wenn sich die Beziehung verändert und auf neue Füße gestellt wird, da sich die Einstellung zum Hund geändert hat. Je nach Grad der Vertrautheit und der Persönlichkeit des Hundes kann es einige Zeit in Anspruch nehmen, bis er Ihnen tatsächlich vertrauensvoll länger in die Augen schauen kann. Je unsicherer der Hund ist, umso weniger kann er einen direkten Augenkontakt mit wenig vertrauten Personen aushalten. Lassen Sie sich nicht durch ein abwehrendes Verhalten des Hundes nach einem Augenkontakt dazu verleiten, ihm eine starke Persönlichkeit zu unterstellen. Was ihn zu der Überreaktion hinreißen lässt, ist genau das Gegenteil davon: er ruht nicht in sich und wertet daher bereits einen harmlosen, freundlich gemeinten Blickkontakt als Übergriff, den er nach dem Motto: „Angriff ist die beste Verteidigung!“ abzuschmettern versucht. Diesen Umstand habe ich bereits in Band 1 dieser Buchreihe thematisiert.[385]

[385] Kapitel „Was guckst du?!“ in Band 1 der Reihe ICH HALTE DICH

Stören Sie sich nicht daran und werten Sie es auf keinen Fall als eine mindere Qualität Ihrer Beziehungsarbeit oder als ein Zeichen eines mangelnden Talents in Ihrer Funktion als Hundeführer. Ihr Hund kann sich auch aus den Augenwinkeln wunderbar an Ihnen orientieren und je weniger Sie den vertrauensvollen Blickkontakt forcieren oder mit Druck herbeiführen wollen, umso leichter wird sich dieses natürliche Verhalten (wieder) einstellen.

Unter Umständen mag Ihr Hund sich den Reiz nicht direkt anschauen und scheint sich hilfesuchend an Ihrem Blick festzusaugen. Lässt sich der Hund trotz Ihrer animierenden Kopf- und Blickbewegung nicht dazu motivieren, erneut zum Reiz zu schauen, sollte eine größere Distanz eingenommen und ein erneuter Versuch gestartet werden. Gegebenenfalls ist das Trainingselement **Der Reiz als Erfolgsauslöser** vorzuziehen. Meine Erfahrung zeigt, dass es einige Hunde bei einer zu geringen Distanz vermeiden, den Reiz anzuschauen, weil sie spüren, sonst außer sich zu geraten. Selbst wenn der vertrauensvolle Blickkontakt unter normalen Umständen nicht schwerfällt, kann es sein, dass sich der Hund auf einmal von seinem Menschen und vom Reiz abwendet, er sich aktiv dem Kontakt entzieht oder scheinbar unaufmerksam ist. Dies kann als Versuch gewertet werden, seinen Erregungszustand zu regulieren. Auf keinen Fall sollte der Mensch sich hierdurch persönlich angegriffen fühlen. Mir kommt das Weggucken des Hundes immer so vor, als wenn man sich vor großen Prüfungen zurückzieht und all seine Kräfte sammelt, um das Beste aus sich herauszuholen. Ist der Mensch übermotiviert bis herrisch darum bemüht, dass unbedingt jetzt in diesem Moment der Blickkontakt aufgebaut wird, schöpft er kostbare Ressourcen beim Hund ab und provoziert damit unter Umständen eine ungehaltene Aktion gegenüber dem Reiz.

Man sollte die Selbstregulation des Hundes zu schätzen wissen und sich freuen, dass er seine Erregung im Zaum halten kann, statt bei jeder noch so kleinen Aufforderung vor Aufregung und Arbeitswillen aus dem Häuschen zu geraten und überzureagieren.

Je leichter es dem Hund fällt, den Reiz anzuschauen, desto mehr kommt seine Neugier ins Spiel. Neugier zu stillen und sich darüber neue Fähigkeiten und Erkenntnisse aneignen zu können, tut gut.[386] Dies ermöglichen Sie ihm, wenn Sie ihn mehr über

---

[386] Blum, D (2002): Die Entdeckung der Mutterliebe – die legendären Affenexperimente des Harry Harlow

den Reiz erfahren lassen. Ist der Reiz beispielsweise eine Person, können Sie Ihrem Hund deren Jacke zum Beschnuppern bringen oder er darf an der Stelle schnüffeln, an der sich der Reiz, welcher auch immer, aufgehalten hat. Zeigen Sie sich ebenfalls freudig interessiert, denn dies schafft Gemeinsamkeit, doch vermeiden Sie in diesem besonderen Fall eine Belohnung in Form von Leckerli.[387]

MIT GUTEM BEISPIEL VORAN

Höflichkeit ist eine Haltung gegenüber anderen Lebewesen und gilt als eine Tugend, die von Bindungspersonen weitergegeben wird. Dies setzt voraus, dass sie vorgelebt wird. Das Gleiche gilt für ein Benehmen, das ein reibungsloses soziales Miteinander ermöglicht. Leben Sie Ihrem Hund also das Verhalten vor, das Sie auch von ihm sehen möchten. Ihr Blick schweift entspannt und wohlgesonnen zwischen dem Reiz und Ihrem Hund hin und her. Wählen Sie einen ausreichend großen Abstand zum Reiz[389], das heißt, halten Sie sich in der Komfortzone auf, sodass Sie sich beide mit den Spielregeln des LSR vertraut machen können.

Erziehen heißt vorleben.
Alles andere ist höchstens Dressur.
Oswald Blumke[388]

Über das soziale Lernen wird Ihr Hund nicht nur animiert, Ihr Verhalten und damit Ihre Strategie in belastenden Situationen nachzuahmen. Er übernimmt auch Ihre emotionale Bewertung. Seien Sie sich Ihrer Außenwirkung bewusst. Ihre negative Einstellung übernimmt Ihr Hund auch dann, wenn er selbst noch keinen Argwohn gegenüber dem Reiz hegt. Ihre positive Reaktion auf das erste Wahrnehmen eines neuen Reizes für Ihren Hund ist somit vorteilhaft. Sie beugen damit zeitaufwändigen Gegenkonditionierungen vor. Ihr Hund kann die Bedeutung Ihres Verhaltens verstehen und es nachahmen, soweit es ihm anatomisch möglich ist. Versteht der Hund den eigentlichen Sinn einer Handlung, so kann er sie nicht nur leichter erlernen,

---

[387] *Intrinsische und extrinsische Motivation* in Kapitel „Trainingsaufbau Lenken des sozialen Referenzierens (LSR)“

[388] Oswald Blumke, deutscher Psychiater und Neurologe, 1877 – 1950

[389] *Entfernungstraining* in Kapitel „Trainingsaufbau Lenken des sozialen Referenzierens (LSR)“

sondern sie sich auch besser merken. Diese Form des Lernens ist Gegenstand der Trainingsmethode „Do as I do". Das verstehende Nachahmen, bei dem auch flexibel auf Veränderungen eingegangen wird und das damit deutlich von einem unüberlegten Kopieren zu unterscheiden ist, wurde lange Zeit nur Kindern zugeschrieben. Eine Studie[390] konnte aufzeigen, dass auch Hunde diese selektive Imitation beherrschen, die zu den wichtigen sozialen Kompetenzen des Menschen gehört.

Ein Training, das auf Verständnis aufbaut, ist weitaus effektiver als ein stupides Abspulen von Signalen oder Kommandos.[391]

Auch wenn der Reiz nicht sichtbar ist, sondern über andere Sinnesorgane wahrgenommen wird, sollten Sie darauf achten, welche emotionalen Hinweise Sie Ihrem Hund geben. Ihr Hund nimmt wahr, wenn Sie sich auf ein Geräusch konzentrieren und aufmerksam lauschen, genauso wie er erkennen kann, dass Ihr Fokus auf einem Geruch liegt und Sie Ihre Nase einsetzen. Wird dem Hund hierbei eine freudvolle Emotion vorgelebt und ihm währenddessen immer wieder ein Blick geschenkt, durch den er einbezogen wird, orientiert sich der Hund an dieser vorgelebten emotionalen Bewertung. So können Sie das Gebell des Nachbarhundes, die Müllabfuhr oder den Nachbarn, der kurz zuvor mit seinem Hund Ihren Weg passiert hat und geruchlich auch für Sie wahrnehmbar ist (Zigaretten, Parfum, Waschmittel etc.) positiv belegen. Die gute Laune ist ein viel besseres Vorbild als ein zudem auch noch von übellauniger Mimik unterstütztes, genervtes und wütendes: „Muss Herr Müller schon wieder vor unserem Haus spazierengehen, der weiß doch, dass unser Hund seinen nicht mag!"

DER AUTOPILOT

In der Komfortzone können Sie und Ihr Hund sich mit den LSR-Spielregeln vertraut machen, sodass diese Form der Unterstützung in Zukunft ohne große Überlegungen erfolgen kann. Der Handlungsablauf Ihres Beistandes soll Ihnen so in Fleisch und Blut übergehen, dass Sie „auf Autopilot" schalten. Dies erfordert etli-

---

390 Range, F; Viranyi, Z; Huber, L (2007): Selective imitation in domestic dogs

391 *Der Unterschied zwischen authentischem und diktiertem Verhalten* in Kapitel „Trainingsaufbau Lenken des sozialen Referenzierens (LSR)"

che Trainingseinheiten. Nur rein theoretisch über die Abläufe im Klaren zu sein und zu wissen, wann Sie wie zu reagieren haben, reicht nicht aus. Gerade in stressigen, nicht kalkulierbaren Situationen sind Sie genug damit gefordert, sich auf geänderte Umstände einzustellen und angemessen auf diese zu reagieren. Bereits kleine Abweichungen von der erlernten Norm stellen für Sie und für Ihren Hund einen mentalen Verarbeitungskonflikt dar. Sie müssen sich auf die Änderungen einstellen, wozu Sie Ihre ungeteilte Aufmerksamkeit benötigen. Verbrauchen Sie nicht Ihre begrenzten Ressourcen für Handlungen, die auch Ihr Unterbewusstsein für Sie erledigen kann. Es kann die einstudierten Handlungen nahezu automatisch ablaufen lassen, ohne dass Sie sich bewusst einmischen müssen.

Wiederholungen bringen Routine, Routine bringt Sicherheit, Sicherheit bringt Entspannung.

Man kann dies mit den ersten Fahrstunden vergleichen. Mir kam es damals vor, als würde ich nie an alles gleichzeitig denken können. Heute, nach etlichen gefahrenen Kilometern, ist selbst die Fahrt im dichtesten Großstadtverkehr ein Kinderspiel. Neben mir saß anfangs, als ich noch überfordert, gestresst und mit holpriger Fahrweise unterwegs war, aber auch kein wutschnaubender Fahrlehrer, der mir beim kleinsten Vergehen sofort „ins Genick schlug". Es brüllte auch niemand, man habe mir doch alles erklärt und ich solle nicht so bockig und so dominant sein und mich den Anweisungen widersetzen. Ein solch ungehaltener, unverständiger Fahrlehrer hätte mir letztlich zwar auch das Autofahren beigebracht, aber es wäre mit einem mulmigen Gefühl behaftet. Ich hätte keinen Spaß mehr am Autofahren und jeder, der auf dem Beifahrersitz Platz nimmt, würde die unguten Erinnerungen an diese „Lehrstunden" hervorrufen.

Sie sehen die Parallele zum Hundetraining? Es ist nicht nur entscheidend, ob ein Hund ein neues Verhalten lernt und wie schnell, sondern auch, wie es ihm beigebracht wurde und mit welchen Emotionen es verbunden ist.

RAUS AUS DER KOMFORTZONE

Ihre Komfortzone und die Ihres Hundes angesichts eines belastenden Reizes haben Sie im Entfernungstraining ausmachen können. Innerhalb dieser zeigt sich Ihr Hund ohne Ihren besonderen Beistand noch gehalten, auch wenn er innerlich bewegt ist.

Welcher Abstand zum Reiz noch innherhalb der Komfortzone liegt, ist individuell unterschiedlich und hängt auch von der Tagesverfassung ab sowie von den Eindrücken, denen der Hund an diesem Tag bereits ausgesetzt war.

Angstauslösende Situationen stets zu vermeiden, obwohl keine reale Gefährdung vorliegt, hemmt eine Weiterentwicklung. Ist das Ziel, Kompetenzen zum Lösen schwieriger Situationen zu erwerben, so gilt es, die Komfortzone zu verlassen und sich in die anschließende Wachstumszone zu begeben. Es ist verständlich, dass es hier weniger bequem ist und Belastungen ein deutlich mulmigeres Gefühl hervorrufen. Entsprechend muss sich der Hund überwinden und benötigt dazu den Beistand seines Menschen. In der Wachstumszone kann sich der Hund durchaus ungehalten präsentieren, mit den Trainingselemente **Bärenumarmung**[392] und **AKKKA-Konsequenz**[393] ist eine Weiterentwicklung trotzdem sehr wohl möglich. Entfernt man sich immer weiter von der Komfortzone und durchquert die Wachstumszone, so gelangt man in die Panikzone.[394] Hier ist keine Weiterentwicklung möglich. Der Hund gerät außer sich und verhält sich ungehalten, es dominieren aber Panik und Kopflosigkeit. Hier gilt es, über Notfallpläne das Schlimmste zu verhindern.

Ich ergänze die genannten drei Zonen um die Entspannungszone. In dieser ist der Hund völlig in seinem Gleichgewicht und in seiner inneren Mitte. Nehmen Sie feinfühlig die Grenzen der verschiedenen Zonen wahr, um den Hund an seinen Aufgaben wachsen zu lassen.

Im kontrollierten, geschützten Umfeld und mit wenig Ablenkung sind Sie und Ihr Hund in sicherem Abstand zum Reiz zu einem eingespielten Team geworden. Das favorisierte Alternativverhalten „Hingucken zum Reiz und selbstständiges Weggucken mit Hinwendung zum Sozialpartner“, wobei sich der Hund an Ihrer emotionalen Bewertung orientiert, hat sich etabliert. Damit die im Alltag allgegenwärtigen aufregenden Momente bei ungeplanten Begegnungen immer weniger anstrengend für sie beide werden, heißt es nun: „Raus aus der Komfortzone und ab in die Wachstumszone!“

---

392 Band 3 der Reihe ICH HALTE DICH

393 Band 5 der Reihe ICH HALTE DICH

394 Die Bezeichnungen der einzelnen Zonen lehne ich an die von Management- und Persönlichkeitstrainer Jörg Löhr an

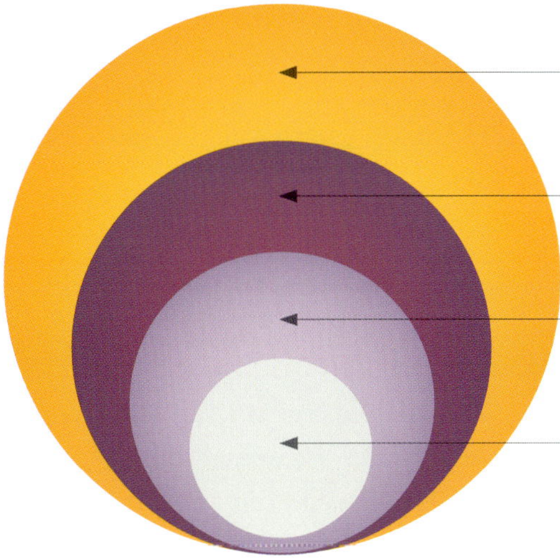

Ihr Erfahrungsschatz und das Repertoire Ihres Autopiloten wird erweitert, indem Sie sich aktiv aus Ihrer Komfortzone bewegen und gezielt Herausforderungen einbauen.

Sie verlassen die Komfortzone, indem der Abstand zum Reiz verringert, seine Brisanz erhöht oder in neuen Örtlichkeiten trainiert wird. Eine Herausforderung ist es auch für den Hund, wenn Sie sich zurücknehmen und ihm weniger Beistand geben oder er sich nicht mehr in der SaB-Position befindet.
Das Verlassen der Komfortzone ist vergleichbar mit **Vertrauen geben für den Sprung über den eigenen Schatten.**[395] Irgendwann gilt es, sich aktiv immer mehr belastenden Momenten zu stellen, auch wenn man sich dazu unter Umständen von außen zu seinem Glück verhelfen lassen muss. Vorausgesetzt es ist jemand da, der für den Erfolg der Mission sorgt. Man lernt, dass diese Momente doch nicht so gefährlich sind, wie es zuvor den Anschein hatte, dass man die entsprechenden Fähigkeiten entwickelt hat und mental gewachsen ist. Das gibt Zuversicht für die nächsten Herausforderungen. Das Beste an der Komfortzone ist, dass man sie verlassen kann! Es wird nicht mehr lange dauern und die aktuelle Wachstumszone ist zu Ihrer vergrößerten Komfortzone geworden. Das Wachsen an Herausforderungen hört er-

[395] *Vertrauen geben für den Sprung über den eigenen Schatten* in Kapitel „H.A.L.T. – Bindung durch Schutz, Geborgenheit und Fürsorge“

Achten Sie nicht nur in Trainingssituationen auf den rückversichernden Blick ihres Hundes und beantworten Sie ihn.

freulicherweise nie auf. Je weiter Sie beide sich von ihrer Komfortzone entfernen, desto verletzlicher werden Sie und Ihr Hund. Je näher Sie der Panikzone kommen, desto schlechter können Sie beide Belastungen wegstecken. Hier können vertraute Handlungen (eingespielte Abläufe wie das Hingucken-Weggucken) ein Gefühl der Sicherheit vermitteln. Die gleiche Funktion erfüllen auch liebgewonnene, stabilisierende Gewohnheiten, falls diese nicht hinderlich für das Training sind, wie ein kurzes Schubbern des Hundes an Ihnen, ein Wälzen oder Schütteln. Solche alternativen Verhaltensweisen sind Ressourcen[396], die Ihrem Hund helfen, sein inneres Gleichgewicht wiederzuerlangen. Unterbinden Sie sie nicht. Falls dies doch nötig sein sollte, dann stoppen Sie Ihren Hund feinfühlig und freundlich. Hilfreich und stabilisierend können auch vertraute Objekte sein, die als Talisman fungieren. Je anstrengender der Ausflug über die Komfortzone hinaus war, umso nötiger ist die Entspannungszone, um sich dort „die Wunden zu lecken". Wird dem Hund diese Erho-

[396] Band 4 der Reihe ICH HALTE DICH

lungsphase nicht zugestanden, kann ihn dies schnell überfordern und ein Scheitern provozieren. Lassen Sie sich Zeit, tun Sie sich und Ihrem Hund etwas Gutes; das kann ein Spaziergang ohne negative Belastungen sein, erholsamer Schlaf, Auspack- oder Schnüffelspiele, um dem Hund zu ermöglichen, sein Gleichgewicht wiederzufinden.

Je mehr Veränderungen Sie gleichzeitig in das etablierte Programm einbauen, desto anstrengender wird es. Variieren Sie, wenn möglich, immer nur einzelne Parameter, wie beispielsweise die Intensität des Reizes, die Entfernung oder den Umfang Ihres Beistandes. Indem der Hund seine Komfortzone verlässt und die eigenen Grenzen überwinden lernt, lernt er seine Fähigkeiten einzuschätzen. Hat er sich überwunden, sich seinen Ängsten gestellt und einen funktionellen Umgang mit ihnen erlernt, so ist dies ein überragendes Erfolgserlebnis, das Mut macht für neue Herausforderungen.

STIMME MACHT STIMMUNG

Achten Sie auch auf Ihre Stimme und darauf, was Sie mit ihr vermitteln. Der Ton macht die Musik. Eine freundliche Ansprache kann zur Mitarbeit anregen. Ein wutschnaubendes Befehlen oder eine monotone Stimme animiert jedoch nicht, Anweisungen Folge zu leisten. Die Stimme ist ein wertvolles Werkzeug zur Verhaltensbeeinflussung.[397] An dieser Stelle geht es ausschließlich um das Feintuning, die präzise Einstellung Ihrer Stimme beim LSR.

Sie moderieren Ihren Hund durch die Situation, Sie reden sie schön. Die Vorteile des Einsatzes der Stimme angesichts eines belastenden Reizes liegen auf der Hand:

- Beim Reden fließt Ihr Atem besser. Sie kommen nicht so leicht in die Verlegenheit, angespannt die Luft anzuhalten und regelrecht einzufrieren, was Ihrem Hund eine ungünstige Strategie vorführen würde und als Katalysator für den Ausbruch des Hundes dienen kann. Achten Sie darauf, dass Sie nicht hoch, flach oder stoßweise atmen, was typisch für eine Angst ist. Atmen Sie bewusst tief ein und aus.[398]

---

[397] Auf die Stimme wird detailliert in Band 3 der Reihe ICH HALTE DICH eingegangen

[398] *Das Rollenspiel »Ich freue mich über den Reiz«* in Kapitel „Trainingsaufbau Lenken des sozialen Referenzierens (LSR)“

- Ihre freundliche Ansprache gibt Ihrem Hund ein gutes Gefühl und damit einen wichtigen Hinweis hinsichtlich einer positiven Bewertung des Reizes.
- Dank Ihrer Stimme bricht der Kontakt zu Ihrem Hund nicht ab, sodass er sich leichter vom Reiz weg- und Ihnen zuwenden kann. In Verbindung mit dem von Ihnen vorgelebten Hingucken-Weggucken lenkt ihn das schneller in die Rückversicherung als gewünschtes Alternativverhalten.
- Das Hören einer vertrauten Stimme bewirkt eine Oxytocinausschüttung[399], was bindungsfördernd ist und das Einfühlen in den Bindungspartner und den emotionalen Abgleich beim sozialen Referenzieren erleichtert.
- Ihr Hund orientiert sich bei der emotionalen Bewertung nicht nur an Ihrer Mimik, er kann auch gehörte Emotionen zuordnen[400], was beim LSR gute Dienste leistet.
- Über Ihre Stimme können Sie das Erregungslevel Ihres Hundes steuern und sogar ein *Fiddle about* als Strategie in schwierigen Situationen fördern. Rechtzeitig eingesetzt kann Ihre Stimme die Erregung des Hundes in eine zuträglichere Emotion lenken.[401]

Wählen Sie Lautstärke und Intensität der Stimme so, dass sie Ihren Hund nicht vorschnell vom Reiz wegzieht. Kommen Sie stimmlich aber auch nicht wie eine monotone Dauerbeschallung rüber. Ihre Stimme würde als nichtssagend abgespeichert und damit in Zukunft ausgeblendet werden. Ohne Ihre Präsenz wird Ihr Hund umso schneller im Anblick des Reizes versinken und ins Fixieren geraten.

Das Lösen des Hundes vom Reiz über ein besonders freudiges Ansprechen, das sogenannte **Wegloben**[402], wird dann praktiziert, wenn der Hund – selbst wenn er den Reiz auch nur für einen Bruchteil einer Sekunde sieht – entweder in einen Tunnelblick versinkt oder in eine Bellattacke gerät oder wenn er in ein unerwünschtes Verhalten welcher Art auch immer flüchtet. Der Vorteil des Weglobens ist der, dass

---

[399] Seltzer, LJ; Ziegler, TE; Pollak, SD (2010): Social vocalizations can release oxytocin in humans

[400] Andics, A; Gácsi, M; Farago, T; Kis, A; Miklósi, À (2014): Voice-sensitive regions in the dog and human brain are revealed by comparative fMRI

[401] *Der Erregung einen neuen Namen geben* in Kapitel „Der Reiz als Erfolgsauslöser"

[402] *Wegloben* in Kapitel „Der Reiz als Erfolgsauslöser"

Auch wenn der Hund Unbehagen gegenüber dem Reiz zeigt, empfiehlt es sich, ihn von diesem über einen starken und ermunternden Zuspruch wegzuloben.

Sie die Aufmerksamkeit des Hundes wieder auf sich lenken und zugleich eine gute Assoziation bezüglich des Reizes erzeugen. Sie müssen sich nicht sorgen, dass Sie damit ein Fixieren fördern. Das Fixieren wird abnehmen, da Sie die dem Fixieren zugrundeliegende Emotion ändern.

Ist die Situation vom Hund zu bewältigen und stellt sie keine besondere Herausforderung mehr für ihn dar, dann lobe ich ihn nicht weg, wenn sein Blick wider Erwarten im Reiz versinken sollte. Ich nutze stattdessen eher das Umlenkgeräusch.[403] Je geläufiger dem Hund die LSR-Übung geworden ist, umso mehr nimmt sich der Mensch zurück, um die Weiterentwicklung des Hundes zu fördern. Der soziale Beistand, den das Wegloben enthält, fällt beim Umlenkgeräusch weg, sodass seine Verwendung ein guter Zwischenschritt zum selbstständigen Lösen der Situation sein kann. Lenkt der Hund in undramatischen Konfrontationen seine Aufmerksamkeit

[403] Cordt, M: Hundereich – Hundebegegnungen und Vergesellschaftung · Mit einem klaren Plan und friedvoll zum Erfolg

aufgrund des Umlenkgeräusches wieder auf seinen Menschen, so erfolgt ein moderates Lob mit einer wohlwollenden Ansprache wie: „Siehst du, du kannst es doch!“, anstatt ihm übertrieben „den roten Teppich auszurollen“.

FÜSSE, ARME, KÖRPERFRONT

Diese Parole mutet schon fast an wie ein Fitnessprogramm für Bauch, Beine und Po. Hier liegt Ihre Aufmerksamkeit allerdings auf Füßen, Armen und Körperfront. Diese scheinen oft ein Eigenleben zu führen und sind dann auch wahre Problemzonen, wenn sie dem Hund ungünstige, nicht gewollte Hinweise geben.

Kontrollieren Sie die Ausrichtung Ihrer Körperfront. Wohin zeigen Ihre Fußspitzen? Wohin zeigen Ihre Arme? Schwankt der Hund innerlich, ob er einen Vorstoß gegen den Reiz vornehmen soll, reicht häufig eine an und für sich unbedeutende Bewegung Richtung Reiz, um diesen zu starten. Im Zwiespalt „Soll ich reagieren, soll ich nicht?“ missversteht der Hund eine Bewegung des Menschen eher als Hinweis für ein „Du sollst reagieren!“, als es in einem weniger belastenden und stressigen Mo-

ment der Fall wäre. Selbstverständlich sollte Ihr Hund mit zunehmender positiver Reizeinstellung irgendwann auf diese Zünder nicht mehr anspringen. Ist Ihre Körperfront frontal zum Reiz gerichtet, so wird dies von einem Hund, der ohnehin Argwohn gegenüber dem Reiz hegt, als ein „Den nehmen wir uns zur Brust!" aufgefasst. Achten Sie nicht nur darauf, dass Sie den Reiz wohlgemut anschauen, sondern auch darauf, dass Ihre Körperfront sowohl dem Reiz leicht zugewandt, als unbedingt auch leicht zu Ihrem Hund geöffnet ist. Durch die geöffnete Körperfront bleiben Sie mit Ihrem Hund in Kontakt und unterstützen ihn.
Die Ausrichtung Ihrer Fußspitze kann als Hinweis „Der da ist es, den holen wir uns!" missverstanden werden. Zeigt die Fußspitze exakt auf den Reiz, wirkt dies wie eine Trasse. Entsprechend verbietet sich auch ein Fingerzeig zum Reiz. Achten Sie auf Ihre Hände. Selbst wenn Sie nicht direkt zum Reiz zeigen, kann schon ein Sortieren der Leine mit Anheben des Armes Richtung Reiz bei einem Hund, der kurz vor der Zündung steht und sich kaum noch beherrschen kann, zum Startsignal werden.

Somit sollten Sie in schwierigen Begegnungen auf Ihre Füße, Arme und Körperfront achten. Je besser der Hund gelernt hat, mit den Situationen umzugehen, umso mehr können Sie Ihren Körper wieder unbedachter einsetzen.

straffe, angezogene Leine mit unangenehmer Spannung

Körperfront frontal zum Reiz

die Fußspitzen zeigen direkt in Richtung Reiz

starrer Blick, ausschließlich in Richtung Reiz gerichtet

DAS SPRINGENDE ZEICHEN

Der Ausdruck „springendes Zeichen“ stammt ursprünglich von Aristoteles. In „springender Punkt“ umbenannt ist daraus eine Redewendung geworden, die den Kern einer Aussage bezeichnet.

Sie haben sich entsprechend positioniert, der Hund steht in der SaB-Position an Ihrer Seite. Sie haben Ihre Stimme, Ihren Blick sowie Füße, Arme und Körperfront unter Kontrolle. Exakt der Moment, in dem sich Ihr Hund selbstständig vom Reiz wieder zu Ihnen orientiert, wird mit einem Belohnungsmarker eingefangen. Hierbei bevorzuge ich ein mit dem Mund produziertes kurzes und prägnantes Geräusch ähnlich einem Clicker, wie beispielsweise »Yep«, »Pi« oder »Tuck«. Der Marker fängt den Moment des richtigen Verhaltens ein wie der Auslöser der Kamera das gewünschte Bild. Geben Sie nach dem Belohnungsmarker Ihrem Hund nicht sprachlos ein Leckerli — er soll hören, wie stolz Sie auf ihn sind! Ehrliche Wertschätzung vermittelt das Gefühl, wahrgenommen und in der Gemeinschaft aufgehoben zu sein. Ihr Hund fühlt sich von Ihnen geachtet und geliebt, was für sein Seelenheil und die innere Ausgeglichenheit immens wichtig ist.[404]

Der Belohnungsmarker muss nicht notwendigerweise zuvor gezielt klassisch konditioniert worden sein. Er kann auch vom Hund in der Übung selbst mit sozialer Achtung und etwas Angenehmem verknüpft werden. Hierdurch wird er zu einem regelrechten Glücksbringer, was die Verhaltensbeeinflussung zusätzlich unterstützt.

Der Einsatz Ihrer Stimme nach dem Belohnungsmarker schlägt die Brücke zur anschließenden Belohnung. Ihre Stimme dient aber nicht nur als Brücke, sondern fördert auch den *Instinctive drift*[405] ins Rückversichern. Belohnung kann alles sein, was Ihrem Hund ein gutes Gefühl vermittelt und die Nähe zum Menschen aufrechterhält: Leckerli aus Ihrer Hand, Kraulen der Lieblingsstellen, liebevolle Ansprache, ein gemeinsames Rausgehen aus der Situation, das Zeigenlassen seiner Lieblingstricks mit begleitender Anerkennung Ihrerseits etc. Ein Buddeln oder Bällchenfangen, das den Hund vom Menschen wegführt, ist somit weniger geeignet, erst recht, wenn dadurch

---

[404] *Grundnahrungsmittel Liebe* in Kapitel „Bindung – das Band, das zusammenhält“

[405] *Instinctive drift* in Kapitel „Trainingsaufbau Lenken des sozialen Referenzierens (LSR)“

Der persönliche Glücksbringer und eine sehr hochwertige Belohnung für Peppino: so dicht wie möglich bei seinem Menschen – je enger, desto lieber.

das Erregungslevel erhöht wird. Was auch immer Sie als Belohnung folgen lassen, auf Ihre freundliche Stimme und Ihren Beistand sollte Ihr Hund nicht verzichten müssen. Wichtig ist Ihre Intention, den Hund aufrichtig für sein Verhalten zu loben und nicht einfach nur mechanisch bestätigende Worte in hoher Stimmlage an den Hund zu richten, weil „man es ja so machen soll“. Der Hund erkennt die Intention hinter Ihrem Tun ganz genau; auch dabei unterscheidet er sich nicht von uns Menschen.

Je geläufiger dem Hund das Rückversichern angesichts des unangenehmen Reizes ist, umso öfter verzichte ich auf den Marker, nicht jedoch auf eine Belohnung, und erst recht nicht auf die soziale Bestätigung. Ich verwende den Belohnungsmarker nur, um dem Hund die Spielregeln verständlich zu machen.

Die Qualität der Belohnung wird an die Größe der Belastung angepasst. Je schwieriger die Situation für den Hund ist, umso wertvoller ist seine Rückversicherung anzusehen. Hat er eine Reizkonfrontation außerordentlich gut gemeistert, verdient er auch eine gebührende Belohnung. Man kann ihn als Extrabelohnung in einfachen Übungen „mental ausruhen“ und auf diesem vereinfachten Weg Extrapunkte sammeln lassen. Hierzu sind Tricks geeignet, die er ohnehin sehr gerne ausführt und die ihm allein schon durch die Ausübung Wohlbefinden verschaffen.

Die Belohnung mit Leckerli ist vor allem zu Beginn des Trainings in mehrfacher Hinsicht hilfreich. Unter anderem, weil es als Belohnungsmittel dem Hundehalter weniger Konzentration abverlangt und um Akzente in der Belohnung zu setzen.[406]

Nimmt der Hund die Leckerli grob und schnappig, sollte das Training zur sanften Leckerli-Aufnahme nicht Gegenstand der LSR-Übung werden. Das Gleiche gilt für ausgesprochen futteraggressive Hunde und solche mit einer sehr geringen Frustrationstoleranz. Das Training zur Beeinflussung dieser Verhaltensbesonderheiten findet außerhalb des LSR-Trainings statt. Konzentrieren Sie sich nicht in einem Training auf mehrere Baustellen, Sie verringern den Trainingserfolg und verunsichern zudem den Hund. Veränderungen im Verhalten herbeizuführen, kostet Energie, deshalb ist es nicht sinnvoll, mehrere Veränderungen gleichzeitig in einer Session angehen zu wollen. Sollte der Hund aus verschiedenen Gründen im LSR nicht mit Leckerli belohnt werden können, so gibt es ausreichend weitere Belohnungsmöglichkeiten, auch wenn mit ihnen nicht — oder nicht so einfach — wie mit Leckerli gezielt Akzente gesetzt werden können.

Grundsätzlich sollten die Belohnungen vielfältig sein, wobei nie auf die verbale und mimische Wertschätzung verzichtet werden sollte. Dies senkt die Gefahr von Frust, wenn dem Belohnungsmarker einmal nicht die übliche Belohnung folgt. Außerdem stärkt die Aussicht auf das persönliche Highlight unter den Belohnungen die Motivation des Hundes. Der für mich herausstechende Grund ist jedoch der, dass der Hund aufgrund der vielfältigen Belohnungen nicht in ein unerwünschtes instinktives Verhalten abdriften kann.[407]

Durch die beständige, aufrichtige Zuwendung seines Menschen als Belohnung etabliert sich zunehmend das natürliche Rückversichern des Hundes.

In der LSR-Übung setze ich keine Handlungsabfolge unter Signal, wie ich bereits in Kapitel „Der Unterschied zwischen authentischem und diktiertem Verhalten“ erläutert habe. Neben den dort aufgeführten Gründen vermeide ich dies auch, um keine unnötige Hektik im Hingucken-Weggucken aufkommen zu lassen. Würde dies unter

---

[406] *Akzente setzen* in Kapitel „Trainingsaufbau Lenken des sozialen Referenzierens (LSR)“

[407] *Instinctive drift* in Kapitel „Trainingsaufbau Lenken des sozialen Referenzierens (LSR)“

Signal gesetzt, bestünde die Gefahr, dass der Hund immer schneller in der Ausführung wird, vergleichbar einem Ping-Pong-Spiel, um zu seiner Belohnung für das Befolgen des Signals zu kommen. Erwünscht ist dagegen ein ruhiges Rückversichern motiviert durch den inneren (evolutionär begründeten) Antrieb. Der Hund erhält von seinem Menschen Rückhalt, was zu einer Verringerung der Anspannung führt und damit eine starke Belohnung darstellt.

Je unsicherer der Hund ist, desto aufgeregter und hektischer fragt er bei seiner Bezugsperson um Hilfe. Gewährt der Mensch diese Hilfe in Form einer betonteren Unterstützung, so kann diese auch als Übergang zu einem ruhigen Hingucken-Weggucken verstanden werden.

AKZENTE SETZEN

Leider wird beim Belohnen häufig nicht genug darauf geachtet, was genau der Hund währenddessen tut, und worauf seine Konzentration gerichtet ist. Am Beispiel einer Belohnung durch Leckerligabe innerhalb des zuvor beschriebenen „Das springende Zeichen" möchte ich das verdeutlichen. Wird das Leckerli so gegeben, dass der Hund bei seiner Aufnahme und während des Kauens den Reiz im Visier hat, dann wird eine positive Assoziation zu ihm gefördert. Wird das Leckerli jedoch so präsentiert, dass der Hund dabei die Konzentration auf seinen Menschen richtet (wobei er diesem nicht in die Augen schauen, sondern sich ihm lediglich zuwenden muss), wird die Orientierung zu eben diesem betont, was dem beim LSR gewünschten Verhalten entspricht.

Auch wenn ich das Wort „Leckerli" benutze, meine ich damit all das, was dem Hund Wohlbefinden verschafft und mit dem Akzente in der oben beschriebenen Art und Weise gesetzt werden können. Begleitend empfiehlt sich allerdings immer aufrichtiges Lob und — wenn vom Hund in dem Moment gerne angenommen — achtsamer, liebevoller Körperkontakt. Erst die soziale Anerkennung lässt das Hingucken-Weggucken zum natürlichen, instinktiven Rückversichern werden.

Die Belohnung sollte grundsätzlich in der gewünschten Position gegeben werden, um die Effektivität des Trainings zu erhöhen. Auf das LSR-Trainingselement bezo-

Beim LSR wird das Leckerli in der Verbindungslinie Hund-Mensch gegeben, ohne dass der Hund dem Menschen dabei in die Augen schauen muss.

gen bedeutet das, dass Sie bereits das Weggucken vom unangenehmen Reiz markern können, auch wenn der Hund sich Ihnen noch nicht zugewendet hat. Dieser Weg wird gewählt, wenn das Weggucken vom Reiz – statt in seinem Anblick zu versinken – schon eine kleine Sensation bedeutet. Die dem Marker folgende Belohnung wird so präsentiert, dass die Konzentration wieder in die Verbindung Hund-Mensch gelenkt wird. Von Mal zu Mal wird sich der Hund nach Sichtung des Reizes mehr seinem Menschen zuwenden, anstatt sich im Nirgendwo zu verlieren. Ein anderer Sachverhalt liegt vor, wenn das Weggucken des Hundes seiner Selbstregulation dient.[408]

Sie müssen entscheiden, ob es je nach Verhalten des Hundes, der Distanz zum Reiz und seiner Brisanz eventuell sinnvoller ist, die gute Assoziation zu diesem zu betonen. In dem Fall wird das Leckerli Richtung Reiz präsentiert, sodass die Konzentration des Hundes auf eben diesen gerichtet ist. So kann es ein guter Einstieg in die Bewältigung der Reiz-Konfrontation sein, zunächst einige Leckerli in Reizrichtung zu geben, da

[408] *Alles im Blick* in Kapitel „Trainingsaufbau Lenken des sozialen Referenzierens (LSR)"

der Hund im ersten Moment des Wahrnehmens noch zu gebannt von ihm ist. Steht sein Mensch ihm bei und gibt ihm mittels Leckerli, liebevoller Ansprache oder wohltuendem körperlichen Kontakt ein gutes Gefühl bei der Konzentration auf den Reiz, verringert sich die negative Erwartungshaltung. Die Spannung baut sich ab, sodass dem Hund das selbstständige Weggucken vom Reiz leichter fällt. Das wiederum kann nun durch eine Leckerligabe mit Orientierung auf den Menschen belohnt werden.

Wird der Hund gestreichelt, um ihm ein gutes Gefühl angesichts des Reizes zu verschaffen, so ist ähnlich wie bei „Fuß, Arm, Körperfront" darauf zu achten, keine unbedachte Betonung zu setzen. Wenn Sie Ihren Hund streicheln und eine stärkere Streichbewegung Richtung Reiz machen, so kann der Hund dies als Signal auffassen, sich in Richtung Reiz zu bewegen, wenn nicht sogar einen Übergriff auf ihn zu starten. Streicheln Sie jedoch mit einer Betonung weg vom Reiz, helfen Sie Ihrem Hund, sich zurückzunehmen.

INSTINCTIVE DRIFT

Was als Belohnung für das erwünschte Verhalten eingesetzt wird, sollte sich nicht nur danach richten, was dem Hund gerade am meisten Freude bereitet. Sie ist auch dahingehend auszuwählen, welches Verhalten innerhalb des natürlichen Verhaltensrepertoires mit dieser Belohnungsform verbunden ist. Wird beispielsweise Futter als Belohnung gegeben, so driftet das zu verstärkende Verhalten zunehmend in Verhaltensweisen ab, die mit der Nahrungsaufnahme zu tun haben. So gingen Waschbären, denen mittels Futter als Belohnung beigebracht worden war, Münzen in ein Sparschwein zu stecken, zunehmend dazu über, diese Münzen, statt ins Sparschwein zu stecken, in den Pfoten zu drehen und zu „waschen", so wie sie es mit Futter tun.

Dieses Phänomen wird als *Instinctive drift*[409] bezeichnet. Die Tiere sind in ihren instinktiven Verhaltensweisen regelrecht gefangen. Dies zeigt, warum es so überaus wichtig ist, den Hund beim LSR mit ehrlicher Zuwendung für sein Hingucken-Weggucken zu belohnen. Zwar dient das Leckerli dazu, einen Akzent zu setzen und um

---

[409] Breland, K; Breland M (1961): The misbehavior of organisms animal behavior enterprises

anfangs überhaupt einen Fuß in die Tür zum erwünschten Verhalten zu bekommen. Aber erst die aufrichtige Zuwendung des Menschen und sein Beistand in den belastenden Situationen lässt das Hingucken-Weggucken immer mehr in das natürliche, instinktive Rückversichern hineindriften, selbst wenn seine Orientierung zum Menschen zu Beginn des LSR noch keinen verbindenden Charakter hat. Der belastende Reiz wird somit zum Auslöser für das instinktive Verhalten des Rückversicherns.

Dies ist für mich die Erklärung, warum die Hunde recht schnell in das Rückversichern kommen, selbst wenn der Hundehalter beim LSR noch ein wenig unbeholfen im Belohnen ist und nicht immer das perfekte Timing hat. Auch das Weggucken vom Reiz, jedoch nicht mit Hinwendung zum Menschen, sondern in die entgegengesetzte Richtung, driftet aus dem Grund zunehmend in die Hinwendung zum Menschen, ins Rückversichern – vorausgesetzt, auch dieses Weggucken wird entsprechend über Zuwendung belohnt.

Der Schlüssel beim LSR liegt in der aufrichtigen Zuwendung, sei es in Form einer Ansprache oder in Form eines achtsamen, liebevollen Körperkontaktes, wenn dieser vom Hund gerne angenommen wird.

BEINDRÜCKEN

Der unterstützende Kontakt angesichts eines belastenden Reizes kann wie beschrieben über den Blick und über die Stimme erfolgen, aber auch über eine Berührung. Anstatt sich auf die Hände zu beschränken, zumal nicht immer eine frei ist, bietet es sich gegebenenfalls an, über ein Bein Kontakt zum Hund herzustellen.

Sie kennen doch den Ausspruch „Ich drück' dich.“, um jemandem zu sagen, dass man an ihn denkt, ihm beisteht. Ähnliches können Sie Ihrem Hund über das „Beindrücken“ mitteilen: „Ich bin hier, du bist nicht allein, ich passe auf dich auf.“ Dies fördert das Vertrauen und hilft bei der Bewältigung der Situation. Voraussetzung hierfür ist, dass der Hund den Körperkontakt als etwas Wohltuendes empfindet und sich der Mensch ihm nicht unangenehm aufdrängt.

Es ist entscheidend, dass das „Beindrücken“ nicht den Anschein erweckt, als ob man den Hund wegschieben oder sogar maßregeln möchte. Je mehr der Hund sich auch

Ein liebevolles „Ich drück dich“ mit Bein und Hand gibt dem Hund Stabilität – vorausgesetzt, er hat nicht grundsätzlich ein Problem mit dieser Nähe zum Menschen.

im Alltag an Sie drücken darf und Sie ihm dabei ein gutes Gefühl geben, indem Sie ihn ansprechen und den Kontakt zulassen beziehungsweise erwidern, umso selbstverständlicher wird Ihr Hund Ihren Beinkontakt in belastenden Situationen als Unterstützung auffassen. Dies kann natürlich nicht geschehen, wenn „körperliches Bedrängen“ als Zurechtweisung eingesetzt wird. Leider ist dies immer noch zu sehen, selbst von fremden Personen wie Trainern, die sich sogar erdreisten, den Hund in seinem eigenen Zuhause körperlich zu bedrängen und einzuschränken. Dann wird dieser Körpereinsatz selbstverständlich zum roten Tuch für den Hund oder zumindest zu etwas, das er meidet. Dadurch fällt es dem Hund zunächst noch schwer, im „Beindrücken“ den liebevollen, unterstützenden Sinn zu erkennen.

Erschreckend finde ich, was immer wieder in das Andrücken des Hundes gegen den Körper des Menschen hineininterpretiert wird. Hier eine Auswahl der negativen

Auslegungsmöglichkeiten: „Er ist dominant.“, „Er nimmt seinen Menschen nicht ernst.“, „Er ist respektlos.“, „Der Mensch lässt ja alles mit sich machen!“ Offensichtlich lässt die eingeschränkte Wahrnehmung das Naheliegende nicht zu: Der Hund sucht die Nähe seines Menschen, um hierüber Beistand zu erfahren und seine Erregung abzubauen. An einem Samstag in einer belebten Fußgängerzone habe ich eine hierzu passende Begebenheit erlebt:

Vor einem frequentierten Schaufenster stand ein Mann mit seinem Schäferhund-Mischling. Der Hund war mit der Situation deutlich überfordert und winselte erregt. Hilfesuchend drückte er sich an seinen Besitzer und stellte seine Pfote auf dessen Fuß, was als ein schutzsuchendes „am Rockzipfel der Mutter festhalten“ anzusehen ist. Gefühlloser, verantwortungsloser und unfairer als der Besitzer hätte man sich kaum verhalten können. Er schnauzte den Hund grob mit einem: „Pass' gefälligst auf!“ an und trat ihm als „Revanche“ auf die Pfote. Ein bedauernswerter Hund!

Ob der Hund sich auf Ihren Fuß stellt oder am liebsten sogar auf Ihren Schoß klettert: Nie sollten Sie sich dadurch provoziert fühlen, sondern es vorrangig als Wunsch nach Kontakt und Unterstützung werten.

ALLES IM FLUSS

Der Hund ist nun soweit mit den Spielregeln von Hingucken-Weggucken vertraut, dass das selbstständige Weggucken vom Reiz mit Hinwendung zu seinem Menschen zur erfolgreichen Strategie für ihn geworden ist. Es hilft ihm, sein Wohlbefinden zu steigern und sich dadurch wieder näher an sein psychisches Gleichgewicht zu bringen, wodurch es zu einer Ressource geworden ist.[410] Nun ist auch das Rückversichern problemlos möglich, selbst wenn der Hund sich dafür um weit mehr als 90° umorientieren muss. Der Hund muss sich nicht mehr in der SaB-Position befinden und Ihr Körper muss nicht mehr blockend zwischen Reiz und Hund sein.

Ähnlich wie im Entfernungstraining können Sie sich nun auch außerhalb der Komfortzone mit Ihrem Hund in Bewegung setzen und Reize passieren.[411] Vermeiden Sie abgehackte und ungelenke Bewegungen sowie abrupte Tempiwechsel, da sie Ihr Erregungslevel und das Ihres Hundes erhöhen. Der Bewegungsfluss sollte weich und fließend sein, was sich nicht nur positiv auf Ihren Hund auswirkt, sondern auch auf Ihre Stimme und Atmung. Die gesamte Situation wird positiver wahrgenommen.

---

410 Band 4 der Reihe ICH HALTE DICH

411 Zum engen Passieren von Reizen verweise ich auf „Achtsames Führen nach Cordt“, dem Band 3 der Reihe ICH HALTE DICH gewidmet ist

Schön zu sehen!

DER REIZ ALS ERFOLGSAUSLÖSER

ICH
HALTE
DICH

Schön zu sehen!

Diese Übung habe ich für ein erfolgreiches Training zur gezielten Erzeugung einer guten Assoziation entwickelt. Lassen Sie den belastenden Reiz zu einem Auslöser für einen Erfolg werden.

Auch wenn es Ihnen aberwitzig erscheint, erfolgreich mit einem belastenden Reiz umgehen zu können, geschweige denn sich über ihn zu freuen, sollten Sie bereit dafür sein, bei sich und Ihrem Hund eine neue Wahrnehmung zu etablieren.[412]

Egal auf welchem Ausbildungsstand sich Ihr Hund befindet, die Begegnung mit dem Reiz ist so zu gestalten, dass er sie mit Ihrer Hilfe als Erfolg verbuchen kann. Die Erfolgsmomente zeigen früher oder später ihre Wirkung und der Hund weiß, mit den Reizen auch ohne Ihre unmittelbare Unterstützung umzugehen.
Dieses Trainingselement wende ich gerne als Einstiegsübung bei den Hunden an, die beim Anblick eines belastenden Reizes äußerst besorgt sind und ihn nicht direkt anschauen wollen, um jeglicher Konfrontation aus dem Weg zu gehen. Fordert man sie auf, den Reiz anzuschauen, so schauen sie oftmals sogar gezielt an ihm vorbei. Des Weiteren nutze ich dieses Trainingselement bei plötzlich auftauchenden Reizen und bei ausschnittweise zu sehenden Reizen.

Beim LSR, dem Lenken des sozialen Referenzierens, liegt die Betonung auf dem Aufbau des Alternativverhaltens Hingucken-Weggucken, wobei sich der Hund an der emotionalen Bewertung des Menschen orientiert (Fördern des Rückversicherns). Als Nebenwirkung wird bei der Konzentration auf den Reiz eine gute Assoziation erzeugt. Bei der hier vorgestellten Übung **Der Reiz als Erfolgsauslöser** verhält es sich

---

[412] *Das Rollenspiel »Ich freue mich über den Reiz«* in Kapitel „Trainingsaufbau Lenken des sozialen Referenzierens (LSR)"

mit der Prioritätensetzung genau umgekehrt. Es steht primär das Erzeugen einer guten Assoziation beim Anschauen des Reizes im Fokus des Trainings. Sekundär wird das Rückversichern gefördert.

Der Reiz als Erfolgsauslöser
- primäres Ziel: Erzeugen einer guten Assoziation
- erwünschte Nebenwirkung: Fördern des Rückversicherns

Lenken des sozialen Referenzierens (LSR)
- primäres Ziel: Fördern des Rückversicherns
- erwünschte Nebenwirkung: Erzeugen einer guten Assoziation

Damit ein vormals ungeliebter Reiz zum Erfolgsauslöser wird, ist einiges zu beachten.

ASSOZIATIONEN

Sicherlich haben auch Sie schon erlebt, dass das Sehen einer bestimmten Person, das Hören eines bestimmten Liedes oder ein bestimmter Duft augenblicklich ein bestimmtes Gefühl in Ihnen hervorruft. Wie beispielsweise das Musikstück, das einen in die ausgesprochen peinliche Situation in der Tanzstunde zurückversetzt und die Schamesröte immer noch ins Gesicht treibt. Obwohl der Moment, in dem man sich damals wünschte, es möge sich der Boden unter den Füßen auftun, schon Jahre zurückliegt und man die damals beteiligten Personen nie wieder gesehen hat, wird man immer noch von den unangenehmen Gefühlen heimgesucht.
Je peinlicher und unangenehmer die damalige Situation war, das heißt, je emotionaler man war, desto nachhaltiger ist diese Verknüpfung. Wie intensiv das Gefühl beim erneuten Hören des Liedes ist, hängt auch davon ab, wie oft es zu hören ist und ob die Erinnerung mit den dazugehörigen Gefühlen noch frisch ist. Ist das Musikstück ein Hit und wird im Radio rauf und runter gespielt, ohne dass es dabei zu weiteren unliebsamen Zwischenfällen kommt, wird die Assoziation „dieses Musikstück steht für diese besonders peinliche Situation“ immer weiter abgeschwächt, bis irgendwann keine erwähnenswert unangenehme Emotion mehr hervorgerufen wird.

Nicht anders ergeht es Ihrem Hund. Er nimmt einen bestimmten Reiz wahr (beispielsweise einen anderen Hund) und wird sofort von den mit diesem Reiz verknüpf-

Egal in welcher Entfernung – verknüpfen Sie den Blick zum belastenden Reiz (hier die Person auf dem unteren Gelände) mit etwas Angenehmem.

ten Gefühlen und Erwartungen übermannt. Nur auf ein Kommando, auf eine Anordnung hin, wird er sie nicht ändern können. Dies zu erwarten ist vergleichbar damit, von einem Menschen zu verlangen, dass er sich augenblicklich mit einem anderen, bisher als unangenehm empfundenen Menschen versteht. Aber nicht nur das, sondern dass er sich auch im engsten Kontakt sozialkompetent und souverän verhält, sich ihm aufrichtig freundschaftlich verbunden fühlt und jegliches Misstrauen ihm gegenüber ablegt.
Noch schwieriger wird es bei der Konfrontation mit angstbesetzten Lebewesen und Objekten. Jemand, der vor Spinnen, Schlangen oder Mäusen Angst hat, wird seine Hormonausschüttungen nicht auf einen Befehl hin unter Kontrolle halten können. Dies liegt außerhalb des Einflussbereiches seines Verstandes. Sein Puls wird rasen und er wird keinen klaren Gedanken fassen oder seine Konzentration halten können.

Absurd, doch genau dies wird oft genug vom Hund gefordert. Nur weil man selbst in einem bestimmten Reiz keine Bedrohung sieht und nicht von unguten Gefühlen heimgesucht wird, muss es dem Hund nicht genauso gehen. Für ihn ist ausschlaggebend, welche Verknüpfungen er mit diesem Reiz hat. Es ist die Aufgabe des Menschen, ungünstige Verknüpfungen zu erkennen, Verständnis dafür zu zeigen, sie zu lösen und letztlich sogar in eine angenehme Emotion umzuwandeln.

VIEL LÄRM UM NICHTS?

Was häufig nicht bedacht wird ist, dass eine Assoziation auch auf ähnliche Reize übertragen werden kann. So kann ein Hund, der beim Anblick anderer Hunde stark ungehalten reagiert, bereits seinem ersten abwehrenden Impuls nachgeben, wenn er etwas wahrnimmt, was seinem verknüpften Bild „Hund an Leine" entspricht. Der ähnliche Reiz kann das Wägelchen sein, das jemand hinter sich herzieht, beispielsweise der Zeitungsausträger oder ein Bollerwagen oder ein am Seil gezogener Schlitten im Schnee. Erst dann, wenn der Verstand einsetzt, der immer ein wenig länger braucht als die ersten Schutzreflexe, wird der Hund sich verhaltenstechnisch zurücknehmen.
Diese Verwechslungen haben mir bei meinem ersten überaus reaktiven Hund in den ersten Tagen nach seiner Adoption zu einigen „Flugübungen" verholfen. Das schult das Auge umso schneller für potenzielle Verwechslungen, die man dann bestens in das Training integrieren kann.

Aber nicht nur eine optische Verwandtschaft mit dem Reiz kann den Hund reagieren lassen, sondern auch eine zeitliche Verwandtschaft. Anhand von Antezedenzien, das heißt, bestimmten Anzeichen einer vermeintlichen Ankündigung, vermutet er, mit dem belastenden Reiz konfrontiert zu werden. Die von ihm als Antezedenzien angesehenen Begebenheiten müssen jedoch nicht tatsächlich mit diesem Reiz zu tun haben, sondern der Hund bringt sie aufgrund vorangegangener zufälliger Begebenheiten mit der schwierigen Situation in Verbindung. Der Hund ist durch sie sofort emotional belastet, was sich oftmals in ungehaltenen Aktionen widerspiegelt.

FALLGESCHICHTE

FARKAS

Kaukasischer Owtscharka, Rüde

Farkas hatte panische Angst vor Leine und Brustgeschirr in der Sorge, irgendwohin verschleppt zu werden und sein sicheres Zuhause zu verlieren. Da ein Tierarztbesuch jedoch dringend notwendig war, fuhren wir unser Auto direkt an sein Gehege, um ihm den Einstieg ins Auto zu erleichtern. Zwei weitere Helfer kamen zu Fuß mit der Transportbahre zu seinem Gehege. Die nächsten Tage zeigten, was Farkas aus dieser einen Tierarzt-Aktion gelernt hatte: Sobald ein Auto in die Nähe seines Geheges fuhr, wir zu zweit zu ihm kamen oder jemand etwas Längliches in der Hand trug (für ihn gleichbedeutend mit der Bahre für den Transport), verkroch sich Farkas sofort in seiner Hütte. Cleveres Kerlchen, wenn auch lästig für weitere Termine, um die tumorösen Veränderungen zu operieren. Wäre bei der ersten Tierarztfahrt auch noch zufällig eine unserer wilden Katzen in sein Blickfeld geraten, wäre sie ebenfalls für Farkas als Antezedens registriert worden. Dies zeigt, wie zum einen das Gesetz der Ähnlichkeit greift (etwas Längliches wird zum Symbol für die Tierarztbahre) und wie zum anderen Begebenheiten, die an und für sich rein gar nichts mit der eigentlichen Situation zu tun haben (wilde Katze), das unerwünschte Verhalten des Hundes in Gang setzen können. Der Mensch ist jedoch der Überzeugung, dass der Hund aus dem Nichts heraus reagiert und viel Lärm um nichts macht.

Um gezielt trainieren zu können, müssen Sie ein detektivisches Gespür für solche verborgenen Antezedenzien entwickeln, sodass Sie auch diese im Trainingsmosaik berücksichtigen können und ein Ausbruch Ihres Hundes Sie nicht unerwartet trifft.

Selbst der Schlitten kann für einen Hund, der schnell und vehement auf andere Hunde reagiert, im ersten Schreckmoment Ähnlichkeit mit seinem Feindbild haben.

ERZEUGEN VON ASSOZIATIONEN

Ein Gefühl wird mit dem verknüpft, worauf man sich in dem Moment seines Aufkommens konzentriert, sei es beim Sehen, beim Hören, beim Riechen und beim Schmecken oder beim Fühlen. Der erste Eindruck ist besonders einprägsam.

Wenn ein Hund beispielsweise einen anderen Hund wahrnimmt, auf ihn konzentriert ist und gleichzeitig einen Schmerz erfährt, wird er den Schmerz mit diesem Hund verknüpfen. Auf diesem Weg sind schon viele Fehlverknüpfungen entstanden. So geschehen bei zwei Windhunden einer Bekannten, die ein wildes Rennspiel veranstalteten. Leider gerieten sie dabei zu nah an einen Zaun, sodass einer der beiden Hunde sich ein Dreieck in seine Haut riss. Aus Sicht des verletzten Hundes war nicht der Zaun der Schuldige, sondern der andere Hund, auf den er sich im Moment des Verletzens konzentrierte. Es gab ein kurzes Gerangel, da aber beide sonst immer gute Freunde waren, war der Missmut glücklicherweise nicht von langer Dauer.

Passiert Ähnliches im Erstkontakt und je nach Misstrauen gegenüber noch unbekannten Artgenossen, wird es ungleich zeitaufwendiger, die beiden Hunde miteinander zu versöhnen.

Bereits vorliegende negative Assoziationen werden leider allzu häufig immer weiter gefestigt: Der Hund konzentriert sich auf den unangenehmen Reiz, verhält sich unerwünscht und wird durch die Reaktionen seines Umfeldes in seiner negativen Einstellung und Erwartungshaltung bestärkt: sei es, dass er angeschnauzt wird, ihm zur Korrektur Schmerz zugefügt oder er erschreckt wird. Oder er erlebt, dass der Mensch genau die Emotionen und Strategien vorlebt, die er bei ihm zu verändern wünscht.

Auch wenn dem Hund zur Korrektur seines Verhaltens nicht gezielt etwas Negatives zugefügt wird, so kann unbedacht trotzdem gegen die Erzeugung einer guten Assoziation gearbeitet werden. Dies erlebe ich regelmäßig bei Klienten, die mit ihrem Hund zu mir kommen, weil er aggressiv auf andere Hunde reagiert. Der Besitzer lässt seinen Hund aus dem Auto, dieser hört bereits das Gebell der anderen Hunde und anstatt ihm dabei ein gutes Gefühl zu vermitteln, zeigt sich der Mensch verärgert. Er ärgert sich aber nicht über seinen Hund, sondern darüber, dass er gerade seinen Autoschlüssel sucht oder dass auf der Autobahn Stau war oder oder oder. Dieser Bezug ist für den Hund jedoch nicht nachvollziehbar, er spürt den Unmut und setzt

Nicht immer ist der, den man gerade sieht, für entstehende Schmerzen verantwortlich.

ihn mit dem Hundegebell in Verbindung. Der Ärger des Menschen fällt bei ihm auf fruchtbaren Boden, es können ja nur die anderen Hunde sein, über was soll man sich auch sonst aufregen?

VOLLE KONZENTRATION AUF DEN REIZ

Szenario einer ungewollten Erzeugung einer negativen Assoziation: Der Hund ist auf einen Reiz konzentriert und wird durch eine ungünstige Begebenheit erschreckt. Eine zusätzliche Verstärkung der negativen Verknüpfung tritt ein, wenn sich der Besitzer ebenfalls auf den Reiz konzentriert und dabei ungehalten — aggressiv oder ängstlich aufgrund des Schreckmoments — reagiert. Seine emotionale Bewertung wird vom Hund übernommen und addiert sich zu seinem ersten Schrecken.

Will man ungünstige Assoziationen ändern, muss dieser Ablauf mit umgekehrten Vorzeichen eingehalten werden: Der Hund ist auf den Reiz konzentriert und ihm widerfährt etwas Gutes. Der Mensch ist auf den Reiz konzentriert und zeigt positive Emotionen und eine vorbildhafte Reaktion. Dabei kann es sich sowohl um einen sichtbaren Reiz handeln, wie auch um einen, der zu hören oder auch zu riechen ist.

In Situationen, die Ihren Hund belasten, sollte Sie ihm beistehen, anstatt sich (eventuell sogar missmutig oder verärgert) um anderes zu kümmern.

Es bringt wenig, den Hund anzuschauen und zu sagen: „Das ist aber ein toller Reiz!“. Es muss ein Hinweis über die Orientierung von Blick, Nase, Ohr zum Reiz hin erfolgen, damit der Hund die positive Emotion auch richtig zuzuordnen weiß.[413]

Häufig wird der Hund beim Gewahrwerden eines sichtbaren Reizes allerdings sofort mit einem Leckerli auf den Menschen konzentriert und so versucht, ihn abzulenken. Häufig ist auch zu sehen, dass zwar das Leckerli in Reizrichtung angeboten, aber so präsentiert wird, dass der Hund beim Essen auf den Boden blickt, statt weiterhin den Reiz im Visier behalten zu können. Beliebt ist in solchen Situationen auch das Ausstreuen von Leckerli, die der Hund suchen soll. Ich empfinde Nasenarbeit als ein wunderbares Mittel, Hunde mental auszulasten. Er wird mit etwas beschäftigt, was er kann und woran er Freude hat, vorausgesetzt seine Konzentrationsfähigkeit und Anspannung lassen das zu. Jedoch geht es bei **Der Reiz als Erfolgsauslöser** nicht um Nasenarbeit und Beschäftigung, sondern um die gezielte Erzeugung einer guten Assoziation.

[413] *Mit gutem Beispiel voran* in Kapitel „Trainingsaufbau Lenken des sozialen Referenzierens (LSR)“

Einer der großen Vorteile der Leckerligabe bei der Erzeugung von Assoziationen ist der, dass der Hund mittels geschickter Positionierung der fütternden Hand den Reiz anschaut. Ob man die Leckerli lose direkt aus der Hand gibt oder eine Futtertube verwendet, sorgfältig ist darauf zu achten, wohin der Hund beim Essen der Leckerli schaut und die Darreichungsposition ist entsprechend zu justieren.[414]

Oft herrscht die Sorge, dass man, wenn der Hund übelgelaunt den Reiz anguckt oder sogar fixiert, mit einem Leckerli genau dieses unerwünschte Verhalten fördern würde. Dass dies nicht so ist und welche begleitenden Umstände für eine wohlgesonnenere Einstellung sorgen, zeigt ein gedankliches Rollenspiel:

Stellen Sie sich vor, Sie mögen Ihren Nachbarn nicht. Jedes Mal, wenn er aus dem Haus tritt, verfolgen Sie ihn verkniffen mit Ihren Blicken, während Sie erboste Bemerkungen machen. Dies ist vergleichbar mit dem Knurren eines Hundes, während er einen Reiz fixiert. Nun kommt Ihr Partner zu Ihnen, spricht begütigend auf Sie ein und sagt mit besänftigender Stimme: „Lass' ihn doch, du hast doch was viel Besseres zu tun. Unnötig, sich aufzuregen.“, während er selbst dem Nachbarn freundlich zuschaut. Er lässt Ihnen des Weiteren etwas Wohltuendes zukommen wie eine liebevolle Berührung, ein leckerer Snack, einen Gutschein für eine begehrte Veranstaltung oder was auch immer Ihnen Freude bereitet. Wird Ihre Einstellung zu Ihrem Nachbarn dadurch besser oder schlechter werden? Ihre ehemals schlechte Laune und Ihr finsteres Lauern auf den Nachbarn, was Ihr Denken beherrschte, werden sich zunehmend wandeln. Sie werden gelassener auf den Anblick des Nachbarn reagieren und nicht mehr schon bei der Vermutung, dass er das Haus verlassen hat, gereizt am Fenster stehen und vor sich hin zetern. Je nach Wertigkeit der Nettigkeiten, die Ihnen Ihr Partner zugesteckt hat, werden Sie sogar hoffen, den Nachbarn zu sehen, damit Sie eine Chance haben, beispielsweise an die begehrten Karten für den Kinofilm zu kommen, von denen Sie wissen, dass Ihr Partner sie bereits hat.

Ihre Emotion und Ihr Verhalten angesichts des ehemals widerwärtigen Reizes haben sich wohltuend für alle Beteiligten geändert. Dies wäre nicht möglich gewesen, wenn Ihnen jemand, während Sie angriffslustig auf den Nachbarn fixiert waren, einen Stoß versetzt und Sie angebrüllt hätte, sich zusammenzureißen und gefälligst nette Ge-

---

[414] *Akzente setzen* in Kapitel „Trainingsaufbau Lenken des sozialen Referenzierens (LSR)“

Die Darreichungsposition der Leckerli steuert den Blick zum Reiz. Achten Sie darauf, den Blick nicht zur Seite oder nach unten wegzulenken.

danken zu hegen. Eventuell hätten Sie sich, je nachdem wie einschüchternd sich der andere aufführte, äußerlich zurückgenommen, aber innerlich hätte es gebrodelt. Ebenfalls kontraproduktiv ist ein Partner, der Ihnen etwas Gutes tut, Sie dabei aber stimmlich anpeitscht mit einem „Jaja, da ist er, den mag ich auch nicht, den nehmen wir uns zur Brust!“ und bei dem in seiner Mimik ebenfalls ein Groll gegenüber dem Nachbarn zu erkennen ist. Ist ihm dies auch noch körperlich durch seine Bewegungen anzusehen, so werden Ihre ungute Emotion und Ihr aggressives Verhalten noch geschürt.

Genauso ergeht es Ihrem Hund. Es ist wichtig, die dem Verhalten zugrundeliegende Emotion zu ändern, statt ausschließlich am Verhalten herumzudoktern und sich von einer aufgezwungenen „Freundlichkeit“ blenden zu lassen. Früher oder später wird der angestaute Druck so groß, dass es zu einem Übergriff auf den Reiz kommt.

KEINE ÜBERBEWERTUNG BEI UNBEKANNTEN REIZEN ERZEUGEN

Das, was ich bereits im gleichnamigen Kapitel bei „Lenken des sozialen Referenzierens (LSR)“ angesprochen habe, gilt auch für das Trainingselement *Der Reiz als Erfolgsauslöser*. Bitte achten Sie darauf, dass Sie Ihrem Hund, wenn er keine negative Verknüpfung zum Reiz hat, keine erhöhte Aufmerksamkeit und Erregungslage zu dem „belanglosen Reiz“ antrainieren. Verzichten Sie in diesem Fall auf die gezielte Anordnung in diesem Trainingselement.

Was Sie jedoch auf jeden Fall nutzen sollten, ist der Part, bei dem es um unvermittelte und beeindruckende Begegnungen geht. Diese sollten positiv belegt werden, aber dann sollte auch nicht weiter darauf „herumgeritten werden“.

Ich wiederhole hier die Zeilen aus „Lenken des sozialen Referenzierens (LSR)“:

Geben Sie keine erhöhte Aufmerksamkeit in den Neureiz: er ist einfach da. Er stört nicht! Er ist angenehm, aber nicht so besonders, dass dafür der rote Teppich ausgerollt werden muss und es Leckerli wie aus der Konfetti-Kanone regnet. In der Regel reicht es vollkommen aus, dem Reiz wohlgesonnen zu sein, den Hund beim Rückversichern freundlich anzulächeln und evtl. ein paar bestätigende Worte an den Hund zu richten. Besonders wichtig ist diese „positive Belanglosigkeit“ bei Welpen, für die noch die ganze Welt neu ist.

WEGLOBEN

Als Wegloben bezeichne ich das Lösen vom Reiz über ein besonders freudiges Ansprechen, wodurch zum einen eine positive Assoziation erzeugt und zum anderen die Aufmerksamkeit des Hundes wieder auf seinen Menschen gelenkt wird. Hierdurch nähert sich der Hund letztlich diesem an, was Distanz zum Reiz schafft.

Dem Erzeugen einer positiven Assoziation wird oftmals unbeabsichtigt zuwidergelaufen, wenn der Mensch den Hund in einer riskanten Situation schnell zu sich ruft und dabei Druck aufbaut. An einem Beispiel möchte ich dies verdeutlichen:

Hat Ihr Hund einen Reiz vor Augen, an dem er sich regelrecht festsaugt und der ihn zu einem ungehaltenen Übergriff veranlassen könnte, so können Sie über ein starkes Lob eine gute Assoziation mit dem Reiz schaffen und dabei den Blick auf sich lenken.

Mit jedem „Ui" einen Schritt mehr auf Distanz zum Reiz und näher zum sicheren Hafen.

Stellen Sie sich einen angstaggressiven Hund vor, dem Sie bewusst vermitteln möchten, dass Menschen nicht gefährlich sind. Sie haben erreicht, dass der Hund seine misstrauische Einstellung „Bei fremden Menschen fühle ich mich unwohl." zumindest schon in eine offenere Einstellung „Fremde Menschen sind (vielleicht) gar nicht so übel." geändert hat. Nun nähert sich dieser Hund einem fremden Menschen an, und Sie erkennen, dass es gleich zu einer Eskalation kommen wird. Sei es, dass der Hund von seinem eigenen Mut überrascht ist und er letztlich so nah beim belastenden Reiz doch die Nerven verliert. Oder sei es, weil der fremde Mensch der Überzeugung ist, dass er den sich annähernden Hund gefahrlos anfassen kann. So oder so gilt es, Ihren Hund so schnell wie möglich aus dieser Situation zu holen und auf Distanz zum Reiz zu bringen.

Wenn Sie nun den Hund hastig zu sich rufen, bauen Sie einen entsprechenden Druck in der Stimme auf. Über die angespannte Stimme wird dem Hund eine Bedrohung vermittelt. Dieses ungute Gefühl „Achtung, Gefahr!" bekommt der Hund genau in dem Moment, in dem er auf den fremden Menschen konzentriert ist, sodass er in seiner vormaligen Einstellung „Fremde Menschen sind bedrohlich und erzeugen ein ungutes Gefühl." bestärkt wird. Entsprechend des *Negativitätsbias*[415] bleibt dieser Eindruck nachhaltig und lässt sich nur über eine Vielzahl von guten Emotionen beim Anblick eines fremden Menschen wieder ausbügeln.

Wird der Hund dagegen weggelobt, wird ihm zum einen ein gutes Gefühl beim Anblick des fremden Menschen vermittelt, da er bei voller Konzentration auf ihn etwas Angenehmes erfährt. Zum anderen begibt sich der Hund aufgrund dieses besonderen Lobes sofort zu seinem Menschen als sicherer Hafen und kommt so in die gewünschte Distanz zum Reiz.

Ich verwende zum Wegloben gerne ein beim Ausatmen in tieferer Stimmlage formuliertes „Uiuiuiui!", durch das der Hund verbal vom Reiz weggerissen wird, um bei mir etwas Angenehmes zu erfahren. Das kann eine verbale Zuwendung, ein Knuddeln, ein Leckerli oder was auch immer für den Hund ein Highlight ist, sein. Je nach Brisanz der vorliegenden Situation begebe ich mich mit dem Hund, diesen konstant lobend, unter Umständen in eine noch größere Entfernung zum Reiz.

---

[415] Kapitel „Das Negativitätsgefälle" in Band 1 der Reihe ICH HALTE DICH

Das „Uiuiuiui!“ steht in krassem Gegensatz zu dem angstvollen und hochfrequenten Einatmen, bei dem die Luft dann angehalten wird und zum Einfrieren führt. Diese Strategie, *Freeze* genannt, sollte der Mensch nicht vorleben, ein *Fiddle about,* das Überspielen, ist immer zweckmäßiger.

Auch wenn die Bedeutung eines freudigen „Uiuiuiui!“ für den Hund aufgrund der stimmlichen Gestaltung und Mimik seines Menschen verständlich ist, intensiviere ich dieses gute Gefühl in den Momenten, in denen er keinen belastenden Reizen ausgesetzt ist. Ihr Hund befindet sich beispielsweise auf einem Spaziergang vor Ihnen und scheinbar ohne Grund freuen Sie sich mit einem strahlenden Gesicht und mit einem „Uiuiuiui!“ und bewegen sich dabei rückwärts. Wenn Sie sofort mit Ihrer Freude aufhören, weil sich der Hund Ihnen nicht umgehend beim ersten »U« zuwendet, wird aus dem Wegloben nichts. Freuen Sie sich gerne auch ein paar Buchstaben länger.

Achten Sie darauf, dass anfangs keine besondere Ablenkung Ihren Hund davon abhält, sich Ihnen bei diesem zu etablierenden „Uiuiuiui!“ zuzuwenden. Je größer der Spaßfaktor und Ihre ehrliche Freude ist, dass Ihr Hund zu Ihnen gekommen ist und Sie sich beide gemeinsam einige Schritte rückwärts bewegen, umso zunehmend größere, aber noch keine belastenden, Ablenkungen können Sie einbauen. Wenn Sie mit unbewegtem oder gelangweiltem Gesicht unmotiviert ein „Uiuiuiui!“ von sich geben, ist die Chance ausgesprochen gering, dass der Hund freudig zu verstehen gibt: „Das ist ja eine Gaudi, das können wir häufiger machen!“. Stecken Sie Ihren Hund mit Ihrer Freude und Ihrem Spaß an und laden Sie das „Uiuiuiui!“ mit einem guten Gefühl auf wie einen Akku.

Im Kapitel „Die Spielregeln für *Der Reiz als Erfolgsauslöser*“ wird dieses „Uiuiuiui!“ auch als freudige Ankündigung des Reizes etabliert. Hier wird bereits Vorarbeit für das Wegloben geleistet.

KONKURRIERENDE VERKNÜPFUNGEN VERMEIDEN

Egal ob geplant oder nicht, Verknüpfungen von Emotionen mit einem Reiz lassen sich nicht vermeiden. Sie finden nicht nur über eine gezielt inszenierte klassische Konditionierung (eine bestimmte unwillkürliche natürliche Reaktion wird auf ein Signal hin gezeigt) statt, sondern unweigerlich beispielsweise auch bei einer operanten Konditionierung (Verhaltensbeeinflussung über Belohnung bzw. Bestrafung). Lediglich der Fokus ist verschoben. Dieser Umstand sollte den Menschen dazu veranlassen, bewusster auf die Entwicklung von Assoziationen und aufkommende Gefühlen zu achten. Wird man emotional besonders beeindruckt, während man auf einen Reiz konzentriert ist, so prägt sich dieses Gefühl umso schneller und nachhaltiger ein. Erst recht, wenn der Reiz neutral ist und wie ein unbeschriebenes Blatt Papier völlig neu mit einem Gefühl beschrieben wird.

Es gibt keine zweite Chance für den ersten Eindruck.

Dass die Verknüpfung eines ehemals neutralen Reizes mit einer Bedeutung und emotionalem Inhalt schneller erfolgt, wenn keine konkurrierenden Verknüpfungen vorliegen, mache ich mir beim Signalaufbau zunutze. An Stelle der gebräuchlichen deutschen Kommandos wie »Sitz!«, »Platz!«, »Fuß!«, »Bleib!« etc. verwende ich Signalworte in einer anderen Sprache oder Fantasieworte. Die Bedingungen an die Auswahl des Wortes sind, dass es für den Hund absolut neutral ist, somit im Alltag nicht vorkommt und für den Menschen eingängig ist. Die Verknüpfung ist hierdurch eindeutig und mit einer stimmigen Emotion versehen und erfahrungsgemäß ist der Signalgeber dann auch konsequenter und achtsamer bei der Signalgebung.

Italienische Freunde berichteten mir von einem in Italien kursierenden Gerücht, demnach Hunde am besten auf deutsche Kommandos gehorchen würden. Das Geheimnis liegt weniger in den „magischen“ Worten, sondern vielmehr darin begründet, dass die deutschen Worte im alltäglichen Sprachgebrauch des Italieners in der Regel nicht vorkommen, sie sind somit neutral.

Es ist verwunderlich, wie viele Hundebesitzer von fremden oder gerade erst adoptierten Hunden erwarten, dass sie ihre Kommandos sofort verstehen und begeistert umsetzen. Das Signal »Bleib!« und jede andere Anweisung ist für den Hund lediglich

Wurde dem Hund ein Signal nicht verständlich gemacht, sollte man es ihm nicht verübeln, wenn er darunter etwas anderes versteht als der Mensch.

eine bedeutungslose Buchstaben-Anhäufung, solange sie noch nicht mit Inhalt gefüllt wurde. Vielleicht ist »Bleib!« — oder welche Anweisung auch immer — sogar mit Inhalt gefüllt, der sich jedoch eklatant von den aktuellen menschlichen Erwartungen unterscheiden kann.

Ein interessantes Experiment[416], das die Wichtigkeit des einzigartigen und neutralen Reizes unterstreicht, machten Wissenschaftler der Universität Essen in der Placebo-Forschung. Pillen und auch Operationen wecken Erwartungen, die heilsam sein können. Bei dem besagten Experiment ging es darum, einen Weg zu finden, die oftmals schweren Nebenwirkungen von notwendigen Medikamenten zur Absenkung der Immunabwehr nach einer Organtransplantation zu verringern. Probanden wurde hierzu einige wenige Male ein Getränk verabreicht, das verschiedene

[416] Enck, P; Bingel, U; Schedlowski, M; Rief, W (2013): The placebo response in medicine: minimize, maximize or personalize

Sinneseindrücke bot und deren Zutatenkombination im Alltag normalerweise nicht anzutreffen und somit „neu“ war. Es wurde grün eingefärbte Erdbeermilch mit Lavendelgeschmack gewählt. Dazu gab es wirkstoffhaltige Tabletten zur Absenkung der Immunabwehr.

Dies reichte aus, damit das Gehirn „merkwürdiges Getränk“ und „Unterdrückung der Immunreaktion“ miteinander verknüpft. Wurde anschließend nur noch das Getränk verabreicht, so wirkte es als Placebo und ganz ohne Medikament konnte eine Immunsuppression erzielt werden. Jedoch kann diese Verknüpfung wieder aufgehoben werden. Dies war in der Studie bereits nach sechs Gaben des Placebos der Fall, sodass es galt, die Erinnerung aufrechtzuerhalten. Hierzu wurde zusätzlich zum Placebo wieder das Medikament gegeben, aber in einer solch geringen Dosis, die normalerweise keinen therapeutischen Nutzen hat, aber als Erinnerungsreiz völlig ausreichend war.

Machen Sie sich die Erkenntnisse aus diesem Experiment zunutze! Zum einen sollte hierdurch klar geworden sein, wie weitreichend die Tatsache „Es gibt keine zweite Chance für den ersten Eindruck.“ ist und zum anderen wie einfach und zeitsparend es ist, neutrale Reize für den Signalaufbau zu verwenden. Beachten Sie aber auch, wie hartnäckig sich unter bestimmten Umständen eine Verknüpfung (beispielsweise die Reaktion Ihres Hundes beim Anblick anderer Hunde) halten kann, selbst wenn der Reiz (die anderen Hunde) nur noch in stark abgemilderter Form auftritt (die anderen Hunde sind weiter entfernt, verhalten sich freundlich) — vergleichbar der Dosis ohne therapeutischen Nutzen in obigem Experiment.

AUFLÖSEN VON VERKNÜPFUNGEN — DAS HEILSAME VERGESSEN

Interessant ist, dass es ein Zeitfenster gibt, in dem die verknüpften Erinnerungen labil werden. In diesem Zeitfenster, es wird in obigem Experiment mit zwei bis vier Stunden angegeben, reicht die unterschwellige Medikamentendosis zur Auffrischung der Placebo-Erinnerung aus. Dies zeigt, dass eine negative emotionale Verknüpfung aufrechterhalten bleibt, wenn nicht darauf geachtet wird, was in welchem Zeitraum nach Wahrnehmen eines unangenehmen Reizes auf den Hund einströmt. Auch

Von wegen Faulenzen – Schlaf gehört zum Pflichtprogramm!

wenn die Stundenzahl des Zeitfensters eventuell nicht auf den Hund übertragbar ist, zeigt dies doch, dass in einem gewissen Zeitraum nach dem Präsentieren des Reizes das Training auch dann noch beeinflusst wird, wenn man es als beendet wähnt.

Widerfahren dem Hund dann ausschließlich angenehme Dinge — selbst in abgeschwächter Form vergleichbar mit der unterschwelligen Medikamentendosis — so wird der ehemals unangenehme Reiz zunehmend umgeschrieben und irgendwann als positiv wahrgenommen. Wird jedoch unfreundlich und beängstigend mit dem Hund umgegangen oder verhält sich der Reiz selbst negativ, selbst wenn dies in abgeschwächter Form geschieht, wird das „heilsame Vergessen“ verhindert. Dies zeigt wieder einmal, dass jeder Moment zählt und es nicht allein um einen auf die Zehntelsekunde beschränkten Zeitabstand zu einem bedingten Reiz, das heißt die zeitlich unmittelbare Nähe ankommt.[417] Als ungünstig empfinde ich es auch, wenn der Hund

[417] „Lernen tritt zuverlässig ein, wenn der bedingte Reiz dem unbedingten mit einem Intervall zwischen 0 und 1,5 Sekunden, am günstigsten um 0,5 Sekunden, vorausgeht.“ aus Gagné, RM (2011): Die Bedingung des menschlichen Lernens

sich nach einem emotional anstrengenden Training — und damit in einer höheren Erregungslage — in aktionsreichen Aktivitäten „auspowert“. Die hierbei entstehende hohe Erregungslage kann ebenfalls ein Erinnerungsreiz für die zu ändernde Assoziation mit dem Reiz im vorangegangenen Training sein. Ähnlich der Regel zur Vermeidung der Magendrehung: „Nach dem Essen sollte der Hund für mindestens zwei Stunden ruhen.“ befürworte ich, den Hund nach einem besonders anstrengenden Training ebenfalls für mindestens zwei Stunden ruhen zu lassen, um eine unerwünschte „Trainingserfolgsdrehung “ zu vermeiden.

Bitte beachten Sie auch unbedingt die zeitgleich mit dem eigentlichen Reiz aufgetretenen, für den Menschen oft unbedeutenden, Reize, die zu Auslösereizen für die Angst oder Überforderung des Hundes geworden sind. In der Fallgeschichte von Farkas wird das an dem Beispiel der wilden Katze erläutert.[418] Auch diese sind unbedingt ins Training einzubeziehen.

KRIMI GUCKEN

Will ich gezielt eine gute Assoziation erzeugen, vergleiche ich dies gerne mit einem gemütlichen Fernsehabend mit einem packenden Film. Man macht es sich in guter Stimmung und gespannter Erwartung gemütlich. Wenn man dabei Chips knuspert, sucht die Hand sie im Blindflug, der Blick bleibt dabei gebannt auf den Fernseher gerichtet. Man möchte keine Sequenz verpassen und ist umso versunkener, je mehr der Film emotional fesselt.

Nicht viel anders läuft es in der hier vorgestellten Übung, dem Training wider die schlechte Assoziation. Das Kriterium „in guter Stimmung“ wird erfüllt, wenn Sie sich in einer Entfernung zum Reiz positionieren, in der der Hund rein äußerlich noch kein abwehrendes Verhalten oder einen deutlichen Wunsch nach größerem Abstand zeigt; innerlich ist er sicherlich bereits in Aufruhr. Der Mensch ist neben seinem Hund, guckt immer wieder wohlgelaunt zum Reiz und nimmt dabei gerne auch unterstützend körperlichen Kontakt zum Hund auf, wenn er ihn nicht sogar liebevoll

---

[418] Die Fallgeschichte von Farkas findet sich in Kapitel „Viel Lärm um nichts?“

Im Schutz des Bindungspartners lassen sich Anblick und Nähe des Reizes doch gleich viel besser ertragen.

unterstützend dabei umrahmt.[419] Die Entsprechung für die Chips des Fernsehabends sind hierbei Leckerli, die für diesen Übungszweck am besten länger zu kauen oder wie aus der Futtertube zu lutschen sind, Liebkosungen in Form von Kraulen an beliebten Stellen oder auch verbale Ermunterung. Es wird das eingesetzt, was auch immer dem Hund während des Anblicks des Reizes ein wohliges Gefühl geben kann, was das Erregungslevel nicht erhöht und was dem Empfinden von Gemeinsamkeit nicht zuwiderläuft. Wurfspiele oder Buddeln sind somit ungeeignet dafür, dieses Trainingselement zu unterstützen.

Ein unterschätztes Highlight ist das Stillen der Neugier des Hundes. Ermöglichen Sie ihm, wenn der Reiz in sicherem Abstand oder sogar nicht mehr direkt wahrzu-

[419] Band 3 der Reihe ICH HALTE DICH

nehmen ist, an der Stelle zu schnüffeln, wo sich der Reiz zuvor aufgehalten hat, um Informationen über ihn zu bekommen. Verzichten Sie darauf, sein Interesse zu belohnen (oder sogar zu markern), indem Sie Leckerli streuen. Die Neugier des Hundes als intrinsische Motivation würde aufgrund der externen Belohnung — falls häufig eingesetzt — abnehmen.[420]

Hat man sich beim „Krimi gucken" in der für den Hund aktuell erträglichen Distanz geirrt und seine innere Anspannung entlädt sich daher, wäre es kontraproduktiv und unfair, ihn zu bestrafen. Deshalb reagiere ich bei einem solchen Ausbruch ausgesprochen langmütig. Grundsätzlich sollte ein Hund, der die schwierige Situation noch nicht im Sinne seines Menschen lösen kann, so gesichert sein, dass er beim Entladen der Anspannung nicht vor seinen Menschen gelangen kann. Der Hund wird über die Leine oder, noch besser, über die Körperfront seines Menschen gestoppt sowie achtsam und freundlich, aber bestimmt auf eine größere Distanz zum Reiz gebracht, begleitet von ruhig und unaufgeregt gesprochenen Worten. Auch wenn ich in der Regel sage: „So egal, der darf da sein.", bleibt es selbstverständlich jedem selbst überlassen, welche Worte er verwendet. Worauf es jedoch ankommt, ist die Modulation dieser Worte. Die Stimmung muss unaufgeregt sein oder betont albern, um die Situation zu überspielen und der Erregung einen neuen Namen zu geben.[421] Nutzen Sie gerne mehrere Worte und nicht nur ein kurzes. Über den „Egal-Satz" lässt sich bestens die beruhigende Modulation vermitteln sowie ein entspanntes Atmen.

Auch wenn ich mich wiederhole, so betone ich erneut: Die positive Einstellung des Menschen verhilft dem Hund durch das soziale Referenzieren zu einer ebenfalls positiven Einstellung gegenüber einem Reiz. Reagiert der Mensch dagegen selbst überfordert und in der ohnehin schon aufgeheizten Stimmung mit einem gereizt gezischten „Reiß dich zusammen!", dann verstärkt dies die negative Einstellung des Hundes. Unterschätzen Sie niemals, wie genau der Hund Ihre Stimmung und die Intention hinter Ihren Worten erfasst.

---

[420] *Intrinsische und extrinsische Motivation* in Kapitel „Trainingsaufbau Lenken des sozialen Referenzierens (LSR)"

[421] Kapitel „Der Erregung einen neuen Namen geben"

ABLENKEN — WAS ICH NICHT SEH', TUT MIR NICHT WEH?

Diese Überschrift wähle ich in Anlehnung an „Was ich nicht weiß, macht mich nicht heiß!" Es hat wenig Sinn, dem Hund visuelle Reize schmackhaft machen zu wollen, wenn er sie nie anschauen darf. Die Entfernung zum Reiz muss so gewählt werden, dass der Hund zum Reiz hinsehen kann, ohne sofort die Fassung zu verlieren. Wird er abgelenkt nach dem Motto: „Wenn er den Reiz nicht ansieht, muss er sich nicht aufregen!", kann er schwerlich lernen, mit dem Reiz umzugehen. Als Folge davon wird das alte Verhalten wieder auftreten, wenn keine passende Ablenkung parat oder die mit dem Reiz konkurrierende Ablenkung nicht attraktiv genug ist, weil sich noch kein alternatives Verhalten angesichts des Reizes etablieren konnte.

So wie der Hund den visuellen Reiz anschauen soll, soll er auch zu einem hörbaren Reiz hinlauschen und zu einem geruchlichen Reiz hinschnüffeln dürfen, während der Mensch auch hier gewünschtes Verhalten und gewünschte Emotion vorlebt.[422]

Wiegen Sie sich nicht in Sicherheit, wenn Ihr Hund nicht auf den Reiz reagiert, dafür aber an Ihrer Leckerlitasche oder an etwas anderem klebt. Das bedeutet nur, dass sie als Ablenkung für ihn momentan noch groß genug sind.

Ablenkung ist für mich ein Notfallplan, wenn man unverhofft einem Reiz begegnet, der in dieser Intensität momentan für Hund und Mensch nicht händelbar ist. Ist der Reiz noch nicht ausreichend positiv verknüpft und konnte sich das Alternativverhalten noch nicht zuverlässig etablieren, bieten sich die Führelemente aus der Reihe *Achtsames Führen nach Cordt*[423] an, um die Konfrontation mit dem Reiz ohne Übergriffe vonstattengehen zu lassen und die Führungskompetenz des Menschen zu stärken.

Neben den Hunden, die sich mit den Augen regelrecht am Reiz festsaugen, gibt es auch diejenigen, die partout nicht zum Reiz hinsehen wollen. Beobachten Sie Ihren Hund genau. Vielleicht guckt er zwar nicht direkt und offensichtlich zum Reiz, hat ihn jedoch aus den Augenwinkeln permanent, aber verstohlen im Blick. Das, was

---

[422] Mit gutem Beispiel voran in Kapitel „Trainingsaufbau Lenken des sozialen Referenzierens (LSR)"

[423] Band 3 der Reihe ICH HALTE DICH

Augen sind zum Gucken da. Den Blick zu einem Reiz zu verbieten, löst das Problem nicht.

einem Sorge bereitet, sollte man nicht aus den Augen verlieren; wer weiß, zu was es fähig ist und was es vorhat. Oft denken Hundebesitzer, dass der Hund, der nicht offensichtlich zum Reiz schaut, ihn noch nicht wahrgenommen habe. Dies ist eine Fehleinschätzung, genauso wie im scheinbaren Nichtbeachten das Zeichen dafür zu sehen, dass er mit diesem Reiz kein Problem hat. Wer in diesen Situationen kein Problem hat ist nur der Mensch, weil sein Hund (noch) nicht reagiert.

AUFREGER VOR DER AUFREGUNG UMDEUTEN

Im Training fiel ein Hund dahingehend auf, dass er – ohne den ungeliebten Reiz „fremder Hund" überhaupt wahrgenommen zu haben – allein schon auf das an meinen Mann gerichtete Rufen in helle Aufregung geriet. Kein Wunder, war doch beim Spaziergang ein Winken und das laute Rufen seiner Besitzerin verknüpft mit einem „Hallo? Nehmen Sie bitte Ihren Hund an die Leine!" Dieser Aufreger vor der eigent-

Oft verknüpfen Hunde ein stoppendes Handheben und Rufen mit Aufregung. Diese Verknüpfung ist in eine Einladung zur gemeinsamen Aktion mit dem Menschen umzudeuten.

lichen Aufregung war leicht umzudeuten: Meine Klientin bekam die Aufgabe, gerade dann, wenn niemand unterwegs war, immer wieder zu winken und zu rufen, um dieser Handlung die neue Bedeutung zu geben: „Fehlalarm, da ist nichts Aufregendes!"

Achten Sie darauf, welche Bewegungen oder stimmlichen Äußerungen Ihr Hund mit einem negativen Reiz in Verbindung bringt. Setzen Sie dies gezielt ohne belastenden Reiz immer wieder ein, sodass die ungünstige Verknüpfung gelöst wird.

Statt in bestimmten Handlungen das Signal für einen Übergriff zu sehen, können diese zur Ankündigung für etwas Angenehmes, Begehrenswertes werden oder auch als Signal, als Sichtzeichen für ein bestimmtes Verhalten verstanden werden. Im LSR ist dies die Rückversicherung des Hundes bei seinem Menschen. Die Handbewegung eines fremden Menschen, der im Begriff ist, Ihren Hund zu streicheln, kann somit für ihn zur Aufforderung werden, sich hinter Ihnen anzuordnen. Loben Sie Ihren Hund hierzu beim kleinsten Anzeichen dieser Handbewegung weg und geben

Sie ihm hinter Ihnen positioniert Leckerli oder streicheln Sie ihn. Hier erweist sich der Einsatz von Leckerli wieder als nützlich für ein Setzen von Akzenten.

DER ERREGUNG EINEN NEUEN NAMEN GEBEN

Jede unangenehme Begebenheit kann in eine Gaudi verwandelt werden. Getreu dem Motto: „Nichts ist so schlecht, dass es nicht für irgendetwas gut sein könnte." können so selbst pöbelnde Hunde am Zaun für Ihren Hund in die Ankündigung von Spaß umgewandelt werden. Achten Sie darauf, welche Emotion Sie bei der Wahrnehmung des Reizes zeigen. Anstatt eines erschreckten Anhaltens der Luft, weit aufgerissener Augen, zittriger Stimme und einem Zurückweichen *(Flight)* oder eines Angriffs *(Fight),* ist es zweckmäßiger, trotz innerlicher Sorge den Reiz freundlich anzulächeln oder auch die Situation zu überspielen *(Fiddle about).*

Eine schlagartige Erhöhung der Erregung Ihres Hundes veranlasst ihn, ihr eine Emotion zuzuordnen. Wie an einer Weggabelung stehen ihm mehrere Emotions- und Strategie-Wege zur Auswahl. Wählt er eine aus Ihrer Sicht unpassende Emotion und Strategie und ist er auf diesem Weg länger als einige Sekunden unterwegs, wird es für Sie deutlich schwieriger, ihn mit Ihrer vorgelebten, favorisierten Emotion und Strategie wieder zum Scheidepunkt zurück zu lotsen und auf den gewünschten Weg zu bringen. Je länger Sie warten, umso schwieriger wird eine Emotions- und Strategie-Umkehr, da Ihr Hund eine immer größer werdende „Wegstrecke" zurücklegen muss, bis letztlich das Element **Der Erregung einen neuen Namen geben** nicht mehr greifen kann.

Seien Sie schnell genug! Fangen Sie die Erregung des Hundes, die aufgrund der Situation entsteht, umgehend auf und lenken Sie sie in die gewünschte Richtung. Albern Sie in dem Moment, in dem Ihr Hund die pöbelnden Hunde wahrnimmt, mit ihm herum. Das Gebell führt zu einer erhöhten Erregung, die Sie — bevor Ihr Hund emotional „verkehrt abgebogen" ist — auffangen und in eine der Allgemeinheit zuträglichere Strategie und Emotion lenken sollten.

Um den Hund offen werden zu lassen für eine gelenkte Emotion, ist nicht nur das freudige Überspielen der Situation angebracht. Je weniger der Hund mit der Reaktion des Menschen rechnet und je belohnender er sie wahrnimmt, desto einschneidender ist dies für ihn und entsprechend nachhaltiger ist die ins Positive gelenkte Einstellung zum Reiz.[424]

Leider wird ein potenziell negativer Reiz für den Hund erst recht unangenehm gemacht, wenn er prophylaktisch zur Ruhe gemahnt wird. Eine Szene aus einem Dokumentarfilm führt die landläufige, aber völlig abstruse Reaktion vieler Hundebesitzer vor Augen. Der Film handelt von einem Tierheim in Frankreich. Ein älterer Herr interessiert sich für einen Boxer und gibt dem sich freundlich annähernden Hund bei der Begrüßung eine Ohrfeige. Auf die entgeisterte Frage der Tierheim-Leiterin, warum er den Hund schlägt, gibt er zur Antwort: „Damit er weiß, dass er mich nicht beißen soll." Dies erscheint zu Recht völlig irrsinnig und als Trainingshilfe für das angestrebte Ziel ungeeignet.

Ein vergleichbares Verhalten ist jedoch bei etlichen Hundebesitzern zu beobachten: Mit ihrem Hund nähern sie sich pöbelnden Hunden am Zaun und zischen ihrem noch ruhigen Hund ermahnend zu „Reiß dich gefälligst zusammen!", oft begleitet von einem Leinenruck. Fragt man sie nach dem Grund für ihren Übergriff, dann bekommt man zur Antwort: „Damit er weiß, dass er sich nicht aufregen soll!"

Anstatt dem Hund prophylaktisch „eine aufs Maul zu hauen", sollten belastende Reize ins Positive gedreht werden, damit sich kein negativer Eindruck festigt und der Mensch als zuverlässiger Bindungspartner nicht in Frage gestellt wird.

Dem Hund gibt es ein gutes Gefühl, wenn ihm ermöglicht wird, das Objekt, das die schlagartige Erregung ausgelöst hat, näher zu erkunden, sofern dies gefahrlos möglich ist. Neugier zu stillen und sich darüber neue Fähigkeiten und Erkenntnisse aneignen zu können, tut gut.[425] Ich vermeide es, bei einem aus Neugier getriebenen Erkunden des Reizes Leckerli zu streuen, um vermeintlich eine gute Assoziation zu erzeugen. Wird das Erkunden des Reizes regelmäßig mit Leckerli belohnt, so wirkt sich dies früher oder später negativ auf das Neugier-Motiv aus.[426]

---

[424] *Der Filmriss* in Kapitel „Trainingsaufbau Lenken des sozialen Referenzierens (LSR)"

[425] Blum, D (2002): Die Entdeckung der Mutterliebe – die legendären Affenexperimente des Harry Harlow

[426] *Intrinsische und extrinsische Motivation* in Kapitel „Trainingsaufbau Lenken des sozialen Referenzierens (LSR)"

Heranlaufende Hunde, pöbelnde Hunde am Zaun oder was auch immer – überspielen Sie die Anspannung und albern Sie mit Ihrem Hund herum.

DER SAMARITEREFFEKT

Dieser Effekt ist auch als *random act of kindness* bekannt und beschreibt, dass ein Mensch, dem etwas Gutes widerfährt, das Bedürfnis hat, einem anderen ebenfalls etwas Gutes zu tun. So stieg die Hilfsbereitschaft von Personen, die zuvor eine Münze in einer Telefonzelle gefunden hatten, um das Vierfache. Viermal häufiger halfen sie einem anderen Menschen, seine nach einem Sturz auf dem Boden verstreuten Sachen aufzuheben. Auch wenn sich das Experiment des Psychologen Dale Larsen[427] auf Menschen bezieht, finde ich es aufgrund der vielen Gemeinsamkeiten zwischen Mensch und Hund sowie ihren ähnlichen Empfindungen[428] nur legitim, die Erkenntnis des Samaritereffekts auch auf den Hund zu übertragen.

[427] Weinstein, M (2002): Management by fun

[428] LeDoux, JE (2001): Das Netz der Gefühle: Wie Emotionen entstehen

Es zahlt sich somit doppelt aus, dem Hund angesichts eines Reizes etwas Gutes zu tun. Es wird nicht nur an einer positiven Assoziation zum Reiz gearbeitet, sondern der Hund auch dazu animiert, Freundlichkeit weiterzugeben, anstatt sich abwehrend zu verhalten. Auch wenn er im Verhalten nicht sofort umschwenken kann, verringert sich doch seine Angriffsbereitschaft und er wird dem anderen gegenüber offener.

DIE SPIELREGELN VON „DER REIZ ALS ERFOLGSAUSLÖSER"

Im ersten Schritt positioniert sich der Mensch mit seinem Hund in der SaB-Position (Schulterblatt des Hundes auf Beinhöhe des Menschen) in einiger Entfernung zu dem noch nicht sichtbaren Reiz. Diese Nähe zu seinem Menschen in der SaB-Position hat den Charakter der sicheren Basis und bewirkt, dass der Hund offener für den Reiz ist. Um Mensch wie Hund erst einmal mit den Spielregeln vertraut zu machen, wird das ausschnittweise Sehen des Reizes ermöglicht, sei es in einer Toröffnung, in einer sichtbeschränkten Einfahrt oder auch im Haus an einem Fenster.

Bei diesem Trainingselement werden so viele Leckerli angeboten wie sonst kaum bei mir im Training. Sie eignen sich hervorragend dazu, den Reiz im Auge zu behalten.[429] Vorab sollte getestet worden sein, ob der Hund sie überhaupt gerne nimmt und sie somit etwas Angenehmes für ihn bedeuten.

In dem Moment, in dem der Reiz erscheint, wird — um eine positive Verknüpfung zu erzeugen — dem Hund umgehend das überaus begehrte Leckerli so angeboten, dass er beim Naschen über die Hand hinweg den Reiz anschauen kann. Der Abstand zum Reiz ist so groß, dass der Hund die Situation mit Unterstützung seines Menschen erfolgreich meistern kann.

Achten Sie genau auf die Positionierung Ihrer Hand. Häufig wird dem Hund lediglich das Leckerli zugesteckt und dabei übersehen, dass der Blick des Hundes während

[429] *Akzente setzen* in Kapitel „Trainingsaufbau Lenken des sozialen Referenzierens (LSR)"

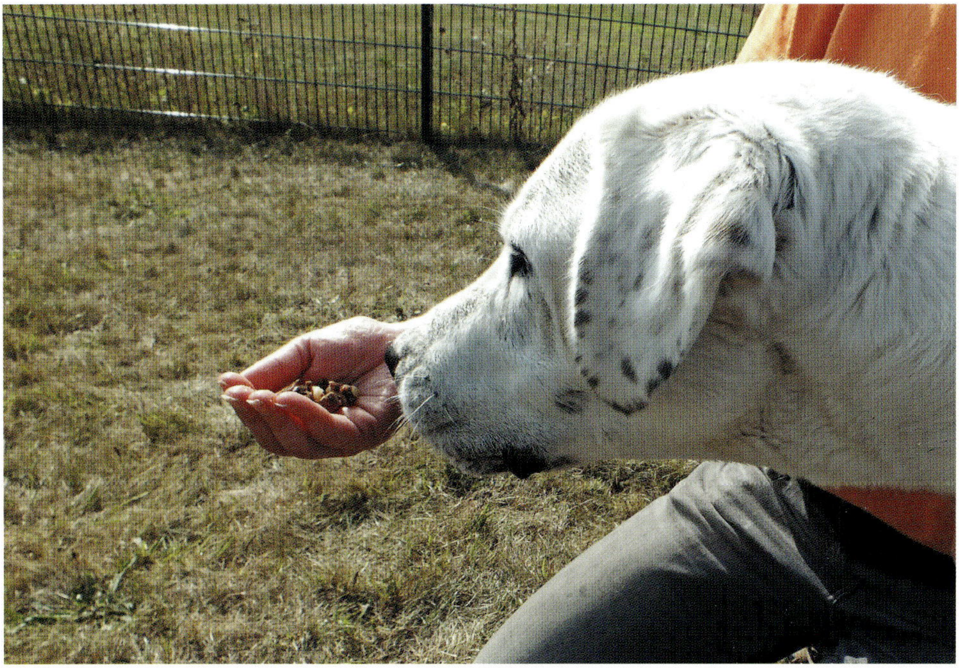

Halten Sie eine Vielfalt und Vielzahl von Leckerchen in der Hand und steuern Sie mit deren Hilfe den Blick Ihres Hundes auf den Reiz.

des Naschens zu Boden gerichtet ist, statt wie gewünscht auf den Reiz. Aus diesem Grund streue ich in diesem Trainingselement auch keine Leckerli auf den Boden.

Nur solange der Reiz zu sehen ist, kann sich der Hund aus der offenen Hand an den Leckerli bedienen, frei nach dem Motto: „Das Buffet ist eröffnet." Haben Sie deshalb immer einen ausreichenden Vorrat griffbereit. Ab dem Zeitpunkt, in dem der Reiz nicht mehr zu sehen ist, wird die Leckerlihand geschlossen. Es versteht sich von selbst, dass diese Übung ungeeignet ist für Hunde, die beim Anblick des Reizes dermaßen übererregt sind, dass sie in die Hand vor ihrer Schnauze beißen würden. Ein ebenfalls großes Konfliktpotenzial birgt diese Handhaltung bei futteraggressiven Hunden und bei solchen mit einer niedrigen Frustrationstoleranz. Im erstgenannten Fall ist die Entfernung zum Reiz so zu vergrößern, dass der Hund nicht mehr in die den Menschen gefährdende Übererregung kommt. Selbstverständlich kann im zweiten Fall auch ohne Leckerli trainiert werden; auch dann stellt sich der Trainingserfolg ein, allerdings dauert es deutlich länger, da die Blickrichtung des Hundes mangels Leckerli nicht so gut gesteuert werden kann. Vielleicht finden Sie für Ihren Hund ja auch eine gute Alternative zum Leckerli, die ein gutes Gefühl erzeugt und auch die Ausrichtung zum Reiz ermöglicht oder es ist anderen Trainingselementen der Vorzug zu geben.

Ob mit oder ohne Leckerchen — wenn Sie Ihren Hund unterstützend streicheln, achten Sie darauf, keine Betonung in Richtung Reiz zu setzen. Auch bei diesem Trainingselement gilt es, sich hinsichtlich Fuß, Arm und Körperfront zu kontrollieren, um dem Hund nicht unbedacht ungünstige Anreize für einen ungehaltenen Ausbruch zu geben.[430]

Leckerli werden angeboten, solange der Reiz zu sehen ist.

In einer zusätzlichen Trainingseinheit sollte an der Übererregung, der Frustrationstoleranz und der Futteraggression gearbeitet werden.

Vermeiden Sie unbedingt, beim Anblick des Reizes Ihre Hand mit den Leckerli so abrupt vor die Schnauze des Hundes schnellen zu lassen, dass er sich erschreckt. Dies ist kontraproduktiv zu der angestrebten guten Assoziation mit dem Reiz. Sie können die geschlossene Hand mit den Leckerli neben dem Hund oder vor seiner Schnauze bereithalten, um dann nur noch eine Feinjustierung vorzunehmen und die Leckerli angesichts des Reizes freizugeben. Auch das Schließen der Hand, sobald der Reiz wieder aus dem Blickfeld verschwunden ist, erfolgt unspektakulär. Reißen Sie die Hand nicht weg, dies würde den Anschein erwecken, der Hund hätte etwas verkehrt gemacht. Das Highlight „open bar" gibt es nur beim Blick auf den Reiz.

Es gibt immer wieder Hunde, die beim Kauen der Leckerli oder Lutschen aus der Futtertube vor sich hin grummeln oder schmatzend noch zu bellen versuchen. Keine Sorge! Sie belohnen keineswegs seine Aggression, wenn Sie ihn naschen lassen,

[430] *Füße, Arme, Körperfront* in Kapitel „Trainingsaufbau Lenken des sozialen Referenzierens (LSR)"

Ob der Hund sitzt oder steht spielt keine Rolle, entscheidend ist seine Positionierung und die der Leckerchen.

sondern Sie schaffen zunehmend eine positivere Einstellung zum Reiz.[431] Der Hund grummelt oder bellt, weil er sich überfordert fühlt. Je mehr seine Sorge abnimmt, desto weniger wird er grummeln oder in aggressiver Weise bellen. Selbst wenn er durch die Leckerligabe verknüpfen würde, dass er Leckerli für ein Bellen ähnlich eines Tricks bekommt, ändert sich doch die dem Bellen zugrunde liegende Emotion und das Bellen ist dann leicht abzustellen.

Die Aggression des Hundes würden Sie dann schüren, wenn Sie ihn mit erregter Stimme antreiben nach dem Motto: „Jaja, pack ihn!" Genauso fatal für die angestrebte gute Assoziation ist ein herrisches Unterdrücken und Kleinhalten, sodass der Hund eingeschüchtert das Bellen und Knurren unterlässt, aber es in ihm heftiger als zuvor rumort. Der nächste Ausbruch kommt dann umso vehementer und für die Beteiligten gänzlich unerwartet.

Ich nutze für den Aufbau der Übung **Der Reiz als Erfolgsauslöser** gerne meine Trainingshalle. Am einen Ende befindet sich der Hund, an der gegenüberliegen-

[431] Kapitel „Volle Konzentration auf den Reiz"

den, 25 Meter entfernten und geöffneten Tür ist ausschnittweise der Reiz zu sehen. Das gleiche Prinzip funktioniert beispielsweise in einer Toreinfahrt oder ein Reiz ist ausschnittweise zwischen geparkten Autos zu sehen. Der Fantasie sind hierbei keine Grenzen gesetzt.

Der Reiz ist zum Erfolgsauslöser geworden und der Hund meldet ihn dem Menschen mit dem Blick.

Lassen Sie den Reiz nach unterschiedlich langen Pausen, die auch einige Minuten dauern können, wobei für den Hund kein Muster erkennbar sein sollte, immer wieder zeitlich begrenzt sichtbar werden.

Es gibt dem Hund Sicherheit, wenn er eine Wand als deutliche Begrenzung im Rücken hat, doch auf keinen Fall sollte er sich fühlen müssen wie in einer ausweglosen Sackgasse. Er könnte sich dann in die Enge gedrängt fühlen, wenn sich der Reiz auf ihn zu bewegt oder sich auch nur mit seiner Körperfront zu ihm hin orientiert. Stabilität erhält der Hund auch, wenn er sich mit seinem Körper an den Menschen lehnen kann. Hier kann der Mensch seinen Körper wie beim **Beindrücken**[432] hilfreich einsetzen, vorausgesetzt, der Hund fühlt sich im körperlichen Kontakt wohl. Drängt sich der Mensch dem Hund auf, so wird dieser in seiner negativen Bewertung des Reizes noch bestärkt.

Bei jeder Sichtung des Reizes macht der Hund die Erfahrung, dass ihm etwas Gutes widerfährt. Er benötigt den Reiz, um an die „open bar“ zu kommen. Je zuverlässiger das Erscheinen des Reizes mit etwas Angenehmem verknüpft ist, umso schneller wird der Reiz zum Erfolgsauslöser. Kommt es zu ungeplanten Begegnungen in einer Intensität, in der sich der Hund ungehalten präsentiert, so gibt es weitere Trainings-

[432] *Beindrücken* in Kapitel „Trainingsaufbau Lenken des sozialen Referenzierens (LSR)“

elemente[433, 434], um trotz eines Ausbruchs einen Trainingsfortschritt zu erzielen, anstatt das unerwünschte Verhalten weiter zu festigen.

Zeigt der Hund nach einigen Wiederholungen weniger Anspannung, wird der Leckerligabe ein freudiger Ausruf vorangestellt. Bei mir hat sich als verbale erwartungsfrohe Ankündigung ein beim Ausatmen formuliertes, freudiges „Uiuiuiui!“ eingebürgert. Dieses „Uiuiuiui!“ dient als Auslöser für den Erfolg. Selbstverständlich können Sie einen für Sie passenden Ausdruck aussuchen. Achten Sie darauf, dass Sie bei dessen Formulierung ausatmen und nicht, ähnlich einem angstvollen Einatmen, die Luft anhalten. Ist dieses „Uiuiuiui!“ etabliert, so hat man hierdurch auch bereits die Vorarbeit fürs Wegloben[435] geleistet. Kennt der Hund das „Uiuiuiui!“ bereits vom Wegloben, ist auf diesem Ausbildungsstand besonders darauf zu achten, dass er nach der verbalen Ankündigung — dank der Akzentsetzung mittels Leckerli — weiterhin den Reiz im Blick behält und sich noch nicht zu seinem Menschen orientiert.

In dem Moment, in dem der Reiz für Ihren Hund sichtbar wird, erfolgt der ankündigende positive Ausruf, woraufhin die Leckerlihand sofort in Reizausrichtung geöffnet wird. Von Mal zu Mal wird sich Ihr Hund nach Ihrer freudigen Parole in Erwartung der Leckerlis zu Ihnen orientieren, woraufhin Sie ihn wieder zum Reiz ausrichten und die positive Verknüpfung weiter festigen.
Gerät ein Hund beim Anblick eines Reizes völlig außer sich und ist trotz Beistand seines Menschen emotional noch heillos überfordert, kann auf Entfernung auch mit einer Attrappe trainiert werden. Die simplen und reduzierten Signale eines Plüsch- oder Plastikhundes beispielsweise reichen aus[436], um unangenehme Gefühle bei den Hunden zu wecken, die ein Problem mit Artgenossen haben. Der künstliche Assistent hat weitere Vorteile: Die Ausrichtung seiner Körperfront und sein vermeintliches direktes Angucken lässt sich feiner steuern, als es bei einem echten Hund der Fall wäre.

Lassen Sie sich nicht dazu verleiten, Ihrem Hund aus Angst vor einem Ausbruch bereits vor Sichtbarwerden des Reizes ein Leckerchen zuzustecken. Die gewünschte

---

[433] Band 3 der Reihe ICH HALTE DICH

[434] Band 5 der Reihe ICH HALTE DICH

[435] Kapitel „Wegloben“

[436] *Geborgenheit vermitteln* in Kapitel „H.A.L.T. – Bindung durch Schutz, Geborgenheit und Fürsorge“

Übung heißt nicht „Der Hund kaut und dann taucht ein Reiz auf", sondern „Es taucht ein Reiz auf und solange der sichtbar ist, geht es dem Hund besonders gut". Das angestrebte Ziel ist erreicht, wenn sich der Hund beim Anblick des Reizes freudig nach seinem Menschen umdreht in Erwartung von etwas Angenehmem und auch, um sich rückzuversichern. Er zeigt das Hingucken-Weggucken, das gewünschte Alternativverhalten im LSR.
Das Erzeugen einer guten Assoziation wird unterstützt, wenn Sie als Vorbild für den Hund ebenfalls zum Reiz hinschauen und einen positiven emotionalen Hinweis geben. Freuen Sie sich über den Reiz, zeigen Sie sich ihm gegenüber aufgeschlossen.

Wie in Kapitel „Offen sein für Neues" geschrieben, helfen Sie Ihrem Hund bei der neuen emotionalen Bewertung, wenn der Reiz in einer vertrauten Umgebung präsentiert wird. In einer neuen Umgebung hilft es, wenn vertraute Reize als Übergangsobjekte, von mir auch als Glücksbringer und Talisman bezeichnet[437], vorhanden sind. Sie als Vertrauter haben einen nicht zu unterschätzenden Einfluss und eine beruhigende Wirkung.[438]

Was im Trainingselement *Der Reiz als Erfolgsauslöser* zunächst über ein ausschnittweises und damit zeitlich begrenztes Wahrnehmen des Reizes aufgebaut wurde, kann im Alltag auch bei überraschenden Sichtungen eingesetzt werden. Sie sehen einen Reiz bevor Ihr Hund ihn wahrnimmt, machen ihn aber bewusst nicht auf ihn aufmerksam, sondern beobachten Ihren Hund unauffällig. Sobald erkennbar ist, dass er den Reiz wahrnimmt, folgt exakt in diesem Moment etwas Gutes für ihn, während er auf den Reiz gerichtet ist. Dass Ihr Hund den Reiz gesehen oder auf anderen Sinneskanälen wahrgenommen hat, können Sie an seiner Körperspannung sehen, wie er die Ohren spitzt, wie ein unmerklicher Ruck durch seinen Körper geht, wie sich die Rutenhaltung und sein Augenausdruck verändern und wie sich sein Maul schließt. Oftmals biegen sich vor lauter Konzentration sogar die Tasthaare (Vibrissen) an der Schnauze nach vorne.

---

[437] Band 4 der Reihe ICH HALTE DICH

[438] Kapitel „Die sichere Basis und der sichere Hafen"

Zum Schluss

KRAFT FÜRS LEBEN GEBEN

Zum Schluss

Ziel des vorliegenden Buches ist, die große Bedeutsamkeit der Bindung als das Band aufzuzeigen, das zusammenhält und Mensch wie Hund Kraft zum Leben gibt. Das Buch macht deutlich, dass das Bedürfnis des Hundes nach Zuwendung und emotionaler Bindung vergleichbar mit dem des Menschen ist und dass die Qualität der Beziehung weitreichende Auswirkungen auf das Leben und die Bewältigung des Alltags hat. Dies schafft das Bewusstsein dafür, wie lebenswichtig und unverzichtbar ein fürsorglicher und achtsamer Umgang mit dem Hund ist.

Der Leitgedanke von Friedrich Fröbel[439] trifft somit auch auf den Hund zu:

Erziehung ist Beispiel und Liebe, sonst nichts.

Auch wenn Fröbels Überzeugung zunächst neumodisch wirken mag, so ist sie doch bereits über 150 Jahre alt. Nehmen Sie sich seine weitsichtige Empfehlung zu Herzen, lieben Sie Ihren Hund aufrichtig und leben Sie ihm vorbildliche Verhaltensweisen vor. Beispiel und Liebe sind wichtige Zutaten, jedoch nicht die einzigen.

Wie weitreichend die Aufgabe des Menschen im Beziehungsgeflecht Mensch-Hund ist und welche weiteren Faktoren das Verhalten des Hundes beeinflussen, wird in den weiteren Bänden der ICH HALTE DICH-Buchreihe behandelt, die auf der folgenden Seite aufgeführt sind.

Ich freue mich, dass diese Buchreihe für Sie ein wichtiger Begleiter auf Ihrer gemeinsamen Reise mit Ihrem Hund ist.

---

[439] Friedrich Fröbel (1782 – 1852), deutscher Pädagoge und Gründer des ersten Kindergartens (aus: Weidenfeld, KS (Hrsg) (2008): Lexikon der schönsten Sprichwörter und Zitate)

Cordt, Mirjam

Ein Wegweiser für ungehaltene Hunde, Bd. 1
Basis für ein vertrauensvolles und erfolgreiches Training.

Verlag Caniversum

Cordt, Mirjam

Ein Wegweiser für ungehaltene Hunde, Bd. 3
Achtsames Führen nach Cordt – den Hund leiten, schützen, halten. Dem Hund Sicherheit geben.

Verlag Caniversum

Cordt, Mirjam

Ein Wegweiser für ungehaltene Hunde, Bd. 4
Mein Mensch. Mein Haus. Mein Futter. Mein...
Wenn Hunde Ressourcen verteidigen –
auf der Suche nach dem inneren Gleichgewicht.

Verlag Caniversum

Cordt, Mirjam

Ein Wegweiser für ungehaltene Hunde, Bd. 5
Struktur geben durch Regeln und Grenzen –
achtsames Begrenzen für ein harmonisches Miteinander.

Verlag Caniversum

Anhang

DIE KUH, DIE LACHT?

ICH
HALTE
DICH

MENSCH-KALB-BEZIEHUNG – AUF WIRTSCHAFTLICHKEIT AUSGERICHTET

Kühe geben nur dann Milch, wenn sie Mütter sind. Weil der Mensch daraus Profit schlagen will, werden die Kühe noch am Tag der Geburt oder kurz darauf von ihren Kälbern getrennt. Wie jede Mutter-Kind-Trennung ist dies für beide sehr schmerzhaft, zudem wird das Kalb anschließend für bis zu acht Wochen in einer Einzelbox untergebracht. Ein Schicksal, das in Deutschland rund 4 Millionen Kälber erleiden.

Für Kühe, genau wie für alle anderen sozial organisierte Lebewesen wie Schweine, Pferde etc., gilt das, was ich in diesem Buch bezüglich Mensch und Hund dargelegt habe. Die seelischen Schmerzen, die Kuh und Kalb bei der Trennung und im weiteren Leben erleiden, sind erwiesenermaßen mit körperlichen Schmerzen gleichzusetzen.[440] Sie addieren sich zu einem körperlichen Leiden unvorstellbaren Ausmaßes, da Kühe und Kälber auf die Funktion als Milch- und Fleischlieferanten reduziert werden. So wird in einer Presseinformation[441] zu einer Studie[442] (auf sie wird im Folgenden noch eingegangen) beschrieben, dass Kälber im Alter von etwa 32 Tagen ohne Betäubung enthornt werden, indem man ihre Hornanlagen mit einem Brenn-

---

[440] Moles, A; Kieffer, BL; D'Amato, FR (2004): Deficit in attachment behavior in mice lacking the μ-Opioid Receptor Gene

[441] Presseinformation der Veterinärmedizinischen Universität Wien vom 22.12.2015

[442] Lürzel, S; Münsch, C; Windschnurer, I; Palme, R; Waiblinger, S (2015): The influence of gentle interaction on avoidance distance towards humans, weight gain and physiological parameters in group-housed dairy cows

eisen ausbrennt. Wie jeder leicht nachvollziehen kann, ist ein solches Vorgehen mit starken Schmerzen verbunden und entsprechend nimmt die Ausweichdistanz[443] zu. Dies ist ein Indiz dafür, dass sich die betäubungslose, schmerzhafte Enthornung negativ auf die Mensch-Tier-Beziehung auswirkt. Diese äußerst schmerzhafte Prozedur ist laut Tierschutzgesetz[444] erlaubt:

Tierschutzgesetz §5
(2) Eine Betäubung ist nicht erforderlich für das Enthornen oder das Verhindern des Hornwachstums bei unter sechs Wochen alten Rindern.

Hier zeigt sich wieder einmal, wie wenig das Tierschutzgesetz geeignet ist, Tierleid und Ausbeutung zu unterbinden.

Positive Auswirkungen liebevoller Berührungen machen sich nicht nur bei Menschen und Hunden bemerkbar[445], sondern auch bei Kälbern. So zeigt die bereits erwähnte Studie, dass Kälber, die 14 Tage lang täglich für nur drei Minuten gestreichelt werden, eine bessere Beziehung zum Menschen entwickeln, schneller zuneh-

---

[443] „Die Ausweichdistanz ist die Distanz, bei der sich das Kalb abwendet, wenn ein Mensch von vorne auf das Tier zugeht. Haben die Tiere gegenüber Menschen Vertrauen, ist die Ausweichdistanz gering. Fürchten die Tiere sich, ist die Ausweichdistanz größer." aus einer Presseinformation der Veterinärmedizinischen Universität Wien vom 22.12.2015

[444] Tierschutzgesetz §5, Fassung vom 28. Juli 2014

[445] *Den Körper und die Seele streicheln* in Kapitel „H.A.L.T. – Bindung durch Nähe"

men und als erwachsene Kühe mehr Milch geben. Während des Streichelns sinkt bei ihnen sogar die Herzfrequenz, genauso wie es beim Menschen der Fall ist. Drei Minuten streicheln, drei Minuten freundlicher Kontakt — drei Minuten sind angesichts der Schutzbedürftigkeit eines Kalbes, eines Säuglings, unsagbar wenig. Und doch wird in dieser Studie zugleich erwähnt, dass diese Zeit pro Tag und Kalb nicht aufzubringen sei, dass aber ein regelmäßiger freundlicher Kontakt positive Auswirkungen habe — positive Auswirkungen auf wirtschaftlicher Ebene. Dies scheint in der sogenannten Nutztier-Haltung offensichtlich das einzige erstrebenswerte Ziel zu sein.

In welcher Welt leben wir, wenn einem Schutzpflichtigen geraten werden muss, seinem Schützling überhaupt freundlich entgegenzutreten. Für die Tiere ist selbst dies eine Verbesserung, entkräftet doch diese Studie die nach eigener Aussage vorhandene Einstellung einiger Landwirte, dass Kühe Angst vor dem Menschen haben sollten, damit man mit ihnen umgehen kann.

KUH-KALB-BINDUNG – AUF FÜRSORGE GEGRÜNDET

Es ist äußerst schmerzhaft, wenn Bindungen unvermittelt gekappt werden und man aus einem Sozialverband ausgeschlossen wird. Wie schmerzhaft muss es zudem sein, wenn man als Schutzpflichtiger von seinem Schützling getrennt wird und weiß, dass man nicht mehr für sein Wohlergehen sorgen kann und dass es ihm nun schlecht ergehen wird. Dies wird eindrucksvoll in der folgenden wahren Begebenheit verdeutlicht. Keine Fabel könnte dies besser darstellen. Viele Menschen, die sich für die sogenannten Nutztiere einsetzen — in besonderem Maße ist hier die Organisation *Animals' Angels*[446] engagiert — berichten mir, dass dies kein Sonderfall ist:

Eine Kuh gibt nach der Geburt ihres Kalbes wider Erwarten keine Milch. Die Geschichte der Tierärztin Dr. med. vet. Holly Cheever über die Liebe einer Kuh[447] zeigt eindrucksvoll, wozu Kühe in der Lage sind:

---

[446] www.animals-angels.de

[447] Cross, M (Hrsg.) (2012): Dr. med. vet. Holly Cheever: Mother cow proves animals love

Ich möchte Ihnen gerne eine Geschichte erzählen, die so wahr wie herzzerreißend ist. Als ich die Schule für Tiermedizin abgeschlossen hatte, arbeitete ich in einer Tierarztpraxis für Milchviehbetriebe. Aufgrund meines sanften Umgangs mit den Milchkühen war ich als Tierärztin sehr beliebt.

Eines Tages rief mich ein Kunde wegen eines Mysteriums an: Eine seiner Kühe hatte in der vorangegangenen Nacht ihr fünftes Kalb auf natürlichem Wege auf der Weide zur Welt gebracht. Sie führte das Neugeborene zum Stall, wo es ihr wiederum weggenommen wurde. Sie selbst wurde in die Melkanlage gestellt. Ihr Euter war jedoch leer. Dies blieb auch in den kommenden Tagen so. Als frische Mutter sollte die Kuh normalerweise täglich über 40 Liter Milch produzieren, aber obwohl sie bei bester Gesundheit war, enthielt ihr Euter nie die großen Milchmengen, die für eine frisch entbundene Kuh typisch gewesen wären.

Sie ging jeden Morgen nach dem ersten Melken auf die Weide, kam am Abend zum Melken zurück und durfte für die Nacht wieder auf die Weide. Damals war es Rin-

dern und Kühen noch erlaubt, einen Funken Freude und ein Stück ihrer natürlichen Lebensweise zu erfahren.

So hat man mich also angerufen, um die geheimnisvolle Kuh zweimal während der ersten Woche nach der Geburt zu untersuchen. Ich konnte jedoch keine Lösung für dieses Rätsel finden.

Schlussendlich, elf Tage nach der Geburt, rief mich der Landwirt an. Eines Tages ist er der Kuh nach dem morgendlichen Melken hinaus auf die Weide gefolgt und hat die Lösung entdeckt: Die Kuh hatte Zwillinge geboren. Eines der Kälber hatte sie zum Landwirt gebracht, das andere hielt sie in den Wäldern am Ende der Weide versteckt. So konnte sie jeden Tag und jede Nacht bei ihrem Kind sein — das Erste, das sie endlich selbst säugen durfte. Ihr Kalb genoss die Milch und das Säugen. Obwohl ich den Landwirt anflehte, Kuh und Kalb nicht zu trennen, verlor sie auch dieses Kind. Es landete in der Hölle der Kälbermastbuchten.

Denken Sie einen Moment über die komplexen Gedankengänge nach, die diese Mutter gezeigt hat:
Zuallererst hatte sie Erinnerungen an ihre vier vorherigen Verluste. Jedes Mal, wenn sie ein Kalb in den Stall brachte, hat sie es nicht wiedergesehen (herzzerreißend für jede Säugetiermutter).

Zweitens hat sie einen Plan gemacht und durchgeführt: Wenn sie die Kälber zum Landwirt bringt, bedeutet das, dass sie beide verlieren würde. Also sollte sie ihre Kälber lieber verstecken, indem sie diese im Wald liegen lässt, bis sie zurückkehrt. Doch beide zu verstecken, hätte das Misstrauen des Landwirts zur Folge gehabt (schwangere Kuh verlässt am Abend den Stall, nicht schwangere Kuh kommt am nächsten Morgen ohne Nachwuchs zurück). Also gab sie dem Landwirt eines der Kälber und behielt das andere — ich weiß nicht, was ich selbst gemacht hätte.

Ich kann Ihnen auch nicht sagen, warum sie wusste, dass sie es so tun muss. Es scheint naheliegender, dass eine verzweifelte Mutter beide verstecken würde. Alles was ich weiß ist, dass sich viel mehr hinter diesen wunderschönen Kuhaugen abspielt, als wir Menschen ihnen zutrauen. Und ich als Mutter, die alle ihre vier Kinder selbst stillen und versorgen durfte und nicht die Qualen des Verlusts meiner geliebten Kinder ertragen musste, fühle ihren Schmerz.

DIE KUH, DIE KEINEN GRUND ZUM LACHEN HAT

Sicherlich kennen Sie den folgenden Werbespruch eines Käseproduktionsbetriebes:

La Vache qui rit – die Lachende Kuh
mit dem Zusatz:
Lassen auch Sie sich von der Lachenden Kuh ein Lächeln auf die Lippen zaubern!

Es sollte aus den vorangegangen Kapiteln unmissverständlich klar geworden sein, dass eine Kuh in der Regel ausgesprochen wenig Grund zum Lachen hat.

Ich möchte an dieser Stelle meine Worte aus dem vorliegenden Buch wiederholen: Wie sehr werden kommende Generationen darüber den Kopf schütteln, wie wir über die Gefühlswelt und das Schmerzempfinden der Tiere gedacht haben. Wie werden sie sich wundern, dass wir den Tieren Gefühle abgesprochen haben und damit für so viel Ausbeutung und Leid verantwortlich waren.

ICH
HALTE
DICH

Quellenverzeichnis

Ainsworth, MDS (1974): Feinfühligkeit versus Unfeinfühligkeit gegenüber den Mitteilungen des Babys. In: Grossmann, K; Grossmann, KE (Hrsg.) (2009):
Bindung und menschliche Entwicklung.
John Bowlby, Mary Ainsworth und die Grundlagen der Bindungstheorie
Stuttgart: Klett-Cotta, 2. Auflage

Ainsworth, M; Blehar, M; Waters, E; Wall, S (1978).
Patterns of attachment. A psychological study of the Strange Situation
Hillsdale: Lawrence Erlbaum

Allen, JG; Fonagy, P; Bateman AW (2011):
Mentalisieren in der Psychotherapeutischen Praxis
Klett-Cotta Stuttgart

Aly, M (2013):
MeinBaby entdeckt sich und die Welt, kindliche Entwicklung achtsam begleiten nach Emmi Pickler
Kösel-Verlag

Andics, A; Gácsi, M; Farago, T; Kis, A; Miklósi, À (2014):
Voice-sensitive regions in the dog and human brain are revealed by comparative fMRI
Current Biology 24, 574–578

Andrews, MW; Rosenblum, LA (1991):
Security of attachment in infants raised in variable- or low-demand environments
Child development, 62/686–693

Aucouturier, J-J; Johansson, P; Hall, L; Segnini, R; Mercadié, L; Watanabe, K (2016):
Covert digital manipulation of vocal emotion alter speakers emotional states in a congruent direction.
Proc. Natl. Acad. Sci. USA; 113(4): 948–953

Bartens, W (2015):
**Empathie – Die Macht des Mitgefühls:
Weshalb einfühlsame Menschen gesund und glücklich sind**
Droemer eBook

Bartholomew, K; Fraser, S, Horowitz, LM (1991):
Attachment styles among young adults: A test of a four-category model
Journal of Personality and Social Psychology, Vol. 61, No. 2, 226–244

Berk, LE (2011):
Entwicklungspsychologie
Pearson Studium – Psychologie, 5. Auflage

Birkenbihl, VF (2006) (DVD):
Pragmatische Esoterik. Der kleine Weg zum großen Selbst.

Bischof-Köhler, D (2014): Zusammenhänge zwischen Bindung, Erkundung und Autonomie.
In: Brisch, KH; Hellbrügge, T.:
Die Anfänge der Eltern-Kind-Bindung
Stuttgart: Klett-Cotta

Blum, D (2002):
**Die Entdeckung der Mutterliebe –
die legendären Affenexperimente des Harry Harlow**
Beltz Verlag

Böcker, H; Hartwich, P; Northoff, G (2015):
Neuropsychodynamische Psychiatrie
Springer Verlag

Bowlby, J (1946):
Fourtyfour juvenile thieves: their characters and home life
London, Baillière, Tindall & Cox

Bowlby, J (2008):
Bindung als sichere Basis. Grundlagen und Anwendungstheorie
München: Ernst Reinhardt, GmbH & Co. KG, Verlag

Bräuer, J; Schönefeld, K; Call, J (2013):
When do dogs help humans?
Appl. Anim. Behav. Sci. 148, 138–149

Breland K, Breland M (1961):
The misbehavior of organisms
Animal Behavior Enterprises. Hot Springs, Arkansas, American Psychologist, 16: 681–684

Brisch, KH (1999):
Bindungsstörungen – von der Bindungstheorie zur Therapie
Stuttgart: Klett-Cotta

Brisch, KH (2007):
Bindungsstörungen –
Grundlagen, Diagnostik und Konsequenzen für sozialpädagogisches Handeln
In: Blickpunkt Jugendhilfe, 3/2007

Brisch, KH (2009):
Bindungsstörungen. Von der Bindungstheorie zur Therapie
Stuttgart: Klett-Cotta, 9. Auflage

Buchheim, A. et al. (2009):
Oxytocin enhances the experience of attachment security
In: Psychoneuroendocrinology 34 (9), S. 1417–1422

Cacioppo, JT; Patrick, W (2011):
Einsamkeit
Spektrum Verlag

Cappenberg, M (2014):
Kinder mit Bindungsstörungen in Pflegefamilien
Bindungssymposium, 26.03.2014, LWL-Klinik Marsberg

Church, TA (2007):
End their misery – Free this wolf and donkey in Albania
Addr. to: Alfred Moisiu, President of Albania

Clark, AE; Lelkes, O (2009):
Let us pray: religious interactions in life satisfaction
Paris-Jourdan Sciences Economiques, Working Papers No. 2009-01

Cohn, EG; Rotton, J (2005):
Is the curve relating temperature to aggression linear or curvelinear.
Journal of Personality and Social Psychology, 98 (1), S. 67–70

Cook, M; Mineka, S. (1989):
Observational conditioning of fear to fear-relevant versus fear-irrelevant stimuli in rhesus monkeys.
Journal of Abnormal Psychology, 98 (4), 448–459

Cordt, M:
Hundereich – Hundebegegnungen und Vergesellschaftung •
Mit einem klaren Plan und friedvoll zum Erfolg

Cordt, M (2009):
HSH – Hirtenhunde/Herdenschutzhunde. Die verkannten Wesen
Verlag Caniversum

Cordt, M (2014):
Auch die längste Reise beginnt mit dem ersten Schritt – Basis für ein vertrauensvolles und erfolgreiches Training. ICH HALTE DICH – Ein Wegweiser für ungehaltene Hunde. Bd. 1.
Verlag Caniversum

Cordt, M:
Ein Wegweiser für ungehaltene Hunde. Bd. 3.
ICH HALTE DICH – Achtsames Führen nach Cordt – den Hund leiten, schützen, halten. Dem Hund Sicherheit geben.
Verlag Caniversum

Cordt, M:
Ein Wegweiser für ungehaltene Hunde. Bd. 4.
ICH HALTE DICH – Mein Mensch. Mein Haus. Mein Futter. Mein...
Wenn Hunde Ressourcen verteidigen – auf der Suche nach dem inneren Gleichgewicht.
Verlag Caniversum

Cordt, M:
Ein Wegweiser für ungehaltene Hunde. Bd. 5.
ICH HALTE DICH – Struktur geben durch Regeln und Grenzen – achtsames Begrenzen für ein harmonisches Miteinander.
Verlag Caniversum

Cross, M (Hrsg.) (2012): Dr. med. vet. Holly Cheever:
Mother cow proves animals love
Think & Act

Deci, EL (1971):
Effects of externally mediated rewards on intrinsic motivation
Journal of Personality and Social Psychology 18: 105–115

Domes, G; et al. (2007):
Oxytocin improves "mind reading" in humans
Biol. Psychiatry 61: 731–733

Doppel, R (2011):
Pädagogische Probleme der ontogenetischen Entwicklung
Mitschrift von Martin Tintel, Sommersemester 2011, Universität Wien

Eckstein, M; Becker, B; Scheele, D; Scholz, C; Preckel, K; Schlaepfer, TE et al. (2015):
Oxytocin facilitates the extinction of conditioned fear in humans
Biological Psychiatry. Volume 78, Issue 3

Enck P; Bingel U; Schedlowski M; Rief W (2013):
The placebo response in medicine: minimize, maximize or personalize
Nature Review Drug Discovery 12: 191–204

Engelmann, J (15.07.2011):
Für meine Eltern
Slammer Filet, open air

Fonagy, P; Levinson, A (2004):
Offending and attachment: The relationship between interpersonal awareness and offending in a prison population with psychiatric disorder
Canadian Journal of Psychoanalysis, 12 (2) 225–251

Frazzetto, G (2014):
Der Gefühlscode: Die Entschlüsselung unserer Emotionen
Carl Hanser Verlag GmbH & Co. KG

Gácsi, M; Topál, J; Miklósi, A; Dóka, A; Csányi, V (2001):
Attachment behavior of adult dogs (Canis familiaris) living at rescue centers: forming new bonds
J. Comp. Psychol. 2001; 115: 423–431

Gagné, RM (2011):
Die Bedingung des menschlichen Lernens.
Standardwerke aus Psychologie und Pädagogik.
Waxmann Verlag

Georgy, K (2011):
Bindung im Säuglingsalter. Einführung in die Bindungstheorie.
1. Fachsemester, WS 2011/2012,
Friedrich Schiller Universität Jena, Sozialpädagogik/Sozialmanagement

Gewohnheitstiere, Im Gespräch mit Daniel Kahnemann.
OrganisationsEntwicklung Nr 1/2013

Grandin, T; Johnson, C (2014):
Ich sehe die Welt wie ein frohes Tier: Eine Autistin entdeckt die Sprache der Tiere.
Verlag Rad und Soziales

Grolnick, WS (2003):
The psychology of parental control: How well-meant parenting backfires
Hillsdale, NJ: Lawrence Erlbaum Associates

Grossmann, K; Grossmann, KE (2012):
Bindungen – das Gefüge psychischer Sicherheit
5. Auflage, Klett-Cotta

Grossmann, KE (2014):
Die Bedeutung von Bindung im Kontext der Familienbildung
Universität Regensburg, Fachtag, 03. Juli 2014

Harlow, HF (1958):
The nature of love
American Psychologist, 13, 673–685

Horn, L; Huber, L; Range, F (2013):
The importance of the secure base effect for domestic dogs – evidence from a manipulative problem-solving task
PLoS ONE 8(5): e65296

Horsch, U (2001):
Wie das Kind hören und sprechen lernt
In: Qualitäten des Hörens, BOTA, Heidelberg

Hüther, G (2001):
Die neurobiologische Verankerung von Erfahrungen und ihre Auswirkungen auf das spätere Verhalten.
Plenarvortrag im Rahmen der 51. Lindauer Psychotherapiewochen

Hüther, G (2009):
Biologie der Angst – wie aus Stress Gefühle werden
Verlag Vandenhoeck & Ruprecht

Ijzendoorn, MH van; Kroonenberg, PM (1988):
Cross-cultural patterns of attachment: A meta-analysis of the strange situation
Child Development,147–156

Ijzermann, H; Gallucci, M; Pouw, WT; Weißgerber, SC; Van Doesum, NJ; Williams, KD (2012):
Cold-blooded loneliness: social exclusion leads to lower skin temperatures
Acta Psychologica, 140 (3), S. 283–288

Jungmann, T; Reichenbach, C (2009):
Bindungstheorie und pädagogisches Handeln. Ein Praxisleitfaden
Basel: Borgmann Media

Kahnemann, D. (2012):
Schnelles Denken, langsames Denken
Siedler Verlag

Kerth, G (2013):
Tierfreundschaften – unzertrennliche Gefährten
In: Gehirn & Geist, 5/2013

Kikusui, T; et al. (2015):
Oxytocin-gaze positive loop and the coevolution of human-dog bonds
Science, Vol. 348 no. 6232: 333–336

Kaplan, HF:
Wissen wir, was Tiere fühlen?
http://www.tierrechte-kaplan.org/kompendium/a187.htm

King, BJ (2014):
Die Zwei
In: Welt am Sonntag", 08.06.2014, Ausgabe 23

Kißgen, R (2009):
Diagnostik der Bindungsqualität in der frühen Kindheit – Die fremde Situation.
In: Julius, H; Gasteiger-Klicpera, B; Kißgen, R (Hrsg.):
Bindung im Kindesalter. Diagnostik und Intervention
Göttingen: Hogrefe Verlag GmbH & Co. KG.

Krahn, LE; Tovar, MD; Miller B (2015):
Are pets in the bedroom a problem?
Center for sleep Medicine, Mayo Clinic, Scottsdale, AZ; Mayo Clinic Proceedings,
Volume 90, Issue 12, Pages 1663–1665

Lakin, JL; Chartrand, TL (2003):
Using nonconscious behavioral mimicry to createaffiliation and rapport
Psychological Science, vol. 14 no. 4, 334–339

LeDoux, JE (2001):
Das Netz der Gefühle: Wie Emotionen entstehen
dtv Sachbuch

Linschotenvan, CP; Reuter, E (1996):
A home away from home. Summary of the report on the study of the »use and necessity of the Ronald McDonald House«
Chicago, IL: Argo Institute/Groningen University

LMU (2008):
Bindung, Emotionale Entwicklung und Entwicklung des Selbst
Entwicklungs- und Pädagogische Psychologie an der LMU Ludwig-Maximilians-Universität München; Lehrmaterial

Locke, J; Campbell, MA; Kavanagh, DJ (2012):
Can a parent do too much fort heir child?
An examination by parenting professionals of the concept of overparenting
Australian Journal of Guidance and Counselling, 22 (2), pp. 249–265

Lürzel, S; Münsch, C; Windschnurer, I; Palme, R; Waiblinger, S (2015):
The influence of gentle interactions on avoidance distance towards humans, weight gain and physiological parameters in group-housed dairy calves
Appl. Anim. Behav. Sci. 172, 9–16

MacDonald, G; Leary, MR (2005):
Why does social exclusion hurt?
The relationship between social and physical pain
Psychological Bulletin, 131, 202–223

Main, M. (1995): Desorganisation im Bindungsverhalten.
In: Spangler, G; Zimmermann, P (Hrsg.)
Die Bindungstheorie. Grundlagen, Forschung und Anwendung
Stuttgart: Klett-Cotta

Merola, I; Prato-Previde, E; Marshall-Pescini, S (2012):
Dogs' social referencing towards owners and strangers
PLoS ONE 7 (10)

Moles, A; Kieffer, BL; D'Amato, FR (2004):
Deficitin attachment behavior in mice lacking the μ-Opioid Receptor Gene
Science: Vol. 304 no. 5679 pp. 1983–1986

Monson, S (Regie, Drehbuch, Produktion); Phoenix, J (Sprecher) (2005):
Earthlings
Dokumentationsfilm. USA

Moretti, L; Hentrup, M; Kotrschal, K; Range, F (2015):
The influence of relationships on neophobia and exploration in wolves and dogs
Animal Behaviour, Volume 107, Pages 159–173

Müller, CA; Schmitt, K; Barber, ALA; Huber L (2015):
Dogs can discriminate emotional expressions of human faces
Journal Current Biology, 25 (5): 601–605

Nakashima, SF; Ukezono, M; Nishida, H; Sudo, R; Takano Y (2015):
Receiving of emotional signal of pain from conspecics in laboratory rats
R. Soc. open sci. 2: 140381

Neumann, E (2002):
Von der Eltern-Kind-Bindung zur Paarbindung Erwachsener
Inaugural-Dissertation zur Erlangung des Grades eines Doktors der Philosophie in der Fakultät für Psychologie der Ruhr-Universität Bochum

Otterstedt, C; Rosenberger, M (Hrsg.) (2009):
Gefährten–Konkurrenten–Verwandte.
Die Mensch-Tier-Beziehung im wissenschaftlichen Diskurs
Vandenhoeck & Ruprecht

Phoebus, Gaston, in: Schlag, W; Thomas, M (1994):
Das Jagdbuch des Mittelalters
(Ms. Fr. 616 der Bibliotheque nationale in Paris). Glanzlichter der Buchkunst, Band 4

Powell, B; Cooper, G; Hoffman, K; Marvin, B (2010):
Der Kreis der Sicherheit. Die klinische Nutzung der Bindungstheorie
G.P. Probst Verlag

Quervel-Chaumette, M; Dale, R; Marshall-Pescini, S; Range, F (2015):
Familiarity affects other-regarding preferences in pet dogs
Sci. Rep. 5, 18102

Quirin, M; Gillath, O; Pruessner, JC; Eggert, LD (2010):
Adult attachment insecurity and hippocampal cell density
In: Social Cognitive & Affective Neuroscience, 5 (1), S. 39–47

Range, F; Viranyi, Z; Huber, L (2007):
Selective Imitation in Domestic Dogs
Current Biology 17, 868–872, May 15, 2007

Revolverheld (2010):
Halt' dich an mir fest
Song aus dem Album: In Farbe. Columbia Records

Revolverheld (2013):
Ich lass' für dich das Licht an
Song aus dem Album: Immer in Bewegung. Columbia Records

Schanberg, S. (1995): The genetic basis for touch effects.
In: Field, TM (Ed.):
Touch and Early Experience
(pp. 67-80). Mahwah, NJ: Erlbaum

Schleiffer, R (2014):
Der heimliche Wunsch nach Nähe. Bindungstheorie und Heimerziehung
5. Auflage. Beltz Juventa

Schreder, G (2004):
Lehren und Lernen aus Sicht der Schülerinnen und Schüler im Politik-Unterricht der Gymnasialen Oberstufe. Ein Beitrag zur lernorientierten, fachdidaktischen und qualitativen Unterrichtsforschung.
Inauguraldissertation zur Erlangung des Grades eines Doktors der Philosophie.
Fachbereich Gesellschaftswissenschaften und Philosophie der Philipps-Universität Marburg

Seidel, K (2007):
Einfluss emotionaler Deprivation auf die neurochemische und strukturelle Entwicklung limbischer Strukturen und auf das emotionale Verhalten bei Nagern (Octodon degus).
Dissertation zur Erlangung des akademischen Grades doctor rerum naturalium, genehmigt durch die Fakultät für Naturwissenschaften, der Otto-von-Guericke-Universität Magdeburg

Seltzer, LJ; Ziegler, TE; Pollak, SD (2010):
Social vocalizations can release oxytocin in humans
Proc Biol Sci.; 277 (1694): 2661–2666

Sendera,A; Sendera M (2011):
Kinder und Jugendliche im Gefühlschaos: Grundlagen und praktische Anleitungen für den Umgang mit psychischen Auffälligkeiten und Erkrankungen
Springer Verlag

Singer, P (1996):
Animal Liberation. Die Befreiung der Tiere
Rowohlt, Reinbek bei Hamburg

Spangler, G; Grossmann, KE (1993):
Biobehavioral organization in securely and insecurely attached infants
Child Dev. 64, 1439–1450

Spangler, G; Grossmann, KE; Schieche, M (2002):
Psychobiologische Grundlagen der Organisation des Bindungsverhaltenssystem im Kleinkindalter
Psychologie in Erziehung und Unterricht, 49, 102–120

Téglás, E; Gergely, A; Kupán, K; Miklósi, A; Topál, J (2012):
Dogs' gaze following is tuned to human communicative signals
Current Biology, 22 (3): 209–212

Townsend, SSM; Kim, HS; Mesquita, B (2014):
Are you feeling what I'm feeling? Emotional Similarity Buffers Stress
Social Psychological and Personality Science July 2014 5: 526–533

Vaish, A; Grossmann, T; Woodward, A (2008):
Not all emotions are created equal: the negativity bias in social-emotional development
Psychological Bulletin,134 (3), 383–403

Wasilewski, A (2003):
„Freundschaft" bei Huftieren? Soziopositive Beziehungen zwischen nicht-verwandten artgleichen Herdenmitgliedern
Dissertation zur Erlangung des Doktorgrades der Naturwissenschaften; Philipps-Univ. Marburg

Weaver, ICG; Cervoni, N; Champagne, FA; D'Alessio, AC; Sharma, S; Seckl, JR; Dymov, S; Szyf, M; Meaney, MJ (2004):
Epigenetic programming by maternal behavior
Nature Neuroscience 7, 847–854

Weidenfeld, KS (Hrsg.) (2008):
Lexikon der schönsten Sprichwörter und Zitate
Bassermann Verlag

Weinstein, M (2002):
Management by fun
MVG Verlag

Wesselmann, DE; Cardoso, FD; Slater, S; Williams, KD (2012):
To be looked at as though air: Civil Attention Matters
Psychological Science; 23 (2): 166–8

Williams, LE; Bargh,JA (2008):
Experiencing physical warmth promotes interpersonal warmth
Science, 322 (5901), S. 606–607

Wolf, DSS; Sax, LJ; Harper, CE (2009):
Parental engagement and contact in the academic lives of college students
Journal of Student Affairs Research and Practice, 46, 325-358

Wood, B (02.11.2015):
Facebook-Beitrag; Quelle: Bunte, 01.02.2016

Wood, JJ (2006):
Parental intrusiveness and children's separation anxiety in a clinical sample
Child Psychiatry and Human Development, 37, 73–87

Ziegenhain, U (2006):
Bindungsstörungen
Klinik für Kinder- und Jugendpsychiatrie/Psychotherapie, Universitätsklinikum Ulm

Bildnachweis

Titel: Seiter, Dennis
Seiten 8, 13, 14: Seiter, Dennis
Seite 21: feyyazalacam3399/Fotolia
Seite 23: Weise-Kurze, Verena
Seite 25: Cordt, Thomas
Seite 27: Ozimic, Dolores
Seite 29: Kochmarjova, Rita/Fotolia
Seite 30: Celi, Arben
Seite 37: Chalabala/Fotolia
Seite 39: Cordt, Thomas
Seite 42 links: LIVE Magazine
Seite 42 rechts: Archives of the History of American Psychology
Seite 44: Youra, Pechkin
Seite 46: Cordt, Mirjam
Seite 49: Faba, Manuel/iStockphoto
Seite 56: powell83/Fotolia
Seite 67: A Dog's Life Photography
Seite 69: Halfpoint/iStockphoto
Seite 70: kimbo101/iStockphoto
Seite 73: Erhova, Natalie (summerky)
Seite 75: Travis, Jamie D./iStockphoto
Seite 76: Studio Chlorophylle/Fotolia
Seiten 81, 85, 87: Cordt, Mirjam
Seite 88: Molly Wolff Photography
Seite 90: mj0007/iStockphoto
Seite 92: Ozimic, Dolores
Seite 95: Cordt, Thomas
Seite 97: Cordt, Mirjam
Seite 100: Daxiao Productions/Fotolia
Seite 105: Cordt, Thomas
Seite 107: alexei_tm/iStockphoto
Seite 109: Srgb
Seite 111: Plysuikvv/Fotolia
Seite 112: SolStock/iStockphoto
Seite 117: Skmjdigital/Fotolia
Seite 118: piola666/iStockphoto
Seiten 121, 123: Gericke, Ursula
Seite 125: VILevi/Fotolia
Seite 127: Cordt, Mirjam
Seite 131: Ohrt, Oliver
Seite 133: Cordt, Mirjam
Seiten 134, 135: Abukan, Tugay
Seiten 136, 138, 140 oben: Cordt, Mirjam
Seite 140 unten, 142: Cordt, Thomas
Seite 143: iStockphoto
Seiten 144, 149: Cordt, Thomas
Seiten 150, 151: Cordt, Mirjam
Seite 152: Ohrt, Oliver
Seite 156: Cordt, Thomas
Seite 157: Cordt, Mirjam
Seite 158: Cordt, Thomas
Seite 161: Lorik, Laszlo/Fotolia
Seiten 162, 165: Cordt, Mirjam

Seite 167: Solovyova/iStockphoto
Seite 169: Seiter, Dennis
Seite 172: Cordt, Mirjam
Seite 176: Seiter, Dennis
Seite 179: Merdan, Jasmin/Fotolia
Seite 181: Cordt, Mirjam
Seite 185: Strebl, Hannes
Seiten 188, 190, 193: Cordt, Mirjam
Seite 195: Abukan, Tugay
Seite 197: Carebott/iStockphoto
Seiten 200, 201: Homann-Zaun, Britta
Seite 205: Böhmer, Andrea
Seite 206: Cordt, Mirjam
Seite 210: master1305/Fotolia
Seite 212: Arghman
Seite 215: Seiter, Dennis
Seite 217: Cordt, Mirjam
Seite 219: Hekmatos, David/Fotolia
Seite 220: Sanjagrujic/iStockphoto
Seite 225: Casarsa/iStockphoto
Seite 230: Bialasiewicz, K., photographee.eu
Seite 233: Halimoglu, Lale
Seite 236: Kommer, Isolde
Seiten 239, 241, 242: Cordt, Mirjam
Seite 245: V. Antonova/Shutterstock
Seite 247: Cordt, Thomas
Seite 251: Cordt, Mirjam
Seite 253: Jarin13/iStockphoto
Seiten 256, 257: Ozimic, Dolores
Seite 258: Serikbaib/iStockphoto
Seite 260: Animals' Angels
Seite 263: Gericke, Ursula
Seiten 264, 267, 268: Cordt, Mirjam
Seite 270: Bbbrrn/iStockphoto
Seite 274: Cordt, Mirjam
Seite 277: Bobislav
Seite 278: Scheideler, Steffen
Seite 280: Homann-Zaun, Britta
Seite 282: Gruzdaitis, Andrius
Seite 284: Herreid, Mark/iStockphoto
Seiten 288, 290, 293: Cordt, Mirjam
Seite 298: Ohrt, Oliver
Seite 299: Lassedesignen/Fotolia
Seite 301: Parensen, Ulrike
Seite 303: Seiter, Dennis
Seite 305: Becker, Dominique
Seiten 308, 311: Cordt, Mirjam
Seiten 312, 313: Ohrt, Oliver
Seite 315: alexei_tm/iStockphoto
Seite 316: Fotolia
Seite 317: Cordt, Mirjam
Seite 318: Ohrt, Oliver
Seite 324: Cordt, Thomas
Seite 327: Cordt, Mirjam
Seite 328: Gericke, Ursula
Seite 331: AzmanJaka/iStockphoto
Seite 332: Grinvalds/iStockphoto
Seite 335: Cordt, Thomas
Seite 338: olgaIT/iStockphoto
Seite 341: Ohrt, Oliver
Seite 343: Kapuváry, Edina
Seite 345: Ohrt, Oliver
Seite 352: Parensen, Ulrike
Seite 355: Cordt, Thomas
Seite 359: Cordt, Mirjam
Seite 362, 365: Ohrt, Oliver
Seite 366 links: Cordt, Thomas
Seiten 366 rechts, 368: Cordt, Mirjam
Seite 373: Cordt, Thomas
Seite 375: Imgorthand/iStockphoto
Seite 377: Mfotohaus/Fotolia
Seite 378: Cordt, Mirjam

Seiten 380, 382, 386: Ohrt, Oliver
Seite 388: Lindsay_Helms/iStockphoto
Seite 390: ms-grafixx Martin Schlecht
Seite 393: iHayk/iStockphoto
Seite 394: Cordt, Mirjam
Seite 397: Becker, Dominique
Seite 399: Cordt, Thomas
Seiten 400, 401, 402: Ohrt, Oliver
Seite 412: Clara Bastian/iStockphoto
Seite 414: Wieten, Herman
Seite 416: Smederevac/iStockphoto
Seite 437: Nacke, Judith
Seite 439: Seiter, Dennis
Seite 441: yellowsarah/Stockphoto
Seite 443: Choreograph/iStockphoto
Seite 444: Nacke, Judith
Seite 446: Nacke, Judith
Seiten 447, 448: Seiter, Dennis
Einband hinten: Seiter, Dennis

ICH
HALTE
DICH

JETZT STARTEN!
Wir haben auch für Sie und Ihren Hund das passende Angebot.
VOR ORT UND ONLINE
www.mirjamcordt.com

DOG-InForm CLUB

Der Snack für Ihren Wissenshunger

Ihr regelmäßiger Zugang zu Mirjams Erfahrungsschatz

Kommen Sie in den DOG-InForm Club und tauchen Sie jeden Monat in einem Live-Call in ein relevantes Thema ein. Es warten hilfreiche Tipps und Trainingsempfehlungen!

Freuen Sie sich auf inspirierende Live-Calls und eine wundervolle Gemeinschaft von Gleichgesinnten! Im Club werden Themen, die jede*n Hundehalter*in betreffen, kurz und knackig auf den Punkt gebracht. Ziel ist es, Ihnen einen guten Einstieg in die jeweilige Thematik zu ermöglichen und Ihnen hilfreiche Tipps und Trainingsempfehlungen mit auf den Weg zu geben.

Die Themen im DOG-InForm Club:

Anamnese · Ausdrucksverhalten · Mensch-Hund-Bindung · Aggressionen fair „bekämpfen" · ängstliche Hunde und Stress · Hundereich: Hundebegegnungen und Mehrhundehaltung · kritische Mensch-Hund-Situationen · Grundgehorsam · Führungskompetenz erwerben und leben · Ressourcenverteidigung · Struktur durch Regeln & Grenzen · der Hund beim Tierarzt

DOG-InForm Club

Hop on. Hop off. Monatlich kündbar, Sie haben die volle Flexibilität.
Allerdings öffnen sich die Tore zur Anmeldung nur noch zu besonderen Anlässen.

DOG-InForm Club Family

Ein Jahr ohne Club ist möglich, aber sinnlos. Nutzen Sie den Preisvorteil des Jahresabos!
So gehen Sie außerdem sicher, dass alle Themen des Clubs abgedeckt sind.

MIRJAM CORDT
DOG InForm

MINDSET – BEWUSST DENKEN

ICH HALTE MICH

Start JEDERZEIT möglich –

Eine neue Dimension für Ihr Leben und für das Training mit Ihrem Hund

…für mehr innere Sicherheit, Vertrauen, Selbstführung und Persönlichkeitsentwicklung – denn alles beginnt bei Ihnen selbst.

Alles beginnt in Ihrem Kopf: Ihre Freude, die Erfüllung Ihrer Träume, Ihre Erfolge – die persönlichen genauso wie die mit Ihrem Hund. Lernen Sie einen bewussten und achtsamen Umgang mit Ihren Gedanken und Ihren Zielen, denn auch für Sie ist immer noch mehr möglich!

ICH HALTE MICH

Lebensliebe Mindset

12 Wochen für Ihr persönliches Wachstum

Jeder Mensch erschafft von innen nach außen. Erschaffen Sie sich aktiv das Leben, das Sie sich wünschen, anstatt immer nur auf das zu reagieren, was Ihnen im Außen „passiert". Wie, das erfahren Sie in diesem Programm.

ICH HALTE MICH

Erfolgsbooster Mindset

12 Wochen, die Ihr Leben verändern

Das grundlegende Verständnis von Persönlichkeitsentwicklung haben Sie im Lebensliebe-Mindset bekommen. Auf dieser Grundlage bauen wir nun auf und tauchen tief in die Magie der universellen Gesetze ein. Denn sie funktionieren auch, wenn Sie an ihnen zweifeln – allerdings sitzen Sie dann nicht am Steuerrad Ihres Lebens. Wenn Sie sie aber verstanden haben, können Sie sie zu Ihren Gunsten nutzen.

Entdecken Sie, zu was Sie im Stande sind, wenn Sie aufhören, sich zu beschränken!

DIE ACADEMY

Unsere Premium-Fortbildungen

Die Academy ist der Ort, an dem die Freude am Lernen das höchste Gut ist. Ein Ort, an dem Sie sich angekommen und angenommen fühlen werden. Wir freuen uns auf Sie!

Premium-Fortbildung

Hundehalter-Erfolgsausbildung

Unser 12-Wochen-Programm für tiefgreifendes Verständnis, umfassendes Wissen und die Verbindung von Herz und Kopf. Denn ohne Seele ist es nur Technik.

Premium-Fortbildung

Mindset: Lebensliebe & Erfolgsbooster

Erfolg beginnt im Kopf. Das gilt nicht nur für die Entwicklung und die Erfolge Ihres Hundes.

Premium-Fortbildung

Train the Trainer

Unsere Fortbildungsreihe für Verhaltensberater*innen und engagierte Hundehalter*innen.

Premium-Fortbildung

DOG-InForm meets persolog®

Für mehr Verständnis: Kommunikation und Reaktionen von Menschen besser verstehen.

Premium-Fortbildung

Tierschutz kompetent

Verantwortung leben: für Tierschützer*innen, Tierheimteams und engagierte Hundemenschen.

Premium-Fortbildung

DOG FRIENDLY DOC

Für Tierarztteams und Kliniken: Stress des Hundes beim Tierarzt verringern, Kooperationsbereitschaft erhöhen, Beißvorfällen vorbeugen.

Alle Details unter: www.mirjamcordt.com

VOR ORT

Training bei DOG-InForm

So macht Training Spaß!

Eine wunderschöne Umgebung, 8.000 Quadratmeter sicher umzäuntes Gelände, eine großzügige Halle und ein toller Geräteparcours. Und achtsame Menschen.

Die idealen Voraussetzungen also, um effektiv und mit Freude zu trainieren. Das Wetter hält uns nicht ab, unsere Halle spendet Schatten bei Hitze und bietet trockene Bedingungen bei Regen. Unser Standort im schönen Rheinhessen lädt auch zum Erkunden ein, was viele unserer Kundinnen und Kunden veranlasst, aus einem Blocktraining einen Kurzurlaub zu machen.

Wir bieten sowohl Einzel-, als auch Gruppentrainings an.

Aktuelle Angebote und sämtliche Details unter **www.mirjamcordt.com**

DOG-InForm

Einzeltraining

Intensiv und mit Freude, als Einzeltermin oder als Blocktraining über mehrere Tage.

DOG-InForm

Workshops

Von der Gruppe profitieren und gezielt an einem bestimmten Thema arbeiten.

DOG-InForm

Kurse

Perfekt, wenn Sie regelmäßig in der Gemeinschaft bei uns trainieren möchten.

DOG-InForm

Gruppen

Sie können zur Festigung des Gelernten immer dann dazustoßen, wenn es für Sie passt.

MIRJAM CORDT
DOG
InForm

TIERSCHUTZ-ENGAGEMENT

Wir leben Verantwortung

Mirjam Cordt ist die Gründerin des Vereins *Hilfe für Herdenschutzhunde e.V.* Gleichzeitig ist sie Inhaberin des Unternehmens DOG-InForm, das die wichtigste finanzielle Stütze des Vereins ist.

Mirjam Cordt lebt, was sie lehrt! Ihre Vision: Jedes Lebewesen, das mit uns auf dieser Welt ist, wird als Familienmitglied wertgeschätzt und geliebt. Mit viel Herz, Kompetenz und Klarheit darüber, wie Tierschutzarbeit auf ein stabiles Fundament gestellt werden kann, hat sie im Jahr 2001 die ***Hilfe für Herdenschutzhunde*** gegründet. Der Verein setzt sich in besonderem Maße für die ein, die pauschal verurteilt und bewertet – meistens abgewertet – werden: Herdenschutzhunde. Insbesondere auffällige, alte und kranke Hunde erfahren die Fürsorge des Vereins. Mirjams Unternehmen ***DOG-InForm*** trägt maßgeblich zum Bestehen des Vereins bei. Mit jedem Angebot, das Sie bei DOG-InForm erwerben, tragen Sie dazu bei, dass die Welt für Hund und Mensch schöner wird: für die Tierschutzhunde, für Sie, für Ihren Hund. Mit jedem Kauf verbreiten Sie außerdem die friedvolle Philosophie von DOG-InForm weiter. Selbstverständlich können Sie dem Verein darüber hinaus mit einer Spende gezielt etwas Gutes tun:

Spendenkonto:
Hilfe für HSH e.V. | IBAN: DE79 5509 1200 0002 3594 05
Volksbank Alzey-Worms eG | BIC: GENODE61AZY

LUST AUF
EINEN
BONUS?